# Selbstbestimmen

Menschen handeln und bewerten dauernd. Und beides treibt uns um – dauernd, denn wir müssen uns beständig entscheiden: Ob Wurst- oder Käsebrot, Urlaub oder Rente, Gut oder Böse. Und zuletzt gibt es nichts Gutes, außer man tut es: Entscheidungen müssen in die Tat umgesetzt, sie müssen zu Handlungen werden. Nachdenken allein führt zu gar nichts. Worauf aber sind unsere Bewertungen gegründet? Wie entscheiden wir uns? Was treibt uns beim Handeln an? Kurz: Wie bestimmen wir, was wir tun und vor allem: Was sollen wir tun?

In diesem Buch über Gehirnforschung geht es nicht um schnelle Antworten zu Selbstdisziplin, Selbstkontrolle oder Selbstverwirklichung, sondern darum, besser zu verstehen, wie wir bewerten, entscheiden und handeln. Nur wenn wir verstehen, warum wir was ohnehin dauernd tun, haben wir eine Chance, selbstbestimmt zu entscheiden, was wir tun sollen.

**Manfred Spitzer** ist Professor für Psychiatrie an der Universität Ulm, wo er die Universitätsklinik für Psychiatrie und das Transferzentrum für Neurowissenschaften und Lernen (ZNL) leitet. Er studierte Medizin, Psychologie und Philosophie in Freiburg. Nach den Promotionen in Medizin (1983) und Philosophie (1985) sowie dem Diplom in Psychologie (1984) und einer Weiterbildung zum Facharzt für Psychiatrie prägten zwei Gastprofessuren an der Harvard-Universität und ein weiterer Forschungsaufenthalt an der University of Oregon seine wissenschaftliche Arbeit an der Schnittstelle von Neurobiologie, Psychologie und Psychiatrie, bevor er an der Psychiatrischen Universitätsklinik in Heidelberg Oberarzt wurde und 1997 nach Ulm ging. Sein mit über 100 Publikationen umfangreiches wissenschaftliches Werk wurde 1992 mit dem Forschungspreis der Deutschen Gesellschaft für Psychiatrie und Nervenheilkunde und 2002 mit dem Preis der Cogito-Foundation zur Förderung der Zusammenarbeit von Geistes- und Naturwissenschaften ausgezeichnet.

Manfred Spitzer

# Selbstbestimmen

Gehirnforschung und die Frage:
Was sollen wir tun?

**Wichtiger Hinweis für den Benutzer**
Der Verlag, der Herausgeber und die Autoren haben alle Sorgfalt walten lassen, um vollständige und akkurate Informationen in diesem Buch zu publizieren. Der Verlag übernimmt weder Garantie noch die juristische Verantwortung oder irgendeine Haftung für die Nutzung dieser Informationen, für deren Wirtschaftlichkeit oder fehlerfreie Funktion für einen bestimmten Zweck. Der Verlag übernimmt keine Gewähr dafür, dass die beschriebenen Verfahren, Programme usw. frei von Schutzrechten Dritter sind. Die Wiedergabe von Gebrauchsnamen, Handelsnamen, Warenbezeichnungen usw. in diesem Buch berechtigt auch ohne besondere Kennzeichnung nicht zu der Annahme, dass solche Namen im Sinne der Warenzeichen- und Markenschutz-Gesetzgebung als frei zu betrachten wären und daher von jedermann benutzt werden dürften. Der Verlag hat sich bemüht, sämtliche Rechteinhaber von Abbildungen zu ermitteln. Sollte dem Verlag gegenüber dennoch der Nachweis der Rechtsinhaberschaft geführt werden, wird das branchenübliche Honorar gezahlt.

**Bibliografische Information der Deutschen Nationalbibliothek**
Die Deutsche Nationalbibliothek verzeichnet diese Publikation in der Deutschen Nationalbibliografie; detaillierte bibliografische Daten sind im Internet über http://dnb.d-nb.de abrufbar.

Springer ist ein Unternehmen von Springer Science+Business Media
springer.de

Nachdruck 2012
© Spektrum Akademischer Verlag Heidelberg 2004, 2008
Spektrum Akademischer Verlag ist ein Imprint von Springer

12                          5   4   3   2

Planung und Lektorat: Katharina Neuser-von Oettingen, Anja Groth
Herstellung: Katrin Petermann
Umschlaggestaltung: wsp design Werbeagentur GmbH, Heidelberg
Titelfotografie: My Mind, My Force von Lorris Marazzi, Venedig

ISBN 978-3-8274-2081-7

Für Ulla

# Inhalt

# Vorwort

Was sollen wir tun? – Diese Frage stellt sich uns im Grunde dauernd. In jeder Sekunde müssen wir etwa viele Male entscheiden, wohin wir als nächstes blicken. Jeden Tag fällen wir Entscheidungen: Was wir essen, wohin wir gehen, mit wem wir uns treffen etc. Jedes Jahr überlegen wir uns, was wir im Urlaub tun, und vielleicht nur einmal im Leben entscheiden wir uns für eine Partnerschaft oder für ein Kind. Jede dieser Entscheidungen hat ihre Geschichte und ihre Folgen. Einmal in die falsche Richtung geschaut, konnte vor hunderttausend Jahren den Tod bedeuten; und daran hat sich bis heute nicht sehr viel geändert.

Bewerten, Entscheiden und Handeln sind neben dem Wahrnehmen, Lernen und Denken ganz grundlegende und wesentliche höhere geistige Leistungen, die jedoch noch nicht so lange Gegenstand der Gehirnforschung sind. Und obwohl man mit Fug und Recht behaupten kann, dass wir über das Sehen mehr wissen als über das Entscheiden, so wissen wir doch bereits über das Entscheiden so manches, was bis in unseren Alltag hinein wichtig sein kann. Nicht anders steht es mit dem Bewerten.

Gehirnforschung kann philosophische oder politische Probleme ebenso wenig lösen, wie ein Automechaniker den Energieerhaltungssatz oder das Mobilitätsproblem der Gesellschaft lösen kann. Sofern man jedoch wirklich etwas von Autos versteht, kann man manche vorgeschlagenen Lösungen des Mobilitätsproblems entweder besser umsetzen oder aber als Unfug entlarven. Und man kann Motoren hervorragend verwenden, um Energie umzusetzen.

Damit sei zugegeben und vorweggenommen: Ich weiß auch nicht, was wir tun sollen. Als Psychiater habe ich gelernt, mit Ratschlägen zurückhaltend zu sein; und als wenig in der Politik engagierter (weil anderweitig ausgelasteter) Bürger habe ich nicht die Übersicht, um zu derzeit brennenden Fragen wie Arbeitslosigkeit oder Gesundheit etwas zu sagen. (Wenn ich ganz am Ende dieses Buches gelegentlich auf derartiges zu sprechen komme, dann nur, um Denkanstöße zu geben, nicht jedoch, weil ich fertige Lösungen habe.) Die Wissenschaft der Neurobiologie hat weder Patentrezepte, noch sollte sie als Ersatzreligion fungieren. Irgendwo dazwischen jedoch ist unser ganz normaler Alltag, und für diesen ist Gehirnforschung schon heute überaus brauchbar. Damit wäre die These dieses Buches auch schon genannt.

Naturwissenschaft und Technik sind derzeit die Motoren kulturellen Wandels – wer wollte dies bestreiten? Um so wichtiger ist es, sich manchmal Zeit zu nehmen zum Nachdenken. Wer gerade eine Hungersnot bekämpft, hat keine Zeit für Ernährungsphysiologie (obwohl er deren Erkenntnisse gut gebrauchen könnte); wer eine Firma leitet, kann sich nicht mit Motivationspsychologie beschäftigen (obwohl die Zukunft seines Unternehmens ganz wesentlich davon abhängt); weder Justizminister noch Richter denken über Willensfreiheit nach, sondern setzen sie voraus; und (nicht nur) wer Politik macht, der bewertet, entscheidet und handelt dauernd, ohne die Zeit zu haben, darüber nachzudenken, wie dies eigentlich geschieht.

Hieraus ergibt sich zunächst eine sehr pessimistische Sicht für dieses Buch: Genau diejenigen, für die es geschrieben ist, werden es nicht lesen, weil sie keine Zeit dazu haben. Wenn es dennoch geschrieben wurde, dann in der Hoffnung, dass viele Menschen spüren, dass die Welt sich verändert hat und immer rascher verändern wird, und dass manche unserer Vorurteile und Gewohnheiten nicht mehr so zuverlässig sind bzw. so weit tragen, wie wir dies früher – zu Recht oder zu Unrecht – einfach angenommen haben. Die Wissenschaften liefern immer mehr Erkenntnisse, die Intellektuellen haben mehr Freiheit denn je, darüber nachzudenken, und die Möglichkeiten der Kommunikation zwischen Menschen aus den entferntesten Lebensbereichen und entlegensten Winkeln waren noch nie so groß, kurz: Noch nie wussten so viele Menschen so gut Bescheid, und dennoch macht sich überall Pessimismus breit im Hinblick darauf, wie es uns wohl in 10, 20 oder 50 Jahren geht. Das Buch soll daher zum Nachdenken anregen über die Art, wie wir mit uns und der Welt – und das sind immer vor allem die anderen Menschen – umgehen, in Gedanken und vor allem in der Tat.

Es gibt keine unbewerteten Fakten; Menschen bewerten dauernd, beim Riechen und Schmecken sprichwörtlich, aber nicht minder auch beim Sehen, Hören und Tasten. Die Erfahrung der Umwelt führt längerfristig zu deren Repräsentation im Gehirn, dem Organ der Erfahrung. Und wie sich die Erfahrung von Sprache darin niederschlägt, dass wir sprechen gelernt haben (wir kennen die Bedeutungen der Wörter und können die Regeln von deren Gebrauch), so schlagen sich die vielen Bewertungen in Werten nieder, die uns beim Handeln leiten wie die Grammatik beim Sprechen.

Wir bewerten nicht zuletzt deswegen dauernd, weil wir uns beständig entscheiden müssen: ob Wurst- oder Käsebrot, Auto oder Bahn, Urlaub oder Sparbuch, kaufen oder verkaufen, Schwarz-Gelb oder Rot-Grün, Kinder oder keine, mit Paul oder mit Herbert. Zwar mag man einwenden, dass es sich hier um ganz unterschiedliche „Seinsbereiche" handelt, und dass man sich z.B. von der Tatsache, dass das Brötchen einen Wert hat und Liebe ein Wert ist, nicht zu dem Schluss verleiten lassen sollte, dass es hier um dasselbe geht. Wirtschaft habe doch nichts mit Naturwissenschaft und Ethik nichts mit Evolution zu tun, könnte man meinen. In diesem Buch wird die gegenteilige Ansicht vertreten: Es ist zwar bequem, die Dinge in unterschiedliche Schubladen zu stecken, denn man muss sich dann nur um den Inhalt einer Lade kümmern; aber wir werden sehen, dass man dadurch wichtige Zusamenhänge übersieht. Und wer ehrlich ist, muss zugeben, dass die oben mit Farbwörtern charakterisierte politische Entscheidung weder nur um Wirtschaft noch nur um Ethik geht.

Zu guter Letzt gibt es – wie der Dichter sagt – nichts Gutes, außer man tut es: Entscheidungen müssen in die Tat umgesetzt, sie müssen zu Handlungen werden; man muss wählen gehen, Essen kochen, eine Beziehung leben und Kinder kriegen. Nachdenken allein führt zu gar nichts. Worauf aber sind unsere Bewertungen, Entscheidungen und Handlungen gegründet?

Was also sollen wir tun? – In jedem Bereich und auf allen Ebenen stellt sich diese Frage, man hat den Eindruck, mit immer größerer Dringlichkeit. In diesem Buch geht es nicht um schnelle Antworten, sondern darum, im Lichte der Ergebnisse der Gehirnforschung und verwandter Forschungsgebiete besser zu verstehen, wie wir bewerten, entscheiden und handeln. Nur wenn wir verstehen, *wie* und *warum* wir *was* ohnehin dauernd tun und *welche Fehler* wir dabei machen, im Denken und im Handeln, haben wir eine Chance, die Frage danach, was wir tun sollen, sinnvoll und besser als bisher zu beantworten.

Dieses Buch ist für alle, die nach Selbsterfahrung – im besten Sinne des Wortes als Selbsterkenntnis – streben und über mehr entscheiden wollen oder müssen als ihre nächste Mahlzeit. Etwa vor einem Jahr schrieb ich ein Buch über Gehirnforschung und Lernen (Spitzer 2002). Damals ging es mir darum, dass das Gehirn eines nicht kann: nicht lernen; und darum, was daraus folgt. Der Ansatz im vorliegenden Buch ist ähnlich. Wir können noch etwas nicht: nicht handeln.

Ich bin sehr glücklich darüber, Mitarbeiter und Freunde zu haben, die mir den großen Gefallen erweisen, sich mit meinen Gedanken auseinander zu setzen, auch wenn sie noch unausgegoren sind. Und wenn auch, um bei der Metapher zu bleiben, dieses Buch eher neuem Süßen als altem Roten ähnelt (es soll ja auch anregen und nicht zur Schwermut gereichen), so habe ich den folgenden Personen sehr viel Gährungsprozess zu verdanken: Bernhard Connemann, Michael Fritz, Katrin Hille, Gudrun Keller, Markus Kiefer, Thomas Kammer, Ulrike Mühlbayer-Gässler, Manfred Neumann, Wolfgang Schiele, Axel Thielscher, Friedrich Uehlein, Henrik Walter und Matthias Weisbrod. Julia Ferreau und Gerlinde Troegele halfen manchmal beim Schreiben des Manuskripts. Ohne die Hilfe von Georg Groen, Bärbel Herrnberger, Heike Pressler und Beatrix Spitzer wäre das Buch nie fertig geworden. Ihnen gilt mein ganz besonderer Dank! Katharina Neuser-von Oettingen als Lektorin und Ute Kreutzer als Herstellerin von Spektrum Akademischer Verlag haben alles ausgehalten, was man im Verlag mit eigenwilligen Autoren aushalten kann. Allen sei an dieser Stelle für ihre Mühe sehr herzlich gedankt. Für alle verbliebenen Fehler, unausgemerzten Verständnishürden und Unausgegorenheiten bin allein ich selbst verantwortlich.

Das Buch ist meiner ältesten Tochter Ursula Simone, genannt Ulla, gewidmet. Sie feierte vor fünf Tagen ihren 18. Geburtstag. Schon im Sommer wurde mir klar, dass das Buch eigentlich für sie geschrieben ist, denn sie darf, kann und muss jetzt selbst bestimmen.

Ulm, am 14.10.2003                                      Manfred Spitzer

# 1 Einleitung

Menschen bestimmen sich selbst, d.h., sie bewerten, entscheiden und handeln. Wir tun eigentlich nichts anderes, denn sobald wir etwas tun, stecken die drei Funktionen in diesem Tun bereits drin: Wir finden etwas gut oder schlecht, entscheiden uns dafür oder dagegen und setzen diese Entscheidung in die Tat um. Das gilt für jede Handlung: Wir haben Hunger (und finden das schlecht), stehen vor einer Bäckerei (und finden manches darin gut), gehen hinein und kaufen ein Brötchen oder wonach uns sonst der Sinn steht. Damit haben wir eine einfache Handlung ausgeführt, ebenso wie wenn wir morgens aufstehen und arbeiten gehen oder alle paar Jahre sonntags wählen oder (noch seltener) heiraten oder Kinder zeugen. Wenn wir bewerten, dann tun wir dies im Idealfall ganz aus uns heraus und unbelastet; wenn wir uns entscheiden, dann sind wir frei; und wenn wir dann handeln, haben wir die Welt ein klein wenig verändert.

## Brötchen ganz aus freien Stücken?

Wir bewerten, entscheiden und handeln dauernd. Ein Stein tut dies nicht. Er fällt herunter, nicht weil er es will, sondern weil eine Kraft auf ihn wirkt. Er steht im Naturzusammenhang und unterliegt den Naturgesetzen. Mein Oberschenkelstreckmuskel auch: Ein Schlag auf die Sehne unterhalb der Kniescheibe dehnt ihn kurz und bewirkt, dass er sich reflektorisch zusammenzieht und mein Bein nach vorne kickt. Diesen Kniesehnenreflex kann ich nicht willentlich beeinflussen, er geschieht mit meinem Bein, ohne dass ich es will, eben unwillkürlich, wie man so sagt. Wenn ich mich jedoch entscheide, ein Brötchen zu kaufen, ist das etwas anderes: Aus freien Stücken gehe ich in die Bäckerei und esse danach ein Brötchen. – Wirklich?

Das Körpergewicht ist bei den meisten Menschen einigermaßen konstant. Zwar ist so mancher auf Diät, beim Muskeltraining oder zu oft im Feinschmeckerrestaurant, andere haben mal zu viel oder zu wenig körperliche Belastung, und wieder andere werden älter, brauchen weniger Energie und nehmen zu. Dennoch wiegen die meisten Menschen heute etwa so viel wie vor einem Jahr. Dabei essen sie, ohne viel darüber nachzudenken, einfach so, was ihnen schmeckt und wonach ihnen gerade ist, meistens zum Beispiel, wenn sie Hunger haben, und so lange, bis sie satt sind. Jeder einzelne Vorgang der Nahrungsaufnahme fällt also unter die Kategorie der Handlung aus freien Stücken. Insgesamt jedoch, aufs Jahr betrachtet, haben wir genau die richtige Menge an Nahrung zu uns genommen.

Stoffwechselphysiologen und Hormonfachleute haben in den letzten Jahren große Fortschritte bei der Erklärung dieses Sachverhalts gemacht: Unser Fettgewebe speichert nicht nur Energie, sondern teilt seinen Speichervorrat auch dem Gehirn dadurch mit, dass es ein Hormon bildet, das Leptin. Viel Fett bildet viel Leptin, wenig Fett entsprechend wenig. Im Gehirn gibt es Rezeptoren für Leptin, deren Besetzung darüber Auskunft gibt, wie es um unsere Fettpolster für schlechte Zeiten bestellt ist. Unter anderem danach richtet sich langfristig die Nahrungsaufnahme. „Wollen" wir also wirklich das Brötchen essen, oder handelt es sich bei dieser „Entscheidung" letztlich um nichts weiter als um einen etwas langsameren und komplizierteren Kniesehnenreflex? Sind wir also wirklich „frei", in die Bäckerei zu gehen (oder es sein zu lassen), oder bilden wir uns das nur ein?

Das Beispiel ist mit Absicht ganz einfach gewählt. An komplizierten Beispielen fehlt es keineswegs – im Gegenteil: Meistens liegen die Dinge so kompliziert, dass wir es rasch aufgeben, überhaupt darüber lange nachzudenken. Frauen, die mit einem Sohn schwanger sind, essen beispielsweise täglich 200 Kilokalorien mehr als solche, die ein Mädchen erwarten (Tamimi et al. 2003). Körperlich fitte, stärkere Mütter wiederum bekommen mit höherer Wahrscheinlichkeit Söhne (Gibson & Mace 2003). Dies wiederum liegt an den unterschiedlichen

Reproduktionschancen von Männern und Frauen in Abhängigkeit davon, wie es ihnen geht (mehr dazu in Kapitel 14). Die Nahrungsaufnahme ist also wirklich recht kompliziert gesteuert.

Man könnte sagen, dass man einfach annehmen muss, dass man frei entscheiden kann, auch wenn das keiner wirklich nachweisen kann. Man könnte auch sagen, dass sich Freiheit und Willensentscheidung in einem anderen Seinsbereich abspielen als dem der Naturwissenschaft. Und drittens könnte man sagen, dass es ja genügt, sich frei zu fühlen, um einzusehen, dass man auch frei ist. Aber irgendwie scheint das Problem damit nicht wirklich gelöst, die Sache bleibt unbefriedigend. Und es scheint, als würden wir „eigentlich" eben gerade nicht bestimmen, ob wir zum Bäcker gehen oder nicht, sondern es werde über uns hinweg bestimmt, von unserem Körper und insbesondere unserem Gehirn.

Je mehr wir also über beide wissen, desto unfreier werden wir, oder genauer: desto unfreier sollten wir uns zu Recht fühlen. „Nur" ein paar Neuronen bewerten, entscheiden und handeln, nicht wir – so scheint es. Und es kommt noch schlimmer. Nicht nur die Maschinerie des Bewertens, Entscheidens und Handelns wird mit jedem Tag fortschreitender Gehirnforschung in zunehmendem Maße aufgeklärt, auch deren grundsätzlicher Bauplan und dessen Prinzipien liegen vermeintlich seit der Entschlüsselung des „Buchs des Lebens", des genetischen Kodes und des menschlichen Genoms, offen vor uns. Aufgrund der rasanten Fortschritte der Genetik ist es damit um unsere Selbstbestimmung nur noch schlechter bestellt.

## Genetik

Stellen Sie sich vor, die Wissenschaft würde die folgenden Tatsachen eindeutig nachweisen: Es gibt eine genetische Veranlagung für Mord, Selbstmord, Risikobereitschaft und die Neigung zu Unfällen; 94% aller Mörder (in Deutschland) haben diese Veranlagung, und in manchen Volksstämmen des Amazonasgebiets sind mehr als die Hälfte der Träger dieser Veranlagung Opfer von Morden. Die Veranlagung erweist sich weiterhin als schwerwiegender Risikofaktor, von der Wiege bis zur Bahre: In der Kinder- und Jugendpsychiatrie haben die Genträger mehr Aufmerksamkeitsdefizite, mehr Leserechtschreibstörungen, deutlich mehr Gewaltbereitschaft und mehr Drogenkonsum. Wer diese Veranlagung hat, erkrankt beispielsweise etwa fünf Jahre früher an Schizophrenie als jemand, der sie nicht hat. Die Veranlagung betrifft jedoch keineswegs nur psychische Störungen, sondern auch körperliche Krankheiten: Wer sie hat, erkrankt mit wesentlich größerer Häufigkeit an Herz-Kreislauf-Leiden. Sie führt sogar dazu, dass die Genträger im Durchschnitt fünf Jahre früher sterben als diejenigen, die die Veranlagung nicht aufweisen. Was würden wir mit einer solchen wissenschaftlichen Erkenntnis anfangen? – „Die gibt es doch nicht!" werden Sie sagen – und haben Unrecht.

Die genetische Veranlagung, von der die Rede ist, gibt es tatsächlich; sie besteht im Vorhandensein eines Y-Chromosoms oder kurz gesagt: in männlichem Geschlecht. Wer als Mann geboren wird, hat in Kindheit und Jugend schlechte Karten, lebt risikoreicher und stirbt früher. Wer würde in Anbetracht dieser so offensichtlichen Beeinflussung unseres Lebens durch genetische Veranlagung noch bezweifeln wollen, dass wir nichts weiter sind als der Spielball unserer Anlagen? Wann immer ein Mensch gezeugt wird, so das viel gebrauchte Argument, wird eine Art Lotto gespielt: Veranlagungen werden neu gemischt und in Form eines Individuums in die Gesellschaft entlassen, wo sich dann zeigt, ob sie tragen oder nicht. Einzelne Handlungsakte sind aus dieser Sicht nicht besonders wichtig; deren Gesamtheit und zu guter Letzt deren Reproduktionserfolg in der nächsten Generation zählen, denn letztlich kommt es ja auf nichts Weiteres an.

Tatsächlich beginnen wir zu verstehen, wie genetische Veranlagung unsere Lebensläufe und -geschichten prägt (vgl. Kap. 5). Aber wieder scheinen die Zusammenhänge so kompliziert, dass man meint, gar nichts daraus lernen zu können. Andere gehen mit den Erkenntnissen ganz anders um. Sie meinen, man braucht sich in Anbetracht der genetischen Vorbestimmung erst gar keine Mühe mit dem Leben geben. Man könnte also sagen, dass ich die Frage, was ich tun soll, erst recht nicht zu stellen brauche, denn sie wurde bereits zum Zeitpunkt der genetischen Lotterie entschieden. Und der Rest sei eine Mischung aus Zufall und Einbildung. – Was ist nun richtig? Kann die Wissenschaft, insbesondere die Gehirnforschung, hierzu etwas sagen?

## Determinismus: Wurzeln in der Vergangenheit

Die Naturwissenschaften betrachten die Welt unter der Voraussetzung, dass sie nach streng kausalen, und das hieß bis zu Anfang dieses Jahrhunderts nach streng mechanistischen, Prinzipien funktioniert. Der von Leibniz (1646–1716) stammende Satz vom zureichenden Grund besagt (in kausaler Hinsicht), dass jeder mechanische Zustand durch zureichende Gründe eindeutig bestimmt ist bzw. dass gleiche Ursachen gleiche Wirkungen haben. Auf Laplace (1749–1827), der sich direkt auf Leibniz bezieht, geht die Fiktion eines Geistes zurück, der unter der Annahme eines mechanistischen Weltbildes bei Kenntnis der Anfangsbedingungen aller Bewegungsabläufe und – wie wir heute sagen würden – unendlich großer Rechenkapazität jedes Ereignis vorhersagen kann. Spricht man heute von Determinismus, dann meint man zumeist diese auf Laplace zurückgehende Vorstellung der Voraussagbarkeit, und es war der Physiologe Du Bois-Reymond, der im vorvergangenen Jahrhundert den Ausdruck *Laplace'scher Dämon* für einen solchen universellen Geist einführte.

Angesichts dieser Situation noch von Selbstbestimmung zu reden, erscheint äußerst problematisch, denn sie hat offenbar keinen Platz in einer vollkommen deterministisch verstandenen Natur. Die Freiheit der Entscheidung gibt es – so könnte man meinen – lediglich als Gefühl; objektiv betrachtet sei Natur in uns wirksam. Solche Gedanken verbinden sich dann nicht selten mit der Idee, man brauche eine Entscheidung gar nicht zu begründen und könne seinen Handlungsspielraum ohnehin gar nicht ausschöpfen (vgl. Pothast 1980, S. 193). Gibt es Argumente gegen einen solchen Fatalismus? Gibt es nicht doch Freiheit auf irgendeine Art? Schließen sich Naturkausalität und Freiheit tatsächlich wechselseitig aus?

Betrachten wir zunächst die Relevanz dieser Überlegungen: Wenn es keine Freiheit gibt, so kann es auch keine Verantwortlichkeit geben und keine Beurteilung von Handlungen nach den Maßstäben von gut und böse. Betrachten wir als Beispiel einen Kochtopf, der überkocht: Wir kommen nicht auf die Idee, den Kochtopf auszuschimpfen oder ihn zu verurteilen, weil er übergekocht ist; das Überkochen des Kochtopfs verstehen wir nicht als dessen Handlung, der eine Entscheidung zugrunde liegt. Das Überkochen ist vielmehr vollständig determiniert bzw. kausal bedingt, der Topf hat keine Freiheit, etwas anderes zu tun als überzukochen. Sind nun wir – prinzipiell betrachtet – nichts anderes als ein solcher Kochtopf, können wir tatsächlich – wie der Volksmund nahe legt – nicht anders, als gelegentlich Dampf abzulassen, wenn man uns nur ordentlich einheizt?

## Frühere Wurzeln und Zerrbilder

Wer vor 200 Jahren über sich und das Gehirn nachdachte, der sah Maschinen, Räder und Transmissionsbänder (Abb. 1.1); und in diesem Gewühl suchte er die höheren Leistungen des Geistes. Dabei hatte bereits lange zuvor Gottfried Wilhelm Leibniz – zusammen mit Isaac Newton (1643–1727), dem Erfinder der Infinitesimalrechnung (eines wesentlichen Bereiches der höheren Mathematik) – festgestellt, dass man *in* der Maschine Gehirn, schaute man hinein, gar keine Wahrnehmungen (Perzeptionen), Gedanken oder Gefühle sehen könnte:

> „Denkt man sich etwa eine Maschine, deren Einrichtung so beschaffen wäre, daß sie zu denken, zu empfinden und zu perzipieren vermöchte, so kann man sie sich unter Beibehaltung derselben Verhältnisse vergrößert denken, so dass man in sie wie in eine Mühle hineintreten könnte. Untersucht man alsdann ihr Inneres, so wird man in ihm nichts als Stücke finden, die einander stoßen, niemals aber Etwas, woraus man eine Perzeption erklären könnte" (GW Leibniz, *Monadologie* § 17, S. 439).

1.1 Transmissionsbänder bei der Firma Borsig (Fotografie aus dem vorletzten Jahrhundert; www.dgfett.de).

Vor hundert Jahren bestimmten Elektrizität und später dann die Möglichkeit des Telefonierens das Nachdenken über das Gehirn. So wundert es nicht, dass es bald mit einer großen Schalttafel verglichen wurde (Abb. 1.2). Noch heute ist in den Büchern der Neuroanatomie davon die Rede, dass die Nervenfasern „umgeschaltet" werden.

Mit dem Aufkommen der Informationstechnologie und deren Sinnbild, dem Computer, konnte es nicht ausbleiben, dass wir dieses Bild auf uns selbst anwenden. Diese Entwicklung wird von John Searle wie folgt nachgezeichnet:

> „Weil wir das Gehirn nicht sehr gut verstehen, sind wir dauernd versucht, die jeweils neueste Technologie als Modell für unser Verstehen heranzuziehen. In meiner Kindheit wurden wir immer wieder versichert, daß das Gehirn eine Art Telefonschalttafel war. („Was könnte es sonst sein?') Ich schmunzelte, als ich vom großen britischen Neurowissenschaftler Sherrington erfuhr, daß er dachte, das

**1.2** Telefonzentrale mit Schalttafel, an der zwei Gesprächsteilnehmer durch Kabel miteinander verbunden werden konnten. Wollte man über größere Entfernungen hinweg telefonieren, so musste man mit einer weiteren Schalttafel verbunden werden (dem Fernamt), und diese wiederum mit einer Schalttafel am Ort des Empfängers. Auslandsferngespräche waren damit mit einem ganz erheblichen Schaltaufwand verbunden und entsprechend teuer.

Gehirn würde wie ein Telegraphensystem arbeiten. Freud verglich das Gehirn mit hydraulischen und elektromagnetischen Systemen [...] und die alten Griechen dachten, das Gehirn funktioniere wie ein Katapult" (Searle 1985).

Heute glauben manche Menschen, man könne das Problem von Körper und Geist (oder von Leib und Seele) ganz einfach durch den Bezug auf Hardware und Software lösen. So genial dieser Gedanke zunächst klingt, stellt er doch die Verhältnisse (und die Argumentation) auf den Kopf: Um zu wissen, was Hardware und Software sind, muss ich schon wissen, was Materie und Körper einerseits und was Repräsentation, Regel, Bedeutung, Zeichen, Prozess etc. andererseits sind.

Diese Begriffe wiederum sind (wie auch immer man dies näher ausführen mag) geistiger Natur, weswegen das Argument dann lautet: Leib und Seele ist wie Hardware und Software ist wie Leib und Seele. Gewonnen ist damit nichts.

Auch sei gleich an dieser Stelle gesagt, dass Computer und Gehirn sehr verschieden arbeiten; die Bauteile von Computern, Siliziumchips, sind schnell und genau, Neuronen hingegen sind langsam und ungenau; im Computer wird zwischen Speichern und Verarbeiten sowie zwischen Information und ihrem Speicherplatz (ihrer Adresse) unterschieden, im Gehirn nicht; Computer haben Probleme bei der Erkennung von Mustern (wie Gesichter oder Handschrift), Gehirne nicht; und geht im Computer irgendetwas schief, dann funktioniert er gar nicht mehr, wohingegen im Gehirn sehr viel schief gehen kann, ohne dass wir irgendetwas davon merken (für einen ausführlicheren Vergleich siehe Spitzer 2000 sowie das heute noch lesenswerte Buch *Die Rechenmaschine und das Gehirn* von John von Neumann 1965).

## Gehirnforschung und Genetik

Die Lebhaftigkeit einer Wissenschaft lässt sich leicht an der Bedeutung des Wortes „kürzlich" ablesen. „Die kürzlich wiedergefundenen Mumien" kann in der Ägyptologie heißen, dass man 1935 die Mumie nun endlich (nach vielleicht 3000 Jahren in der Pyramide) wieder gefunden hat. Demgegenüber reden Genetiker von einem „kürzlich publizierten Befund", wenn er vor einer Woche online erschienen ist und nächste Woche gedruckt wird. Was älter als drei Wochen ist, gilt als „alt". In der Neurowissenschaft ist es nicht viel anders: Jede Woche erscheinen in den spezifischen wissenschaftlichen Fachblättern (auch in den allgemeinen wie *Science* und *Nature*) Ergebnisse aus der Neurowissenschaft, und die heute angewandten Methoden sind im nächsten Jahr schon wieder veraltet. Kurz: Gehirnforschung und Genetik sind die derzeit aktivsten und spannendsten, heißesten (für die jüngeren Leser: coolsten!) Wissenschaften – mit Abstand.

Beide Wissenschaften prägen unser Bild von uns selbst, und dies geschieht zum großen Teil ebenso unbemerkt, wie etwa die Mode uns beeinflusst. Mal mag man breite Krawatten oder Kragen oder Hosenbeine, mal schmale, und eigenartigerweise passt der Geschmack immer gerade in etwa zur gängigen Mode (bzw. hinkt etwas hinter ihr her). Es gibt hier keine zu einem bestimmten Zeitpunkt erfolgende bewusste Entscheidung, vielmehr sind hierfür viele einzelne, kleine und meist unbemerkte Wahrnehmungsprozesse verantwortlich, die in ihrer Summe ausmachen, was in unseren Köpfen steckt (hierum geht es ja auch in diesem Buch).

Mit dem Boom von Genetik und Gehirnforschung, so möchte man meinen, kommt das Gehirn nach langen Umwegen über Mechanik, Elektrik und Informatik nun endlich auf sich und seine Wurzeln zurück. Das ist zwar einerseits richtig, geschieht jedoch nicht ganz ohne Stolpern. Denn es scheint zunächst, als würden Genetik und Gehirnforschung uns Menschen noch viel mehr degradieren, als dies das Rad, die Schalttafel und der Computer vermochten. Lernen wir jetzt nicht endgültig, dass wir bestimmt sind von unserem genetischen Bauplan, gegen den wir uns nicht wehren können, den wir per Lotteriespiel durch Mischung zweier Lose von unseren Eltern erhalten haben und der festlegt, wer wir sind? Und lernen wir nicht zusätzlich, dass wir die Marionette unseres Gehirns sind, das uns nicht als Bauplan, sondern als Träger des operativen Tagesgeschäfts in jeder Sekunde sagt, wo es langgeht – jeweils einige hundert Millisekunden, bevor wir uns naiverweise einbilden, dies selbst zu tun?

Ich möchte in diesem Buch zeigen, dass dem nicht so ist. Die Kernthese dieses Buchs lautet daher: Genetik und Gehirnforschung zeigen zum ersten Mal zweifelsfrei und sehr klar, dass wir uns selbst bestimmen; dass wir dies nicht nur – gleichsam nebenbei und wenn es sein muss – können, sondern dass dies die wesentliche Funktion des Menschen ist. Noch einmal: Das Selbstbestimmen des Menschen steht nicht im Widerspruch zu Genetik und Gehirnforschung, sondern wird durch diese beiden Wissenschaften erst richtig klar!

## Nichts tun geht nicht

Wir können eines nicht: nicht handeln. Auch wer still im Sessel sitzt, handelt. Die Justiz kennt den Straftatbestand der unterlassenen Hilfeleistung: In bestimmten Situationen macht man sich also sogar strafbar, wenn man einfach nichts tut. Auch Nichtstun ist Handeln.

Daher noch einmal: Eines geht nicht – Nicht-Handeln. Wenn dem aber so ist, wenn wir also im Grunde dauernd handeln, dann ist die Frage erlaubt, wie wir das machen. Wenn wir also etwas (und selbst *nichts* ist auch etwas) tun, dann kann man fragen, wie es kommt, dass wir dies tun und nicht jenes, dass wir uns für etwas und gegen etwas anderes entscheiden. Dies wiederum steht ganz offensichtlich damit in Zusammenhang, wie wir die Dinge bewerten.

Aber warum bewerten wir die Dinge so, wie wir es tun? „Jeder Mensch ist eben anders, hat seine Werte" – lautet eine der Standard-Antworten. Aber woher? Und welche sind gut, welche schlecht? Es ist keineswegs leicht, hier die richtige Antwort zu geben. Betrachten wir ein Beispiel.

## Mutter Teresa, egoistische Gene und unfreie Handlungen

Jeder kennt die Friedensnobelpreisträgerin Mutter Teresa (1910–1997), die kleine Nonne mit dem großen Herzen und dem unermüdlichen Einsatz für die Armen, Kranken und Schwachen.

„Ich kenne keine egoistischere Frau", könnte jemand nun einwenden, „denn sie tut das alles ja nur, weil sie solchen enormen Spaß daran hat, anderen Menschen Gutes zu tun. Sie benutzt die Armen, Schwachen und Kranken nur, um sich gut drauf zu fühlen. Ein Sexualstraftäter, der ebenfalls andere Menschen benutzt, um sich gut zu fühlen, unterscheidet sich von Mutter Teresa nur dadurch, dass er ehrlicher ist, was seine Motive anbelangt."

Den meisten Lesern wird es so gehen, wie es mir gegangen ist, als
ich dieses Argument zum ersten Mal las (vgl. Quartz & Sejnowski
2002, S. 158f). Man ist entsetzt und denkt, dass hier irgendetwas nicht
stimmt – aber was? Mutter Teresa und der Sexualstraftäter handeln
beide nach ihren Bewertungen. Ist Mutter Teresa, der es Freude macht,
Gutes zu tun, weniger gut als ein Schurke, der zufällig etwas Gutes tut,
indem er – ausnahmsweise und gegen seine inneren Strebungen – eine
gute Tat vollbringt? – Wie wir sehen werden, liegen die Dinge genau
umgekehrt (vgl. Kap. 16).

„Was wir tun, wird doch letztlich durch unsere Gene bestimmt",
könnte man weiterhin sagen, um sich aus der Verantwortung zu nehmen. Kurz ausgeführt, lautet das Argument etwa wie folgt: Nur diejenigen Gene, die Verhalten bewirken, das reproduktionstechnisch zu
mehr Nachkommen führt, befinden sich langfristig in der Population.
Wenn wir also glauben, wir täten irgendetwas aus diesen oder jenen
Beweggründen, so unterliegen wir einer Täuschung. Wir können einem Vergewaltiger im Grunde gar keine Vorwürfe machen, denn wer
sich so verhält, ist evolutionär gut angepasst. Wer über Generationen
hinweg mehr Nachkommen hatte, dessen Gene haben sich in der Gesellschaft langfristig durchgesetzt, und deshalb gibt es das Verhalten bis
heute. – Diese These vertreten Thornhill und Palmer (1999) in ihrem
sehr kontrovers diskutierten Buch über die evolutionären Ursprünge
sexueller Vergewaltigung.

Der Gedanke der Evolution beinhaltet tatsächlich, dass sich in einer Population von Lebewesen der gleichen Art dasjenige Erbgut
durchsetzt, das zu einer besseren Anpassung dieser Art an die Le-
bensumstände führt. Individuen, die besser angepasst sind, haben
mehr Nachkommen – so lautet die *Definition* von Anpassung –, so dass
sich langfristig das Erbgut in der Population findet, das – auf welche
Weise auch immer – zu mehr Nachkommen geführt hat. Gene sind in
dieser Hinsicht tatsächlich enorm „egoistisch" (vgl. Dawkins 1976).

Egoistische Gene führen jedoch keineswegs mit Notwendigkeit zu
egoistischen Verhaltensweisen. Egoistisches Verhalten dient keineswegs immer dem eigenen Nutzen, und es kann sogar schaden. Eine Gemeinschaft von kooperierenden Individuen kann besser als Gruppe

jagen und Ressourcen verteilen als eine Gemeinschaft, die aus lauter
Egoisten besteht. Wer in einer solchen Gesellschaft für die anderen
sorgt, dem wird auch von den anderen geholfen, und die Gemeinschaft
als Ganzes profitiert. Gene, die für Kooperation sorgen, werden sich in
dieser Gesellschaft durchsetzen bzw. haben sich schon durchgesetzt.
Egoistische Gene brauchen also noch lange keine Egoisten hervorzu-
bringen. Im Gegenteil: *Unsere* Gene beispielsweise ermöglichen es uns
(besser als jeder anderen Art auf der Erde) zu lernen, und dies wiederum führt dazu, dass wir uns von recht brutalen Zweijährigen – in diesem Alter sind Menschen am gewalttätigsten (vgl. Tremblay 2000) –
zu zivilisierten Erwachsenen mausern, die meisten von uns jedenfalls.

## Ein Gehirn in der Hand

Als Psychiater und Neurowissenschaftler hat man es täglich mit dem
Gehirn zu tun. Es ist dennoch etwas anderes, wenn man dann – ca. 20
Jahre nach der Zeit im Anatomiekurs – wieder einmal ein menschliches
Gehirn in der Hand hält. Einige meiner Mitarbeiter – Ingenieure und
Psychologen – und ich hatten die Gelegenheit, uns am anatomischen
Institut in Ulm ein Gehirn einmal von der Nähe anzusehen. Für die
anderen war es das erste Mal überhaupt. Sie hatten noch nie ein Gehirn
in der Hand gehabt, obwohl sie täglich durch virtuelle Gehirne an ih-
ren Bildschirmen hindurchfliegen, um Daten aus den Bildgebungsma-
schinen, den Scannern, zu analysieren.

„Wo ist denn hier V4?", „ich kann den Zentralsulkus nicht recht
ausmachen", „sieht schon eigenartig aus", waren einige der spontanen
Äußerungen, mit denen unser freundlicher Gastgeber, Kollege Pilgrim,
fertig werden musste. Während er geduldig erzählte, was man von außen sehen kann, und dann mit einem Messer scheibchenweise die ca.
1,4 kg schwere, glibberige Materie kunstgerecht zerlegte, gingen uns
Zuschauern die verschiedensten Gedanken durch den Kopf: Dieses
Gehirn hatte einem Menschen gehört, mit Gedanken, Gefühlen, einem ganzen Leben voller Erinnerungen etc. Wir waren es gewohnt, am
Bildschirm durch eingescannte virtuelle Gehirne zu sausen, bunte Fle-

cken als Aktivierungsmuster zu identifizieren, mit Milliarden Bits von Bilddaten zu rechnen usw. Das hier war jedoch etwas anderes: ein richtiges Gehirn. Man konnte gar nicht anders, als den Gedanken denken, dass es einem selbst irgendwann einmal so ergehen wird: All das, was uns ausmacht, tragen wir in diesen 1,4 kg Materie mit uns herum, und irgendwann einmal werden diese 1,4 kg nichts weiter sein als eben das: glibberige Materie, in der ein Student den Zentralsulkus sucht.

Für die Aktion der Gehirnsektion war ein Vormittag geplant. Gegen 12.30 Uhr waren wir jedoch noch längst nicht fertig und beschlossen spontan, uns zwei Tage später wieder zu treffen, um weiter zu machen. Als das kleine Grüppchen die Anatomie verließ, hatte sich in jedem einzelnen Kopf etwas geändert: Die Erfahrung einer Gehirnsektion vergisst man nicht!

## Das Gehirn eines Nobelpreisträgers

Richard Feynman (1918–1988) war einer der bedeutendsten Physiker des letzten Jahrhunderts. Er gilt als Vater der Quantenchromodynamik, seine Art der Darstellung bestimmter grundlegender Zusammenhänge von Materie, Energie, Raum und Zeit sind nach ihm benannt. Seine publizierten Vorlesungen sind bis heute Pflichtlektüre für Physiker. Er war zeitlebens ein neugieriger und bescheidener Mensch und mochte diejenigen nicht, die nur vorgaben, etwas zu wissen, und gerne unverständlich redeten (damit es nicht auffällt, dass sie nichts wissen). Er selbst konnte komplizierte Dinge sehr klar und anschaulich darstellen. Zugleich war Feynman ein „schräger Vogel" und machte bereits in den 1960er Jahren dadurch auf sich aufmerksam, dass er sich (im puritanischen Amerika) öffentlich gegen die Schließung einer Oben-ohne-Bar einsetzte. Einen seiner letzten großen Auftritte hatte er in einer Untersuchungskommission des Challenger-Unglücks, wo er vor laufenden Kameras mit einem Glas Eiswasser demonstrierte, wie Dichtungsgummi hart wird und dann seine dichtende Funktion verliert, was zum Unglück geführt hat. Eine von James

Gleick (1993) publizierte Biografie dieses Mannes trägt nicht ohne Grund den Titel *Genius*.

Auch ein geniales Gehirn ist anfällig und sehr leicht aus dem Gleichgewicht zu bringen. Und auch ein geniales Gehirn merkt genau davon selber nichts! Dies mag zunächst seltsam erscheinen, aber ein Spiegel kann sich ja auch nicht selbst betrachten, und kein Wegweiser geht selbst dorthin, wohin er zeigt. Das Gehirn merkt von dem, was in ihm vorgeht, nichts. Wenn Sie sich manchmal beim Denken an den Kopf fassen oder vielleicht sogar von manchem Problem einen schweren, brummenden oder gar schmerzenden Kopf bekommen, dann spüren Sie *nicht* Ihr Gehirn. Sie können es gar nicht spüren, denn im Gehirn gibt es keine Sensoren für Berührung oder Schmerz. (Was Sie spüren, sind Begleitphänomene, die sich an den Gehirnhäuten oder an den Muskeln im Bereich des Kopfes abspielen.) Das Gehirn kennt also die ganze Welt (dafür ist es ja da), nur nicht sich selbst.

Zurück zu Herrn Feynman. Auf seinen ersten Personal Computer wird er sich ähnlich gefreut haben wie die meisten Männer beim ersten Erwerb dieses unglaublichen Spielzeugs. Es war im Frühjahr 1984. Er holte ihn ab, stolperte dabei und verletzte sich leicht am Kopf. Er fühlte sich für einige Tage nicht so gut, etwas benommen, schenkte der Sache jedoch weiter keine Bedeutung. Ein paar Tage später fiel er jedoch dadurch auf, dass er sein Auto, das vor seinem Haus geparkt war, eine Dreiviertelstunde lang suchte. Er redete eigenartiges Zeug und verhielt sich seltsam. Auffällig wurde es dann während einer Vorlesung. Zunächst hielten die Zuhörer das Ganze für einen von Feynmans Scherzen, war er doch weithin als Spaßvogel bekannt (ein bekanntes Buch über ihn trägt den Titel: *Sie belieben wohl zu scherzen, Mr. Feynman*, vgl. Feynman & Leighton 1996). Aber irgendwann begriffen die Studenten, dass das Genie Unfug redete.

Man brachte Feynman in eine Klinik, und die rasch durchgeführten Untersuchungen brachten diagnostische Klarheit: Bei seinem Sturz hatte sich Feynman ein subdurales Hämatom zugezogen, also einen Bluterguss im Kopf, der auf sein Gehirn drückte (vgl. Abb. 1.3).

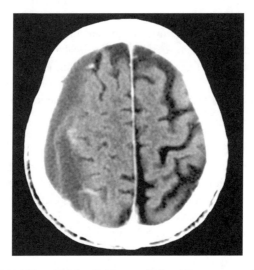

**1.3** Abgebildet ist hier *nicht* das Gehirn von Richard Feynman, sondern ein typisches subdurales Hämatom, wie es sich heute in der radiologischen Routinediagnostik zeigt. Man sieht deutlich, wie das Blut (das sich hier dunkelgrau darstellt) links auf das Gehirn drückt und dessen Funktion damit beeinflussen kann (ich danke Herrn Dr. Bernd Schmitz aus der Abteilung für Radiologie meines Kollegen, Herrn Professor H.-J. Brambs, für die freundliche Überlassung des Bildes).

Er wurde sofort operiert, wobei die Abhilfe nach Diagnosestellung im Grunde sehr einfach ist: Man bohrte in seinem Fall zwei Löcher in den Kopf, durch die man die aufgestaute Flüssigkeit ableitete. Bereits am Tag nach der Operation war Feynman wieder fit und soll seinem Arzt, der die Bilder seines Gehirns gemacht hatte, gesagt haben: „Sie können aber nicht sehen, was ich denke" (vgl. Gleick 1993, S. 595). Das war damals sicherlich richtig. Heute jedoch kann man sehen, was eine Ratte träumt (Louie & Wilson 2001), ob sich ein Mensch gerade etwas Großes oder Kleines vorstellt (Kosslyn 1992), oder gar, wie sich jemand demnächst entscheiden wird. Davon später mehr (vgl. Kap. 10-12).

Halten wir fest: Ein bisschen Blut am falschen Ort im Kopf – und schon gerät alles durcheinander. Und vor allem: Selbst das Gehirn eines Genies merkt nichts davon, dass in ihm etwas daneben geht. Aus genau diesem Grund ist Gehirnforschung wichtig. Man kann nicht die Augen schließen, in sich hineinhören und allein dadurch schon alles über sich und sein Gehirn wissen. Im Gegenteil: Auf diese Weise erfährt man gar nichts! Man muss sich schon die Mühe machen, das Gehirn zu studieren, es zu erforschen wie jeden anderen komplizierten Forschungsgegenstand.

## Das Gehirn einer Terroristin

Um es vorwegzunehmen: Es geht im Folgenden weder um die Einzelheiten der Lebensgeschichte von Ulrike Meinhof noch um einen Abschnitt der Geschichte Deutschlands. Es geht vielmehr um die Frage, was man aus den Vorfällen um den Terrorismus in Deutschland vor etwa drei Jahrzehnten (vgl. Prinz 2003) und deren erneuter Diskussion im Herbst 2002 (vgl. Dahlkamp 2002) zur Frage nach Gehirn und Handeln lernen kann.

Die Tatsachen sind bekannt: Ulrike Marie Meinhof wurde am 7.9.1934 geboren und litt mit 28 Jahren, gegen Ende ihrer Zwillingsschwangerschaft, an Doppelbildern und Kopfschmerzen. Sie wurde nach der Geburt am 23.10.1962 in Hamburg am Gehirn operiert, nachdem man eine rechtsseitig gelegene Gefäßmissbildung, einen so genannten Blutschwamm (Angiom), als Ursache der Symptome durch entsprechende Röntgenaufnahmen gefunden hatte. Durch die Operation konnte diese Missbildung nicht entfernt, sondern nur mit Klammern zurückgedrängt werden. Zudem konnte aufgrund der Lage des Angioms tief im Gehirn nicht verhindert werden, dass es bei der Operation zu Verletzungen der darum herum liegenden Strukturen im Bereich von Mandelkern und Schläfenlappen (vgl. Abb. 1.4) rechts kam. Diese Strukturen sind an Prozessen der Wahrnehmung und der Verarbeitung emotionaler Inhalte beteiligt (vgl. Kap. 6). Wie man heute aus Aussagen und Briefen des Ex-Ehemannes und der Pflegemutter rekon-

struieren kann, war es bei Ulrike Meinhof in der Tat nach der Operation zu einer Änderung des Erlebens und der emotionalen
Steuerungsfähigkeit gekommen. Der Rest ist Geschichte. Ulrike Meinhof wurde zum maßgeblichen Kopf der Terror-Gruppierung *Rote Ar-
mee Fraktion* (RAF), auf deren Konto eine ganze Reihe terroristischer
Akte, Bombenanschläge (mit Inkaufnahme des Todes unschuldiger
Menschen) und Morde ging. Am 15.6.1972 wurde Ulrike Meinhof
verhaftet, und am 9.5.1976 beging sie in ihrer Zelle Selbstmord durch
Erhängen.

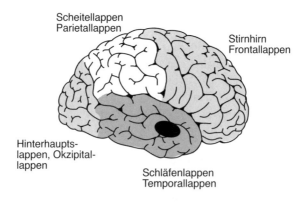

**1.4** Schematische Darstellung des Gehirns von rechts (aus Spitzer 2002) mit
Bezeichnung der wichtigsten großen Bereiche der Gehirnrinde (Kortex). Der
Mandelkern (hier schwarz dargestellt) liegt tief im Temporallappen und ist von
außen nicht sichtbar.

Interessant ist, dass die der Gehirnforschung bereits damals bekannten Zusammenhänge von Mandelkern und Emotionalität von
den Beteiligten im Prozess nicht zur Kenntnis genommen wurden. Der
Tübinger Gerichtsmediziner Jürgen Pfeiffer hatte bereits 1976 als Ob-
duzent des Gehirns von Ulrike Meinhof in seinem Gutachten für die
Stuttgarter Staatsanwaltschaft formuliert:

> „Aus nervenfachärztlicher Sicht wären Hirnschäden des hier nach-
> gewiesenen Ausmaßes und entsprechender Lokalisation unzweifel-

haft Anlaß gewesen, im Gerichtsverfahren Fragen nach der Zurechnungsfähigkeit zu begründen." Später ergänzt er: „80 Prozent [dieser Schäden] sind Operationsfolge [...] 20 Prozent könnten auf den Schwamm zurückgehen, der von unten aufs Hirn gedrückt hat" (zit. nach Dahlkamp 2002).

Doch für viele Menschen und nicht zuletzt für die Verteidigung war es damals offensichtlich nicht denkbar, dass die Taten einer Heldin (von der man nachweisen wollte, dass sie vom Staat umgebracht worden sei) mit einer krankheitsbedingten Einschränkung von Urteils- bzw. Steuerungsfähigkeit zusammenhängen könnten. Aus heutiger Sicht wäre Ulrike Meinhof möglicherweise für nur eingeschränkt schuldfähig – aber damit eben auch nur eingeschränkt des Helden- und Märtyrertums fähig – zu erachten gewesen. Der Gutachter Pfeiffer jedenfalls hätte vor Gericht entsprechend votiert, wie er in einem Brief an die Pflegemutter Anfang 1978 geschrieben hatte. Er wurde jedoch gar nicht gefragt.

Da nicht sein kann, was nicht sein darf, wurde hierüber erst nach 26 Jahren öffentlich diskutiert, weil eine erneute Untersuchung des Gehirns von Ulrike Meinhof im Gange war. Nun jedoch wurde wieder nicht über Gehirn und Schuld, über damalige ideologische Blindheit und die Vertuschung naturwissenschaftlicher Tatsachen geredet, sondern über die Aufbewahrung des Gehirns und die Umstände von dessen erneuter Erforschung. Statt die Klarheit zu begrüßen und zu prüfen, inwieweit es im Fall Ulrike Meinhof im Grunde um Krankheit ging und *nicht* um eine Auseinandersetzung um zu realisierende utopische Lebensentwürfe, wurde die Chance, aus dem Fall wirklich etwas zu lernen, vertan.

Was kann man nun daraus wiederum lernen? – Zunächst einmal machen die Ereignisse – leider – wieder einmal deutlich, wie sehr Ideologie und Macht der Vernunft im Wege stehen. „Wäre doch sehr peinlich, wenn sich herausstellte, dass alle diese Leute einer Verrückten nachgelaufen sind", soll Peter Zeis, damals Oberstaatsanwalt bei der Bundesanwaltschaft, gesagt haben. Nun, es wäre keineswegs die einzige Peinlichkeit im Zusammenhang mit Krankheit und Politik gewesen. Das mächtigste Land der Erde wurde vor kaum mehr als einem Jahrzehnt von einem Mann regiert, der an Alzheimer-Demenz litt und vor wichtigen Entscheidungen von seiner Frau beraten wurde, die als Hobbyastrologin die Sterne befragte. Mit den Entscheidungen mussten dann die Politiker weltweit zurechtkommen.

Gedanken wie diese machen Ihnen Angst? Nun, im Grunde kratzen wir erst an der Oberfläche der Probleme! Vielleicht denken Sie ja auch, dass nur wir Menschen den rechten Pfad der guten gesunden natürlichen Instinkte verlassen haben und mit unserem („bösen") leistungsfähigen Gehirn die bei Lebewesen eigentlich vorhandenen Instinkte wie Mutterliebe oder Tötungshemmung gleichsam abschalten können. Auch mit dieser Überlegung liegen Sie falsch, denn die Tiere sind gar nicht so brav, wie wir das noch vor einigen Jahrzehnten glaubten, und die Menschen sind nicht so böse, wie uns manche Machthaber noch heute einreden wollen.

## Eingeschlossen

Ein anderer Nobelpreisträger der Physik, Stephen Hawking, ist weltweit der bekannteste an amyotropher Lateralsklerose (ALS) leidende Patient. Bei dieser Erkrankung kommt es zu einer Degeneration genau derjenigen Nervenzellen, die für die Aktivierung der Muskelzellen verantwortlich sind (man nennt sie Motoneuronen). Die Patienten leiden daher an zunehmenden Lähmungen und sterben schließlich, sofern sie nicht maschinell beatmet werden, einen quälenden Erstickungstod (sofern man ihnen hierbei nicht hilft), weil auch die Atemmuskulatur nicht mehr mit Nervenimpulsen versorgt wird. Dabei sind die Patienten während des gesamten Verlaufs der Erkrankung im Vollbesitz ihrer geistigen Kräfte, denn es gehen ja nur die für die Muskelzellen zuständigen Nervenzellen zugrunde. – Eine furchtbare Krankheit! Herr Hawking ist nicht zuletzt deswegen so bekannt, weil er an einer extrem langsam verlaufenden Variante dieser Krankheit leidet und daher schon sehr lange mit ihr lebt, gefesselt an einen Rollstuhl und abhängig von anderen Menschen und von Maschinen.

Wer auch nur kurz über diese Krankheit nachdenkt, die immerhin einen von etwa 50.000 Menschen befällt, den beschleicht ein kalter Schauer. Kann es etwas Schlimmeres geben, als klar im Kopf zu sein und sich dabei nicht bewegen zu können? Man ist vollkommen abhängig von anderen Menschen, kann sich anderen nicht mehr mitteilen, kann nichts mehr selbst bestimmen. Stellen Sie sich vor: Sie können nicht *sagen*, dass Sie Schmerzen, Hunger oder Durst haben, denn Sie können überhaupt nichts sagen, weil Sie überhaupt nichts bewegen können! Es wundert nicht, dass sich gegenwärtig etwa 95% der ALS-Patienten *gegen* eine maschinelle Beatmung entscheiden, die zwar ihr Leben, jedoch eben auch ihr Leiden verlängern kann.

Der Tübinger Psychologe Nils Birbaumer hat in den vergangenen Jahren ein Gerät entwickelt, das es ALS-Patienten ermöglicht, eine Art Computermaus am Bildschirm allein mit ihren Gehirnströmen zu steuern und damit, wenn auch sehr langsam, eine Tastatur zu bedienen und zu schreiben (Birbaumer 2003). Die Patienten haben damit die Möglichkeit, sich mit anderen Menschen zu verständigen, d.h. in gewissen Grenzen selbst über sich zu bestimmen. Dies wirkt sich auf ihre Lebensqualität sehr positiv aus, wie eine Untersuchung an diesen Patienten im Vergleich zu einer Gruppe gesunder Kontrollpersonen ergab: Nach sechs bis neun Monaten mit dem Gerät unterschieden sich die Patienten im Hinblick auf ihre – von ihnen selbst beurteilte – Lebensqualität nicht mehr statistisch signifikant von der Kontrollgruppe! Deutlicher kann man sich vielleicht nicht vergegenwärtigen, was es bedeutet, selbst bestimmen zu können.

## Der Aufbau des Buches

Um zu sehen, wie wichtig unser Wissen über die Funktionsweise des Gehirns für die unterschiedlichsten Lebensbereiche sein kann, muss zunächst einmal einiges über das Gehirn klar werden. Das Gehirn lernt, bewertet, entscheidet und handelt. Wie es dies bewerkstelligt, beginnen wir zwar erst zu verstehen – man könnte sagen, wir kratzen sicherlich erst an der Oberfläche. Aber bereits das Wenige, das wir wissen, sollten wir zur Kenntnis nehmen, besonders hierzulande, sind doch die Gehirne unserer Kinder letztlich das einzige, was es in diesem Lande gibt, um unsere Zukunft zu sichern.

Um die Spuren, die Erfahrungen auf Karten in unserem Gehirn hinterlassen, geht es in Teil I, wobei zuerst diese Spuren selbst (Kapitel 2) und dann einige Prinzipien ihrer Funktion und Vernetzung angesprochen werden (Kapitel 3). Das Gehirn eines jeden einzelnen Menschen ist daher anders als jedes andere menschliche Gehirn, denn keine zwei Menschen machen genau dieselben Erfahrungen. Im Laufe seiner Entwicklung sucht das Gehirn aktiv nach Kontakt mit der Umwelt, um sich deren wesentliche Aspekte einzuverleiben, bestimmt sich daher permanent selbst (Kapitel 4). Zugleich nimmt seine Möglichkeit zur Bestimmung seiner Handlungen zu. Schon der Säugling handelt und lebt nicht einfach nur Reflexe aus, sondern sucht aktiv den Austausch mit der Umgebung. Er wirkt auf sie ein und testet damit sein Wissen, womit er sich kontinuierlich selbst bestimmt. Auch die weitere Entwicklung des Kindes verläuft in Richtung zunehmender Möglichkeit zum Selbstbestimmen. Dass wir nicht Marionetten unseres Erbguts sind, lässt sich an den Wechselwirkungen von Erfahrung und Umwelt klar zeigen, wofür Beispiele in Kapitel 5 diskutiert werden.

In Teil II geht es darum, wie wir die Dinge nicht nur einfach erfahren, sondern wie wir sie bewerten. Dies muss geschehen, denn wir müssen ständig auswählen, in jeder Hinsicht und zwischen den unterschiedlichsten Alternativen. Wie die Bewertungsmaschinerie im Prinzip funktioniert, wird in Kapitel 6, welche Effekte sie beim Menschen mit seinem besonders großen Frontalhirn hat, in Kapitel 7 diskutiert. Fakten und Werte lassen sich nicht so leicht trennen, wie dies in manchen Diskursen zum Thema den Anschein hat (Kapitel 8). Dies hat Konsequenzen für unsere Art, die Welt zu begreifen, indem wir sie nicht nur, wie andere Arten, immer besser abbilden, sondern nicht selten über dieses Ziel hinausschießen. Wie ein Gehirn mit diesen Eigenschaften evolutionär überhaupt entstehen konnte, ist Gegenstand von Kapitel 9. Vor diesem Hintergrund wird diskutiert, dass und warum Menschen dazu neigen, sich mit der Welt, wie sie ist, nicht zufrieden zu geben und einen Überschuss an Bedeutung zu produzieren.

In Teil III werden die neurobiologischen Grundlagen von Entscheidungsprozessen und Handlungen untersucht. Im Kopf herrscht eine Art Demokratie (Kapitel 10), d.h., Neuronen stimmen mehrheitlich darüber ab, was zu tun ist. Sie gewichten Wahrscheinlichkeiten und Wertungen, und man versteht die Aktivität mancher Neuronen überhaupt erst dann, wenn man Formalismen aus der Wirtschaftswissenschaft zu ihrer Analyse heranzieht (Kapitel 11). Umgekehrt kann der Wirtschaftswissenschaftler von der Neurobiologie lernen, wenn es darum geht, wirtschaftliche Entscheidungen zu verstehen, bei denen die „reine" ökonomische Lehre versagt (Kapitel 12). In Kapitel 13 wird dann endlich die Frage aufgegriffen, ob die Erkenntnisse der Gehirnforschung uns nicht unsere Unfreiheit sehr deutlich vor Augen führen. Die Diskussion zeigt jedoch im Rückgriff auf Kant, Planck und weitere Philosophen und Neurowissenschaftler, dass genau das Gegenteil der Fall ist.

Teil IV beleuchtet einige Aspekte des Handelns, wobei wir mit erneuten Überlegungen zu Biologie und Verhalten beginnen (Kapitel 14). Nicht nur wir Menschen handeln, sondern bereits höhere Tiere, z.B. Primaten, von denen wir für das Verständnis unserer selbst sicherlich mehr lernen können als von Transmissionsbändern, Schaltpulten oder Computern. Waren vor 50 Jahren die Instinkte der Tiere noch klar geschieden von der Ethik des Menschen, so haben Studien zur Moral bei Tieren und zum Verhalten von Menschen die Grenzen verwischt, könnte man beklagen. Man kann diese Entwicklung jedoch auch als Chance begreifen, uns besser zu verstehen.

Menschen können Sachverhalte nicht nur neuronal, sondern auch sprachlich repräsentieren, sich Geschichten erzählen und (zuweilen) aus Einsicht handeln (Kapitel 15). In Kapitel 16 geht es weiterhin um einige Beispiele, die Anstöße zum Nachdenken geben sollen. Nicht anders in Kapitel 17, wo es darum geht, wie wir Einsicht nutzen können, um Fallstricke und Fehlschlüsse zu vermeiden, denen wir gerade aufgrund unserer Biologie aufsitzen können. Darum geht es auch in Kapitel 18, wenn auch die Sicht hier eine persönliche ist.

Wohl die meisten Schlüsse aus den angeführten Überlegungen zie-he nicht ich selbst, sondern überlasse sie dem Leser, ganz gemäß dem Titel des Buches.

# Teil I
# Erfahren

Was sollen wir tun? – Diese Frage stellt sich uns ständig in verschiedenen Zusammenhängen und Schwierigkeitsgraden. Die Konsequenzen können ganz unterschiedlich sein: vom harmlosen Stück Schokolade in meinem Mund bis zum Weltfrieden. Geht es hier überhaupt um dieselbe Frage? Anders gefragt, macht es denn überhaupt Sinn, diese Frage so allgemein zu untersuchen? Schließlich geht es um so unterschiedliche Bereiche wie Motivationspsychologie und Wirtschaft, Politik und Philosophie, Medizin und Macht!

Man soll diese Frage untersuchen; man kann es auch; und die Ergebnisse sind wichtig für das, was wir tatsächlich tun. Geht man hierbei wissenschaftlich vor, so untersucht man, wie sich Menschen tatsächlich entscheiden, was sie tatsächlich tun. Und man untersucht die Prozesse im Gehirn, die all dies bewerkstelligen. Niemand wird heute noch ernsthaft bezweifeln, dass Erfahren, Bewerten, Entscheiden und Handeln in unseren Köpfen geschehen, hervorgebracht vom kompliziertesten Stück Materie, das wir kennen: dem menschlichen Gehirn.

In diesem Teil geht es darum, wie das Gehirn Erfahrungen produziert und sich dabei ändert, was zugleich wiederum die Art und Weise ändert, wie es Erfahrungen macht.

# 2 Spuren

Stellen Sie sich vor, Sie stehen auf einem Aussichtsturm in einem Park. Unter Ihnen liegt eine Rasenfläche, an die verschiedene Buden und Gebäude angrenzen, die Kasse für den Eintritt, eine Eisbude, ein kleiner Laden, eine Toilette und hinten der Ausgang. Sie beobachten, wie die Leute scheinbar ziellos auf dem Rasen umherlaufen. Wenn Sie wollen, stellen Sie sich vor, es ist Winter, und Sie sehen die Spuren der Leute im frischen Schnee. Der Park hat gerade geöffnet, und ein Besucher war schon da. Er lief zunächst etwas unschlüssig herum, trank an der Eisbude einen Glühwein, musste prompt auf die Toilette und nahm seinen Kindern im Laden noch eine Tüte Bonbons mit. Ein rein zufälliger Spaziergang durch den Park und eine zufällige Spur (siehe Abb. 2.1).

Jetzt kommen noch mehr Leute. Jeder Einzelne hat einen etwas anderen, eben seinen Weg und hinterlässt schwache Spuren im Schnee. Manche haben schlechte Schuhe, und anstatt eine neue Spur zu stapfen, nehmen sie eine bereits vorhandene. Man kann bei Betrachtung dieser Spuren ahnen, dass die an die Rasenfläche angrenzenden Gebäude geöffnet und in Funktion sind, denn die Leute laufen nicht völlig zufällig auf dem Rasen hin und her (Abb. 2.2).

Manchmal geht ein leichter Wind, und es schneit noch ein bisschen hinzu. Einzelne Spuren verschwinden daher wieder; hat sich aber ein Trampelpfad gebildet, so bleibt er erkennbar. Man kann sogar davon ausgehen, dass ein einmal ausgebildeter Pfad sich selbst erhält und die Leute auf ihm laufen, einfach, weil er da ist. Nehmen wir also an, der Eisverkäufer ist einen Tag krank. Dann werden die Leute, die im Park spazieren gehen wollen, vielleicht dennoch den Trampelpfad quer hinüber wählen, denn auf ihm läuft es sich leichter.

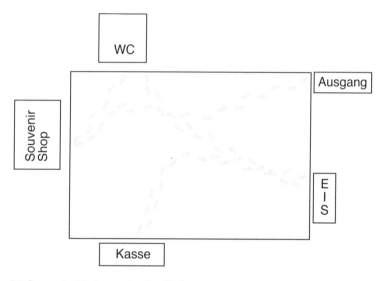

**2.1** Spuren im frisch verschneiten Park.

Langfristig kann man also von oben keineswegs jede einzelne Spur
verfolgen. Dennoch trägt jede einzelne ein kleines bisschen zu dem
Muster im Schnee bei. Dieses Muster, das langfristig entsteht und sogar eine gewisse Tendenz hat, auch dann bestehen zu bleiben, wenn
nichts mehr geschieht oder wenn die Ursachen, die früher zu ihm beigetragen haben, nicht mehr vorliegen, ist alles andere als zufällig. Es
bildet vielmehr *die Statistik* der Benutzung des Parks ab! Die entstandenen Wege zeigen, was die Leute im Park umtreibt, sie „stimmen mit
den Füßen ab", wie man heute gerne sagt, ob ihnen das Eis schmeckt
oder die Souvenirs gefallen. Die Breite der Wege sagt etwas über deren
Variabilität und damit der diesen Wegen zugrunde liegenden Motive
der einzelnen Parkbenutzer aus. Schmale Wege zeigen an, dass nicht jeder genau das Gleiche tut und denkt, breite Trampelpfade hingegen
machen deutlich, dass es zu diesem Weg kaum eine Alternative gibt.
Man könnte auch sagen, dass hinter den Spuren die Regeln der Benutzung des Parks stecken. Jeder Einzelne macht es zwar etwas anders,

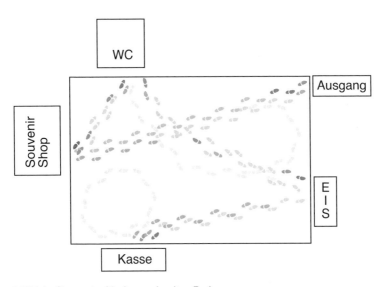

**2.2** Mehr Spuren im frisch verschneiten Park.

macht hier einen Schlenker und schlägt dort einen Haken. Das ist jedoch unbedeutend für die Struktur der Benutzung des Parks, die man von oben so klar erkennen kann (Abb. 2.3).

## Spuren im Gehirn

Spuren gibt es nicht nur im Park, sondern auch im Gehirn! Nicht umsonst spricht man von Gedächtnisspuren, und diese entstehen letztlich auf die gleiche Weise wie die Spuren im frisch verschneiten Park, nämlich durch den Gebrauch, d.h. durch die Benutzung von Verbindungen zwischen Nervenzellen. Jeder einzelne Gebrauch, d.h. jede einzelne Erfahrung, schlägt sich nur ganz geringfügig nieder, aber nach vielen Erfahrungen verbleiben deren Statistik und damit die Regeln, die hinter den einzelnen Erfahrungen steckten, in Form fester Spuren im Gehirn.

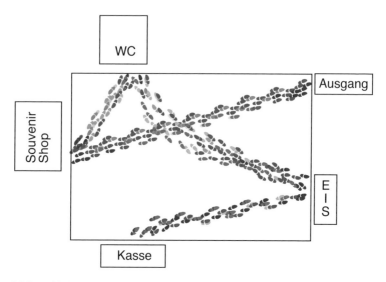

**2.3** Langfristig zeigen die Spuren im Park die Statistik seines Gebrauchs an, d.h. die hinter den einzelnen Episoden (Begehungen) stehenden Regeln der Benutzung.

Warum gibt es diese Spuren im Gehirn? – Sie haben dort, wie auch im Schnee, eine ganz bestimmte Funktion: Sie erleichtern den Durchgang, von Leuten einerseits und von Information andererseits (vgl. hierzu auch das folgende Kapitel). Wenn es bereits Spuren gibt, muss sich nicht jeder selbst seinen Weg durch den Schnee bahnen. Und wenn es schon Spuren im Gehirn gibt, dann kann neu eingehende Information leichter verarbeitet werden. Das wiederum hat Vorteile: Kommt der Säbelzahntiger von links, dann ist es sehr ungünstig, wenn wir ihn erst dann erkennen, wenn er groß und breit vor uns steht. Wer ihn hingegen schon früh hinter dem Gebüsch, anhand ganz weniger optischer Eindrücke, aber aufgrund von ganz viel gespeichertem Wissen über seine Umwelt (einschließlich der Tiger) entdeckt, hat bessere Chancen!

Noch einmal: Mit jeder Erfahrung, jedem Wahrnehmungs-, Denk- und Gefühlsakt gehen flüchtige, wenige Millisekunden dauernde Aktivierungsmuster im Gehirn einher. Die Verarbeitung dieser einzelnen Aktivierungsmuster (der einzelnen Erfahrungen) verändert das Gehirn, nicht viel, aber ein ganz kleines Stück. Was von den unzähligen einzelnen Erfahrungen (Musterverarbeitungsprozessen) bleibt, ist daher nicht deren Einzigartigkeit, sondern das, was sie mit anderen Erfahrungen gemeinsam haben, das, was hinter den einzelnen Erfahrungen an Gemeinsamkeit steckt. Mein Lieblingsbeispiel hier sind Tomaten (vgl. Spitzer 2002, S. 75f), von denen Ihnen wahrscheinlich schon jede Menge begegnet sind. Dennoch können Sie sich nicht an jede einzelne erinnern, und das ist auch gut so, denn Sie hätten ja sonst den Kopf voller Tomaten! Nicht die Einzelheiten sind wichtig, sondern die *allgemeine* Tomate, die in Ihrem Gehirn aus den vielen Erfahrungen mit einzelnen Tomaten entstanden ist.

## Synapsen und ihre Stärken

Nervenzellen stehen miteinander durch lange Kabel, die Nervenfasern, auch *Axone* genannt, in Verbindung. Die Fasern enden jeweils an anderen Nervenzellen, wo sie nicht wie die Kabel in einem Stromnetz fest angelötet sind, sondern in kleinen Verdickungen, den so genannten *synaptischen Endknöpfchen*, enden. Diese wiederum haben engen Kontakt zu der Oberfläche der nächsten Zelle, entweder direkt an dieser Zelle oder irgendwo an deren verzweigten Fortsätzen, den *Dendriten*. An diesen Dendriten wiederum gibt es kleine Auftreibungen, *dendritische Dornen* genannt, an denen die Auftreibung der endenden Nervenfaser andockt. Das ganze Arrangement aus ankommender Faser mit Auftreibung, Zwischenraum und nachfolgendem dendritischen Dorn nennt man eine *Synapse* (Abb. 2.4).

Synapsen stellen Verbindungen zwischen Neuronen her. Diese Verbindungen sind nicht fest, sondern ändern sich durch den Gebrauch der Synapsen: Wenn zwei miteinander verbundene Neuronen zur gleichen Zeit aktiv sind, nimmt die Verbindungsstärke der Synapse

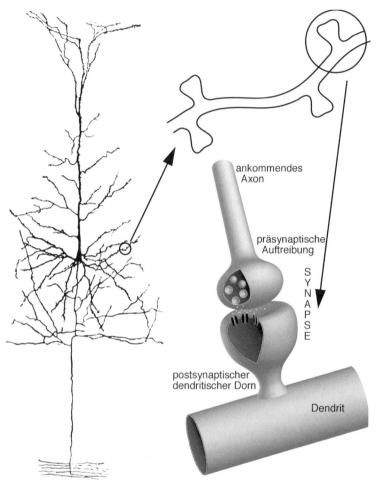

**2.4** Typisches Neuron der Gehirnrinde (links; aus Ramón y Cajal 1988, S. 389) mit herausvergrößertem Teilstück des Dendritenbaums (rechts oben; schematisch); nicht zu sehen sind hier die an den dendritischen Dornen eingehenden Fasern anderer Neuronen. Rechts unten ist eine Synapse mit eingehendem (präsynaptischem) Axon, synaptischem Spalt und (postsynaptischem) dendritischem Dorn an einem kleinen Stückchen eines Dendriten schematisch dargestellt (nach Spitzer 2000). In der präsynaptischen Auftreibung sind Bläschen mit Neurotransmitter zu sehen, der bei Erregung in den synaptischen Spalt ausgeschüttet wird und postsynaptisch Rezeptoren aktiviert.

zwischen ihnen zu. Diese Fähigkeit des Nervensystems zur permanenten Anpassung seiner Verbindungen an ihren Gebrauch nennt man *Neuroplastizität*. Bereits 1949 sprach der Kanadier Donald Hebb von der Verstärkung synaptischer Verbindungen zwischen gleichzeitig aktivierten Neuronen. Im Jahr 1973 wurde schließlich die *Langzeitpotenzierung* (LTP) als Mechanismus synaptischer Plastizität erstmals nachgewiesen. Mittlerweile sind die hierbei beteiligten Prozesse sehr genau untersucht, denn sie sind letztlich die Grundlage für jede Form von Lernen und Gedächtnis. Später fand man zudem, dass auch das Gegenteil der Fall sein kann: Synapsen zwischen Neuronen, die aktivitätsmäßig nichts miteinander zu tun haben, werden schwächer.

Noch einmal: In Abhängigkeit von der Erfahrung des Organismus kommt es an den Synapsen seiner Nervenzellen sowohl zu einer Verstärkung als auch zu einer Abschwächung der Verbindungen. Diese Veränderungen geschehen bei jeder einzelnen Erfahrung, sind jedoch jeweils ganz klein. Viele einzelne Erlebnisse jedoch, die in die gleiche Richtung gehen, werden dafür sorgen, dass bestimmte Synapsen (nämlich diejenigen, über die Aktivität bei den Erlebnissen läuft) stärker werden. Damit wandelt sich das Nervensystem durch die Verarbeitung der flüchtigen Ereignisse langsam um. Viele ähnliche Aktivierungsmuster von einer Dauer im Millisekundenbereich führen zur Entstehung von zeitlich überdauernden, festen Mustern von Synapsenstärken an den beteiligten Neuronen. Hierbei ändert sich nicht nur die Biochemie der Synapsen, sondern auch deren Struktur. So kann beispielsweise ein zweiter dendritischer Dorn wachsen, wodurch sich die synaptische Kontaktfläche vergrößert (Abb. 2.5). Möglicherweise entscheidet die Größe dendritischer Dornen auch über ihre Plastizität: Kasai und Mitarbeiter (2003) postulieren, dass große dendritische Dornen stabiler seien als kleine, womit sie eher für das Langzeitgedächtnis und die kleinen eher für das rasche Lernen zuständig seien. Dies entspräche einer Unterscheidung dendritischer Dornen in solche mit Schreibschutz („write-protected") und solche ohne („write enabled"; vgl. Kasai et al. 2003, S. 363).

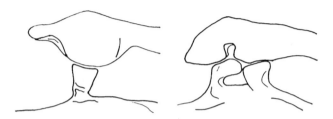

**2.5** Veränderung der Struktur einer Synapse aufgrund von Lernvorgängen (gezeichnet nach elektronenmikroskopischen Aufnahmen aus Toni et al. 1999; vgl. auch Engert & Bonhoffer 1999). Wenn zwei miteinander synaptisch verbundene Neuronen zur gleichen Zeit aktiv sind, nimmt die Verbindung zwischen ihnen zu. Dies geschieht zunächst durch biochemische und danach auch durch strukturelle Veränderungen. Wie hier rechts zu sehen, ist ein zweiter dendritischer Dorn gewachsen und vergrößert die Kontaktfläche der Synapse. Dadurch kann das gleiche Aktionspotential rechts einen größeren Effekt am postsynaptischen Dendriten haben als links, wo die Kontaktfläche deutlich kleiner ist.

## Repräsentationen

In veränderten Synapsenstärken steckt unser gesamtes Können und Wissen (hierüber mehr im nächsten Kapitel). Um dies zu verstehen, stellen Sie sich doch einmal vor, dass Sie mit Ihrem linken Zeigefinger die Spitze eines Bleistifts berühren. Dann werden elektrische Impulse im Finger produziert und über Nervenfasern bis zur Gehirnrinde der anderen Körperseite, in diesem Falle also rechts, geleitet. Dort verzweigt sich die Nervenfaser, und die Impulse erreichen mehrere tausend Nervenzellen in der Gehirnrinde.

Ein Wort zu diesen Impulsen, *Aktionspotentiale* genannt. Sie sind alle gleich, riechen nicht, schmecken nicht, haben keine Farbe, und es gibt sie nicht einmal in verschiedenen Größen. Die einzige Eigenschaft, die ein Aktionspotential hat, ist die, da zu sein oder nicht (und in manchen Fällen ist auch noch wichtig, wann genau es da ist).

Wenn nun diese Aktionspotentiale vom linken Zeigefinger in der Gehirnrinde an vielen Neuronen eingehen, haben sie dennoch nicht überall den gleichen Effekt. Dies liegt an den unterschiedlich starken

Synapsen. An manchem Neuron geschieht beim Eintreffen des Aktionspotentials an der Synapse nur wenig, und der Effekt des Aktionspotentials bleibt gering, an einem anderen Neuron hingegen geschieht viel, weil hier starke Synapsen liegen. Dies wiederum mag an genau diesem Neuron dazu führen, dass es erregt wird und selbst einen Impuls aussendet. In diesem Fall sprechen wir davon, dass dieses Neuron die Stelle des linken Zeigefingers, an welcher der Bleistift piekt, repräsentiert (vgl. Abb. 2.6).

**2.6** Schematische Darstellung des Sachverhalts, dass Neuronen in der Gehirnrinde bestimmte Stellen der Körperoberfläche repräsentieren. Die Bleistiftspitze berührt meinen Finger und löst dort Impulse aus, die in das Gehirn weitergeleitet werden. Dort führen diese Impulse zur Aktivierung ganz bestimmter Neuronen, von denen man sagt, dass sie die Stelle der Berührung repräsentieren (die Abbildung wurde für das Video *Vom Neuron zur geistigen Landkarte* produziert; für ihre Überlassung danke ich Herrn Robert Knickenberg von der Firma 2KAV, Frankfurt).

Ein anderes Neuron in der näheren Umgebung dieses Neurons wird vielleicht ein Stückchen Haut des Mittelfingers repräsentieren, und wieder einige Millimeter entfernt gibt es ein Neuron, das für eine Stelle am Ringfinger zuständig ist. Die Neuronen dazwischen sind entsprechend für dazwischenliegende Stellen an der Körperoberfläche, also zwischen Zeigefinger und Ringfinger, zuständig und repräsentieren diese.

Auch beispielsweise mein Wortschatz in der Muttersprache ist von Neuronen in ganz ähnlicher Weise gespeichert. Wenn ich ein bestimmtes Wort höre, denke oder sage, dann wird das entsprechende Neuron aktiviert, und aus der gleichsam „schlafenden Repräsentation" ist eine aktive geworden. Aktive, „feuernde" Neuronen repräsentieren damit diejenigen Inhalte, die gerade aktuell sind und be- oder verarbeitet werden. An solchen Repräsentationen ist allerdings nicht nur ein Neuron beteiligt. Zu groß wäre das Risiko, dass gerade dieses Neuron aus irgendeinem Grunde einmal Schaden nimmt oder ganz abstirbt. Bestünden innere Repräsentationen aus einzelnen Neuronen, dann wären sie also nur wenig robust. Wir wissen jedoch, dass Repräsentationen – dem Himmel sei Dank! – sehr robust sind. Daraus folgt im Grunde schon, dass es mehrere Neuronen sein müssen, die irgendwie zu einer Repräsentation beitragen. Dies ist auch der Fall; wie wir sehen werden, auf ganz demokratische Weise (vgl. Kap. 10).

## Karten im Kopf

Die räumlich klar auszumachende Zuordnung von bestimmten Regionen der Körperoberfläche zu Kortexbereichen beim Menschen wurde erstmalig von Penfield und Boldrey (1937) veröffentlicht. Weiterhin zeigte sich, dass die Körperoberfläche nicht in Relation zu ihrer Größe, sondern in Abhängigkeit von ihrer Wichtigkeit und ihrem Gebrauch repräsentiert wird. So haben z.B. die Berührungsempfindungen der Hände oder der Lippen eine weitaus größere Häufigkeit und Bedeutung als Berührungsempfindungen des Rückens. Demzufolge sind die Areale, die die Lippen und die Hände repräsentieren, weitaus größer als diejenigen für den Rücken. Aufgrund der Tatsache, dass die Hände und Lippen prozentual mehr Oberfläche einnehmen, können Signale aus diesen Körperregionen wesentlich präziser verarbeitet werden als Signale, die vom Rücken kommen. Im Hinblick auf das Überleben des Organismus ist hierdurch eine hohe Anpassungsfähigkeit gewährleistet.

Die Entdeckung der Landkarten der Körperoberfläche im Gehirn wurde weltweit bekannt, nicht zuletzt durch die didaktisch geschickte Darstellung der unproportionierten Abbildung von Bereichen der Körperoberfläche auf die entsprechenden kortikalen Areale (Penfield & Rasmussen 1950). Penfields Zeichnungen von „Menschlein" (Homunculi) werden in jedem neurologischen und neurowissenschaftlichen Buch abgebildet und sind weltweit derart bekannt, dass die Hauptaussage häufig übersehen wird: Es gibt kortikale Areale, auf denen Input-Signale (im vorliegenden Fall die Berührungsempfindung) in Abhängigkeit der Grundprinzipien Ähnlichkeit, Häufigkeit und Wichtigkeit repräsentiert werden.

Nicht nur der Tastsinn wird kortikal repräsentiert. Das visuelle System des Menschen besteht aus mehr als einem Dutzend von Karten der Netzhaut (man spricht von retinotopen Arealen), d.h. räumlich geordneter Bereiche der Gehirnrinde, auf denen Punkte mit Punkten auf der Netzhaut korrespondieren. Wie beim oben genannten Homunculus werden die Netzhautbilder auf die retinotopen Areale in der Weise verzerrt abgebildet, dass die Signale, die aus dem Bereich des schärfsten Sehens der Retina (der Fovea) kommen, den größten Teil der kortikalen Verarbeitungsfläche einnehmen. Ebenso gibt es im akustischen System tonotope Areale, in denen Neuronen einzelne Frequenzen repräsentieren, wobei aus der Lage eines Neurons auf die Höhe der Frequenz geschlossen werden kann (vgl. Abb. 2.7 rechts).

Man hat heute guten Grund zur Annahme, dass auch höherstufige kortikale Bereiche mit bislang nicht bekannten Repräsentationen in ähnlicher Weise strukturiert sind. Diese Hypothese stützt sich u.a. auf Modelle neuronaler Netzwerke, in denen wesentliche Merkmale der Funktion des Kortex implementiert sind (vgl. Spitzer 2000). Wie diese

Karten mit Repräsentationen der verschiedenen Ebenen der Verarbeitung miteinander arbeiten und genau dadurch höhere geistige Leistungen vollbringen, ist Gegenstand des nächsten Kapitels.

Zwei US-amerikanische Autoren, der Neuroinformatiker Terrence Sejnowski und der Sozialwissenschaftler Steven Quartz, haben gemäß der Geschichte ihres Landes den Kortex mit dem wilden Westen verglichen:

> „Die Entwicklung des Kortex erinnert nach heutigem Kenntnisstand eher an die Pionierzeit im amerikanischen Westen. Eingehende Axone, wie die Siedler, folgen rauhen Pfaden in eine Welt der Möglichkeiten. Während eine komplexe molekulare Maschinerie damit beschäftigt ist, Wege und Straßen anzulegen, bestimmt die Aktivität der eingehenden Axone, nachdem sie an ihrem Bestimmungsort angekommen sind, wo sie sich schließlich niederlassen und Wurzeln schlagen. Natürlich besteht die Möglichkeit von Immobilienbetrug: Wenn eine unbenutzte Gegend vielversprechend erscheint, warum sie nicht ausprobieren? Genau dies scheint im visuellen Kortex blind geborener Menschen zu geschehen. Axone, die Tastinformationen heranbringen, überrennen bei ihrer Suche nach mehr neuronaler Fläche den visuellen Kortex" (Quartz und Sejnowski 2002, S. 40, Übersetzung durch den Autor).

Das Beispiel des visuellen Kortex von blind geborenen Menschen, der bei diesen für das Tasten verwendet wird, zeigt an, wie groß die Neuroplastizität des Gehirns zum Zeitpunkt der Geburt ist. Wie wir heute wissen, nimmt die Plastizität dann rasch ab und ist bereits gegen Ende des zweiten Lebensjahrzehnts nur noch gering. Dies hat Auswirkungen auf die Art, wie erwachsene Menschen lernen bzw. lernen sollten (vgl. hierzu Spitzer 2002).

## Spuren verfestigen sich automatisch

Was geschieht, wenn es – um im obigen Bild des Parks mit den Spuren im Schnee zu bleiben – wieder schneit oder wenn es taut oder wenn eine riesige Elefantenherde den Schnee durchquert? Im Park sind dann die Spuren verschwunden. Wenn dies im Gehirn ebenso wäre, könnten wir uns nicht auf unsere Erfahrungen verlassen, und vor allem könnten wir nicht darauf vertrauen, dass wir noch nach Jahren auf sie zurückgreifen werden können.

Gerade die frühen Erfahrungen sind wichtig, denn sie liefern uns ganz wesentliche Strukturen der Welt. Unsere Körperoberfläche beispielsweise ändert sich in aller Regel strukturell nicht, weswegen der Penfield'sche Homunculus bestehen bleiben sollte, ist er einmal ausgebildet. Auch unser Hören bezieht sich zeitlebens auf die gleichen Frequenzen (wenn auch im Alter die hohen etwas abnehmen), weswegen die Frequenzkarte, einmal ausgebildet, bestehen bleiben sollte. Auch die Struktur der gesehenen Welt verändert sich keineswegs, sondern ist im Gegenteil äußerst stabil. Die Landkarten in unseren Köpfen sollten es daher auch sein, sobald sie sich im Laufe der kindlichen Entwicklung (vgl. Kap. 4) erst einmal gebildet haben.

Vor diesem Hintergrund ist eine Untersuchung von Bedeutung, die nachweisen konnte, *dass es die Strukturbildung selbst ist*, die für die Verfestigung der einmal entstandenen Struktur sorgt. Im Hinblick auf den Schnee im Park bedeutet dies: Genau dann, wenn klar erkennbare Spuren entstanden sind, sorgen diese Strukturen dafür, dass es sehr kalt wird und der Schnee im Park steinhart gefriert. Dann können zwar noch immer sehr viele trampelnde Menschen die Spuren verändern, aber dies wird sehr langsam geschehen, und die grundlegende, einmal entstandene Struktur wird nie mehr ganz verschwinden. Wie geschieht dies im Gehirn? Wie kam man der Natur auf diese Schliche?

Chang und Merzenich (2003) gingen der ersten Frage dadurch nach, dass sie die Entwicklung der akustischen Gehirnrinde bei Ratten untersuchten. Man wusste bereits, dass sich die akustische Erfahrung (sprich: das, was man hört) auf die Entwicklung des primären auditorischen Kortex (A1) auswirkt. Bei der Ratte entwickelt sich der Gehörsinn ab dem 12. Tag nach der Geburt. Zu diesem Zeitpunkt reagieren die meisten Neuronen im Bereich der primären akustischen Rinde auf hohe Frequenzen, die recht unterschiedlich sein können. Im Verlauf von zwei bis drei Wochen ändert sich dies dramatisch. In dieser Zeit entwickeln die kleinen Ratten einen primären auditorischen Kortex mit einer Tonlandkarte wie bei ausgewachsenen Tieren (vgl. Abb. 2.7).

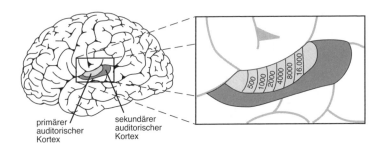

**2.7** Primärer auditorischer Kortex (A1) beim Menschen (hellgrau dargestellt; aus Spitzer 2002). Links ist die Lage im Kortex in einer Übersicht und rechts seine Organisation im Sinne einer so genannten tonotopen Karte dargestellt. Bei Ratten ist dies ähnlich.

Dies bedeutet erstens, dass einzelne Neuronen in A1 auf ganz bestimmte Frequenzen ansprechen, und zweitens, dass diese Neuronen nicht regellos, sondern nach Frequenzen geordnet in der akustischen Gehirnrinde angeordnet sind.

In Abbildung 2.8 ist diese Entwicklung quantitativ dargestellt. Am Anfang sprechen die meisten Neuronen auf hohe Frequenzen an, nach Abschluss der Entwicklung hingegen (im Experiment von Chang und Merzenich 34 Tage später) ist die Repräsentation aller Töne der Umwelt von Ratten recht gleichmäßig über die Zahl der akustischen Neuronen verteilt. Mit anderen Worten: Die Hörerfahrungen des Tieres haben dafür gesorgt, dass sich die Neuronen im Hörkortex auf einzelne Frequenzen spezialisiert hatten, d.h., es hatten sich in Abhängigkeit von der Hörerfahrung klare Repräsentationen von Frequenzen gebildet. Diese wiederum lagen nicht einfach so im Kortex herum, sondern waren nach den Frequenzen angeordnet, hier die tiefen, daneben die mittleren und wiederum daneben die hohen Frequenzen.

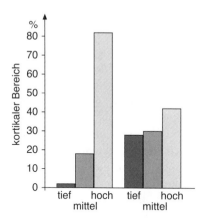

**2.8** Prozentualer Anteil des primären auditorischen Kortex bei Ratten, dessen Neuronen auf tiefe, mittlere und hohe Frequenzen ansprachen. Jeder Frequenzbereich entspricht etwa 1,5 Oktaven. Man sieht deutlich, dass zu Beginn der Entwicklung (links) etwa 80% aller akustischen Neuronen auf hohe Frequenzen ansprechen, nach der Entwicklung hingegen (rechts) die Frequenzen der akustischen Hörerfahrung von Ratten recht gleichmäßig repräsentiert sind. Angemerkt sei, dass die akustische Umgebung von Ratten höhere Frequenzen enthält als die von Menschen, nicht zuletzt deswegen, weil die Vokalisationen der Ratte aufgrund der wesentlich kleineren Organe (Stimmlippen, Mundhöhle) höherfrequent sind (nach Chang & Merzenich 2003, S. 499, Abb. 1J).

## Rauschen verschiebt kritische Perioden

Man wusste aus früheren Untersuchungen, dass diese Entwicklung in einer kritischen Periode von zwei bis drei Wochen nach Beginn der akustischen Wahrnehmung abläuft. Wie auch beim Sehen führt die Erfahrung in dieser Zeit zur Strukturierung der Verarbeitungsareale. Es ist bekannt, dass sich die Sehschwäche eines Auges während dieser kritischen Periode in schlechteren Verbindungen dieses Auges zur Sehrinde auswirkt, die dann zur praktischen Blindheit dieses Auges führen. Daraus leitet sich bekanntermaßen beim Menschen die Behandlung des gesunden Auges durch Verschließen mit einer Augenklappe bei einseitiger Sehschwäche ab. Diese muss vor dem fünften Lebensjahr erfolgen, damit die kritische Periode für die Entwicklung des menschlichen Sehsystems nicht verpasst wird.

Man kennt also *kritische Perioden* im Sinne von *Zeitfenstern in der Entwicklung eines Organismus für bestimmte Erfahrungen,* die gemacht werden müssen, damit bestimmte erfahrungsabhängige Entwicklungen erfolgen. Noch einmal: Während dieser Perioden strukturiert die Erfahrung das Nervensystem. Gibt man beispielsweise während der kritischen Periode eine bestimmte Frequenz ganz häufig vor, dann entwickelt der auditorische Kortex sehr viele Neuronen, die für diese Frequenzen zuständig sind. Die Dauer der kritischen Periode für die Entwicklung des auditorischen Kortex in eine tonotope Karte beträgt bei Ratten normalerweise drei bis vier Wochen.

Chang und Merzenich gingen nun der Frage nach, was geschieht, wenn der akustische Input während der kritischen Periode völlig strukturlos ist. Man könnte nun hierzu den Ratten einfach die Ohren zustopfen, aber diese Maßnahme wäre für das Experiment nicht gut geeignet, hört man doch bei verschlossenen Ohren die Geräusche des Körperinneren umso besser (und diese sind durchaus strukturiert!). Man ging daher so vor, dass die Ratten ab dem siebten Tag nach der Geburt mit weißem Rauschen mittlerer Lautstärke (70 dB) beschallt wurden. Dieses klingt wie ein Wasserfall aus der Nähe oder wie ein altes Radio, bei dem gerade kein Sender eingestellt ist.

Als am 50. Tag nach der Geburt der primäre auditorische Kortex der mit Rauschen beschallten Tiere mit dem von (nicht beschallten) Kontrolltieren verglichen wurde, zeigte sich Folgendes: Die Struktur der Repräsentationen in A1 hatte sich bei den mit Rauschen behandelten Tieren seit der Geburt nicht verändert, d.h., die Karte sah noch genauso aus wie 50 Tage zuvor. Ohne strukturierte akustische Signale von außen kam es also zu keiner inneren Strukturierung der akustischen Signalverarbeitung im Kortex; es kam nicht zur Entstehung erfahrungsabhängiger innerer Repräsentationen der (von außen) gehörten Frequenzen (Abb. 2.9).

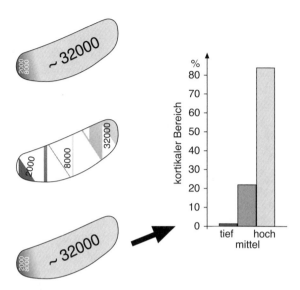

**2.9** Schematische Darstellung des auditorischen Kortex vor der Entwicklung (oben links; entspricht Abbildung 2.8 links), nach der normalen Entwicklung (Mitte links; entspricht Abbildung 2.8 rechts) im Alter von 50 Tagen und im gleichen Alter, jedoch bei Beschallung mit Rauschen von Tag 7 bis Tag 50 (unten links). Rechts ist wie in Abbildung 2.8 der prozentuale Anteil der auf niedrige, mittlere und hohe Frequenzen ansprechenden Neuronen im primären auditorischen Kortex der mit Rauschen beschallten Ratten dargestellt. Der Vergleich mit Abbildung 2.8 (links) zeigt, dass praktisch keine Entwicklung im Sinne einer Spezialisierung der Neuronen erfolgt ist (nach Chang & Merzenich 2003, S. 499, Abb. 1A, B, C, J).

Ist damit die kritische Periode vorüber und die Entwicklung einer ordentlichen Hörrinde für die Ratten unwiderruflich unmöglich? Um dieser Frage nachzugehen, wurden Ratten zunächst für 50 Tage mit Rauschen und danach für etwa drei Wochen mit einem pulsierenden Ton von 7 kHz beschallt. Das Mapping der Neuronen dieser Ratten in A1 zeigte am Tag 74 nach der Geburt einen großen für 7 kHz zuständigen Bereich. Kontrolltiere, die am 50. Tag nach der Geburt einen strukturierten akustischen Kortex aufwiesen und dann für etwa drei

Wochen mit 7 kHz beschallt wurden, zeigten keine vergrößerte Repräsentation dieser Frequenz. Der Kortex war also bei den Kontrolltieren in diesem Alter nicht mehr plastisch. Selbst wenn die Ratten jedoch bis zum Tag 90 nach der Geburt Rauschen und dann für etwa drei Wochen den Ton gehört hatten, zeigte sich das Ergebnis eines vergrößerten 7-kHz-Areals.

Dies bedeutet, dass die Länge der kritischen Periode nicht fix ist, sondern vielmehr davon abhängt, ob eine Strukturierung des betreffenden Areals erfolgt ist oder nicht. Dies passt zu den Ergebnissen anderer Studien, die ebenfalls eine Verlängerung der kritischen Periode beim Hören oder Sehen nachweisen konnten, wenn der entsprechende Input fehlte. Ganz offensichtlich geht es nicht um eine vollständige Deprivation, sondern um das Fehlen äußerer Struktur.

Weitere von Chang und Merzenich berichtete Experimente zeigten immer wieder das Gleiche: Erst dann, wenn durch strukturierte akustische Erfahrung eine Struktur von Repräsentationen im auditorischen Kortex entstanden ist, kommt es zur Fixierung eben dieser Struktur. Damit sorgt nicht nur äußere Struktur (Erfahrung) für innere Struktur (via Neuroplastizität). Neu ist vielmehr, dass innere Struktur für ihre eigene Fixierung sorgt! Dies geschieht wahrscheinlich über die Freisetzung von Wachstumsfaktoren wie beispielsweise BNDF (*brain derived neurotrophic factor*), von der man weiß, dass sie in Abhängigkeit von strukturierter kortikaler Aktivität erfolgen kann. Diese geordnete Aktivität von Neuronen kann es jedoch erst geben, wenn die Repräsentationen nicht mehr ungeordnet (oder gar nicht vorhanden), sondern existent und klar geordnet sind.

Halten wir fest: *Die Strukturierung des Gehirns durch Erfahrung sorgt für ihre eigene Verfestigung.* Das bedeutet natürlich auch, dass frühe Erfahrungen einen weitaus größeren Stellenwert bei der Ausbildung innerer Struktur haben als spätere Erlebnisse. Um in unserem Bild zu bleiben: Wenn die Spuren im Schnee erst einmal steinhart gefroren sind, dann sind Veränderungen nur noch mit viel Mühe und in geringerem Ausmaß möglich.

Im Hinblick auf die Sprachentwicklung beispielsweise weiß man, dass sehr frühe Eindrücke festlegen, welche Sprachlaute (Phoneme) akzentfrei gesprochen werden können und welche nicht (vgl. auch Kap. 4). Dies folgt möglicherweise aus ähnlichen Mechanismen wie dem gerade diskutierten. Daraus wiederum folgt jedoch, dass früher Sprachinput strukturierend und damit sprachkompetenzfördernd wirkt. Entsprechend beenden die Autoren ihre Arbeit mit einer mahnenden Spekulation, was die Auswirkungen von Lärm auf die Sprachentwicklung unserer Kinder sein könnten:

> „Diese Untersuchungen legen nahe, dass Umweltlärm, der gegenwärtig oft in Bereichen auftritt, in denen Kinder erzogen werden, möglicherweise zu den Entwicklungsverzögerungen beiträgt, die das Gehör und die Sprachentwicklung betreffen" (Chang & Merzenich 2003, S. 502; Übersetzung durch den Autor).

Diese Auffassung muss kritisch betrachtet werden. Die Ratten wurden nicht mit Lärm, sondern mit Rauschen (*noise*) beschallt. Das englische Wort *noise* lässt sich ins Deutsche zwar durchaus mit „Lärm" übersetzen, hat jedoch zugleich auch die Bedeutung von „Strukturlosigkeit". Daher wird die *signal-to-noise ratio* auch mit *Signal-Rausch-Abstand* übersetzt, denn es geht bei diesem in der Informationstechnik (und der Neurobiologie) wichtigen Begriff um den Anteil von Signal und Störung. In der Akustik und beim Rundfunk kann man das dann ganz wörtlich nehmen (und so entstand auch der Begriff), denn bei schlechtem Signal-Rausch-Abstand hört man wenig vom Sender und eben viel Rauschen. Wenn wir jedoch andererseits vom Rauschen des Waldes oder Bächleins sprechen und damit (nicht nur) die Strukturlosigkeit des Klangs meinen, dann würde man im Englischen eher nicht von *noise* reden, sondern von *whisper* oder *hush*.

Kann man also aus der beschriebenen Untersuchung von Ratten wirklich auf die Schädlichkeit von Umweltlärm auf die Sprachentwicklung des Menschen schließen? – Mit etwas Phantasie vielleicht schon, aber zwingend ist der Zusammenhang nicht. Erst epidemiologische Studien zur akustischen Wahrnehmung und zur Sprachentwicklung in Abhängigkeit vom Umweltlärm könnten hier Klarheit bringen.

## Fazit: Gedächtnisspuren im Gehirn

Wie die beim Laufen über Schnee oder Gras entstehenden Spuren in
der Landschaft entstehen im Gehirn Spuren, wenn Informationen in
ihm verarbeitet werden. Während die eingehenden Aktionspotentiale
flüchtig sind und nur Millisekunden dauern, sind die Spuren über längere Zeiträume von Stunden, Wochen bis Jahre hinweg stabil.

Die Änderung von Synapsenstärken führt dazu, dass einzelne
Neuronen besonders gut auf bestimmte eingehende Impulsmuster ansprechen. Man sagt, dass diese Neuronen die entsprechenden Input-
muster *repräsentieren*. Die Rede von Repräsentationen ist damit in
neurobiologischer Hinsicht nicht metaphorisch gemeint (wie dies in
anderen Disziplinen der Fall ist), sondern sehr konkret. Es sei an dieser
Stelle angemerkt, dass man auch mathematisch klar sagen kann, was
eine Repräsentation ist, nämlich ein zu einem Inputvektor passender
Synapsengewichtsvektor.

In der Gehirnrinde sind repräsentierende Neuronen nicht wahllos
angeordnet, sondern bilden vielmehr Karten bestimmter Strukturen
der Umgebung. Im Gehörkortex befindet sich eine Frequenzkarte aus
Neuronen, die durch Töne einer ganz bestimmten Tonhöhe aktiviert
werden und die so angeordnet sind, dass ähnlich hohe Töne Neuronen
anregen, die nahe beieinander liegen.

Im Sehsystem gibt es Karten, in denen Neuronen nahe beieinander liegen, die benachbarte Stellen auf der Netzhaut (und damit in der
Umgebung) repräsentieren (vgl. das nächste Kapitel), und der Tastkor-
tex ist eine Karte unserer Körperoberfläche.

Eine im Frühjahr 2003 publizierte Untersuchung konnte erstmals
nachweisen, dass die in der Gehirnrinde zu findenden Repräsentations-
strukturen nicht nur erfahrungsabhängig entstehen, sondern dass ihre
Entstehung zugleich für ihre Verfestigung sorgt. Anders ausgedrückt
bleibt damit die Gehirnrinde so lange flexibel, bis ihre Strukturierung
durch Input von außen (sprich: durch Erfahrung) erfolgt ist; und genau dann kommt es zur Verfestigung eben dieser entstandenen Strukturen.

Das Gehirn lernt immer. Bestimmte, ganz besonders wesentliche Aspekte der Umgebung jedoch darf es nicht verlernen, wenn sie einmal gelernt sind. Hierfür weist das Gehirn genial einfache Mechanismen auf.

# 3 Vernetzte Ebenen

Im Laufe der Evolution wurden Nervensysteme immer komplizierter. Ganz einfache Organismen wie z.B. die Seeanemonen haben nur ein einziges Neuron, das zur Aufnahme, Verarbeitung und Verhaltensproduktion dient (Abb. 3.1): Es meldet einen wie auch immer gearteten Reiz an der Oberfläche des Organismus und bewirkt die Kontraktion von Muskelfasern.

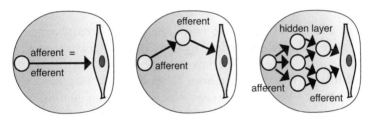

**3.1** Nervensysteme mit einem Neuron (links), mit zwei Neuronen, einem sensorischen für den Input und einem motorischen für den Output (Mitte) sowie mit sensorischen und motorischen Neuronen und einer Neuronenzwischenschicht (engl.: *hidden layer*; rechts). Inputfasern bezeichnet man auch als afferent, Outputfasern als efferent (aus Spitzer 2000).

Bei etwas komplexeren Organismen wie z.B. einigen Quallen sind diese Funktionen bereits auf zwei Neuronen – ein sensorisches und ein motorisches – verteilt. Solche aus zwei Neuronen bestehenden Reflexbögen arbeiten sehr schnell und kommen auch beim Menschen vor. Am bekanntesten ist vielleicht der Kniesehnenreflex: Ein kleiner Schlag unterhalb der Kniescheibe des gebeugten Knies lässt den Unterschenkel in die Höhe schnellen. Dieser Reflex wird durch nur zwei

Neuronentypen bewerkstelligt: Für den Input sorgen „Spannungsmelder" in denjenigen Muskeln, die für die Streckung des Kniegelenks verantwortlich sind. Diese Neuronen senden ihre Signale direkt zu Neuronen, deren Output die Muskeln im Oberschenkel aktiviert.

Es gibt durchaus noch kompliziertere Reflexe: Wir berühren etwas Heißes und ziehen die Hand ohne weiteres Nachdenken zurück. Diese Leistung wird durch einen Reflex bewirkt, der Neuronen voraussetzt, die Hitze melden, sowie Neuronen, die Muskeln aktivieren. Die hierfür benötigten Bahnen laufen bis in das Gehirn und von dort wieder zu den Muskeln. Schmerzen sind in dieser Hinsicht sehr wichtig, denn sie melden dem Organismus das Vorhandensein schädlicher äußerer (und auch innerer) Einflüsse und schützen so den Organismus vor Verletzungen und anderen Schäden.

## Vom Reflex zur Zwischenschicht

Ganz offensichtlich blieb die Entwicklung von Nervensystemen bei Reflexen nicht stehen. Reflexe sind angeborene Verschaltungen, sie funktionieren schnell und effektiv, haben jedoch nur einen begrenzten „Spielraum". Höhere Organismen haben daher die Fähigkeit entwickelt, Aspekte der Außenwelt *intern* zu repräsentieren, um nicht nur auf bestimmte, genetisch vorprogrammierte Ereignisse reagieren zu können, sondern vielmehr auf jegliche wichtigen Ereignisse der Umgebung. Man kann zeigen (vgl. Spitzer 1996, Kapitel 6), dass der wichtigste Schritt in dieser Entwicklung die Einführung von Zwischenschichten war, d.h. von Neuronen, die weder ihren Input direkt von außen bekommen noch ihren Output direkt nach draußen senden. Solche Neuronennetze stellen einen – in der Sprache der Mathematik – *generellen Funktionsapproximator* dar, d.h., sie können prinzipiell *jeden* Zusammenhang zwischen Input und Output abbilden. Sie überwinden damit ganz allgemein eine wesentliche Begrenzung einfacher zweischichtiger Netzwerke. Neuronen in Zwischenschichten ermöglichen somit Leistungen, zu denen zweischichtige Neuronennetze prinzipiell nicht in der Lage sind.

Das Prinzip der Zwischenschichten ist beim menschlichen Gehirn auf die Spitze getrieben. Allein die aus der Anatomie bekannten Größenordnungen zum Nervensystem machen dies deutlich: Die Zahl der Neuronen der Gehirnrinde beträgt $10^{10}$. Jedes einzelne Neuron hat mit bis zu 10.000 ($10^4$) anderen Neuronen Verbindungen, woraus sich die Anzahl der *Verbindungen* mit $10^{10}$ x $10^4$ = $10^{14}$ berechnet. Die Anzahl der Nervenfasern im Gehirn des Menschen lautet damit ausgeschrieben 100.000.000.000.000. Demgegenüber beträgt die Zahl der eingehenden und ausgehenden Fasern (Input + Output) etwa 4 Millionen, d.h. 0,4 x $10^7$. Betrachten wir nur die Größenordnung, dann ergibt sich: $10^{14}$ : $10^7$ = $10^7$. Anders ausgedrückt: Auf jede Faser, die in das Gehirn hinein- oder aus ihm herausgeht, kommen 10 Millionen interner Verbindungen. Die Neuronen des menschlichen Gehirns sind damit vor allem mit sich selbst verbunden. Nur eine unter 10 Millionen Verbindungen geht in das Gehirn hinein oder aus ihm hinaus, eine von 10 Millionen Fasern ist mit der Welt verbunden, die anderen verbinden das Gehirn mit sich selbst!

Dies lässt sich anhand einer der am häufigsten zitierten Abbildungen aus der Neurowissenschaft des letzten Jahrzehnts überhaupt verdeutlichen (vgl. Abb. 3.2), dem Schema des visuellen Systems von Felleman und van Essen (1991). Die Autoren gaben alle bekannten Daten zur anatomischen Vernetzung visueller Areale der Gehirnrinde in einen Computer ein und ließen diesen das Schema zeichnen, d.h. die Areale anhand der anatomischen Verbindungen in ein hierarchisches System eingruppieren. Der Input gelangt von der Netzhaut (Retina), die übrigens als Teil des Gehirns und nicht als „Sensor außerhalb des Gehirns" aufzufassen ist, über das Corpus geniculatum laterale (ein Teil des Thalamus) in den primären visuellen Kortex (primäre Sehrinde, V1).

Dort ist die Verarbeitung visueller Eindrücke jedoch nicht beendet, sondern fängt vielmehr erst richtig an. Die Informationen werden an höhere Karten weitergeleitet, die wiederum mit noch höheren Karten in Verbindung stehen usw. Jede dieser Karten enthält Repräsentationen (Neuronen, die für etwas stehen), aber nur V1 erhält den Input vom Auge (über einen Zwischenschritt); alle anderen Areale erhalten

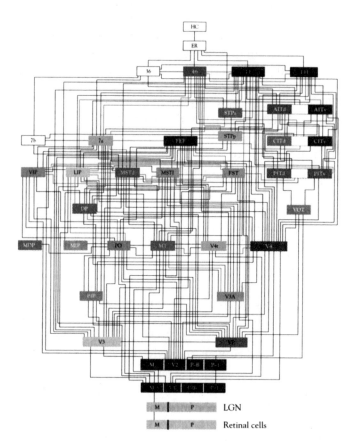

**3.2** Schematische Darstellung des visuellen Systems nach Fellemann und van Essen (1991). Jedes Kästchen stellt ein Areal der Gehirnrinde dar, jede Linie eine Verbindung, die in beide Richtungen verläuft. Das Sehsystem erhält seinen Input von der Netzhaut (unten, Retinal cells) über einen Teil des Thalamus, das Corpus geniculatum laterale (LGN). Die Neuronen der weiter unten abgebildeten Areale repräsentieren einfache Eigenschaften des Gesehenen, wie z.B. Ecken und Kanten. Etwa in der Mitte befinden sich Neuronen, die für Bewegungen (Areal MT) oder Farben und Umrisse (Areal V4) zuständig sind; oben befinden sich Areale mit Repräsentationen für Gesichter, Landschaften, Objekte bzw. andere hochstufige Eigenschaften des Gesehenen (aus Posner & Raichle 1996).

ihren Input von niederen Arealen, d.h. vom Gehirn selbst. Wie oben bereits gezeigt, ist dabei die Grafik in Abbildung 3.2 – mit der einen Linie, die den Input von der Netzhaut des Auges symbolisieren soll, und den vielen internen Verdrahtungen im Gehirn – sehr heftig *unter*trieben: Auf eine Inputfaser kommen nicht etwa hundert innere Verbindungen im visuellen System, sondern etwa zehn Millionen!

Die Verbindungsfasern sind weiterhin ohne Pfeile dargestellt. Dies ist keine Unterlassung, sondern hat einen tieferen Sinn, der darin besteht, dass sämtliche Verbindungen *in beide Richtungen* verlaufen: Bekommt ein Areal Input von einem niederen Areal, so sendet es auch Informationen zu diesem zurück. Das „niedrigere" Areal liefert also nicht nur die Eingangssignale für das „höhere" Areal, es empfängt auch seinerseits Signale von diesem, die der Strukturierung und Gestaltbildung dienen. Wurden derartige Verschaltungen noch vor zehn Jahren von Mathematikern im Hinblick auf ihre prinzipiellen Konsequenzen analysiert (Mumford 1992; vgl. hierzu auch Spitzer 1996), so konnte mittlerweile gezeigt werden, wie dies im Einzelnen geschieht (siehe unten).

Die Neuronen in sämtlichen Arealen repräsentieren selbstverständlich nur, was sie zuvor bereits vielfach verarbeitet haben. Anders ausgedrückt: Die Informationen, die in den Arealen gespeichert sind, waren zuvor Gegenstand vieler Erfahrungen. So sind im Gesichterareal (weiter oben im Schema der Abbildung 3.2 gelegen) die allgemeinen Gesichtszüge einerseits, aber auch die besonderen Gesichtszüge wichtiger Mitmenschen gespeichert. Nur so ist zu verstehen, dass für uns alle Japaner gleich aussehen (ihre Gesichtszüge unterscheiden sich von denen der vielen uns bekannten Menschen sehr stark, liegen damit auf der Landkarte alle in einer Ecke), dass wir unsere Geschwister gut unterscheiden können (obwohl sie ähnlich aussehen), dass wir beim Ausfall des Areals zwar einen Pickel auf einem Gesicht sehen können, jedoch nicht mehr erkennen, dass es sich um das Gesicht unserer Mutter handelt. Und man kann leicht verstehen, warum das Gesichterareal bei manchen Menschen auch noch für andere Dinge zuständig ist – bei Gebrauchtwagenhändlern beispielsweise für Autos und bei Farmern

für Kühe –, wenn man bedenkt, dass es hier auch um Gesichtszüge
geht und – nochmals gesagt – um lebenslange, das Areal mit Repräsentationen füllende Erfahrung.

## Karten im Netz des Sehens

Um einen Eindruck davon zu vermitteln, wie hierarchisch vernetzte
Karten zusammenarbeiten und genau hierdurch höhere geistige Leistungen vollbringen, sei ein Beispiel kurz dargestellt. Der primäre visuelle Kortex (V1) ist eine Landkarte der Netzhaut, bildet also die dort
vorhandenen Lichtflecken topografisch ab (vgl. Abb. 3.3), ist aber hierbei schon auf Ecken und Kanten etwas spezialisiert. Er sitzt am hinteren Pol des Gehirns, im Okzipitallappen (vgl. Abb. 1.4). Mit der
topografischen Abbildung des Augenhintergrundes bzw. der Netzhaut
ist gemeint, dass auf der Netzhaut beieinander liegende Punkte auch in
der primären Sehrinde beieinander liegen. Diese Eigenschaft der primären Sehrinde sowie weiterer höherer kortikaler visueller Areale wird
als *Retinotopie* (*retina:* Netzhaut, *topos:* der Ort) bezeichnet.

Beim Menschen ist mittlerweile die landkartengemäße Abbildung
der Netzhaut (Retinotopie) nicht nur für die primäre Sehrinde, sondern etwa für die Hälfte der gut 30 für das Sehen zuständigen kortikalen Areale nachgewiesen (Sereno et al. 1995). Dies bedeutet nicht, dass
die übrigen Areale keine Landkartenstruktur aufweisen. Vielmehr ist
anzunehmen, dass die Landkarten an Komplexität zunehmen und weniger die geometrischen Verhältnisse der Netzhaut, sondern vielmehr
die inhaltlichen Verhältnisse des Gesehenen abbilden. Die Untersuchung solcher höherstufiger Landkarten ist allerdings schwierig und
steckt daher noch in den Anfängen. Aufgrund des prinzipiell ähnlichen
Aufbaus der Gehirnrinde (96% der Gehirnrinde machen den Neokor-
tex aus, der auch *Iso*kortex – *iso:* gleich – genannt wird, weil er überall
eine sehr gleichförmige Struktur aufweist) hat man jedoch keinen
Grund zur Annahme, dass sie nicht als Landkartengeneratoren funktionieren.

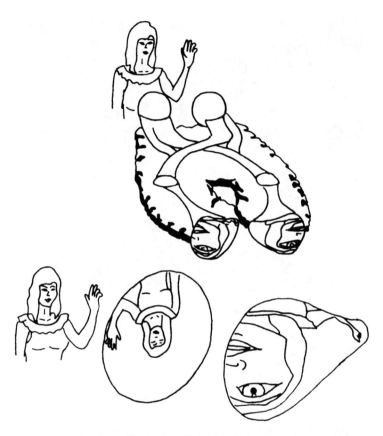

**3.3** Schematische Darstellung eines Teils des Sehsystems, vom gesehenen Gegenstand zum Auge zum Gehirn (modifiziert nach Gregory 1995). Unten ist das Gesehene (links), das umgekehrte Netzhautbild (Mitte) und das „Abbild" der Netzhaut im primären visuellen Kortex (rechts) dargestellt. Die Aktivierung im primären visuellen Kortex ist gegenüber der Netzhaut verzerrt, weil hier die Stelle schärfsten Sehens durch mehr Neuronen repräsentiert ist – ähnlich wie im primären somatosensorischen Kortex die Hand und die Lippen durch mehr Neuronen repräsentiert sind.

**3.4** Das Aquarell *Pintos* der Künstlerin Bev Doolittle ist eines ihrer bekanntesten Bilder und zugleich eine besonders schöne Demonstration der Fähigkeit unseres visuellen Systems, anhand des in ihm gespeicherten Wissens Flecken in Objekte zu verwandeln (aus Doolittle 1990; mit freundlicher Genehmigung des Bantam Books Verlags).

Die Neuronen in V1 bilden die Netzhaut ab, jedoch zum einen verzerrt – für die Stelle schärfsten Sehens in der Mitte des gerade Betrachteten ist mehr Platz in V1 als für die Peripherie (vgl. Abb. 3.3) –, und zum anderen mit einer Betonung von Ecken und Kanten. Diese sind entweder den vom Auge kommenden „Pixeln" zu entnehmen oder werden von höheren Arealen durch weitere Verarbeitungsschritte gleichsam nahe gelegt. Dies ist beispielsweise dann der Fall, wenn der gesehene Gegenstand keine Umrisse oder Schatten hat, sondern sich nur durch Veränderungen der Textur vom Hintergrund abhebt. Dies kommt durchaus vor und wird in manchen künstlerischen Darstellungen besonders deutlich (vgl. Abb. 3.4).

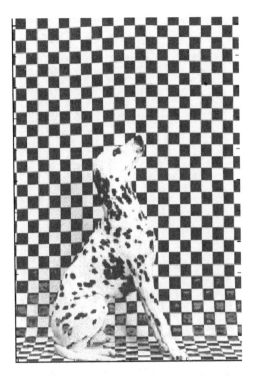

**3.5** Beispiel eines Bildes, das wir allein aufgrund der Textur erkennen. Ohne Umrisslinien können wir einen „Gegenstand", den Dalmatinerhund, klar vom Hintergrund abgrenzen (© www.gert-weigelt.de).

Computersimulationen neuronaler Netzwerke sind heute für das Verständnis des Zusammenwirkens vieler Neuronen unabdingbar. Steckt man bestimmte aus der Neurobiologie bekannte Eigenschaften neuronaler Verbände (also beispielsweise eines oder mehrerer kortikaler Areale) in entsprechende Modelle hinein, so kann man sie mit Input, d.h. mit Eingangssignalen konfrontieren und zusehen, wie der Input verarbeitet wird. In einem weiteren Schritt lassen sich dann sogar Eigenschaften der simulierten Neuronenverbände vorhersagen. Diese

**3.6** Schematische Darstellung der Art und Weise, wie das visuelle Areal V1 auf das in Abbildung 3.5 dargestellte Bild reagiert. Es geht in V1 unter anderem um Ecken und Kanten, also um Veränderungen der Helligkeit und weniger um Helligkeit an sich. Das Bild wurde durch eine Simulation der Reaktion der Areale V1, V2 und V4 auf die Abbildung 3.5 mit Hilfe eines Netzwerkmodells erstellt (Einzelheiten bei Thielscher & Neumann 2003).

Hypothesen führen dann wieder zu neurobiologischen Forschungen, so dass sich Modellbildung und Experiment im Idealfall ergänzen (vgl. hierzu die ausführliche Darstellung in Spitzer 1996).

Eine solche Simulation zeigt beispielsweise in V1 Ecken und Kanten, in V2 bereits erste Umrisse und in V4 nur noch die Umrisse des wesentlichen Gegenstandes der Wahrnehmung, eines Dalmatinerhundes vor einem Schachbrettmuster. Man sieht also in den Abbildungen 3.6 bis 3.8 das (zumindest am Computer unter Zuhilfenahme realisti-

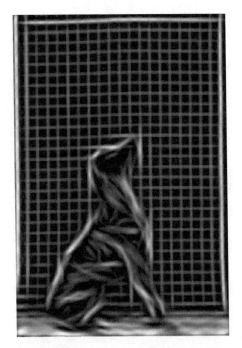

**3.7** Aktivität im simulierten kortikalen Areal V2 beim Betrachten der Abbildung 3.5 (aus Thielscher & Neumann 2003). Schaltet man übrigens in der Computersimulation die Feedback-Verbindungen von V4 „hinunter" zu V2 ab, so sind die Umrisse des Hundes kaum noch sichtbar. Sie werden also ganz wesentlich in V4 generiert und dann „nach unten" projiziert.

scher Annahmen simuliert), was unsere unteren visuellen Areale aufgrund des in ihnen bereits gespeicherten Wissens aus dem Input (Abb. 3.5) machen, d.h. wie die Aktivierung der Landkarten V1, V2 und V4 aussieht.

Damit befinden wir uns jedoch erst etwa in der Mitte des Schemas in Abbildung 3.2. Schon Hermann von Helmholtz hat gesagt und damit Recht gehabt, dass Wahrnehmung ein komplexes Wechselspiel ist zwischen dem, was wir intern schon wissen (d.h. gespeichert haben),

**3.8** Aktivität im simulierten kortikalen Areal V4 beim Betrachten der Abbildung 3.5 (aus Thielscher & Neumann 2003). Das Areal hat alles Unwesentliche weggelassen und sich auf die wesentlichen Umrisse konzentriert. Es enthält damit erstmals (d.h. auf der untersten Verarbeitungsstufe) eine verteilte Repräsentation des „Wesentlichen" der Wahrnehmung von Abbildung 3.5. Dies stellt nun den Input für höhere Areale dar, in denen auf ähnliche Weise weiter vorgegangen wird und wiederum höherstufige Organisationsprinzipien der Wahrnehmung am Werk sind.

und dem, was von außen an unsere Sinnesorgane herankommt. Um zu verstehen, wie die Verarbeitung nach den ersten Schritten der Extraktion der Umrisse weitergeht, betrachten Sie bitte Abbildung 3.9. Bitte blättern Sie danach nicht um, sondern lesen Sie zunächst einfach hier weiter.

**3.9** Betrachten Sie bitte die Abbildung und lesen Sie erst dann weiter!

Wenn Sie nun zunächst nichts sehen außer ein paar schwarzen Flecken, dann geht es Ihnen wie fast allen Menschen, die das Bild zum ersten Mal sehen. Ich halte viele Vorträge und verwende oft dieses Bild. Wenn ich in einer Stadthalle mit 1000 neurowissenschaftlich interessierten Zuhörern frage, wer etwas auf dem Bild erkennt, gehen in aller Regel einige wenige Arme nach oben; ich warte einen Moment, und es gehen noch ein paar Arme hoch; gleichzeitig beginnt ein Raunen, durchmischt mit manchem Lacher und Ausruf der Verblüffung. Ich frage dann, ob denn niemand die Kuh sieht, die hier abgebildet ist, was in aller Regel praktisch keinen Effekt auf die Wahrnehmungsleistung des Publikums hat, d.h., entweder es hat jemand die Kuh in Abbildung 3.9 schon gesehen oder sieht noch immer die Kuh nicht.

Wenn ich dann die Abbildung 3.10 auflege, geht grundsätzlich ein „aahh" durch den Saal, und die Leute raunen und lachen noch mehr als gerade zuvor. Manche allerdings kommen sich spätestens zu diesem Zeitpunkt sehr eigenartig vor, denn sie stehen auf dem Schlauch bzw. haben die berühmte lange Leitung und sehen die Kuh in Abbildung 3.9 noch immer nicht. Am interessantesten ist die Reaktion des Publikums, wenn ich nach dem Zeigen der Abbildung 3.10 noch einmal die Abbildung 3.9 auflege und die Zuhörer nun bitte, doch jetzt einmal zu versuchen, *keine* Kuh zu sehen. Zu jedermanns Verblüffung geht nun nicht mehr *nicht*, was zuvor nicht ging.

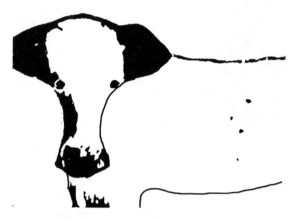

**3.10** Erläuterung zur Dallenbach'schen Kuh (so genannt nach dem Künstler, auf den die Zeichnung zurückgeht) im Text.

Ganz offensichtlich wurden die Wahrnehmungseindrücke jetzt mit einer Repräsentation von „Kuh" verknüpft, und wenn diese Verknüpfung einmal gemacht ist, dann ist sie sehr stabil und geschieht beim nächsten Mal automatisch. Solches Wahrnehmungslernen – man spricht auch auf Neudeutsch von *perceptual learning* – geschieht sehr rasch und ohne unser bemühendes Zutun. Dass die Kuh, wenn Sie sie jetzt beim Betrachten von Abbildung 3.9 sehen, tatsächlich aus Ihrem Kopf kommt (woher sonst? Wenn sie auf dem Papier wäre, hätten Sie sie ja gleich gesehen!), konnte in einer Studie direkt nachgewiesen werden (Dolan et al. 1997). Die Autoren machten im Grunde das Gleiche, was Sie eben erlebt haben – mit 60 solchen Bildern und in einem Positronenemissionstomografen (PET). Mit diesem Gerät ist es möglich, Gehirnaktivität zu messen.

Die Versuchspersonen lagen also im Scanner und schauten sich Bilder an wie Abbildung 3.9. Es ging den Leuten so wie Ihnen: Sie sahen schwarze und weiße Flecken. Solange dies der Fall war, fand man „niedrigstufige" visuelle Areale im Bereich des Hinterhauptlappens aktiviert, also Bereiche der visuellen Gehirnrinde (unten im Schema der Abbildung 3.2), die u.a. für weiße und schwarze Flecken, für Linien und Kanten zuständig sind. Nachdem die Probanden entsprechende Hilfestellungen beim Organisieren solcher „Fleckenbilder" erhalten hatten (wie Sie durch Abbildung 3.10), kam es beim Betrachten *der gleichen Bilder* zur zusätzlichen Aktivierung von „höheren" Kortexarealen im linken und rechten unteren Temporallappen, die bekanntermaßen für Objekte und für Gesichter zuständig sind (Abb. 3.11). Ganz offensichtlich fanden dort weitere Verarbeitungsprozesse statt, die in ihrer Summe dazu führten, dass jetzt *mehr gesehen* wurde als nur Flecken.

Wenn Sie noch nie im Leben eine Kuh gesehen hätten, würden Sie die Leistung des Organisierens von Abbildung 3.9 jetzt ebenso wenig produzieren können wie vor fünf Minuten. Mit anderen Worten: Nur dadurch, dass interne Repräsentationen der Erfahrung – Spuren im Gehirn – durch viele frühere Erfahrungen angelegt wurden, können Sie jetzt die Dinge so wahrnehmen, wie sie sind, auch wenn der „Input" (das Bild auf der Netzhaut) nicht gerade berauschend ist.

Wie weit die Ergänzung von verrauschten Inputdaten geht, zeigt ein neulich in verschiedenen E-Mail-Verteilern kursierendes Beispiel eines Textes, der eigentlich gar nicht lesbar sein dürfte, aber doch lesbar ist – letztlich aus dem gleichen Grund, aus dem auch die Kuh in Abbildung 3.9 sichtbar ist, sofern man nur genug Kühe gesehen hat. Das Lesen ist eine stark überlernte Fähigkeit, so dass uns sehr wenig Material bereits genügt, um dennoch korrekt zu lesen. Probieren Sie es aus:

Gmäeß eneir Sutide eneir elgnihcesn Uvinisterät, ist es nchit withicg, in wlecehr Rnelfogheie die Bstachuebn in eneim Wrot snid,

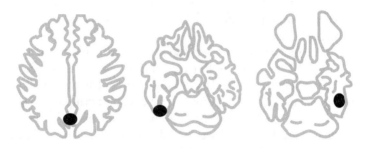

**3.11** Kortikale Aktivität, gemessen mittels PET, beim Betrachten von Bildern wie in Abbildung 3.9. Man sieht schematisch drei Gehirnschnitte in unterschiedlichen Tiefen, das Hinterhaupt liegt jeweils unten, die Stirn oben, die linke Gehirnseite ist links, die rechte rechts abgebildet. Aktivierte Bereiche sind schwarz dargestellt (modifiziert nach Dolan et al. 1997). Links ist die Aktivität beim erstmaligen Betrachten dargestellt; sie beschränkt sich auf den hinteren Teil des Hinterhauptlappens, d.h. auf recht niedrigstufige Verarbeitungsareale des visuellen Kortex. In der Mitte und rechts ist die *zusätzliche* Aktivität dargestellt, die gemessen wurde, wenn das *gleiche* Bild nochmals betrachtet wird, aber jetzt gespeicherte Vorerfahrungen dazu benutzt werden, die es erlauben, die schwarzen Flecken zu einem gestalthaften Ganzen zu organisieren. Diese Aktivität befindet sich in einem für Objekte (temporal links, in der Mitte dargestellt) und in einem für Gesichter (temporal rechts, rechts dargestellt) zuständigen kortikalen Areal.

das ezniige was wcthiig ist, ist daß der estre und der leztte Bstabchue an der ritihcegn Pstoiion snid. Der Rset knan ein ttoaelr Bsinöldn sien, tedztorm knan man ihn onhe Pemoblre lseen. Das ist so, wiel wir nciht jeedn Bstachuebn enzelin leesn, snderon das Wrot als gseatems. Ehct ksras! Das ghet wicklirh!

## Das Gehirn von Homer Simpson

Wir haben das Sehen nicht nur deswegen ein bisschen genauer betrachtet, weil es der für den Menschen wichtigste Sinn ist und weil das Sehen von allen Sinnen am besten erforscht ist, sondern auch, weil sich an dieser Wahrnehmungsleistung schön zeigen lässt, was Informationsverarbeitung bei höheren geistigen Leistungen eigentlich bedeutet.

Stellen Sie sich vor, Sie leben mit einer Horde von 30 oder 50 anderen vor langer Zeit irgendwo auf der Welt. Ein großes Gehirn zu haben, stellt aus dieser Sicht einen ungeheuren Luxus dar, denn die 1,4 kg Gehirn – gerade mal 2% des Körpergewichts – verbrauchen 20% der Energie, die Sie aufnehmen. Nun ist das für uns heutige Menschen kein Problem, denn wenn wir Hunger haben, gehen wir zum Kühlschrank. In grauer Vorzeit jedoch musste man jagen oder Bucheckern suchen. Diese sind klein und nicht immer leicht zu finden, und allein für das Gehirn verbringen Sie 20% Ihrer kostbaren Zeit mit der Sucherei! Wäre es da nicht besser, ein kleines Gehirn zu haben, etwa wie das des bekannten, einfach strukturierten, ewig hungrigen Trickfilm-Familienvaters Homer J. Simpson (vgl. Abb. 3.12), das nur knapp 1% der Größe des menschlichen Gehirns hat und daher entsprechend wenig Energie verbraucht?

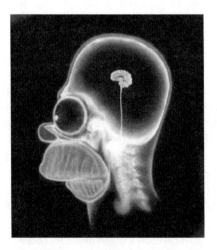

**3.12** Das Gehirn von Homer Simpson (www.infantologie.de) passt in Länge, Breite und Höhe jeweils etwa fünfmal in dessen Schädel. Wenn wir für seinen Kopf insgesamt etwa menschliche Ausmaße (trotz der etwas anderen Form) annehmen, dann liegt die Größe des Gehirns bei einem Hundertfünfundzwanzigstel des menschlichen Gehirns.

Wenn die Menschen damals im Paradies gelebt hätten, dann hätte wenig Evolutionsdruck zur Entwicklung größerer Gehirne bestanden. Dem war aber nicht so. Es gibt gute Gründe dafür, dass wir uns unsere Vorfahren weniger als die speerschwingenden Erbeuter von allerlei zu jagenden Tieren vorzustellen haben, sondern vielmehr als selbst gejagte Beute! Bis heute sterben beispielsweise sechs (!) Prozent der jungen Erwachsenen des unter Steinzeitbedingungen lebenden Stamms der Ache in Südamerika aufgrund von Angriffen durch Jaguare. Und afrikanische Ausgrabungen von Vormenschen zeigen sehr häufig deutliche Spuren der Zähne größerer Raubkatzen (Grimes 2002). Hierzu sagt der Psychologe Richard Cross von der Universität in Kalifornien in Davis das Folgende:

> „Wenn Leoparden und Löwen erst einmal gelernt haben, wie einfach sich das Fleisch von Menschenknochen abreißen lässt, werden aus ihnen richtige Killer, die sich nahezu ausschließlich auf Menschen konzentrieren" (zit. nach Grimes 2002, S. 34).

Wenn es aber in grauer Vorzeit darauf ankam, den Säbelzahntiger oder den Löwen rechtzeitig wahrzunehmen, dann war ein großes Gehirn mit vielen gespeicherten Vorerfahrungen äußerst hilfreich: Wer damals wartete, bis das Tier unmittelbar vor ihm stand ... von dem stammen wir heutigen Menschen mit Sicherheit nicht ab!

Ein großes Gehirn ist also nur so lange als Luxus zu bezeichnen, wie es das Überleben in widrigen Umständen *nicht* verbessert. Genau dies tut es jedoch, insbesondere dann, wenn wir annehmen, dass unsere Vorfahren nicht nur die sprichwörtlichen Jäger und Sammler waren, sondern vor allem auch Gejagte!

Man kann diesen Sachverhalt auch umgekehrt demonstrieren: Die Schlauchseescheide (*Ciona intestinalis*) schwimmt zu Beginn ihres Lebens als Larve, die ähnlich wie eine winzige Kaulquappe aussieht, durch das Meer, kämpft ums Dasein und sucht nach einem Platz zum Bleiben. Das Tier ist einfach und besitzt nur 16.000 Gene, von denen es allerdings 80% mit uns gemeinsam hat (Dehal et al. 2002). Wenn das 10 bis 15 cm große ausgewachsene Tier Unterschlupf an einen Fels angeheftet gefunden hat, sich dort für den Rest seines Lebens festsetzt und vorbeischwimmende Nahrung aufnimmt, isst es sein Gehirn auf (vgl. Dennett 1993, S. 177). Ganz offensichtlich braucht es sein Gehirn nicht mehr! „Wie der Philosoph Daniel Dennett hierzu meint, verhält sich dieses Tier nicht viel anders als Menschen, wenn sie eine feste Arbeitsstelle erhalten", zitieren die Neurowissenschaftler Quartz und Sejnowski (2002, S. 101, frei vom Autor übersetzt) augenzwinkernd einen ihrer Diskussionspartner.

## Vom Input zum Output mit 1,4 kg

Von allen Sinnesorganen zusammengenommen gelangen ca. 2,5 Millionen Nervenfasern (Axone) ins Gehirn, von jedem Auge etwa eine Million, von jedem Ohr 30.000 und von Nase, Mund und Körperoberfläche sowie Körperinnerem der Rest (Nauta 1986). Jede dieser den Input des Gehirns ausmachenden Fasern liefert bis zu 300 Impulse (Aktionspotentiale) pro Sekunde. Sowohl die Anwesenheit als auch die Abwesenheit dieser Aktionspotentiale liefert Information, d.h., ein Aktionspotential lässt sich in erster Näherung als Null oder Eins, d.h. als ein Bit Information beschreiben. Somit verarbeitet das Gehirn in jeder Sekunde ca. 2,5 Millionen mal 300 Bit Information, d.h. knapp 100 Megabyte (MB).

Zählt man alle Nervenfasern zusammen, die das Gehirn verlassen, so kommt man auf eine Zahl von etwa 1,5 Millionen. Damit lässt sich die Aufgabe des Gehirns wie folgt knapp beschreiben: Sie besteht darin, Output-Daten in der Größenordnung von ca. 60 MB – (1,5 x 300)/8 – zu generieren, die das Verhalten so steuern, dass der Organismus überlebt. Diese Datenverarbeitung muss praktisch in *real time* erfolgen, denn wenn Gefahr von links droht, sollten wir so rasch es geht nach rechts laufen. In Anbetracht dieser erheblichen Anforderungen an die Informationsverarbeitung des Gehirns ist es erstaunlich leistungsfähig und übertrifft in vieler Hinsicht auch die besten gegenwärtig vorhandenen Computer.

Ein Grund für diese Leistungsfähigkeit liegt in seiner Verschaltung, deren Prinzipien in diesem Kapitel diskutiert wurden. Jedes Areal versucht, dem Input Sinn zu entnehmen, d.h. das Problem zu lösen, welche Realität dem Bildpunktegewirr auf der Netzhaut am ehesten entspricht. Es benutzt hierzu das in ihm gespeicherte Wissen aus früheren Erfahrungen. Objekte haben Ecken und Kanten, eine Tiefe, eine Farbe und eine zusammenhängende Kontur etc. Kann ein Areal allein das Problem nicht lösen, gibt es die Information nach oben weiter und erhält umgekehrt von oben Informationen über eine mögliche Lösung. Und so geht es sehr rasch durch die gesamte Hierarchie des Systems.

Ein Computer ist im Vergleich zum Gehirn sehr ineffektiv. Betrachten wir den Laptop, auf dem ich dieses Buch schreibe. Er wird manchmal so heiß, dass der Computer damit aufhört, seinem Namen Ehre zu machen: Ich kann ihn nicht mehr auf dem Schoß haben und schreiben, weil ich dann Gefahr laufe, mir die Oberschenkel zu verbrennen. Verglichen damit ist das menschliche Gehirn außerordentlich sparsam. Es verbraucht gerade einmal so viel Energie wie eine 10-Watt-Glühbirne. Zugleich ist es besser wassergekühlt als ein Automotor. Dagegen haben leistungsfähige Großrechner heute vor allem Probleme mit der Wärmeentwicklung, weswegen die Firma Cray, bekannt für die Herstellung von Supercomputern, vor allem Patente für Kühlsysteme und nicht für Computerbausteine hat (vgl. Quartz & Sejnowski 2002). Wenn ich an meinen energiehungrigen Laptop denke, wundert mich das nicht. Verglichen mit ihm verdiente mein Gehirn eine Auszeichnung für Umweltfreundlichkeit.

## Fazit: Locke und Leibniz im Labor

Auf Aristoteles geht der Satz zurück, dass nichts im Verstand ist, was nicht zuvor in den Sinnen war. Später war dies ein Lehrsatz der Scholastik, und wiederum später wurde daraus die Grundthese des Empirismus. So hat ihn der britische Philosoph John Locke propagiert und weithin bekannt gemacht. Aus der Sicht der Neurobiologie ist die Aussage nur allzu richtig.

Gottfried Wilhelm Leibniz hat im Rückgriff auf Aristoteles jedoch Locke mit *nisi intellectus ipse* – „außer dem Verstand selbst" geantwortet und hatte damit ebenfalls Recht: Die Möglichkeiten der Entwicklung sind mit dem Gehirn bereits vorgegeben, sein Design sucht es sich nicht selbst heraus. Es wird zwar erfahrungsabhängig verdrahtet, aber diese Tatsache selbst und die Prinzipien, nach denen das Ganze erfolgt, sind genetisch festgelegt.

Das Gehirn ist ein Informationsverarbeitungssystem, das so gebaut ist, dass es sich selbst strukturiert, gemäß seinen Interaktionen mit der Umwelt. Gehirne produzieren beim Verarbeiten von Informationen automatisch interne Repräsentationen und bauen damit eine Datenbasis auf, die es dem Organismus insgesamt ermöglicht, sich in der Welt zurechtzufinden. Ein wesentlicher Teil dieses Zurechtfindens ist die Voraussage dessen, was als Nächstes geschieht. Hierzu wird die Datenbasis dauernd dazu benutzt, den Input zu strukturieren und zu verarbeiten. Ziel, es kann gar nicht anders sein, ist Verhalten, das dem Erhalt des Organismus und damit langfristig dem Erhalt der Art dient.

Man schätzt, dass bei jeder bestimmten geistigen Leistung (Sprechen, Zuhören, Studieren, Musizieren etc.) zumindest einige Dutzend kortikaler Areale in spezifischer Weise aktiviert sind. Wie bereits oben erwähnt, gibt es im Kortex nicht *eine* Karte, sondern mehrere hundert, und diese sind vielfältig miteinander verbunden. Diese internen Verbindungen sind in hohem Maße nach bestimmten Prinzipien geordnet.

Die Informationsverarbeitung läuft in der Gehirnrinde nicht in einer Einbahnstraße, sondern im Gegenverkehr. Kortikale Areale spielen sich Informationen zu und verarbeiten sie dabei. Die meisten kortikalen Areale erhalten ihren Input daher nicht von der Außenwelt, sondern von anderen kortikalen Arealen. Daher ist auch die Struktur der auf ihnen vorhandenen Repräsentationen mit zunehmender Komplexität der Karten zunehmend schwerer nachweisbar. Was höherstufige kognitive Karten und deren erfahrungsabhängige Veränderungen anbelangt, stehen wir jedoch erst am Anfang. Aber immerhin leben wir in einer faszinierenden Zeit für Neurowissenschaftler.

# 4 Entwicklung

In neurobiologischer Hinsicht ist das noch unstrukturierte Gehirn äußerst instabil, ähnlich wie eine Kugel auf einer umgestülpten Schüssel (Abb. 4.1). Sobald es zu Wechselwirkungen mit der Umwelt kommt, rollt die Kugel in eine Richtung, je weiter, desto schneller! Man spricht von positiver Rückkopplung, einem Sachverhalt, der in der Biologie seit langem als wichtiger Gestaltbildungsmechanismus identifiziert ist. Entsprechend ist er auch wesentlich für die Strukturbildung des Gehirns: Irgendetwas kommt zu den Sinnen herein, wird verarbeitet und hinterlässt eine Spur. Diese Spur führt dazu, dass eine ähnliche Erfahrung besser verarbeitet wird, denn sie läuft gleichsam entlang der Spur. Und so geht es weiter. Selbst wenn das Gehirn zu irgendeinem Zeitpunkt seiner Entwicklung keinerlei innere Struktur aufweisen würde, käme es durch das Erfahren in der Welt ganz automatisch zur Bildung von Strukturen.

**4.1** Labiles Gleichgewicht einer Kugel auf einer umgestülpten Schüssel. Das noch unstrukturierte Gehirn befindet sich in einer solchen instabilen Situation. Wann immer es lernt, entsteht Stabilität und Struktur; aus der Möglichkeit zu vielen Entwicklungen wird die Wirklichkeit einer ganz bestimmten Entwicklung.

Betrachten wir hierzu noch einmal das Beispiel vom Park im Schnee aus Kapitel 2. Stellen wir uns vor, dass der Souvenirladen sehr alt ist, geschlossen wird und ein neuer direkt links daneben (in Abbildung 4.2 also weiter unten) gebaut wird. Nun sind die Wege aber schon da, die Spuren gelegt, und es ist für jeden Besucher viel einfacher, die alten Wege zu benutzen und am Ende noch einen kleinem Pfad zum neuen Laden zu trampeln als das Layout der Wege neu zu schaffen. Dies macht schlichtweg jedem einzelnen Besucher zu viel Mühe, weswegen es sich nicht lohnt. Der kürzeste Weg für jeden Einzelnen, in dem Sinne, dass seine Begehung mit dem geringsten Aufwand verbunden und am schnellsten zu machen ist, ist nun ein recht eigenartiger Weg. Man versteht ihn nur dann, wenn man seine Geschichte kennt.

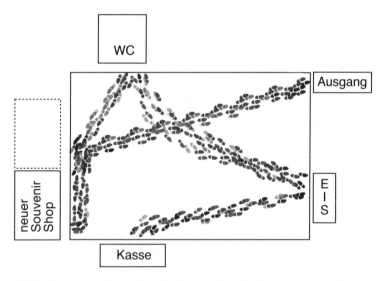

**4.2** Sind Spuren erst einmal vorhanden, werden Veränderungen auf die alten Strukturen „aufgesattelt", diesen also überlagert, so dass der Geschichte der Erfahrungen im Laufe eines Lebens eine bedeutsame Rolle zukommt.

Man könnte zusätzlich annehmen, dass der Park nicht flach ist, sondern ein paar Hügel und Täler aufweist. Dann sähen die Spuren wieder anders aus. Die Antwort auf die Frage, wie die Spuren zustande gekommen sind, liegt dann in einer Mischung (Abb. 4.2) aus vorbestehender Landschaft (eben der „Anlage"), den Dingen um die Wiese herum (der „Umwelt") und dem Gebrauch über die Zeit hinweg (d.h. der „Geschichte").

Nun sind Gehirne viel komplizierter als Schneelandschaften. Sie werden nicht einfach durch Erfahrungen passiv strukturiert, sondern *suchen aktiv* nach Erfahrungen, d.h. nach interner Strukturierung. Dabei sucht sich das Gehirn die Erfahrungen aus, die den meisten Sinn machen (vgl. hierzu auch Kapitel 6), und bestimmt sich damit kontinuierlich selbst. Dies lässt sich an Beispielen der Entwicklungspsychologie zeigen, die in den letzten Jahren zunehmend durch die Entwicklungsneurobiologie ergänzt wird.

## Babies im Scanner: Spuren der Sprache

Zu den faszinierendsten Untersuchungsgegenständen im Bereich der Entwicklungspsychologie gehört zweifellos die Entwicklung der Sprache. Diese beginnt bereits beim Säugling (vgl. Marcus et al. 1999). So weiß man beispielsweise, dass Neugeborene Silben und den Sprachrhythmus verschiedener Sprachen unterscheiden können. Interessanterweise fand man weiterhin, dass diese Fähigkeit auf Sprache, die vorwärts abgespielt wird, beschränkt ist; sie verschwindet, wenn man Sprache rückwärts abspielt. Hieraus lässt sich ableiten, dass es bei dieser Fähigkeit nicht nur um die Wahrnehmung von Frequenzen in der Zeit geht, sondern um recht spezifische sprachliche Eigenheiten wie beispielsweise Verschlusslaute (d, t, g, k, b, p), die eine bestimmte gerichtete zeitliche Charakteristik aufweisen: Ein „a" klingt vorwärts so wie rückwärts. Ein Stoppkonsonant wie „t" jedoch klingt vorwärts anders als rückwärts. Die Vorliebe des menschlichen Gehörs für solche gerichteten zeitlichen Charakteristika wiederum kann nicht erlernt sein, denn man findet sie, wie gesagt, schon bei Neugeborenen. Es scheint also, als wären Menschen mit der Fähigkeit ausgestattet, bestimmte akustische Wahrnehmungsmuster besonders genau wahrzunehmen.

Um herauszufinden, wo genau im Gehirn Sprachverarbeitung stattfindet und diese speziellen Fähigkeiten sitzen, untersuchten Dehaene-Lambertz und Mitarbeiter (2002) 20 Säuglinge im Alter von zwei bis drei Monaten mittels funktioneller Magnetresonanztomografie (fMRT). Diese Technik der Bildgebung des Gehirns ist auch für Kinder völlig gefahrlos und wurde sogar schon bei Kindern im Mutterleib (Moore et al. 2001) eingesetzt. Die Untersuchung von Säuglingen ist allerdings keineswegs einfach, weil eine wesentliche Voraussetzung die ist, dass man still liegen muss. Wie die Autoren das Kunststück bewerkstelligt haben, Babies in den MR-Scanner – eine enge Röhre, die einigen Krach macht – zu legen und zu scannen, bleibt auch nach der Lektüre von deren Arbeit ein Geheimnis. Fest steht jedoch, dass sie es geschafft haben.

Während die Säuglinge im Scanner lagen, wurde ihnen für jeweils 20 Sekunden (im Wechsel mit 20 Sekunden Ruhe) ihre Muttersprache vorgespielt (Abb. 4.3). Dies geschah abwechselnd vorwärts und rückwärts. Da rückwärts abgespielte Sprache eine Reihe von Regeln verletzt, die auf die Physiologie der Sprachproduktion zurückgehen und für alle Sprachen gelten, ist dieser Input zwar im Hinblick auf sein Frequenzspektrum von normaler Sprache nicht zu unterscheiden, wohl aber im Hinblick auf seine zeitliche Struktur. Da man aus Verhaltensstudien bereits wusste, dass Säuglinge auf die Muttersprache spezifisch reagieren, aber nur dann, wenn diese vorwärts abgespielt wird (vgl. Ramus et al. 2000), wollte man herausfinden, in welchen Bereichen des Gehirns sich diese sprachspezifischen Verarbeitungsleistungen abspielen.

Das wichtigste Ergebnis der Studie war eine linksseitige Aktivierung in Bereichen des temporalen Kortex bei Präsentation der Sprachstimuli. Wie man weiß, wird auch bei den meisten Erwachsenen die Sprache hauptsächlich (wenn auch nicht ausschließlich) linksseitig verarbeitet. In Experimenten bei Erwachsenen unter Stimulation mit Sprache findet man daher eine ganz ähnliche Aktivierung wie schon bei

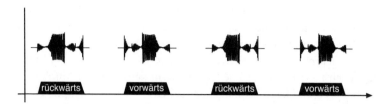

**4.3** Experimenteller Ablauf der fMRT-Studie zum Hören der Muttersprache bei Säuglingen. In Blöcken von jeweils 20 Sekunden wurden akustisch im Wechsel Ruhe sowie die Muttersprache, entweder vorwärts oder rückwärts, dargeboten (schematisch, nach der Beschreibung in Dehaene-Lambertz et al. 2002).

den Säuglingen (Mazoyer et al. 1993). Im linken Gyrus angularis wurde darüber hinaus eine spezifische Aktivierung durch *vorwärts* abgespielte Muttersprache gefunden (vgl. Abb. 4.4).

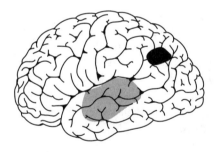

**4.4** Schematische Darstellung der Ergebnisse von Dehaene-Lambertz et al. (2002). Die Stimuli (vorwärts und rückwärts) verursachten die Aktivierung linkstemporaler Areale (grau), die später beim Erwachsenen ebenfalls für akustische Verarbeitung und damit auch für die Verarbeitung von Sprache zuständig sind. Die spezifische Aktivierung des linken Gyrus angularis (schwarz) bei vorwärts abgespielter Muttersprache lässt darauf schließen, dass hier besonders zeitkritische und damit auch „sprachkritische" Aspekte der akustischen Stimuli verarbeitet werden.

Diese spezifische Aktivierung des linken Gyrus angularis bei vorwärts abgespielter Muttersprache legt nahe, dass hier besonders zeitkritische und damit auch „sprachkritische" Aspekte der akustischen Stimuli verarbeitet werden, denn Sprache gehört zum Schnellsten, was unser Gehirn insgesamt zu verarbeiten hat. Der Unterschied zwischen manchen Lauten der Sprache liegt allein in der zeitlichen Abfolge der Frequenzen und kann bei manchen Lauten nur eine Fünfzigstelsekunde betragen. Sehen kann man den Unterschied zwischen einer Fünfzigstel- und einer Dreißigstelsekunde nicht, hören kann man ihn jedoch durchaus. Sie tun es immer dann, wenn Sie ein „d" von einem „t" unterscheiden! Menschen mit Problemen bei solchen Unterscheidungen weisen eine verlangsamte Sprachentwicklung auf und haben später oft Schwierigkeiten mit dem Lesen und Schreiben (vgl. Spitzer 2002, Kapitel 13). Bei ihnen wurde interessanterweise auch nachgewiesen, dass sie Abweichungen der Verbindungsstruktur zwischen Gehirnzentren zur Sprachverarbeitung (man spricht heute oft von Mikroverdrahtungsstörungen) im Bereich des Gyrus angularis aufweisen (Klingberg et al. 2000).

Die Autoren behaupten mit ihrer Studie keineswegs, dass Babies im Alter von drei Monaten bereits Sprache verstehen. Man konnte jedoch zeigen, dass sie bereits mit drei Monaten (vielleicht auch noch früher; wir wissen es jedoch noch nicht) *Sprache in ganz besonderer Weise verarbeiten* und dass dies nicht irgendwo im Kopf geschieht, sondern in genau denjenigen Zentren, die später für das Sprechen und Sprachverstehen zuständig sind.

## Gehirne saugen (bei) Neuigkeit

Da nur die Spezies Mensch über gesprochene Sprache verfügt, stellt sich die Frage, worin genau der Unterschied im Hinblick auf das Sprachvermögen besteht. Was ist es, was dem Menschen eigen ist, was Tiere nicht haben, weswegen ihnen die Fähigkeit zum Sprechen abgeht?

Seit den Arbeiten des Sprachwissenschaftlers Noam Chomsky zum Spracherwerb (vgl. Spitzer 2000) wird immer wieder argumentiert, dass es so etwas wie ein angeborenes Sprachvermögen beim Menschen gibt. Worin aber genau liegt dessen Natur? Dieser Frage wurde in der Vergangenheit immer wieder in Studien an Neugeborenen sowie an Affen nachgegangen. Man untersuchte also einerseits das, was beim Menschen angeboren ist, ohne bereits stattgefundene Überformung durch Lernen. Andererseits schaute man bei unseren nächsten Verwandten nach, was diese mit maximalem Training sprachlich lernen können bzw. was sie gerade nicht lernen können.

Die wesentlichen Ergebnisse der Studien an einzelnen Schimpansen und Gorillas sind klar: Die Tiere können die Bedeutung von Zeichen verstehen und in engen Grenzen auch mittels gelernter Zeichen neue Kombinationen hervorbringen, besitzen also Sprache in sehr einfacher Form. Sie verfügen eindeutig nicht über einen Sprechapparat wie wir Menschen (weswegen man sie mit Zeichen sprechen lassen muss), und ihre Kapazität zum Planen und Konstruieren komplexer Zusammenhänge ist sehr begrenzt. Was aber macht nun die Sprachentwicklung so spezifisch menschlich, das Sprechen oder das Planen?

Um dieser Frage nachzugehen, verwenden Wissenschaftler nicht nur Beobachtungen an einzelnen Tieren, sondern sind seit langem bemüht, objektive experimentelle Daten zu erheben. Wie aber studiert man Sprache bei Neugeborenen und Affen experimentell? Man kann ja weder die einen noch die anderen fragen! Die Entwicklungspsychologie der vergangenen Jahrzehnte hat jedoch gerade hier bedeutende Fortschritte gemacht. Es gibt daher mittlerweile tatsächlich Verfahren, mit denen man feststellen kann, was ein Säugling oder ein Tier „versteht". Am bekanntesten ist das so genannte *Habituierungs-Dishabituierungs-Experiment*, das in der Säuglingsforschung beispielsweise wie folgt funktioniert:

Wann immer Babies an ihrem Schnuller heftig saugen, werden ihnen die Sätze vorgespielt und die Anzahl der heftigen Saugakte pro Minute gemessen. Wie seit längerer Zeit bekannt ist, verhalten sich Säuglinge anders beim Saugen, wenn eine Änderung in ihrem Erleben auftritt: *Sie saugen heftiger.* Änderung an sich, jegliches Neue, ist für sie

interessant. Mit anderen Worten: Gehirne, und ganz besonders die von
Säuglingen, lechzen nach Abwechslung; sie saugen – auch im übertragenen Sinn – bei jeglicher Neuigkeit.

Nun kann man die Argumentation umdrehen und das Saugen un-
tersuchen, um festzustellen, ob ein Säugling eine Änderung, d.h. etwas
Neues, wahrnimmt. Man sorgt dafür, dass der Säugling zunächst das
Gleiche erlebt, gibt also gleiche Reize für eine gewisse Zeit vor und
wechselt dann den Input. Wenn sich jetzt das Saugen verstärkt, hat der
Säugling die Änderung offensichtlich bemerkt.

Auf diese Weise wurde in einer Studie an 165 Säuglingen im Alter
von nur wenigen Tagen nachgewiesen, dass sie den Unterschied zwischen zwei Sprachen bemerkten: Wurden zunächst zehn holländische
Sätze vorgespielt und dann zehn japanische, so nahm das Saugen nach
dem Wechsel der Sprachen zu. Der unterschiedliche Klang oder
Rhythmus dieser Sprachen erlaubte es also den Säuglingen, diese zu
unterscheiden. Um nun noch zu untersuchen, woran es denn genau lag
– Klang oder Rhythmus –, ging man wie folgt vor: Man spielte die
Sätze rückwärts ab. Dies lässt, wie bereits oben beschrieben, die Frequenzen (also den Klang) unbeeinflusst, ändert jedoch den zeitlichen
Ablauf (also den Rhythmus). Die Säuglinge reagierten bei rückwärts
abgespielter Sprache nicht mehr auf den Wechsel von Japanisch und
Holländisch. Damit war gezeigt, dass sich ihre Unterscheidungsfähigkeit der Sprachen auf deren Rhythmus und nicht auf deren Klang bezog (Ramus et al. 2000).

## Neugeborene und Affen

Handelt es sich bei dieser rhythmussensitiven Wahrnehmung nun um
das spezifisch menschliche Sprachmodul? Dieser Frage wurde dadurch
nachgegangen, dass man im Prinzip das gleiche Experiment mit 13
ausgewachsenen Tamarin-Äffchen durchführte. Anstatt des Saugrefle-
xes wurde die Orientierung des Kopfes zu einem von zwei Lautsprechern gemessen. Zunächst wurden durch den einen Lautsprecher die
zehn Sätze der einen Sprache (von einer Sprecherin gesprochen) vorge-

spielt. Dann wurden durch den zweiten Lautsprecher entweder weitere Sätze der gleichen Sprache durch eine andere Sprecherin vorgespielt oder es wurde die Sprache gewechselt (bei gleicher Sprecherin). Die Orientierung der Äffchen zum zweiten Lautsprecher wurde gemessen und stellte damit ein Maß für das Feststellen eines neuen Stimulus dar. Es zeigte sich hierbei, dass die Äffchen den Wechsel der Sprecherin nicht, den Wechsel der Sprache jedoch sehr wohl bemerkten. Sie konnten also die beiden Sprachen unterscheiden. Spielte man nun die Sätze rückwärts vor, war diese Unterscheidungsfähigkeit verloren; mit der Unterscheidungsfähigkeit zwischen holländischer und japanischer Sprache verhält es sich also bei den Äffchen nicht anders als bei den Säuglingen.

Diese Studie zeigte also Folgendes: Sowohl Säuglinge als auch Tamarin-Äffchen können Holländisch von Japanisch unterscheiden. Sie benutzen dabei ähnliche, abstrakte, im Sprachrhythmus steckende Informationen, die beim Rückwärtsspielen der Sprachen verlorengehen. Da Tamarin-Äffchen der Sprache nicht fähig sind, muss man annehmen, dass ihre Unterscheidungsfähigkeit Bestandteil ihres Hörvermögens ist. Man muss weiter schließen, dass die Fähigkeit, komplexe rhythmische gestalthafte Muster wahrzunehmen, nicht spezifisch menschlich ist, dass es sich hierbei also nicht um das spezifisch menschliche „Sprachmodul" handeln kann.

## Klang und Bedeutung: aktives Sprechen als Modul?

Vielleicht liegt dieses spezifisch menschliche Sprachmodul weniger im Bereich des Verstehens von Sprache als vielmehr in der Sprachproduktion, denn auch das Sprechen von Sprache unterliegt biologischen Determinanten. Hinweise darauf ergaben sich aus Untersuchungen zur Universalität der Sprachlaute. So fand man beispielsweise, dass alle Sprachen Stoppkonsonanten (t, d) enthalten, nicht aber Reibungslaute (s). Weiterhin gibt es zwar Konsonanten in allen Sprachen, hintereinanderhängende Konsonanten (gl, pr) jedoch nicht in allen (Locke 2000).

Bei manchen Wörtern, man nennt sie onomatopoetisch, ist der Zusammenhang zwischen ihrer Bedeutung und ihrem Klang offensichtlich, denn der Klang spiegelt einen akustischen Aspekt des vom Wort gemeinten Sachverhalts oder Gegenstands wider. So miaut die Katze, die Kuh muht (beides onomatopoetische Verben), wohingegen Hunde nur bellen und Vögel nur singen. In Norddeutschland spielen Kinder nicht mit Dreck, sondern mit Klackermatsch, und Hunde im angloamerikanischen Sprachraum tönen whow whow.

Von den relativ seltenen onomatopoetischen Wörtern abgesehen erscheint der Zusammenhang zwischen Wortklang und Wortbedeutung jedoch zufällig. Dass dies bei genauem Hinsehen nicht der Fall ist, zeigt eine Studie von MacNeilage und Davis (2000), die auf folgendem Sachverhalt der Sprachentwicklung basiert.

Im Alter zwischen sieben und zehn Monaten beginnen Kinder damit, den Unterkiefer auf- und abzubewegen und gleichzeitig die Stimmbänder zu nutzen. Da der Sprechapparat des Menschen sich von dem auch unserer nächsten Verwandten deutlich unterscheidet, kommt es zu typischen Lauten, die jeder kennt, der schon einmal einen Säugling auf dem Arm gehabt hat: Je nachdem, wo sich dann die Zunge befindet und ob sie eher flach oder gekrümmt ist, entsteht ein Lallen, das nach „jaja" oder nach „wawa" klingt. Wird der Luftstrom durch Zunge oder Lippen unterbrochen, entsteht „dada" oder „baba", hören dabei die Stimmbänder auf zu flattern, hört man „tata" und „papa", und geht die Luft zur Nase heraus, während die Stimmbänder weiterschwingen, hört es sich je nach Stand von Zunge und Lippen wie „mama" oder „nana" an. Sie ahnen schon, was die Studie zu Tage förderte: Es ist kein Zufall, dass die Römer die weibliche Brust „mamma", die Engländer den Babysitter „nanny" oder die Deutschen den Vater „Papa" nannten, dass also die ersten Wörter in der menschlichen Sprachentwicklung dadurch entstehen, dass Säuglinge Laute, die sie ohnehin spontan artikulieren, bei entsprechendem Kontext mit Bedeutung in Verbindung bringen.

Die Autoren untersuchten Konsonant-Vokal-Folgen daraufhin, ob sie zufällig verteilt auftreten oder ob es bestimmte Konsonanten gibt, die bestimmte Vokale bevorzugt nach sich ziehen. Dies kann man vermuten, denn Vokale und Konsonanten werden durch bestimmte Stellungen der Sprechorgane hervorgebracht. Man unterscheidet labiale (b, p) von gutturalen (g, k) Konsonanten sowie bei den Vokalen solche, bei denen die Zunge eher frontal (a) oder dorsal (o) nach unten bewegt wird. Wenn es nun einen Einfluss der Anatomie und Physiologie der Sprechorgane auf den Klang von Wörtern gibt, dann sollten bestimmte Silben häufiger sein als andere. Beispielsweise sollten die Kombinationen von labialen Konsonanten mit frontalen Vokalen („dada") bzw. von gutturalen Konsonanten mit dorsalen Vokalen („gogo") häufiger sein als die entsprechenden unpassenden Kombinationen (also „dada" häufiger als „dodo" und „gogo" häufiger als „gaga").

Um diese Fragen zu klären, untersuchten die Autoren 12.471 Konsonant-Vokal-Folgen in bedeutungslosem Geplapper von sechs Säuglingen mit statistischen Methoden. Hinzu kamen 5.635 solcher Folgen in den ersten gesprochenen Wörtern bei zehn Kindern sowie weitere 12.360 Konsonant-Vokal-Folgen in ganz normal gesprochenen Wörtern aus zehn verschiedenen Sprachen. Die Analyse zeigte in allen drei Datensätzen mit überzufälliger Häufigkeit die genannten regelhaften Zusammenhänge bei den Folgen von Konsonant und Vokal. Der Zusammenhang war dabei im Geplapper und in den ersten Wörtern höher als in den Sprachen der Erwachsenen. Daraus folgt direkt: Die Struktur von Wörtern ist nicht zufällig. Sie wird bestimmt von den Gegebenheiten der Sprechorgane, die beim Spracherwerb eine wichtige Rolle spielen und deren Einfluss sich auch nach dem Spracherwerb an gesprochener Sprache nachweisen lässt. Damit ist zwar kein Sprachmodul identifiziert; in jedem Falle aber eine typisch menschliche biologische Randbedingung.

Es gibt weitere ganz einfache biologische Bedingungen, unter denen Sprache stattfindet. So geht uns beispielsweise beim Sprechen recht schnell die Luft aus. Daraus folgt, dass die Länge von Sätzen bzw. Teilsätzen klar begrenzt ist. Und es folgt, dass wir am Ende von Sätzen die Stimme senken, denn der Druck auf die Stimmbänder lässt dann bereits nach, und damit nimmt deren Frequenz ab. Der Vorgang ist so allgemein, dass die Abwärtsbewegung einer (Sprach-)Melodie in praktisch allen Sprachen anzeigt: Jetzt ist Schluss. Dies wiederum trifft auch

für die Musik zu: Mütter singen in allen Kulturen Wiegenlieder, und
deren Melodie wiederum ist überall abwärts gerichtet. Wer es nicht
glaubt, der summe einmal „Schlaf, Kindchen, schlaf" (vgl. Spitzer
2002).

## Regeln lernen

Die Frage, wie Menschen Regeln lernen, beschäftigt Philosophen seit
mehr als 2000 Jahren, Psychologen seit mehr als 100 Jahren und Neurobiologen seit einigen Jahrzehnten. Die hierbei am meisten diskutierte
Fähigkeit ist wiederum das Sprechen bzw. der Spracherwerb. Anfang
der 1950er Jahre versuchte der amerikanische Verhaltenstheoretiker
B.F. Skinner in seinem Buch *Verbal Behavior* zu zeigen, dass die Entwicklung der Sprache beim Säugling allein aus den Prinzipien von Reiz
und Reaktion heraus verstanden werden kann. Sprache ist damit nichts
weiter als ein sehr komplexes Gefüge gelernter Reflexe. Wie sollte es
auch anders sein? – dachte man vor 50 Jahren. Es gibt etwa 8000 Sprachen auf der Erde, die sich im Hinblick auf Form und Komplexität
ganz erheblich unterscheiden. Diese Vielfalt lässt den Gedanken ganz
natürlich erscheinen, dass hier auf assoziativem Wege lautliche Stimuli
mit anderen lebensweltlichen Stimuli verbunden werden und dass die
Gesamtheit der gelernten Assoziationen letztlich die Sprachentwicklung ausmacht.

Der damals sehr junge bereits oben erwähnte Chomsky legte jedoch bald nach Erscheinen von Skinners Buch eine vernichtende Kritik vor, in der er zeigte, dass die Sprachentwicklung auf keinen Fall so
vonstatten gehen kann wie von Skinner vorgeschlagen. Chomsky wies
nach, dass der dem Kind zur Verfügung stehende sprachliche Input
nicht ausreicht, um die beobachtete rasche Entwicklung eines fehler-
freien Sprachgebrauchs zu erklären. Chomsky schloss daraus weiter,
dass es eine Art angeborene Universalgrammatik (angeborene Regeln)
geben müsse, die allen Sprachen zugrunde liege. Im Laufe der Sprachentwicklung würden dann diese Regeln durch die Wahrnehmung der
Muttersprache gleichsam mit Inhalt gefüllt. Diese Auffassung beein-

flusste eine ganze Generation von Sprachwissenschaftlern, die sich auf die Suche nach den geforderten grundlegenden, allen Sprachen gemeinsamen Sprachregeln machten.

Mit dem Aufkommen von Netzwerkmodellen höherer geistiger Leistungen, in denen das Verhalten von Neuronen am Computer simuliert wird (vgl. Spitzer 2000), bekamen diese Überlegungen wieder Aktualität. Es konnte gezeigt werden, dass solche Modelle sprachliche Regeln einschließlich deren Ausnahmen lernen können (vgl. Spitzer 2002, S. 73f). Da Netzwerkmodelle jedoch Regeln als solche nicht explizit enthalten, sondern lediglich regelhaftes Verhalten aufgrund der richtigen inneren Verknüpfungen produzieren, wurden durch sie angeborene Regeln wieder in Frage gestellt.

Die bereits genannten Studien zur Sprachentwicklung machen dies auf ihre Weise deutlich. Keine bestimmte Sprache ist angeboren, aber bestimmte Eigenschaften von Sprache sind durchaus genetisch angelegt. Wer jedoch meint, es handele sich hier beispielsweise um Gene für Lautfolgen, der irrt. Vielmehr zeigt das oben genannte Beispiel, wie komplex die Zusammenhänge sein können, die letztlich zu ganz einfachen Konsequenzen führen können: Gene für den Sprechapparat bestimmen die Zusammenhänge von Laut und Bedeutung. – Wer hätte das gedacht?

Eine Untersuchung zur Sprachfähigkeit von Babies zeigte die oben bereits angeführte Tatsache, dass die Kleinen Regeln so richtig aufsaugen, sehr deutlich (Marcus et al. 1999). Wieder wurde das Habituierungs-Dishabituierungs-Paradigma angewendet, wobei in dieser Studie etwa so vorgegangen wurde wie oben bei den Äffchen beschrieben: Man bestimmte die Zeit, die sich die Kleinen einem von zwei Lautsprechern zuwandten, aus denen Lautfolgen ertönten. Säuglinge sind so konstruiert, dass sie sich mit dem, was sie schon kennen, langweilen (vgl. hierzu auch Kapitel 6). Sie wenden daher ihre Aufmerksamkeit, wenn sie die Wahl haben, neuen Reizen eher und länger zu als bereits bekannten. Beim Habituierungs-Dishabituierungs-Paradigma macht man sich dieses bei Kindern natürlicherweise vorkommende Verhalten zunutze, um herauszufinden, ob ein bestimmter Stimulus den Kindern als neu erscheint oder nicht (vgl. Spitzer 2002, S. 71).

Die Autoren konstruierten hierzu Sätze einer künstlichen Sprache, die zwei unterschiedlichen Strukturen folgten. Die Sätze hatten entweder die Form ABA (Beispiele: „ga ti ga", „li na li", „ta nu ta" etc.) oder die Form ABB (Beispiele: „ga ti ti", „li na na", „ta nu nu" etc.). Es handelte sich also um künstliche Sätze mit einer sehr einfachen Struktur, bestehend aus drei einsilbigen Wörtern. Die konkrete Untersuchungssituation sah dann wie folgt aus. Den Babies wurden für zwei Minuten 16 Sätze der gleichen Form über zwei Lautsprecher, jeweils links und rechts vor ihnen, vorgespielt, wobei jeder Satz dreimal vorkam. Dann begann die eigentliche Testphase. Am Beginn eines Testdurchgangs blinkte eine gelbe Lampe zwischen den beiden Lautsprechern. Das Ganze wurde von einem Versuchsleiter beobachtet, der dann eine von zwei roten Lampen (die sich jeweils vor den Lautsprechern befanden) einschaltete, sobald das Kind die mittlere gelbe Lampe fixiert hatte. Daraufhin wandte sich das Kind der blinkenden rechts oder links befindlichen roten Lampe zu. Nachdem dies geschehen war, wurde ein Dreiwort-Testsatz aus dem Lautsprecher hinter der blinkenden roten Lampe vorgespielt. Der Satz wurde so lange wiederholt (mit 1,2 bis 1,5 Sekunden Pause zwischen den einzelnen Wiederholungen), bis das Kind sich entweder abwandte oder 15 Sekunden vergangen waren. Gemessen wurde die Zeit, die der Säugling auf das rote Blinklicht vor dem jeweiligen Lautsprecher schaute. Der Grundgedanke war, dass ein für das Kind neuer Satz dessen Aufmerksamkeit länger fesselt und das Kind daher vergleichsweise länger in die entsprechende Richtung blickt.

Solche Experimente gehören heute zum Standard der entwicklungspsychologischen Forschung und wurden auch im Hinblick auf Sprache schon in großer Zahl durchgeführt. Neu an der Studie von Marcus und Mitarbeitern ist die besondere Sorgfalt des experimentellen Designs, mit dem vor allem folgender Frage nachgegangen wurde: Haben Kinder mit sieben Monaten tatsächlich bereits Regeln erworben oder lediglich Übergänge zwischen Lauten auswendig gelernt? Man konnte diese Frage dadurch beantworten, dass man den Babies ganz neue Lautfolgen präsentierte (Beispiel: „wu fe wu" bzw. „wu fe fe"). Den Kindern wurden also in zufälliger Reihenfolge gemäß der beschriebenen Prozedur jeweils sechs mit der zuvor gelernten Struktur übereinstimmende und sechs nicht übereinstimmende Lautfolgen vorgespielt.

Die Autoren fanden auf diese Weise, dass 15 von 16 Kindern eine deutliche Präferenz für die Sätze der neuen Form aufwiesen, was sich daran zeigte, dass sie statistisch hochsignifikant länger auf das Blinklicht schauten, das sich vor dem Lautsprecher befand, aus dem der Satz mit der jeweils neuen Form ertönte.

Mit dieser Studie wurde erstmals eindeutig nachgewiesen, dass sieben Monate alte Säuglinge eine allgemeine Struktur der Form ABA oder ABB lernen können. Sie reagieren beim Spracherwerb damit nicht lediglich auf einzelne Lautübergänge, wie man zuvor dachte (Saffran et al. 1996), sondern bilden bereits nach wenigen Lerndurchgängen gleichsam eine *Regel* aus, die *auf völlig neue Reize übertragen und angewendet* werden kann.

## Der Säugling als Wissenschaftler

Man sieht das, was man erwartet. Derjenige, für den Säuglinge nichts weiter sind als unfertige Reflexautomaten, wird Reflexe beobachten. Wer jedoch den Säugling als aktives Wesen betrachtet, das begierig danach ist, seine Umwelt zu begreifen, sieht mehr als nur Reflexe. Er sieht, dass sich schon das kleine Kind seine Umwelt aktiv sucht, dass es sie manipuliert, um herauszubekommen, wie sich die Dinge um es herum wirklich verhalten (vgl. Abb. 4.5).

Diese Sicht des Säuglings wurde hierzulande durch das Ehepaar Papousek und in den USA durch das Ehepaar Patricia Kuhl und Andrew Meltzoff vorangebracht. Man spricht heute gerne vom Säugling als kleinem Wissenschaftler, der – wie der erwachsene Kollege – Theorien bildet und Hypothesen testet (vgl. Gopnik et al. 1999).

> „Babies und Kleinkinder denken, beobachten und schließen. Sie wägen Gründe ab, ziehen logische Schlüsse, machen Experimente, lösen Probleme und suchen nach der Wahrheit. Natürlich machen sie all dies nicht in der bewussten Weise wie Wissenschaftler. Und die Probleme, die sie zu lösen versuchen, sind Fragen des Alltags,

**4.5** Kleine Kinder sind wie Wissenschaftler, wie man anhand der beiden Fotos (links Ulla Spitzer im Jahr 1986 mit sechs Monaten; rechts Albert Einstein im Jahre 1951 mit 72 Jahren) unschwer erkennen kann. Wer nicht glaubt, dass Wissenschaftler große Kinder sind, der studiere deren Biografien oder unterhalte sich mit Menschen, die wissenschaftlich arbeiten! Das Originalbild zeigt Einstein übrigens zwischen einem befreundeten Ehepaar sitzend. Er hatte von den Fotografen die Nase voll und streckte ihnen die Zunge heraus, als einer gerade knipste. Der übrigens in Ulm geborene Einstein hat dann das Foto, da es ihm sehr gut gefiel, so zurechtgeschnitten, dass nur noch er selbst zu sehen war. Dann ließ er sich davon mehrere Abzüge machen und verwendete das Bild selbst als Grußkarte (© Bettmann/CORBIS).

die die Eigenschaften von Menschen, Dingen und Wörtern betreffen, nicht die weltfremden Fragen nach den Sternen oder nach Atomen. Aber sogar die jüngsten Babies wissen bereits eine Menge über die Welt und arbeiten aktiv daran, mehr herauszufinden" (Gopnik et al. 1999, S. 13, Übersetzung durch den Autor).

Die Autoren gehen sogar noch weiter und formulieren den sehr sympathischen Satz: „Nicht dass Kinder kleine Wissenschaftler sind, nein: Wissenschaftler sind große Kinder" (vgl. Gopnik et al. 1999, S. 9, Übersetzung durch den Autor).

Der kleine unfertige Mensch ist mit einer Reihe von Funktionen ausgestattet, die es ihm besonders gut erlauben, seiner Neugierde nachzukommen. Eine ganz einfache dieser Fähigkeiten ist die zur Imitation. Streckt man einem 40 Minuten alten Säugling die Zunge heraus, dann macht er es nach – eine Beobachtung, die jede Mutter macht, die jedoch den Wissenschaftlern derartig unglaublich schien, dass ihr ein Artikel in der anerkannten Fachzeitschrift *Science* gewidmet ist (Meltzoff & Moore 1977).

Bei der Imitation hilft dem Säugling wahrscheinlich ein neuronales Modul, dessen Eigenschaften durch ein italienisches Team von Neurowissenschaftlern bei Affen entdeckt wurde: die so genannten *Spiegelneuronen* (Gallese et al. 1996, Rizzolatti et al. 1996). Diese haben die Eigenschaft, aktiv zu werden, wenn der Affe entweder eine bestimmte Bewegung selbst ausführt oder wenn er einen anderen Affen (oder auch einen Menschen) dabei beobachtet, wie er dieselbe Bewegung ausführt. Diese Neuronen sitzen im lateralen frontalen Bereich der Gehirnrinde und stellen ganz offensichtlich eine besondere Schaltstelle für Bewegungen dar: Sie repräsentieren eine Bewegung unabhängig davon, ob sie wahrgenommen oder selbst ausgeführt wird. Damit jedoch repräsentieren sie eine Bewegung in einer sehr hochstufigen, abstrakten Weise. Dies wiederum könnte es einem Individuum erlauben, eine Wahrnehmung unschwer in eine Handlung umzusetzen, d.h. eine Bewegung zu imitieren (vgl. hierzu Premack & Premack 2002).

Vierjährige haben nicht nur Laufen und Sprechen gelernt, sondern auch Denken und komplexes logisches Schließen, wie der folgende Versuch zeigt: Das Kind beobachtet den Versuchsleiter, wie er zwei Plätzchen, eines ohne und eines mit Zuckerguss, an zwei Orten versteckt. Nach einer kurzen Pause sieht das Kind den Versuchsleiter ein Plätzchen essen und wird aufgefordert, für sich selbst ein Plätzchen zu holen. Hierbei geht das Kind an den Ort, wo das Plätzchen versteckt wurde, das *anders* aussieht als dasjenige, das der Versuchsleiter gerade isst. Es nimmt also offenbar an, dass der Versuchsleiter gerade eines der beiden Plätzchen isst, und holt sich das andere. Wenn man das Experiment jedoch wiederholt und dadurch verändert, dass der Versuchsleiter die beiden Plätzchen vor dem Verstecken auf komplizierte Weise einpackt, dann wählen Kinder nicht mehr den Ort des Plätzchens aus, das sich von dem, welches der Versuchsleiter gerade isst, unterscheidet. Sie gehen also davon aus, dass in der Pause nicht genügend Zeit zum

Auspacken war, so dass es sich bei dem Plätzchen, das der Versuchsleiter gerade isst, um ein ganz anderes handeln muss (Premack & Premack 2002).

Tiere können durchaus logisch schließen. Seit der Antike ist beispielsweise der so genannte Hundesyllogismus bekannt, der wie folgt
funktioniert: Verfolgt ein Hund eine Fährte, die sich dreifach aufga-
belt, dann kann es vorkommen, dass er erst an der einen schnuppert,
dann an der zweiten und dann den dritten Weg läuft *ohne zu schnup-
pern*. Die Logik dahinter ist einfach: Das verfolgte Tier muss einen der
drei Wege genommen haben (logisch: es gilt a oder b oder c), hat jedoch, wie die Schnüffelei an den ersten beiden Wegen ergab, diese
nicht genommen (logisch: es gilt nicht a und nicht b). Dann kann das
Tier nur den dritten Weg gelaufen sein (logisch: es folgt c), man
braucht also gar nicht erst zu schnüffeln.

Wenn schon Hunde derart schlau sind, dann wundert nicht, dass
Affen das oben zuerst genannte Experiment bewältigen können: Sie gehen zu dem Ort desjenigen Plätzchens, das der Versuchsleiter gerade
nicht isst. Das etwas kompliziertere abgewandelte Experiment jedoch
kapieren die Schimpansen nicht: Auch beim eingepackten Plätzchen
gehen die Tiere zu dem Ort des anderen Plätzchens (Premack & Premack 2002). Sie verfügen nicht über die notwendigen Strukturen im
Gehirn, die es ihnen erlauben, komplizierte Sequenzen und zeitliche
Abläufe in Beziehung zu setzen. Hierfür wird ganz offensichtlich ein
großes Gehirn und (wie andere Studien zeigen) vor allem ein Frontal-
lappen benötigt, wie er nur im menschlichen Gehirn vorkommt.

Dieses entwickelt sich deutlich langsamer als die Gehirne anderer
Primaten. Selbst dann, wenn das Gehirn des Grundschulkindes eine
Aufgabe bewältigt, ist noch nicht gesagt, dass es dies auf genau die gleiche Art (und mit den gleichen Gehirnstrukturen) tut wie ein Erwach-
sener. Hierzu liegen erste Untersuchungen vor. Sie zeigen, dass Kinder
bei prinzipiell ähnlicher Leistung nicht in der Lage sind, frontale Areale
für entsprechende frontale Funktionen zu verwenden (vgl. Bunge et al.
2002). Kinder bewältigen die Aufgaben durchaus, jedoch anderswo im
Gehirn als Erwachsene.

Insofern zeigt das Ergebnis nahezu das Gegenteil dessen, was zu Anfang dieses Kapitels bei den Säuglingen diskutiert wurde: Die Säuglinge benutzen zur Sprachwahrnehmung zwar bereits die gleichen Areale wie die Erwachsenen, können die Funktion der Sprachverarbeitung jedoch ganz offensichtlich noch nicht leisten. Die Schulkinder verhalten sich in der Untersuchung von Bunge und Mitarbeitern genau umgekehrt, d.h., sie bewältigen die Aufgabe wie Erwachsene, aber anderswo im Gehirn.

Dies sei hier deshalb sehr deutlich hervorgehoben, weil man sich davor hüten muss, aus einzelnen Untersuchungen voreilig Schlüsse zu ziehen. Erst bei konvergierender Evidenz, d.h. dann, wenn mehrere Studien klar in die gleiche Richtung deuten, sollte man Verallgemeinerungen wagen. Das folgende Beispiel soll zeigen, dass auch vermeintlich ganz naheliegende Schlüsse nicht zutreffen müssen.

## Sind viele Synapsen besser als wenige?

„Na klar!", möchte man die vermeintlich rhetorisch gestellte Frage beantworten, ohne viele Gedanken (und Synapsen) daran zu verschwenden. Dennoch liegen die Dinge bei weitem komplizierter, als dies in vereinfachenden Darstellungen der Gehirnentwicklung nicht selten gezeigt wird. Man kennt Bilder wie die Abbildung 4.6, in denen die steigende Zahl synaptischer Verbindungen im sich entwickelnden Gehirn zu sehen ist. Hierbei ist jedoch zunächst einmal zu beachten, dass nicht alle Bereiche des Gehirns zur gleichen Zeit in dieser Weise heranreifen. Während beispielsweise im visuellen Kortex die Zunahme der synaptischen Verbindungen etwa im vierten Lebensmonat am stärksten ist, erreicht der frontale Kortex seine maximale Geschwindigkeit der Verdrahtung erst mit etwa einem Jahr.

Von größter Bedeutung ist jedoch die Tatsache, dass die Zahl der Synapsen in Kindheit und Jugend nach Erreichen eines Höhepunktes (der für unterschiedliche Gehirnregionen zu verschiedenen Zeiten erreicht wird) wieder abnimmt. Es handelt sich dabei nicht um krankhaftes Absterben. Vielmehr wird die Abnahme der Synapsenzahl als ein

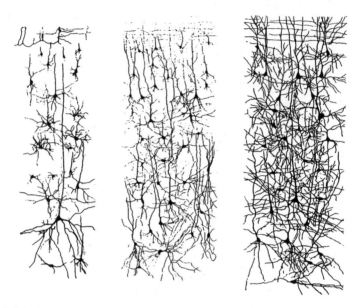

**4.6** Schnitt durch den visuellen Kortex eines Menschen zum Zeitpunkt der Geburt (links) sowie im Alter von drei (Mitte) und sechs Monaten (rechts). Deutlich zu sehen ist bei gleich bleibender Anzahl der Zellen die Zunahme der Verbindungen zwischen den Neuronen (modifiziert nach Conel 1939, 1947, 1951).

aktiver Prozess verstanden, der zur ganz normalen Gehirnentwicklung gehört. Im visuellen Kortex wird die Maximalzahl der Synapsen beim Menschen mit etwa acht Monaten erreicht und kehrt dann während des zweiten bis vierten Lebensjahres zu den Werten zurück, die man auch beim Erwachsenen findet (vgl. Abb. 4.7).

Auf den ersten Blick gibt die Gehirnentwicklung damit ein Paradoxon auf: Wie kann man verstehen, dass es (erstens) einerseits die Verbindungen zwischen Nervenzellen sind, in denen unser gesamtes Wissen gespeichert ist, dass unser Wissen (zweitens) bis ins Erwachsenenalter hinein beständig zunimmt und (drittens) die Zahl der Synapsen bis ins Erwachsenenalter deutlich abfällt. Die drei Fakten scheinen ganz eindeutig nicht zusammenzupassen!

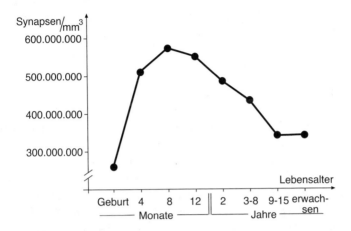

**4.7** Synapsendichte, d.h. Anzahl der Synapsen pro Kubikmillimeter, im primären visuellen Kortex des Menschen in Abhängigkeit vom Lebensalter (Daten aus Huttenlocher 1990). Mit knapp 600 Millionen Synapsen pro stecknadelkopfgroßem Stück Gehirnrindengewebe beträgt die Zahl der Synapsen im achten Lebensmonat mehr als das Doppelte der Anzahl bei der Geburt. Man beachte den uneinheitlichen Maßstab der x-Achse, der zur Vereinfachung der Darstellung gewählt wurde.

Computersimulationen neuronaler Netzwerke können jedoch weiterhelfen, wenn der gesunde Menschenverstand versagt. Dies liegt daran, dass eine große Zahl von Neuronen Eigenschaften aufweisen kann, die sich durch bloßes Nachdenken nicht vorhersagen lassen. Man muss daher Simulationen vornehmen, d.h. letztlich Experimente mit simulierten Nervenzellen machen. Solche Simulationen ergaben, dass es durchaus Situationen gibt, in denen eine Zunahme von Wissen und Komplexität einerseits mit einer Abnahme der synaptischen Verbindungen andererseits einhergehen kann oder möglicherweise sogar einhergehen muss (Viviani & Spitzer 2002).

Ganz allgemein stellt man sich Neuronen und deren Verbindungen gerne wie einen Urwald vor, in dem zunächst Wildwuchs herrscht und dann alles, was nicht gebraucht wird, ausgemerzt wird. Auf diese Weise kann einerseits sehr schnell sehr viel entstehen, andererseits je-

doch werden durch die spätere Reduktion der Verbindungen die
entstandenen Strukturen klarer und gleichsam schärfer herausgearbei-
tet. So kann also im Hinblick auf Synapsen durchaus weniger auch einmal mehr sein.

## Reifung ersetzt den Lehrer

Das menschliche Gehirn kommt im Vergleich zu anderen Arten relativ
unfertig auf die Welt und entwickelt sich, während es lernt. Dies sah
man lange Zeit als dem Lernen hinderlich an, frei nach dem Motto: In
diesem Alter kann der Säugling dies und jenes noch nicht..., weil sein
Gehirn hierzu noch nicht in der Lage ist. Die lange Zeit der Gehirnreifung, so schien es, ist ungünstig und dem Lernen abträglich. Die Erkenntnisse der Neurobiologie haben gezeigt, dass diese Sicht der Dinge
falsch ist. Es ist vielmehr genau umgekehrt: Nur weil das menschliche
Gehirn *zugleich* lernt und sich dabei noch entwickelt, kann es so gut
lernen. Betrachten wir diese Erkenntnis einmal genauer (vgl. hierzu
auch Spitzer 2002, Kapitel 12).

Der Kopf eines Neugeborenen ist etwa halb so groß wie der eines
Erwachsenen. Da die Zahl der Nervenzellen bei der Geburt bereits der
in einem erwachsenen Gehirn entspricht, beruht die Größenzunahme
des Kopfes und des Gehirns auf das Doppelte bis ins Erwachsenenalter
nicht auf einer Zunahme der Zahl der Nervenzellen. Es sind vielmehr
die Faserverbindungen zwischen Neuronen, deren Dicke zunimmt,
wodurch auch das Gehirns als Ganzes wächst.

Nervenfasern können von isolierenden Myelinscheiden umgeben
sein oder nicht. Sind sie es nicht, leiten sie Aktionspotential mit maximal etwa drei Metern pro Sekunde, also recht langsam. Die Isolie-
rung von Nervenfasern mit Myelin (und damit deren Dickenzunahme)
führt zur Zunahme der Geschwindigkeit der Nervenleitung auf bis zu
110 Meter pro Sekunde. Bedenkt man, dass das Gehirn, wie im vergangenen Kapitel dargestellt, Informationen vor allem dadurch verarbeitet, dass sich Areale der Gehirnrinde diese zuspielen, so wird die
enorme Bedeutung der Myelinisierung der Verbindungsfasern unmit-

telbar einsichtig. Die Zeit, die Impulse von einem kortikalen Areal zu einem anderen, sagen wir zehn Zentimeter entfernten, Areal benötigen, beträgt bei einer Nervenleitgeschwindigkeit von drei Metern pro Sekunde etwa 30 Millisekunden. Dies mag sich kurz anhören, ist jedoch für Informationsverarbeitungsprozesse eine sehr lange Zeit. Eine noch nicht myelinisierte Nervenfaserverbindung im Gehirn ist damit so etwas wie eine tote Telefonleitung; die Verbindung ist physikalisch zwar vorhanden, sie ist jedoch zu langsam, um eine Funktion gut zu erfüllen.

Zum Zeitpunkt der Geburt sind die primären sensorischen und motorischen Areale myelinisiert, also diejenigen Hirnrindenbezirke, die für die einfache, „niedrigstufige" Verarbeitung von Sehen, Hören und Tasten verantwortlich sind sowie zum Ausführen von Bewegungen gebraucht werden. Damit kann der Säugling erste Erfahrungen machen, die Information jedoch noch nicht sehr weit verarbeiten. Später werden sekundäre Areale myelinisiert, und erst gegen Ende der Entwicklung um die Zeit der Pubertät herum (bzw. noch danach!) werden die Verbindungen zu den höchsten kortikalen Arealen im Frontalhirn mit Myelinscheiden versehen.

Man konnte nun zeigen, *dass diese Reifung des Gehirns letztlich den Lehrer ersetzt*. Der Gedanke ist im Grunde ganz einfach: Wenn wir in der Schule oder an der Universität ein kompliziertes Stoffgebiet lernen (sagen wir: Latein oder Mathematik), dann sorgt ein Lehrer oder Professor dafür, dass wir mit einfachen Beispielen beginnen und uns daraus zunächst einfache Strukturen erschließen. Sind diese erst einmal gefestigt, kommen im nächsten Schritt etwas kompliziertere Strukturen „oben drauf", die man nur dann verstehen kann, wenn man zunächst die einfachen gelernt hat. Und so geht es weiter, Schritt für Schritt, bis wir ausgehend vom Einfachen hin zum Komplizierten einen insgesamt komplexen Stoff beherrschen.

So lernen wir in der Schule und im Studium. Im Leben jedoch ist die Sache anders: Wir kommen auf die Welt und sind verschiedensten Reizen ausgesetzt, deren Struktur und Statistik von ganz einfach bis ganz kompliziert reicht. Die Tatsache nun, dass sich das Gehirn entwickelt und zunächst nur einfache Strukturen überhaupt verarbeiten kann, stellt sicher, dass zunächst auch nur einfache Spuren in ihm hängen bleiben. Sind diese gelernt und entwickelt sich das Gehirn weiter, können die einfachen Pfade benutzt werden, um kompliziertere Sachverhalte zu erfahren und zu begreifen, und so geht es weiter. Das zu Beginn des Lernens noch unfertige Gehirn sorgt damit dafür, dass immer gerade diejenigen Sinnesreize ausgewählt werden, die einfach genug sind, um auch sinnvoll verarbeitet zu werden.

Dies lässt sich am Beispiel der Sprachentwicklung besonders klar zeigen. Babies und Kleinkinder baden in Sprachsoße, d.h. sind immer wieder von den verschiedensten Sprechern umgeben. Wir stellen uns zwar etwas darauf ein, wenn wir mit einem Säugling kommunizieren, verwenden jedoch vor allem Lautmalerei und eine übertriebene Sprachmelodie, ohne auf Grammatik oder Syntax viel zu achten. Schon mit Kleinkindern reden wir fast wie mit Erwachsenen. Wir gehen also keinesfalls systematisch vor wie ein Lehrer im Sprachunterricht, beginnen mit Einwortsätzen und fahren erst mit Zweiwortsätzen fort, wenn die Einwortsätze „sitzen" usw. Während des Spracherwerbs ist ein Kind damit einer sprachlichen Umgebung ausgesetzt, die wenig oder gar keine Rücksicht auf seine jeweiligen Lernbedürfnisse nimmt. Wären Kinder auf eine lerngerechte Reihenfolge sprachlicher Erfahrungen *angewiesen*, so hätte wahrscheinlich keiner von uns je sprechen gelernt.

Wir haben trotzdem sprechen gelernt, ganz ohne einen den Stoff systematisch darbietenden Lehrer. Dies lag daran, dass „im Leben" *der Lehrer durch ein reifendes Gehirn ersetzt* ist. Das Problem beim Erlernen komplizierter Strukturen wie beispielsweise der Grammatik besteht darin, dass man sicherstellen muss, dass zunächst einfache Strukturen gelernt werden, dann etwas komplexere und dann noch komplexere. Andernfalls wird nichts gelernt. Genau dies bewerkstelligt die Entwicklung des Gehirns: Hat es erst einmal einfache Strukturen gelernt und reift danach zu etwas mehr Verarbeitungskapazität heran, dann wird es neben diesen einfachen Strukturen zusätzlich etwas komplexere Strukturen als solche auch erkennen, verarbeiten und daher auch lernen. Da nach wie vor auch einfache Strukturen im Input vorhanden sind, verarbeitet und weiter gelernt werden, kommt es nicht zu deren Vergessen. Es wird vielmehr das Komplexere *dazu* gelernt und das Einfache behalten. Und so geht es weiter mit zunehmend komplexen Inhalten. Die Tatsache der Reifung während des Lernens ist damit nicht hinderlich, sondern sinnvoll: Gerade *weil* das Gehirn reift und gleichzeitig lernt, ist gewährleistet, dass es in der richtigen Reihenfolge vom Einfachen zum Komplizierten lernt. Dies wiederum gewährleistet, dass es überhaupt komplexe Zusammenhänge lernen kann und auch lernt. Man kann es auch anders ausdrücken: Hätten Sie das Gehirn, das Sie jetzt haben, bereits bei Ihrer Geburt gehabt, hätten Sie wahrscheinlich nie sprechen gelernt! Die Gehirnreifung nach der Geburt ist damit kein Mangel, sondern eine *notwendige Bedingung* höherer geistiger Leistungen.

## Frontale Ineffizienz zu Beginn der Pubertät

Die Zusammenhänge zwischen Reifung einerseits und Lernen andererseits sind sehr kompliziert und noch keineswegs vollständig verstanden. Im Gegenteil: Wir kratzen erst an der Oberfläche! Um zu verdeutlichen, was noch alles darunter liegen könnte, sei hier eine Untersuchung zu pubertierenden Kindern angeführt, die klären hilft, warum diese Zeit für alle Beteiligten so schwierig sein kann.

Wer Kinder in der Pubertät hat, kennt das Verhalten nur zu gut: „Ich hab' euch nicht darum gebeten, geboren zu werden, das Leben ist unfair", faucht die Tochter und schlägt die Tür zu (Graham-Rowe 2002). Je nach Motivationslage der Beteiligten, wird die im Verlauf der Pubertät immer wieder zu beobachtende emotionale Instabilität auf die uneinsichtigen Eltern, die Dickköpfigkeit der Kinder, deren „Hormone" oder auf eine „Anpassungsstörung" zurückgeführt. Eine Studie von McGivern und Mitarbeitern (2002) legt nahe, dass zumindest *ein* Grund für die bekannten Schwierigkeiten pubertierender Jugendlicher eine vorübergehende, gehirnreifungsbedingte Schwäche emotionaler Informationsverarbeitung sein kann.

Die Autoren verwendeten eine Vergleichsaufgabe mit Wörtern und Gesichtern als Wahrnehmungsmaterial. Dieses Material (d.h. die Wörter und Gesichter) entsprachen den emotionalen Kategorien „fröhlich", „verärgert", „traurig" und „neutral". Die Aufgabe der Versuchspersonen bestand darin, mit Ja oder Nein anzugeben, ob ein Stimulus einer zuvor angegebenen Emotion entsprach. Eine zweite Aufgabe bestand darin, dass eine Wort-Gesicht-Kombination gezeigt wurde und zu entscheiden war, ob die jeweils ausgedrückten Emotionen gleich oder ungleich waren (vgl. Abb. 4.8). Wieder war mit Ja oder Nein zu antworten. Die Zeit bis zur Antwort wurde von einem Computer mittels eines Mikrofon-aktivierten Schalters gemessen. Die Aufgaben waren sehr einfach, so dass sie von Versuchspersonen unterschiedlicher Altersstufen mühelos bewältigt werden konnten.

Ausgewertet wurden die Daten von insgesamt 246 Kindern (122 weiblich) im Alter von 10 bis 16 Jahren sowie von 49 jungen Erwachsenen (26 weiblich) im Alter von 18 bis 22 Jahren. Am interessantesten war der Vergleich der Leistungen im Hinblick auf das Eintreten der Pubertät (vgl. Abb. 4.9): Im Vergleich zum Vorjahr nahmen die Reaktionszeiten mit dem Eintreten der Pubertät um 10 bis 20% zu. Bei Mädchen (mit früherem Beginn der Pubertät) zeigte sich diese Verlangsamung der Reaktionszeiten beim Vergleich des 11. und 12. Lebensjahres, wohingegen diese Verlangsamung bei den Jungen zwischen dem 12. und 13. Lebensjahr zu beobachten war.

Die Autoren bringen ihre Ergebnisse mit Studien zur Gehirnentwicklung, insbesondere mit dem Wachstum und der anschließenden Vernichtung von Synapsen in Verbindung.

„Zusammengefasst zeigen unsere Ergebnisse eine Abnahme der kognitiven Leistungsfähigkeit zu Beginn der Pubertät. Dieses altersabhängige Absinken könnte ein Marker für eine Phasenverlagerung in der Entwicklung [des Gehirns] von der Phase des Wachstums hin zum Einsetzen des Rückgangs sein. Eine Definition der Parameter der kognitiven und emotionalen Prozesse, die dieser Abnahme unterliegen, könnte dabei helfen, die Rolle der Erfahrung bei Prozessen der Synapsenvernichtung zu optimieren und damit den Einfluss von Erfahrung auf das kognitive und emotionale Wachstum in der Adoleszenz" (McGivern et al. 2002, S. 87).

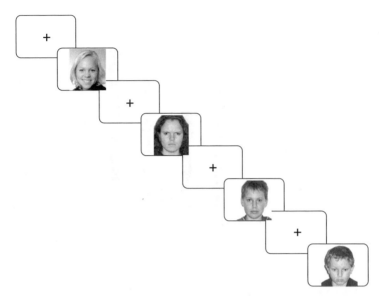

**4.8** Vergleichsaufgabe (schematisch) in der Studie von McGivern et al. (2002). Die Versuchspersonen mussten auf insgesamt 192 Reize sprachlich reagieren, indem sie „Ja" oder „Nein" sagten. Vor jedem Stimulus wurde für eine halbe Sekunde ein Kreuzchen gezeigt, um die Aufmerksamkeit an den Ort des nachfolgenden Reizes zu lenken. Zuerst wurden vier Mal jeweils 16 Gesichteraufgaben (insgesamt 64 Stimuli) absolviert. Vor jedem dieser vier Aufgabenblöcke (einer ist teilweise gezeigt) wurde eine (von vier) Emotion genannt, die während dieses Blocks erkannt werden sollte. In den Blöcken 5 bis 8 wurden die Wörter „ärgerlich" (angry), „fröhlich" (happy), „neutral" und „traurig" (sad) gezeigt, und die Versuchspersonen sollten jeweils das Vorhandensein von einem dieser Wörter in einem Block mit „Ja" angeben (oder andernfalls mit „Nein" reagieren). In den Blöcken 9 bis 12 wurden dann jeweils ein Gesicht und ein Wort gezeigt. Die Aufgabe bestand hier darin, mit „Ja" bzw. „Nein" anzugeben, ob die Emotion von Gesicht und Wort gleich (bzw. ungleich) war.

Die Studie ist von Interesse, weil sie die Erfahrungen, die junge Menschen zu Beginn der Pubertät machen (und die Erfahrungen, die andere mit ihnen machen) auf einen wissenschaftlichen Boden stellt. Wer hier nur „die Hormone" anführt (als wisse man damit schon, wie

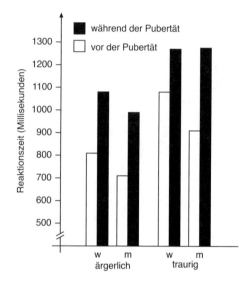

**4.9** Reaktionszeiten beim Vergleich der Emotion eines verärgerten bzw. traurigen Gesichts mit der vorgegebenen Emotion „fröhlich" im Jahr vor der Pubertät (weiße Säulen) und nach Beginn der Pubertät (schwarze Säulen) bei Jungen und Mädchen. Die Unterschiede jeweils zweier benachbarter Säulen sind statistisch signifikant. Mädchen sind insgesamt langsamer als Jungen, später (als junge Erwachsene) jedoch nicht mehr (nach Daten aus McGivern et al. 2002, S. 80, Fig. 3, unten).

diese im Einzelnen wirken), liegt falsch, denn es ist auch das sich entwickelnde Gehirn, welches in manchen Phasen offenbar bestimmte Schwächen zeigt.

Das angeführte Zitat drückt die Hoffnung aus, dass ein besseres Verständnis der Vorgänge um die Pubertät auch dazu beitragen könnte, diesen Lebensabschnitt für alle Beteiligten fruchtbarer zu gestalten. Wenn man den Entwicklungsprozessen nicht einfach nur ausgeliefert ist, sondern sie kennt, kann man sich zu ihnen verhalten (vgl. hierzu die Kapitel 14ff).

## Fazit

Die Entwicklung eines Menschen vom Säuglingsalter bis nach der Pubertät ist kein geradlinig einfacher Vorgang (wie etwa das Größenwachstum des Körpers), sondern ein kompliziertes Geschehen, in das biologische Randbedingungen ebenso eingehen wie kulturelle. Wichtig ist, dass dieser Vorgang kein passiver ist, sondern vom sich entwickelnden Menschen aktiv vorangetrieben und gestaltet wird. Schon der Säugling sucht nach neuen Reizen, giert nach Regeln, möchte seine Umgebung begreifen und möchte vor allem an ihr teilhaben und auf sie einwirken. Babies unterscheiden sich in dieser Hinsicht mit ihren aufgerissenen Augen und der frech herausgestreckten Zunge kaum von Wissenschaftlern, deren Job es ist, den Dingen um sie herum auf den Grund zu gehen und neugierig zu sein.

Kleine Kinder verhalten sich zur Welt wie Schwämme zum Wasser: Sie saugen alles begierig auf. Sie sind dabei jedoch zugleich auch wählerisch und nehmen nur die Information auf, die einerseits ihre Neugierde befriedigt und die andererseits auch Sinn macht. Bei kleinen Kindern ist dies nur einfache Information, denn komplexe Zusammenhänge kann ihr Gehirn noch gar nicht verarbeiten. Das noch unreife Gehirn ist damit wählerisch in Bezug auf das, was es lernt. Man könnte auch sagen, es lässt sich nicht durch alle Reize der Umgebung bestimmen (deren Verarbeitung ja Spuren hinterlassen), sondern nur durch diejenigen Reize, die für es Sinn machen, indem es sie verarbeiten kann. Ist die Entwicklung dann etwas weiter vorangeschritten, macht ein größerer Teil der eingehenden Reize Sinn, und entsprechend wird ein größerer Teil auch verarbeitet.

Auf diese Weise sucht das Gehirn, gerade weil es noch unfertig auf die Welt kommt, für sich aus dem Gewühl der Sinne immer das Passende, d.h. die sinnvolle, verarbeitbare Information heraus. Es wird damit nicht passiv durch die Erfahrung „beschrieben", sondern beschreibt sich selbst mit dem, was für es Sinn macht.

# 5 Genetik und Umwelt

Was vor mehr als einhundert Jahren noch die sehr eigenartige Beschäftigung eines Mönchs mit der Farbe von Erbsen (gelb oder grün) oder Blumen (rot, weiß oder rosa) war, beschäftigt heute auf vielfältige Weise jeden Menschen: die Wissenschaft der Genetik.

Vor 50 Jahren wurde die Natur des genetischen Codes durch den Biologen James Watson und den Physiker Francis Crick entdeckt, und in den Jahren danach wurde verstanden, wie aus jeweils drei von dessen Buchstaben – es gibt nur vier – Wörter gebildet werden und was diese Wörter bedeuten. Die Sprache des Lebens war damit entdeckt.

## Ein Schaf verändert die Welt

Am 5. Juli 1996 wurde ein Schaf geboren. Man nannte es *Dolly*, und seine Geburt ging durch die Nachrichtensender in aller Welt. Es war ein besonderes Schaf. Als erstes Säugetier der Welt war dieses Schaf nicht aus einer Samen- und einer Eizelle durch Befruchtung entstanden, sondern dadurch, dass man bei einer befruchteten Eizelle den Zellkern gegen einen Zellkern aus einer Körperzelle eines Schafs ausgetauscht hatte. Dolly war durch Klonen entstanden. Spätestens jetzt wurde jedem klar, dass die Wissenschaft der Biologie unseren Alltag verändern würde. Die Chance, über die Dinge tiefer nachzudenken, wurde allerdings vertan, denn die Medien berichteten vor allem über die Bedrohung durch Armeen geklonter Soldaten und andere in weiter Ferne liegende unwahrscheinliche Szenarien.

Vier Jahre später hatten wir jedoch die nächste Chance zum Nachdenken: Das Jahr 2000 wird in die Wissenschaftsgeschichte eingehen als das Jahr, in dem die Menschheit ihr Erbgut entschlüsselt hat. Schon jetzt steht fest, dass das Wissen um die etwa 35.000 Gene bzw. gut drei Milliarden Buchstaben des menschlichen Genoms die Medizin als angewandte Biowissenschaft verändern wird. Dieser Wandel wird tief greifend und weitreichend sein. Er wird unsere Art mit Krankheit, Leben und Tod umzugehen, sowie die Gesellschaft als Ganzes, unser aller Leben stark verändern. Verglichen mit den Veränderungen durch das Genom werden die Wandlungen, die uns der PC in den 1980er und das Internet in den 1990er Jahren beschert haben, eher blass erscheinen.

Der Fortschritt wurde jedoch wieder anders portraitiert, als er in Wahrheit ausfiel: Die Medien berichteten vom Wettlauf zwischen der Privatfirma des Wissenschaftlers und Unternehmers Craig Venter und einer internationalen staatlichen Initiative (dem *Human Genome Project*). Dieses Projekt hob sich von nahezu allen anderen staatlichen Aktivitäten vor allem dadurch sehr positiv ab, dass man mit weniger Geld deutlich früher als geplant erfolgreich zu einem Abschluss gekommen war. Drei Jahre nach den sich überschlagenden Zeitungsmeldungen („Buch des Lebens entschlüsselt" etc.) zeigt sich jedoch, dass mit der Entschlüsselung des Genoms die Arbeit nicht getan war. Im Gegenteil: Die Arbeit geht jetzt erst richtig los. Man schätzt, dass jedes Gen einschließlich seines Genprodukts etwa 40 Jahre lang untersucht werden wird und dass das *Human Genome Project* daher die Einrichtung von weltweit mindestens 50.000 (!) neuen Professuren nach sich ziehen wird (Cohen 2000).

Nicht selten wird die Entdeckung bestimmter krankheitsverursachender Gene mit neuen Möglichkeiten der Therapie verbunden. Man spricht von Gentherapie und meint damit das Einschleusen „gesunder Gene" in die genetisch kranken Zellen eines Patienten. Dies ist zwar prinzipiell möglich, in der Praxis steckt der Teufel jedoch in sehr vielen Details. Insbesondere mangelt es der Gentherapie bis heute an essentiellen Werkzeugen zur verlässlichen, unkomplizierten und nebenwirkungsfreien Einschleusung von Genmaterial in die zu verändernden Zellen. Schließlich wurden die Gefahren gentherapeutischer Verfahren in der jüngeren Vergangenheit systematisch unterschätzt. Dennoch wird die Erforschung unseres Erbguts zu wichtigen Konsequenzen in der Medizin führen. Diese werden vor allem in präventiven Maßnahmen bestehen: Bei bekannten genetischen Risiken wird man therapeutische Strategien entwickeln, um das Auftreten der Erkrankung zu verhindern oder zumindest hinauszuzögern. Wie sich gegenwärtig schon abzeichnet, können solche Maßnahmen der Vorbeugung von der Lebensführung über Medikamente bis hin zu chirurgischen Eingriffen reichen (vgl. hierzu auch Kapitel 14). Je mehr man über Genprodukte und vor allem auch über deren Wechselwirkung mit der Umwelt in Erfahrung bringen wird, desto breiter wird das diesbezügliche Wissen, und umso mehr wird sich die Medizin von der Therapie auf die Prophylaxe verlagern.

Nicht nur die Medizin wird durch die Genetik verändert. Letztlich wird unsere Gesellschaft durch die Genetik eine andere werden, wie sie auch durch das Auto, die Pille, den Computer oder das Internet eine andere geworden ist. Noch sehen wir die auf uns zukommenden Fragen und Probleme nicht scharf und nur in diffusem Licht. Aber jede Neuerung bringt Helligkeit und Klarheit, wenn auch nicht ohne Schmerzen (oder zumindest Bauchgrimmen) der Beteiligten. Aber wir müssen uns den Fragen und Problemen stellen. Es geht letztlich darum, die neuen sich bietenden Chancen unserer Selbstbestimmung optimal zu nutzen.

Um es gleich an dieser Stelle klar zu sagen: Die Genetik liefert *nicht* den Plan, nach dem dann später das ganze Leben abläuft. Menschen sind aber ebensowenig bei der Geburt völlig eigenschaftslos. Man kann dies nicht oft genug betonen, denn die Sichtweise, dass es sich bei Umwelt und genetischen Anlagen um zwei miteinander in Konkurrenz stehende Kräfte handelt, ist sehr tief in unseren Gedanken verwurzelt. Gerade weil dies so ist, wird in diesem Buch über das Selbstbestimmen des Menschen ein ganzes Kapitel dafür verwendet, mit alten Vorurteilen aufzuräumen.

Es wird sich zeigen, dass wir nur durch unsere Gene (und nicht *trotz* unserer Gene) die Flexibilität besitzen, die es uns erlaubt, mit der Umwelt auf immer neue Weise kreativ zurechtzukommen. Der britische Biologe Matt Ridley hat dies wie folgt formuliert:

„Ihre Gene sind nicht die Puppenspieler, die an den Fäden Ihres
Verhaltens zupfen. Vielmehr sind sie die von Ihrem Verhalten
abhängigen Puppen [...] Umwelteinflüsse sind zuweilen unwider-
ruflicher als genetische Einflüsse. [...] Je mehr wir das Geheimnis
des Genoms lüften, desto anfälliger gegenüber der Umwelt erscheinen uns die Gene" (Ridley 2003, S. 4).

Dies sind starke Worte, die dem widersprechen, was in unseren
Köpfen zum Thema Anlage und Umwelt herumspukt. Um zu verstehen, wie heute in der Wissenschaft die Zusammenhänge von Genen
und Umwelt verstanden werden, seien im Folgenden vor allem einige
Beispiele diskutiert, die immer wieder den gleichen Sachverhalt deutlich machen sollen: Unsere Anlagen bestimmen uns vor allem dazu,
uns selbst zu bestimmen.

## Acker und Samen

Das vorangegangene Kapitel hat im Grunde anhand von Beispielen der
Entwicklung und Reifung des Gehirns bereits gezeigt, wie eng Genetik
und Umwelt verwoben sind und wie wenig es möglich ist, beides zu
trennen. Sehr oft taucht die Frage auf, wie groß die Einflüsse der Veranlagung und der Umwelt auf ein bestimmtes Merkmal bzw. eine bestimmte Fähigkeit z.B. in Prozenten sind. Diese Frage allgemein zu
beantworten ist jedoch aus prinzipiellen Gründen gar nicht möglich,
wie zunächst ganz allgemein gezeigt werden soll. Danach geht es in diesem Kapitel vor allem um neuere Erkenntnisse zur Wechselwirkung
von Anlage und Umwelt in der Entwicklung eines Menschen.

Betrachten wir zunächst ein einfaches Beispiel: Wovon hängt es
ab, ob die Ähren groß sind, vom Ackerboden oder von den Genen der
Frucht? Wenn es irgendwie von beidem abhängt, wie groß ist dann der
Anteil in Prozent von Anlage und Umwelt?

Stellen wir uns einen Bauern vor, der dieser Frage auf den Grund
geht: Er wählt einen Acker aus, der besonders gleichmäßigen Boden
hat, und sät unterschiedliche Weizensorten. Zur Erntezeit werden diese dann unterschiedlich groß sein und unterschiedlich viele Körner in
den Ähren aufweisen. Damit steht fest: Es liegt an den Genen. Fragt

man in dieser Untersuchung des Bauern danach, wie groß der Anteil des Ackers und der der Gene an den beobachteten Unterschieden zwischen den Ähren ist, so lautet die Antwort: Gene 100%, Acker 0%.

Ein zweiter Bauer hat nur den Samen einer Weizensorte und sät ihn auf seine Felder aus. Diese liegen sehr unterschiedlich, haben unterschiedliche Böden und werden unterschiedlich gut bewässert. Zur Erntezeit steht daher die Frucht auf manchen Feldern sehr gut, auf anderen wiederum jämmerlich. Stellt er nun die gleiche Frage wie sein Kollege, lautet die Antwort ganz anders: Bei ihm hing es nur vom Acker ab, von der Umgebung, auf die der Samen fiel, was aus ihm geworden ist. Seine Antwort auf die eingangs gestellte Frage lautet also: Acker 100%, Gene 0%.

Die Frage nach dem Anteil von Anlage und Umwelt lässt sich also in einer einzelnen Untersuchung beantworten, in der man die Unterschiede in der Ausprägung eines Merkmals bei vielen Organismen unter kontrollierten Bedingungen bestimmt. Wie die Verhältnisse jedoch ganz allgemein beim Weizen und bei Böden sind, d.h. zu wie viel Prozent die Umwelt und die Anlagen für ein bestimmtes Merkmal verantwortlich sind, lässt sich gar nicht sagen. Es hängt eben immer davon ab. Dass diese Einsicht nicht nur für den Weizen auf dem Acker gilt, wird im Folgenden immer wieder deutlich werden.

Betrachten wir zunächst das Beispiel körperlicher Fitness. Ganz offensichtlich ist diese vor allem ein Resultat des Trainings: Wer viel trainiert, der ist kräftig, hat einen gut funktionierenden Kreislauf und wird plötzlichen körperlichen Belastungen viel besser gewachsen sein als ein völlig untrainierter Mensch. Wie schnell jemand rennt, wie hoch er springt oder wie weit sie wirft, ist also, so scheint es zumindest, vor allem eine Frage des Trainings.

Diese Sicht der Dinge ist korrekt, solange man die Gesamtbevölkerung im Blick hat. Sie wird jedoch falsch, wenn man Hochleistungssportler betrachtet. Diese zeichnen sich dadurch aus, dass sie alle maximal trainiert sind. Unter diesen Bedingungen werden genetische Unterschiede wichtig, die in der Variabilität der Bevölkerung im Hinblick auf körperliche Fitness untergehen. Bei Spitzensportlern sind die Unterschiede zwischen den Leistungen nur noch sehr gering und – da alle maximal trainieren – vor allem genetisch bedingt.

Noch einmal: In Bezug auf eine bestimmte Gruppe kann man im Nachhinein unter bestimmten Voraussetzungen angeben, wie stark die Variation eines bestimmten Merkmals vererbt oder durch Umwelteinflüsse zustande gekommen ist. Was man nicht kann (was jedoch immer wieder gefragt wird), ist im Einzelfall vorauszusagen, wie stark eine bestimmte Eigenschaft oder ein bestimmtes Merkmal genetisch bedingt oder durch die Umwelt beeinflusst wurde.

## Zwillinge

Zwillinge haben die Menschen seit alters her fasziniert. Sie sind nicht selten, denn bei etwa jeder achtzigsten Geburt kommen Zwillinge zur Welt, so dass etwa eines von 40 Babies ein Zwilling ist. Das Vorkommen ist regional unterschiedlich: In Japan ist eines von 250 Babies ein Zwilling, in Nigeria ist jedes elfte Baby ein Zwilling (Hall 2003). Die Rate zweieiiger Zwillinge ist dabei vor allem unterschiedlich, wohingegen die Häufigkeit von eineiigen Zwillinge relativ konstant ist. Bekanntermaßen ist die Rate von Zwillingsgeburten nach künstlicher Befruchtung zwei- bis fünffach erhöht.

Zwillingsstudien zum Einfluss von Genetik und Umwelt auf die verschiedensten Merkmale wurden in den vergangenen beiden Jahrzehnten sehr bekannt. In diesen Studien zeigte sich immer wieder der Einfluss genetischer Faktoren auf die Ausprägung der unterschiedlichsten Merkmale. Wonach auch immer man schaut, Körpergröße, Gewicht, Intelligenz, Blutdruck oder rechtsradikale Gesinnung: Man findet einen Anteil der Genetik an der Variabilität des Merkmals von 30 bis 60 Prozent. Schaut man genauer hin, so ist es nicht der Inhalt, sondern die Form, die deutlich auf eine Anlage zurückgeht: Was einer gerne isst, hängt von seiner Kinderstube und den Gewohnheiten in der Familie ab, sein Körpergewicht hingegen ist stark genetisch bestimmt. Das heißt, nebenbei noch einmal angemerkt, nicht, dass er keine Diät zu machen braucht, wenn er abnehmen will; es heißt nur, dass die messbaren Unterschiede in der Bevölkerung im Hinblick auf das Körpergewicht eher durch Unterschiede in den Genen als durch Unterschiede des familiären Hintergrunds bedingt sind. Welcher politischen Gesinnung einer angehört oder welcher Religion, ist ebenfalls eine Frage seiner Umgebung in Kindheit und Jugend. Ob er jedoch seine politische bzw. religiöse Gesinnung radikal verfolgt oder nicht, hängt eher von den genetischen Anlagen ab.

Bei der Intelligenz liegen die Dinge vielleicht am deutlichsten: Der IQ ist zu 50% genetisch bedingt, wie Zwillingsstudien gezeigt haben. Dies lässt jedoch einen erheblichen Einfluss der Umgebung zu, und dieser wiederum hängt davon ab, welche Gruppe man betrachtet. Wächst man unter ungünstigen Umständen auf, dann besteht eine nicht geringe Chance, schlecht gefördert zu werden oder vielleicht sogar an Mangelernährung, zu viel Blei im Trinkwasser, zu wenig Vitaminen etc. zu leiden. Daraus ergibt sich unmittelbar, dass der IQ von Kindern aus niedrigen sozioökonomischen Schichten vor allem durch die Umwelt geprägt ist. Kommt man dagegen aus der Mittelschicht, dann ist der IQ vor allem von den Genen der Eltern abhängig. Man kann sich dies wie folgt erklären: Sind einmal die wesentlichen Voraussetzungen für die Entwicklung gegeben, so macht es kaum einen Unterschied, ob man die richtige Dosis an Vitamin C zu sich nimmt oder die doppelte Dosis. Es herrscht kein Mangel, und damit ist die Umgebung nicht mehr so wichtig.

Hieraus ergibt sich im Grunde unmittelbar, dass soziales Engagement sich vor allem dort lohnt, wo es am meisten gebraucht wird: bei den ganz Armen. Wie Ridley mit Recht (2003, S. 91) formuliert:

> „Die Verbesserung des Netzes der sozialen Sicherheit für die Ärmsten trägt mehr zur Gleichheit der Chancen bei als die Verringerung von Ungleichheit in den mittleren sozialen Schichten."

Und was für Vitamin C (bzw. Ernährung allgemein) gilt, das gilt auch für die Nestwärme der Familie:

> „Eine Familie ist wie Vitamin C: Man braucht es, oder man wird krank. Sofern man jedoch genug hat, macht einen eine Extra-Dosis Vitamin C nicht gesünder" (Ridley 2003, S. 86).

Zwillingsstudien gehören zu den interessantesten Versuchen, der menschlichen Natur auf die Spur zu kommen. Aber auch ein Blick über die Grenzen unserer Spezies kann sich lohnen, denn man sieht dann manches gleichsam von außen und damit klarer.

## Böse und liebe Äffchen und deren Mütter

Affen unterscheiden sich im Hinblick auf ihren angeborenen Charakter und wachsen in unterschiedlichen Umgebungen auf. Da Affen also den Menschen nicht unähnlich sind, kommt Studien an Affen zu den Wechselwirkungen von Anlage und Umwelt eine ganz besondere Bedeutung zu. Derartige Studien sind keineswegs einfach in ihrer Durchführung. Sie dauern Jahre und bedürfen der genauen Planung und Überwachung. Daher sind sie insgesamt selten und werden weltweit nur in wenigen Labors durchgeführt. Eines dieser Labors befindet sich am National Institute of Mental Health (NIMH) in den USA, wo man seit Jahrzehnten die Einflussfaktoren auf die Entwicklung von Kindern im Tierexperiment an Affen untersucht (vgl. Suomi 1997, Suomi 1998, Champoux et al. 2002, Bastian et al. 2003).

Affenbabies unterscheiden sich anlagebedingt im Hinblick auf ihre Aggressivität. Es gibt aggressive Babies, die beispielsweise der Mutter beim Stillen die Brustwarzen blutig beißen, und brave Affenbabies, die dies nicht tun. Die Ursache dieser Veranlagung liegt wahrscheinlich in Unterschieden eines gehirneigenen Überträgerstoffs, dem Serotonin. Vom Serotoninsystem ist bekannt, dass es unter anderem die Aktivität, Affektivität und Aggressivität eines Organismus reguliert.

Affenmütter wiederum unterscheiden sich ebenfalls genetisch im Hinblick auf ihre Toleranz gegenüber widrigem Verhalten. Manche lassen einfach alles mit sich machen, wohingegen andere dies nicht tun und böse Affenkinder einfach wegschubsen. Wovon hängt es nun ab, wie gut ein Äffchen im Leben durchkommt, von seinen Anlagen oder von seiner Mutter, die gerade für das junge Tier praktisch die Umwelt darstellt?

Ist ein junges Äffchen aggressiv, dann hängt es ganz von der Mutter ab, was mit ihm weiter geschieht: Von einer wenig toleranten Mutter wird es – im wahrsten Sinne des Wortes – verstoßen und daher nicht genügend mit Nahrung versorgt. Das Tier wird in dieser Situation mit hoher Wahrscheinlichkeit früh sterben.

Treffen aggressive Affenbabies hingegen auf tolerante Mütter, kommen sie durch. Da diese Tiere aufgrund ihrer Aggressivität jedoch durchsetzungsfähiger sind als andere Tiere, steigen sie in der sozialen Hierarchie auf und haben gute Chancen, die Rolle des Alpha-Männchens in der Horde der nächsten Generation zu übernehmen. Alpha-Männchen sind jedoch nicht nur durch ihre Stellung in der „Hackordnung" der Gruppe definiert, sondern vor allem dadurch, dass sie die meisten Nachkommen haben. Trifft das aggressive Affenbaby also auf eine nachsichtige Mutter, so überlebt es nicht nur, sondern gibt seine Gene (die u.a. für Aggressivität sorgen) auch am effektivsten an die Nachkommen weiter. Betrachtet man nur die aggressiven Affenbabies, so liegt deren Schicksal demnach ganz an der Mutter: Sie entscheidet über Leben und Tod und damit über die Wahrscheinlichkeit der aggressiven Gene in der Nachkommenschaft, die entweder gleich Null ist (beim Tod des Tieres) oder maximal (wenn das Tier zum Alpha-Tier wird).

Bei friedlichen, also nicht aggressiven Affenbabies liegen die Dinge ganz anders: Sie beißen ihre Mutter nicht in die Brustwarzen, werden nicht weggeschubst und überleben ihre Kindheit, unabhängig davon, ob die Mutter tolerant ist oder nicht (d.h. unabhängig vom Erziehungsstil der Mutter). In der Hordenhierarchie der nächsten Generation landen sie irgendwo in der Mitte, denn schließlich sind sie nicht so aggressiv wie manche andere, die sich eher vordrängeln. Damit jedoch haben die friedlichen Affenkinder auch weniger Nachkommen. Bei ihnen spielen die Mütter offenbar gar keine Rolle; sie kommen durch, egal bei welcher Mutter.

Was ist also bei Affen wichtig, der angeborene Charakter oder die Umgebung in Form der Mutter? – Wie gezeigt, lässt sich diese Frage allgemein nicht beantworten. Es hängt eben davon ab: Bei einer bestimmten genetischen Ausstattung liegt es ganz an der Mutter, was mit dem Kind geschieht; bei anderen Anlagen hingegen ist es egal, wie die Mutter auf das Kind reagiert.

Die Untersuchung zeigt zudem die Bedeutung genetischer Variabilität auf: Beide Anlagen – sowohl die für aggressives Verhalten als auch diejenige für nicht-aggressives Verhalten – haben ihre Vorteile, je nach Umgebung. Sie stehen miteinander in einem Gleichgewicht, dessen genauer Wert im Einzelnen von den Umgebungsbedingungen abhängt. Gäbe es nur brave Kinder, so würde sich eine Mutation in Richtung mehr Aggressivität sehr schnell in der Population durchsetzen. Gäbe es nur aggressive Kinder, hätten umgekehrt die friedlichen Kinder alle Chancen bei ihren Müttern, und ihre Zahl würde langfristig steigen. Der Mix der Gene im Genpool der Population erlaubt es ihr, ein mittleres Aggressionsniveau gleichsam vorzuhalten, das sich bei Veränderungen der Umwelt entsprechend rasch (d.h. innerhalb weniger Generationen) ändern kann. Langfristig stabil ist daher eine Population mit einer Mischung aus unterschiedlichen diesbezüglichen Genen, instabil dagegen ist genetische Homogenität.

## Kriminalität und Kinderstube

Bis vor wenigen Jahren waren Beobachtungen der vorbeschriebenen Art an Affen das beste Datenmaterial, das es zu Fragen nach der Bedeutung von Anlage und Umwelt bei Primaten gab. Dies hat sich mit der Veröffentlichung von Untersuchungen am Menschen geändert. Diese sind nicht experimentell, sondern können nur beschreibend und korrelativ sein. Dennoch zeigen sie deutlich, dass die beschriebenen Wechselwirkungen von Anlage und Umwelt auch beim Menschen zu finden sind.

Eine der wichtigsten Studien hierzu bezieht sich auf eine Kohorte von insgesamt 1037 Kindern, die in den Jahren 1972 und 1973 in der neuseeländischen Stadt Dunedin geboren wurden. Diese Kinder wurden in eine Langzeitstudie aufgenommen und in regelmäßigen Abständen alle zwei bis drei Jahre untersucht. Caspi und Mitarbeiter (2002)

wählten aus der Gesamtgruppe 442 Personen aus, die alle männlichen
Geschlechts waren und zudem einen einheitlichen genetischen Hintergrund aufwiesen (alle vier Großeltern der ausgewählten Jungen gehörten der weißen kaukasischen Rasse an). Von diesen 442 Jungen waren
8% in der Kindheit misshandelt und weitere 28% mit einer gewissen
Wahrscheinlichkeit ebenfalls misshandelt worden. Wie nicht anders zu
erwarten, waren einige der Jungen im späteren Leben selber gewalttätig
geworden. Daher konnten die Untersucher der Frage nachgehen, ob
und wie sich Gewalt gegenüber den Jungen als Kind später auf deren
eigene Kriminalität auswirkt.

Zum einen ist Kindesmisshandlung als Risikofaktor für spätere
Kriminalität bekannt, zum anderen jedoch wird nicht jedes misshan-
delte Kind später kriminell. Es scheint also auch eine genetische Veranlagung für kriminelles Verhalten zu geben. Wie oben bereits bei den
Affen beschrieben, wurden Variationen im Bereich des Serotoninsystems mit Variationen der Aggressivität in Verbindung gebracht. Auch
bei transgenen Mäusen mit einem eingebauten Fehler im Serotoninsystem wurde ein erhöhtes Aggressionsniveau beschrieben, das sich nach
Reparatur des Fehlers normalisierte.

Einer der deutlichsten Hinweise für die Bedeutung des Serotoninsystems für die Regulation der Aggressivität beim Menschen stammt
aus der Untersuchung einer holländischen Familie mit nachgewiese-
nem Defekt der Monoaminooxidase A (*MAO-A*), einem Enzym, das
unter anderem Serotonin abbaut. Das Gen für dieses Enzym sitzt auf
dem X-Chromosom, so dass Männer nur eines davon besitzen und daher von einem defekten Gen voll betroffen sein können, wohingegen
bei Frauen der Defekt vom Gen auf dem zweiten X-Chromosom aus-
geglichen werden kann. Die Männer mit dem defekten Gen neigten
sehr stark zu kriminellem Verhalten (Brunner et al. 1993).

Es lag daher nahe, bei den mittlerweile erwachsenen 442 Männern
der neuseeländischen Kohorte die Aktivität des MAO-A-Enzyms zu
untersuchen. Hierbei stellte sich heraus, dass diejenigen Männer, bei
denen eine hohe Aktivität der MAO-A gefunden wurde (63% in der
Gruppe), gegen die ungünstigen Auswirkungen von Misshandlungen
in der Kindheit praktisch immun waren. Umgekehrt waren die Män-

ner mit niedriger MAO-A-Aktivität (37%) mit deutlich höherer Wahrscheinlichkeit kriminell, sofern sie in der Kindheit misshandelt worden waren. Sofern diese Menschen jedoch nicht misshandelt worden waren, waren sie mit einer sehr geringen Wahrscheinlichkeit kriminell (vgl. Abb. 5.1).

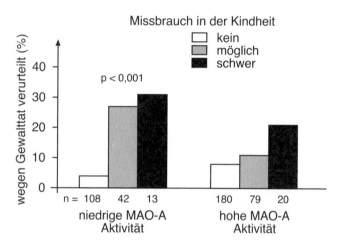

**5.1** Prozentualer Anteil der wegen einer Gewalttat verurteilten Männer aus der Gesamtgruppe in Abhängigkeit von Missbrauchserlebnissen in der Kindheit und der Aktivität der MAO-A. Eine niedrige MAO-A-Aktivität bewirkt eine stärkere Anfälligkeit für die ungünstigen Effekte von Missbrauch. Andererseits ist die Untergruppe der Männer mit niedriger MAO-A-Aktivität und keinen Missbrauchserlebnissen insgesamt diejenige mit der geringsten Kriminalitätsrate (nach Caspi et al. 2002, S. 852, Abb. 2B).

Wie die Autoren in einer Anmerkung mitteilen, wurde ein ähnlicher Effekt sogar bei den Mädchen gefunden. Da Frauen ein Gen, das ein Enzym mit niedriger MAO-A-Aktivität kodiert, durch ein zweites Gen (auf dem anderen X-Chromosom) mit hoher MAO-A-Aktivität ausgleichen können, ist die Untergruppe mit niedriger MAO-A-Aktivität, d.h. mit zwei entsprechenden Genen, relativ klein (12%). Man fand bei genau diesen Frauen jedoch ein signifikant gehäuftes Auftreten von Verhaltensstörungen in der Adoleszenz, sofern sie als Kind Misshandlungen ausgesetzt waren.

> „Dies legt nahe, dass eine hohe MAO-A-Aktivität einen schützenden Effekt gegenüber den ungünstigen Auswirkungen von Misshandlung sowohl bei Mädchen als auch bei Jungen aufweist. Damit ergibt sich die Möglichkeit, dass weitere Studien zu X-chromosomal gebundenen Genotypen eine der am wenigsten verstandenen Tatsachen im Hinblick auf antisoziales Verhalten aufklären könnten, nämlich die geschlechtsabhängigen Unterschiede in der Häufigkeit" (vgl. Caspi et al. 2002, S. 853, Anm. 30, Übersetzung durch den Autor).

Was folgt aus diesen Ergebnissen für den Umgang von Menschen miteinander? – Gar nichts, könnte man zunächst sagen, denn die Misshandlung von Kindern sollte in jedem Fall bekämpft bzw. vermieden werden. Das ist richtig, aber schon beim nächsten Beispiel funktioniert dieses Argument nicht mehr.

## Stress, Gene und Depression

Seit langem geht man in der Forschung der Frage nach, ob und wie sich wichtige Lebensereignisse auf den Beginn und den Verlauf von Krankheiten auswirken. Insbesondere in der Psychiatrie liegen Zusammenhänge zwischen Stress, Verlust eines nahen Angehörigen, Bedrohung oder Erniedrigung durch andere einerseits und der Entwicklung einer Depression andererseits nahe (Kendler et al. 1999). Dennoch ist es nicht leicht, derartige Zusammenhänge im Einzelnen nachzuweisen. Mehr als zwei Jahrzehnte *Life-event-Forschung* (wie man diesen Zweig der Wissenschaft auf Neudeutsch nennt) ergaben wenig konkrete Fakten. Den einen wirft ein vergleichsweise kleines Lebensereignis aus der Bahn, wohingegen der andere eher ein Stehaufmännchen und auch durch mehrere widrigste Ereignisse nicht unterzukriegen ist.

Nach dem Verletzbarkeits-Stress-Modell können diese Beobachtungen dadurch erklärt werden, dass die Verletzbarkeit (d.h. die Anfälligkeit, auf ungünstige Ereignisse mit einer depressiven Episode zu reagieren) angeboren ist, jedoch sich nur dann ungünstig auswirkt, wenn zusätzlicher Stress (d.h. ungünstige Lebensereignisse) hinzukommt (Costello et al. 2002). Dieses Modell wird durch Untersuchungen an Menschen mit vorbestehender genetischer Belastung (d.h. z.B. mit einem depressiven Elternteil) gestützt (Kendler et al. 1995). Depression kommt familiär gehäuft vor. Man würde jedoch gerne genau wissen, worin diese genetische Belastung besteht und wie genau die Wechselwirkung zwischen Gen und Umwelt funktioniert.

Depressive Störungen lassen sich mit Medikamenten behandeln, die auf das Serotoninsystem einwirken. Auch finden sich bei Patienten, die einen Suizidversuch begangen hatten, Auffälligkeiten im Serotonin-Stoffwechsel des Gehirns, so dass man schon seit geraumer Zeit Depressivität mit einer Fehlfunktion des Serotoninsystems in Verbindung bringt. Sogar mittels funktioneller Bildgebung des Gehirns konnte dieser Zusammenhang gestärkt werden. Serotonin wird nach seiner Ausschüttung von einem Wiederaufnahmeprotein, dem so genannten Serotonin-Transporter, in das Neuron zurücktransportiert und damit gleichsam recycled. Menschen unterscheiden sich nun im Hinblick auf die Promotor-Region des Transporter-Gens (es trägt die Bezeichnung *SLC6A4*), d.h. darin, welche spezielle Form dieses Gens (man spricht von einem *Allel*) jeweils vorliegt. Da wir jeweils ein Allel von der Mutter und vom Vater geerbt haben, besitzt jeder Mensch zwei Allele.

Liegt nun die Promotor-Region des Transporter-Gens in ihrer längeren Form vor (man spricht vom *l*-Allel), so wird das Gen des Transporters gut abgelesen. Liegt es dagegen in der kürzeren Variante vor (*s*-Allel), wird das Transporter-Gen nicht so gut abgelesen, was zu weniger Transportern in den Serotonin-Neuronen führt.

Seit einigen Jahren schon ist bekannt, dass diese Unterschiede in der Genetik bis auf die Ebene des Erlebens und Verhaltens durchschlagen: Menschen mit der kurzen Version des Gens, also dem s-Allel, neigen vergleichsweise stärker zu Angststörungen und affektiven Störungen wie insbesondere Depressionen (Katsuragi et al. 1999, Lesch et al. 1996). Der Affekt der Angst wiederum ist eng mit der Funktion des Mandelkerns verknüpft, wie eine ganze Reihe von Un-

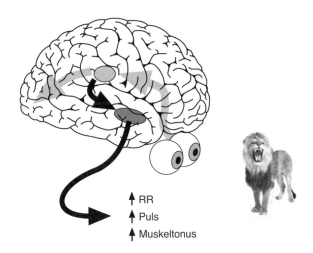

**5.2** Die Funktion des Mandelkerns (nach LeDoux 1994, S. 38). Visuelle Information fließt von der Netzhaut zunächst zum Thalamus (hellgrau) und von dort zur weiteren Verarbeitung in das visuelle System im Hinterhaupt. Zugleich jedoch wird eine schlechte Schwarz-weiß-Kopie sehr rasch zu den Mandelkernen (nur der rechte ist etwas vergrößert dunkelgrau dargestellt) weitergeleitet (kurzer schwarzer Pfeil). Die dort gespeicherten assoziativen Verknüpfungen sorgen automatisch für eine Erhöhung von Blutdruck (RR), Puls und Muskeltonus, was der Vorbereitung des Körpers auf Abwehr oder Flucht dient.

tersuchungen zeigen konnte (LeDoux 1996). In dieser tief im Temporalhirn gelegenen Struktur sind Verknüpfungen gespeichert, die einen Reiz als gefährlich bewerten und den Körper auf Flucht oder Kampf vorbereiten (vgl. Abb. 5.2). Die Aktivität des Mandelkerns wurde entsprechend mit individuellen Unterschieden im Hinblick auf Affektivität und Temperament in Verbindung gebracht (Canli et al. 2001, Zald & Mattson 2002). Tierexperimentelle Studien (LeDoux 1996) sowie theoriegeleitete Modelle zur Emotionsverarbeitung legen es nahe, dass Angst, Mandelkern und Serotoninsystem in einem engen Zusammenhang stehen.

Dieser Zusammenhang wurde von Hariri und Mitarbeitern (2002) erstmals mittels funktioneller Bildgebung direkt nachgewiesen. 28 gesunde rechtshändige Probanden (20 weiblich) wurden mittels funktioneller Magnetresonanztomografie (fMRT) untersucht, während sie ärgerliche oder ängstliche Gesichter betrachten und den Affekt vergleichend beurteilen mussten (siehe Abb. 5.3). Aufgaben wie diese führen bekanntermaßen zu einer Aktivierung der Mandelkerne.

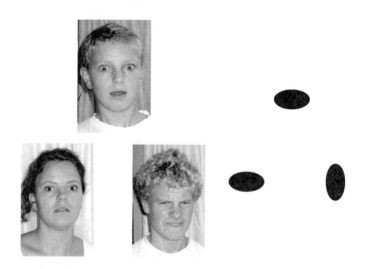

**5.3** Aufgabe, die die Versuchspersonen im MR-Scanner zu bewältigen hatten (nach Hariri et al. 2002, S. 401). Die Kontrollaufgabe (rechts dargestellt) bestand darin, anzugeben, welche von den beiden Formen unten mit der oben gezeigten Form identisch ist. Die eigentliche Aufgabe ist links dargestellt und bestand im Vergleich der Emotion von drei verschiedenen Gesichtern. Es sollte jeweils angegeben werden, welches Gesicht unten die gleiche Emotion ausdrückt wie das Gesicht oben. Beide Aufgaben, die Kontrollaufgabe und die Gesichteraufgabe, sind also im Hinblick auf Wahrnehmen, Entscheiden und das Drücken eines Knopfes identisch; sie unterscheiden sich jedoch dadurch, dass im Falle der Gesichteraufgabe zusätzlich Emotionen im Spiel sind.

Durch genetische Tests wurden die Probanden im Hinblick auf den Serotonin-Transporter-Promotor in zwei Gruppen gleicher Größe eingeteilt: Die einen wiesen eines oder zwei s-Allele auf, die anderen wiesen nur das l-Allel auf (waren also homozygot im Hinblick auf das l-Allel). Durch Vergleich der beiden Gruppen wurde gefunden, dass die Probanden mit einem oder zwei s-Allelen eine signifikant stärkere Aktivierung des rechten Mandelkerns aufwiesen (vgl. Abb. 5.4). Da die rechte Hirnhälfte ohnehin im Wesentlichen die Verarbeitung von Gesichtern leistet, ist die Lateralisierung des Effekts nicht ungewöhnlich. Da sich die Probanden der beiden Gruppen in anderen Messungen und Testverfahren im Hinblick auf Wahrnehmung, Aufmerksamkeit und Schnelligkeit der Reaktion nicht unterschieden, kann man davon ausgehen, dass die beobachteten Unterschiede tatsächlich auf die genetische Veranlagung zur Angstbereitschaft zurückgehen. Da sich die beiden Gruppen in der mittels Fragebogen erfassten Ängstlichkeit nicht unterschieden, kann man weiterhin davon ausgehen, dass die funktionelle Bildgebung der Aktivität des neuronalen Systems sensibler ist als die (durch Gewohnheit und Bewertung, Lebensgeschichte und Reaktion etc. beeinflusste) Selbstwahrnehmung der Probanden.

Vor diesem Hintergrund ist eine weitere Studie an den oben bereits erwähnten 26-jährigen Neuseeländern von Bedeutung, denn mit ihr liegt nun das vor, was jeder Kommissar, der an der Aufklärung des „Falls Serotonin und Affektivität" arbeitet, als eine weitere heiße Spur bezeichnen würde. Caspi und Mitarbeiter (2003) untersuchten das Serotonin-Transporter-Gen und das Auftreten von Depression bei 847 Neuseeländern kaukasischer (weißer) Abstammung, die in drei Gruppen eingeteilt wurden: Menschen mit zwei Kopien des s-Allels (s/s-homozygot; n = 147; 17%); Menschen mit zwei Kopien des l-Allels (l/l-homozygot; n = 265; 31%); und Menschen mit je einer Kopie des s- und des l-Allels (s/l-heterozygot; n = 435; 51%).

Jeder Teilnehmer der Studie wurde dann nach widrigen Lebensereignissen (*stressful life events*) im Zeitraum vom 21. bis 26. Lebensjahr befragt, also beispielsweise nach dem Verlust eines Angehörigen, Problemen in der Partnerbeziehung, in finanzieller Hinsicht oder am Arbeitsplatz. Um diese Daten mit der Genetik in einen Zusammenhang

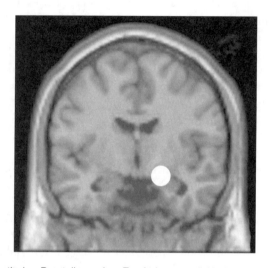

**5.4** Schematische Darstellung des Ergebnisses von Hariri und Mitarbeitern (2002): Beim Vergleich der Probanden mit unterschiedlicher genetischer Anlage zum Serotonin-Abbau zeigt sich eine Aktivierung des rechten Mandelkerns (Amygdala, weißer Kreis) bei denjenigen, die ängstlicher reagieren und deren Serotonin-Transport durch die Anwesenheit eines oder zwei s-Allel-Varianten verändert ist.

bringen zu können, wurde schlicht die Anzahl der ungünstigen Lebensereignisse bestimmt, die übrigens in den drei Gruppen nicht signifikant verschieden war. Mit anderen Worten: Die Genetik des Serotonin-Transporters beeinflusste *nicht*, was den Menschen an Unbill im Leben widerfährt. Ein knappes Drittel aller Teilnehmer (30%) hatte über kein solches widriges Lebensereignis zu berichten, 25% hatten eines erfahren, 20% zwei, 11% drei und bei 15% waren vier oder mehr solcher Ereignisse aufgetreten.

Zusätzlich wurde jeder Teilnehmer nach dem Vorhandensein depressiver Symptome im vergangenen Jahr (dem 26. Lebensjahr) befragt, die bei 17% aller Teilnehmer in klinisch bedeutsamem Ausmaß vorlagen. 3% der Teilnehmer berichteten zusätzlich über versuchte Selbstmorde oder wiederkehrende Selbstmordgedanken. Diese Zahlen mögen dem Laien hoch erscheinen, sind jedoch mit den Ergebnissen anderer Studien durchaus vergleichbar. Die Depression ist eine der häufigsten Erkrankungen, die es überhaupt gibt.

Betrachtete man nun den Zusammenhang zwischen Genetik, Lebensereignissen und Depression, so zeigte sich Folgendes (Abb. 5.5): Das Auftreten depressiver Symptome bei zunehmender Zahl widriger Lebensereignisse hing von der Veranlagung ab, also von der genetischen Ausstattung des jeweiligen Menschen mit den verschiedenen Versionen des Serotonin-Transporter-Gens. Menschen, die nur das l-Allel aufweisen, also l/l-homozygot sind, werden auch bei viel Stress im Leben kaum depressiv, wohingegen Menschen mit einem s-Allel (s/l-heterozygot) oder gar zwei s-Allelen (s/s-homozygot) bei zunehmender Zahl widriger Lebensereignisse auch in zunehmendem Maße depressiv werden.

Man könnte nun einwenden, dass die genetische Ausstattung eines Menschen ihn vielleicht gar nicht depressiv macht, er aber ganz allgemein klagsamer oder einfach nur gesprächiger ist und mehr Symptome berichtet. Daher fragte man jeweils auch einen nahen Angehörigen der Teilnehmer nach depressiven Symptomen und erhielt (bei 96% Rücklaufquote der Fragebögen) praktisch genau das gleiche Bild.

Weitere Analysen zeigten, dass widrige Lebensereignisse im Alter von 21 bis 26 Jahren bei den Personen mit einem oder zwei s-Allelen zu einer klinisch diagnostizierten Depression führen und zu einer höheren Wahrscheinlichkeit von Suizidgedanken und Suizidversuchen (Abb. 5.6).

Sofern die Funktion des Serotoninsystems darüber entscheidet, wie sich widrige Lebensereignisse auf den emotionalen Zustand eines Menschen auswirken, dann könnten diese Effekte nicht nur das dritte Lebensjahrzehnt, sondern möglicherweise schon frühere Lebensabschnitte betreffen. Auch dies wurde untersucht. Man hatte ja bereits die Daten zur Kindesmisshandlung der männlichen Teilnehmer (siehe oben) und ergänzte sie durch die Daten zu den weiblichen Teilnehmern. Diese Daten zur Misshandlung im ersten Lebensjahrzehnt wurden mit der Genetik des Serotonin-Transporters in Beziehung gesetzt und zeigten wiederum eine klare Wechselwirkung (Abb. 5.7): Nur bei

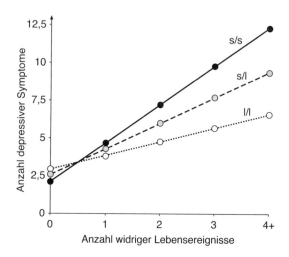

**5.5** Wechselwirkung von Anlage und Umwelt am Beispiel der Genetik des Sero-tonin-Transporters und widriger Lebensereignisse (nach Caspi et al. 2003, S. 388). Menschen mit der Veranlagung s/s reagieren auf Stress im Leben mit deut-lich mehr depressiven Symptomen als Menschen mit der Veranlagung s/lloder l/l. Die Größe der Gruppen der Teilnehmer mit einer Anzahl widriger Lebensereig-nisse von 0, 1, 2, 3 sowie 4 und mehr war bei den insgesamt 146 s/s-homozygo-ten Teilnehmern (schwarze Punkte) 43, 37, 28, 15 und 23, bei den 435 s/l-hete-rozygoten Teilnehmern (graue Punkte) 141, 101, 76, 49 und 68 sowie bei den 265 l/l-homozygoten Teilnehmern (weiße Punkte) 79, 73, 57, 26 und 29. Diese Zahlen geben mithin an, auf wie vielen Teilnehmern jeder Datenpunkt der Zeich-nung beruht.

Teilnehmern mit mindestens einem s-Allel führte Misshandlung in der Kindheit zum vermehrten Auftreten einer Depression. Bei l/l-homozy-goten Teilnehmern hingegen gab es keinen diesbezüglichen Zusam-menhang.

Die Autoren gingen natürlich auch der Frage nach, ob die Aktivi-tät des Enzyms MAO-A einen zusätzlichen Einfluss auf die Entwick-lung einer depressiven Störung im Erwachsenenalter hat. Dies war jedoch nicht der Fall.

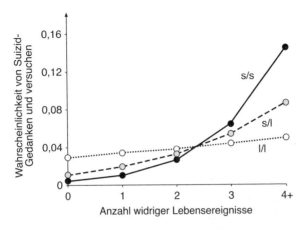

**5.6** Wahrscheinlichkeit von Suizidgedanken und -versuchen in Abhängigkeit von der Anzahl widriger Lebensereignisse und der Genetik des Serotonin-Transporters (nach Caspi et al. 2003, S. 388). Menschen mit der Veranlagung s/s sind bei Stress im Leben deutlich mehr selbstmordgefährdet als Menschen mit der Veranlagung s/l oder l/l. Die Genetik allein hat keinen signifikanten Effekt, wohingegen die Lebensereignisse bereits für sich einen signifikanten ungünstigen Einfluss zeigen. Am wichtigsten ist jedoch erneut die Wechselwirkung zwischen genetischen Anlagen und Einflüssen der Umwelt. Die Anzahl der Teilnehmer in jeder Gruppe (d.h. die Anzahl der Teilnehmer, die in jeden der 15 Datenpunkte eingehen) entspricht derjenigen in Abbildung 5.5.

Fasst man die Daten nochmals anders zusammen, ergibt sich wiederum ein klares Bild der Wechselwirkung von Anlage und Umwelt bei der Verursachung einer Depression. In Abbildung 5.8 ist die Häufigkeit einer klinisch manifesten depressiven Episode im Alter von 26 Jahren in Abhängigkeit davon aufgetragen, ob mindestens ein s-Allel vorliegt. Es wurden also die heterozygoten (s/l) und die homozygoten (s/s) Träger des s-Allels zusammengefasst und mit den homozygoten Trägern des l-Allels verglichen.

Es zeigt sich sehr deutlich, wie Menschen mit l/l-Allelen praktisch durch nichts aus der Bahn geworfen werden: weder durch Misshandlung in der Kindheit noch durch Stressoren im späteren Leben als Erwachsene. Diese Menschen scheinen sich durch eine besondere

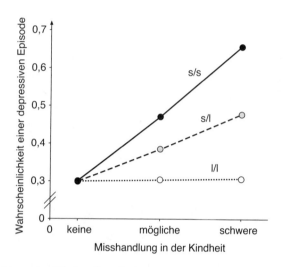

**5.7** Auswirkung der Misshandlung in der Kindheit (im Alter von drei bis elf Jahren) auf die Entwicklung einer Depression im Erwachsenenalter in Abhängigkeit von der genetischen Prädisposition (nach Caspi et al. 2003, S. 388). Menschen mit zwei l-Allelen nehmen keinen Schaden, wohl aber Menschen mit einem oder zwei s-Allelen.

Robustheit auszuzeichnen, es sind regelrechte Stehaufmännchen. Anders ergeht es den Menschen mit mindestens einem s-Allel: Sie sind verletzlich, anfällig für die Widrigkeiten des Lebens.

Wie aus Abbildung 5.8 ersichtlich, ist die Wahrscheinlichkeit, mit 26 Jahren an einer Depression zu leiden, wenn man vier oder mehr widrige Lebensereignisse in den fünf Lebensjahren zuvor durchgemacht hat, bei der genetischen Ausstattung mit den Serotonin-Transporter-Allelen l/l 17%, bei der genetischen Ausstattung s/l oder s/s hingegen 33%. Da mehr als die Hälfte der Menschen kaukasischer Abstammung mindestens ein s-Allel aufweisen, macht dessen alleinige Bestimmung im Hinblick auf medizinische Vorsorge wenig Sinn. Sollte man jedoch weitere Gene bzw. Allele finden, die sich als in der beschriebenen Weise belastend erweisen, sieht die Sache ganz anders aus.

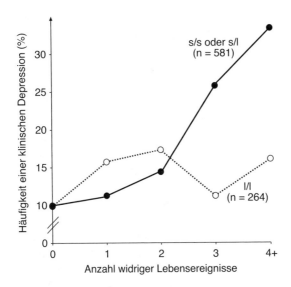

**5.8** Prozentsatz der Studienteilnehmer, die im 26. Lebensjahr an einer Depression erkrankt sind, in Abhängigkeit von der Anzahl widriger Lebensereignisse zwischen dem 21. und 26. Lebensjahr und der genetischen Belastung mit mindestens einem s-Allel des Serotonin-Transporter-Gens (nach Caspi et al. 2003, S. 389). Die Datenpunkte der s-Gruppe beziehen sich auch auf 184, 138, 104, 64 und 91 Teilnehmer mit 0, 1, 2, 3 sowie 4 und mehr widrigen Lebensereignissen. Die entsprechenden Zahlen für die Gruppe der homozygoten l/l-Genträger belaufen sich auf 79, 73, 57, 26 und 29.

Was folgt aus alledem? (Wir gehen dieser Frage auch in späteren Kapiteln weiter nach; insbesondere in den Kapiteln 14 und 15.)

## Welche Gesellschaft soll es sein?

Nehmen wir an, die diskutierten Ergebnisse halten Wiederholungsstudien stand und werden durch weitere Studien ergänzt. In Anlehnung an den Rechtsphilosophen John Rawls (1971) kann man dann fragen, in welcher Gesellschaft man denn lieber leben würde: In einer, die auf jegliche genetische Untersuchungen (*Screening*) bewusst verzichtet und die Anlagen einer Person als den Ausgang eines Würfelspiels betrachtet (bei dem es ja auch zu den Spielregeln gehört, dass man nicht mehrfach würfelt, bis der Wurf passt, oder an den Würfeln herummanipuliert)? Oder würden Sie lieber in einer Gesellschaft leben, in der jeder seine genetischen Anlagen und damit seine Risiken und Stärken kennt?

Aus der Sicht desjenigen, der sein Schicksal selbst bestimmen will, ist die Antwort klar: Er wird wissen wollen, wie bei ihm die Würfel gefallen sind, um sich entsprechend dem Wurf optimal zu verhalten. Schon die Eltern eines Kindes (insbesondere dann, wenn sie nur eines oder zwei Kinder haben) werden wissen wollen, was ihrem Kind gut tut und was man unbedingt vermeiden soll. Bei einer ganzen Reihe von Erkrankungen verfährt man längst so, und für den medizinischen Laien macht es kaum einen Unterschied, ob ein Erkrankungsrisiko durch die Analyse der Blutfette, des Blutzuckers oder des Blutdrucks einerseits oder die Analyse bestimmter Gene andererseits festgestellt wird.

Eines ist klar: Wir neigen dazu, unser Schicksal in die Hand zu nehmen, wann immer wir die Gelegenheit dazu haben. Mit hoher Wahrscheinlichkeit scheint zudem Folgendes zuzutreffen: Überlassen wir die Frage nach genetischem Screening nationalen Regierungen und dem Markt (d.h. wenn sich die politischen Entscheidungsstrukturen in den kommenden Jahren nicht wesentlich ändern), dann wird sich die kostengünstigere Alternative langfristig automatisch durchsetzen. Ob diese in jedem Fall dem Menschen eher entspricht, sei dahingestellt. Daher ist ein Weiteres klar: Wir sollten über diese Fragen ernsthaft nachdenken und können es uns nicht leisten, auf Professionalität auch in diesem Bereich der Wissenschaft zu verzichten. Vielleicht sollten wir also einige der 50.000 neuen Lehrstühle, die der Boom der Genetik mit sich bringt, mit Philosophen besetzen.

## Fazit

Die Wissenschaft der Genetik ist alt und sehr jung zugleich. Sie begann mit dem Zählen farbiger Erbsen, führte zur Entschlüsselung des genetischen Kodes und wird unsere Gesellschaft langfristig mehr verändern als das Auto, die Pille, der Computer oder das Internet.

Dabei liefert die Genetik *nicht* den Plan, nach dem dann später das Leben abläuft. Unsere Anlagen machen uns vielmehr erst durch Wechselwirkung mit der Umwelt zu dem, was wir sind. Damit ist gemeint, dass weder die Gene noch die Umwelt für sich festlegen, was mit uns geschieht. Es ist vielmehr das jeweilige Zusammenspiel, das für unsere Entwicklung entscheidend ist. Hieraus folgen für jeden Einzelnen wesentliche Freiheitsgrade: Er ist gerade nicht durch seine Gene, also durch das Würfelspiel der elterlichen Anlagen, bestimmt, und ebenso wenig ist er ein Spielball der Umwelt.

Die Sichtweise, dass es sich bei Umwelt und genetischen Anlagen um zwei miteinander in Konkurrenz stehende Kräfte handelt, ist sehr weit verbreitet. Aber sie ist falsch. Es wurden Beispiele dafür vorgestellt, dass wir *durch* unsere Gene, und nicht etwa *trotz* unserer Gene, die Flexibilität besitzen, die es uns erlaubt, mit der Umwelt auf immer neue Weise kreativ zurechtzukommen. Unsere Anlagen bestimmen uns damit vor allem zu einem, nämlich uns selbst zu bestimmen.

Am Beispiel des Serotoninsystems und der Emotionen wurden diese Gedanken ausformuliert. Die Schlussfolgerungen sind keineswegs einfach und mögen manchen zunächst sogar erschrecken. Dennoch läuft die Kenntnis der eigenen Anlagen nicht auf *weniger*, sondern auf mehr Freiheit und Selbstbestimmung hinaus, denn nur dann, wenn ich meine Anlagen kenne, kann ich mich aktiv zu ihnen verhalten, kann mich ihnen stellen und kann ihrer bestimmenden Macht entkommen, zumindest teilweise und manchmal sogar sehr nachhaltig und deutlich.

Mit diesen Gedanken ist das Thema Anlage und Umwelt keineswegs erschöpft, sondern im Grunde erst der Problemhorizont skizzenhaft abgesteckt. Unser Selbstbestimmen findet in diesem Horizont statt, weswegen wir ihn immer wieder in den Blick nehmen werden.

# Teil II
# Bewerten

Im zweiten Teil geht es darum, wie das Gehirn Bewertungen hervorbringt. Wir beginnen mit einem System, das früher Belohnungs- und später Suchtsystem genannt wurde. Von diesem stellt sich heraus, dass es auch für Motivation, das Generieren von Bedeutung, für Neugier und sogar für den Affekt der Liebe zuständig ist. Einzelne Akte des Wertens schlagen sich wie andere Erfahrungen auch in Form von Spuren im Gehirn nieder, wodurch aus flüchtigen Bewertungen langfristig feste Werte werden. Diese sind im orbitofrontalen Kortex gespeichert, also demjenigen Teil des Gehirns, das etwa über den Augäpfeln liegt.

Einerseits besitzt unser Gehirn bestimmte Systeme für positive und negative Affekte und Bewertungen, andererseits jedoch erfahren wir Fakten und Werte nicht getrennt. Ein Faktum und ein Wert sind vielmehr Abstraktionen aus der unmittelbaren Erfahrung, die beides beinhaltet. Es verhält sich mit ihnen wie mit der Länge und der Breite des Tischs, an dem ich schreibe. Ich kann über die Breite des Tisches einzeln *reden*; dennoch hat der Tisch immer eine Länge *und* eine Breite, und ich erfahre auch immer beides, wenn ich einen Tisch sehe.

Zuletzt gehen wir der Frage nach, wie es geschehen kann, dass Menschen zuweilen Bedeutungen generieren, wo keine sind bzw. Hypothesen bilden, ohne empirischen Anlass hierzu zu haben. Aberglauben dürfte es aus evolutionärer Sicht nicht geben – so scheint es zumindest zunächst.

# 6 Von der Lust zur Bedeutung

Was Lust ist, weiß jeder, weil er sie manchmal hat und manchmal nicht. Unklar scheinen die Dinge bei den Begriffen Emotion und Motivation zu werden. Dabei ist die Sache im Grunde recht einfach: Wer Durst und Hunger hat, der mag trinken und essen. Das Trinken und Essen bereitet ihm Lust. Deswegen ist jemand motiviert, sich Trinken und Essen zu verschaffen. Motivation folgt also einem inneren Bedürfnis nach Gleichgewicht (von Zucker, Wasser und bestimmten Ionen im Blut und den Zellen des Körpers). Wenn das Gleichgewicht durcheinander kommt, was nach einiger Zeit des Nichtstuns von ganz alleine geschieht, dann entstehen Durst und Hunger, und diese Bedürfnisse beeinflussen Entscheidungen und Handlungen.

Sie tun dies, je nach Stärke, auf subtile bis sehr deutliche Art. Wer hungrig Lebensmittel einkauft (sollte man nicht!), wird im Supermarkt mehr Geld lassen als jemand, der dies nach dem Essen tut. Diese alte Binsenweisheit – und hierzu gibt es experimentelle Untersuchungen – trifft auch dann zu, wenn man sich dagegen wehrt oder wenn man gar nicht bemerkt, dass man Hunger hat. Wer in der Wüste am Verdursten ist und einen anderen mit einem Glas Wasser trifft, der wird ein Vermögen für das Wasser bezahlen. Ein ganz einfaches Glas Wasser ist ihm dann sehr viel wert.

Bei den Emotionen liegt die Initialzündung, wie man sagen könnte, nicht wie bei der Motivation im Innern, sondern außerhalb des Körpers. Ich habe Angst vor ..., bin wütend auf ..., freue oder ärgere mich über ..., ekle mich vor ... und liebe ...

Wer oft Durst auf ein Bier oder Hunger auf Bratkartoffeln hat, wird bemerken, dass die Untersuchung des Sprachgebrauchs und der Valenz von Verben bei der Unterscheidung von Motivation und Emotion wenig hilft. Man kann hierauf auf zweierlei Art reagieren: Zum einen kann man sagen, dass die Sprache wie so oft sehr weise ist und eine Unterscheidung sein lässt, die ohnehin wenig sinnvoll ist (denn die Prozesse der Emotion und Motivation sind sich sehr ähnlich), oder man kann sagen, dass die physiologische Analyse eben Unterscheidungen machen kann, die die Sprache eher verwischt (z.B. die zwischen der Osmolarität des Blutes als Motivator und dem Wunsch nach einem Bier als kognitiv-emotionale Ausgestaltung der Rahmenbedingungen der motivierten Handlung). Aber lassen wir die Begriffsklauberei und wenden uns dem zu, wie die Dinge wirklich sind.

## Lust bis in den Tod

Im Jahre 1989 lernte ich während meiner ersten Gastprofessur an der Harvard Universität den Neurobiologen David Potter (mit einem gewissen Harry Potter nicht verwandt oder verschwägert) kennen, der ein sehr eigenartiges Forschungsprogramm hatte. Er war ein guter und bekannter Wissenschaftler, hatte im Labor der Nobelpreisträger David Hubel und Thorsten Wiesel am Sehsystem gearbeitet und war es gewohnt, den Dingen in neurobiologischer Hinsicht bis ganz auf den Grund zu gehen. Er hatte sich nicht nur mit dem Sehen, sondern auch mit anderen Funktionen beschäftigt und ganz offenbar viele Tiere beobachtet, wie sie nach Lust und Belohnung strebten.

Bereits in den 1960er Jahren hatte man die belohnenden Eigenschaften bestimmter Nervenzellen an ganz bestimmten Orten des Gehirns von Ratten dadurch untersucht, dass man den Tieren kleine Drähte (Elektroden) ins Gehirn einpflanzte und diese dann mit einem Schalter und einem Impulsgenerator so verband, dass die Tiere ihre eigenen Nervenzellen selbst stimulieren konnten. Wenn die Elektroden Fasern stimulierten, die in der Abbildung 6.1 die Area A10 mit dem Nucleus accumbens verbinden, dann drückten die männlichen Tiere den Knopf immer wieder. Selbst wenn eine andere Quelle der Lust wie z.B. ein paarungsbereites Weibchen anwesend war, konnte dieses die Männchen nicht vom Drücken des Knopfes ablenken. Auch vergaßen die Tiere vor lauter Knopfdrücken ganz das Essen, und manche starben, weil sie schlichtweg nichts weiter taten, als sich permanent ganz offensichtlich höchsten Lustgewinn durch Stimulation der hierfür zuständigen Gehirnzentren zu verschaffen.

Um herauszufinden, ob Menschen ein ähnliches Zentrum haben und wo es sich im menschlichen Gehirn befindet, erzählte David von einem Experiment, das er gerne durchführen wollte, das er jedoch aus ethischen Gründen nur an sich selbst durchführen könnte. Er würde es durchaus bei sich selbst tun, hätte dann zwar selbst nichts mehr davon, würde das jedoch in Kauf nehmen dafür, dass zukünftige Generationen von Wissenschaftlern mit den Ergebnissen vielleicht bessere Theorien über das Gehirn machen und damit letztlich vielleicht sogar manche Krankheiten besser heilen könnten. David war einfach sehr neugierig und ein sehr redlicher Wissenschaftler. Er wollte wissen, wo bei uns Menschen das Zentrum sitzt, das uns Lust (und damit auch Motivation und positive Emotionen) verschafft.

Das Experiment schilderte er mir eines Abends bei einem Bier etwa wie folgt: „Stell' dir vor, du würdest an einer unheilbaren Krankheit leiden, an Krebs zum Beispiel, und hättest nur noch ein paar Wochen zu leben. Dann könnte man Elektroden in dein Gehirn einpflanzen, ziemlich viele, um es damit zu stimulieren. Das würde die verschiedensten Reaktionen auslösen, und mit etwas Glück würde man auf diese Weise auch Glücksgefühle bei dir erzeugen. Das wäre der Vorteil für dich. So schlecht es dir auch geht, du könntest dir dann Glück auf Knopfdruck verschaffen, ohne Medikamente etc., und in Frieden und glücklich sterben."

Mir schauderte nicht schlecht bei dem Gedanken, es kam aber noch toller: „Stell' dir weiter vor, du seist gestorben. Dann könnten die Wissenschaftler dein Gehirn sehr genau untersuchen und die Stelle finden, an der die elektrischen Impulse die Glücksgefühle erzeugen. Wir hätten dann das Glückszentrum gefunden. Wäre das nicht unglaublich wichtig?" – Auf meine wohl etwas verstörte Mimik wollte David nicht eingehen. „Nein, das ist doch ganz wunderbar, du stirbst sowieso, und mit dem Experiment wenigstens etwas glücklicher, und du trägst noch zur Vermehrung des Wissens bei. Ich würde das sofort machen."

## Glück und Sucht im Lustzentrum

Zu meiner Erleichterung kann ich heute, 14 Jahre später, sagen: Er braucht das Experiment nicht mehr zu machen. Bereits sieben Jahre nach unserem Gespräch wurde eine Studie publiziert, die den Sitz des Lustzentrums beim Menschen klar zeigte, ohne dass man auch nur einen einzigen Draht in den Kopf eines unglücklichen Menschen gesteckt hätte. Glücklich machen musste man die Versuchspersonen jedoch in dem Experiment, sehr glücklich sogar, damit man überhaupt eine Chance hatte, so etwas wie Glücksempfindungen im Gehirn mit Hilfe der damals möglichen bildgebenden Verfahren abzubilden.

Man wählte hierzu den denkbar stärksten „Holzhammer", der sich im Hinblick auf positive emotionale Stimulation überhaupt denken lässt: Kokainsüchtige im Entzug (auf *cold turkey*, wie man in den USA sagt) erhielten in einem Scanner entweder Kokain oder Kochsalz in eine Vene gespritzt – das eine bereitet ihnen das denkbar stärkste positive Erlebnis (für einen Süchtigen im Entzug ist der Suchtstoff besser als Essen, Trinken oder Sex), wohingegen das andere keinen Effekt hat. Beim Vergleich der Aktivierungsbilder des Gehirns unter den Bedingungen Kokain und Kochsalz zeigte sich dann eine Struktur aktiviert, die man auch in Tierversuchen bereits als Lustzentrum kennen gelernt hatte: der Nucleus accumbens (Breiter et al. 1997).

War damit das Suchtzentrum des Menschen identifiziert? Anders gefragt: Besitzen wir einen Nucleus accumbens, um kokainsüchtig werden zu können? – Stellt man die Frage in dieser Weise rhetorisch, so wird sofort klar, dass die Antwort nur „nein" lauten kann. Wozu hat aber dann die Natur den Nucleus accumbens in unsere Gehirne eingebaut? Um diese Frage zu beantworten, muss man zunächst klären, woher diese Struktur ihren Input bekommt und wohin sie ihren Output sendet. Die Wissenschaft der Neuroanatomie bedient sich zur Klärung solcher Fragen bestimmter Methoden, die es erlauben, den Verlauf von Nervenfasern im Gehirn zu verfolgen. Solche Untersuchungen haben gezeigt, dass die in den Nucleus accumbens eingehenden Fasern von einer kleinen Ansammlung von sehr tief im Gehirn gelegenen Neuronen kommen, die man mit dem Namen Area A10 bezeichnet. Seinen Out-

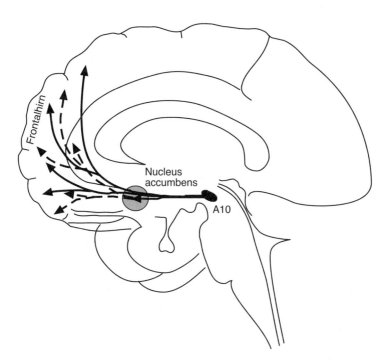

**6.1** Schnitt durch das menschliche Gehirn, genau in der Mitte, links ist vorne, rechts hinten. Eingezeichnet ist schematisch der Nucleus accumbens (grau) sowie die zu ihm von der Area A10 ziehenden Fasern und die vom Nucleus accumbens ins Frontalhirn ziehenden Fasern (gestrichelte Linien). Zudem sind die von den A10-Neuronen direkt ins Frontalhirn ziehenden Fasern eingezeichnet.

put schickt der Nucleus accumbens über entsprechende Fasern ins Frontalhirn. Was aber machen diese Neuronen? Es sind nicht sehr viele, so dass man nicht davon ausgehen kann, dass in den wenigen Neuronen und Fasern komplexe Informationsmuster verarbeitet werden. Es muss vielmehr ein recht einfach gestricktes Signal sein, das von den A10-Neuronen zum Nucleus accumbens läuft und das dann von dort weiter zum Frontalhirn gesendet wird.

## Besser als erwartet

Jedes Mal, wenn etwas geschieht, das *besser ist als erwartet,* kommt es zur Aktivierung der Neuronen der Area A10. Diese schicken den Botenstoff Dopamin zum einen in den Nucleus accumbens und zum zweiten direkt ins Frontalhirn. Jedes Mal, wenn etwas Positives geschieht, wird dieses System aktiviert, das man deshalb auch *Belohnungssystem* nennt. Es geht diesem System jedoch nicht einfach nur um Belohnung, sondern letztlich darum, dem Gehirn zu sagen, wo es langgeht und was es wann lernen soll (vgl. Bao et al. 2001).

Verdeutlichen wir uns kurz das Problem: Unser Gehirn enthält, wie in Kapitel 3 bereits diskutiert, in jeder Sekunde über etwa 2,5 Millionen Fasern einen Gesamtinput von etwa 100 Megabyte. – Hand aufs Herz: Merken Sie jetzt gerade etwas davon? Wenn nicht, dann liegt das daran, dass Ihr Gehirn beständig zwischen dem, was wichtig ist, und dem unwichtigen Input unterscheidet und das meiste unberücksichtigt lässt. So erhält Ihr Gehirn jetzt gerade unzählige Impulse von Berührungssensoren der Haut, die es wahrscheinlich alle einfach nicht weiter verarbeitet hat, denn Sie waren ja gerade so in Ihre Lektüre vertieft.

Wie aber bewertet Ihr Gehirn die eingehende Information als wichtig oder unwichtig? Es kann nicht allein aufgrund von Filterungsprozessen, d.h. durch Informationsverarbeitungsprozesse, die „von unten nach oben" *(bottom-up processes)* ablaufen, auf diese Reize adäquat reagieren. Zur effektiven Informationsverarbeitung bedarf es vielmehr auch der Steuerung „von oben nach unten" *(top-down processes),* um die Flut des Materials vorzustrukturieren, um auszuwählen und nur Wichtiges zu verarbeiten. Noch einmal: Wie geschieht dies?

Ein wesentlicher Aspekt dieser Leistung besteht darin, dass unser Gehirn kontinuierlich damit beschäftigt ist, das Geschehen um uns herum vorherzusagen. Wenn ich Tischtennis spiele und mit der Programmierung meiner Armbewegungen jedes Mal abwarte, bis ich den Ball gesehen, seine Flugbahn berechnet und den Punkt meines Abfangens bestimmt habe, komme ich immer zu spät. So schnell sind weder die Wahrnehmungs- noch die Motorik-Planungsprozesse. Mein Gehirn muss also schon vorwegnehmen, was geschieht, und tut dies auch dauernd. Es kann daher auch das Vorausberechnete mit dem tatsächlich Eintretenden vergleichen, und meistens wird dieser Vergleich eine gute Übereinstimmung zeigen. In solchen Fällen braucht sich das Gehirn um die eingehenden Informationen nicht weiter zu kümmern. Unwichtige eingehende Signale werden vom Gehirn daher nicht weiter verarbeitet. Wichtige hingegen, solche, die besser sind als erwartet, führen zu einer Aktivierung der Neuronen der Area A10.

Im Rahmen einer von der Arbeitsgruppe um Wolfram Schultz publizierten Studie (Waelti et al. 2001) leitete man bei Affen die Aktivität von A10-Neuronen ab und beobachtete zugleich das Verhalten der Tiere in einem Experiment genau. Den Aufbau des Experiments zeigt Abbildung 6.2. Dem Tier wurde ein Stimulus gezeigt, woraufhin es Saft bekam, so dass es bald lernte, den Stimulus mit Leckverhalten in Verbindung zu bringen, kurz: Immer wenn das *Kreuz* kommt, wird am Röhrchen, aus dem der Saft kommt, schon mal geschleckt. Anders ist das, wenn das Tier ein *Herz* gezeigt bekommt und kein Saft aus dem Röhrchen kommt. Dann wird bei *Herz* nicht geschleckt, wie das Tier rasch lernt.

Jetzt folgt der eigentlich interessante zweite Schritt des Experiments. Der Affe sieht nun die Stimuli *Kreuz* und *Pik*, und es gibt Saft; und er sieht *Herz* und *Karo,* und es gibt auch Saft. Man sollte nun meinen, dass der Affe jetzt lernt, auch *Pik* und *Karo* mit Saft in Verbindung zu bringen. Dem ist jedoch nicht so, was der klassischen Lerntheorie widerspricht. Dieser zufolge wird ein Stimulus dann gelernt, wenn auf ihn eine Belohnung folgt. Das Experiment zeigt jedoch, dass nicht die Belohnung selbst für den Lernvorgang entscheidend ist, sondern die Tatsache, dass die Belohnung *unerwartet* erfolgt. Anders ausgedrückt: Der Stimulus *Pik* hat keinen Wert im Hinblick auf die Vorhersage dessen, was geschieht, denn der Affe weiß ja bereits durch das *Kreuz,* dass er eine Belohnung, d.h. Saft, bekommt. Weil also die Verbindung von *Kreuz* zu Saft bereits hergestellt war und das *Kreuz* immer zusammen mit *Pik* auftrat, war *Pik* bedeutungslos und wurde *aus diesem Grunde* nicht gelernt.

## 1. SCHRITT

Lernen von

bei ♣ gibt es Saft

bei ♥ gibt es keinen Saft

führt zu

♣ Leckverhalten

♥ kein Leckverhalten

## 2. SCHRITT

Lernen von

bei ♣♠ gibt es Saft

bei ♥♦ gibt es Saft

führt zu

♠ **kein** Leckverhalten
(Blockierung)

♦ Leckverhalten

**6.2** Stimulus *Kreuz* wird mit Leckverhalten in Verbindung gebracht, Stimulus *Herz* mit keinem Leckverhalten. Wird nun in einem zweiten Schritt die Verbindung mit zwei weiteren Stimuli gelernt (*Kreuz* mit *Pik* und *Herz* mit *Karo*), d.h. beide Male mit Saft belohnt, so sollte nach der klassischen, rein assoziativen Lerntheorie hierdurch die Verbindung von *Pik* mit Saft und die von *Karo* mit Saft gelernt werden. Dies ist jedoch nicht der Fall. Dies wird damit erklärt, dass der Stimulus *Pik* keinen zusätzlichen prädiktiven Wert hat, wenn er immer mit dem prädiktiven Stimulus *Kreuz* gekoppelt dargeboten wurde. Das Lernen von *Pik* wurde also durch das vorherige Lernen von *Kreuz* blockiert (schematisch nach Waelti et al. 2001). Hieraus ergibt sich der Name der experimentellen Prozedur: Man spricht vom *Blockierungsparadigma*. Dieses wurde von L. Kamin bereits in den 1960er Jahren in die Lerntheorie eingeführt, um die Rolle des Vorhersagewertes eines Stimulus für Lernen genauer charakterisieren zu können.

Man sagt, dass das vorherige Lernen der Verbindung von Stimulus *Kreuz* mit der Belohnung den Erwerb der Verknüpfung des Stimulus *Pik* mit Saft *blockiert*. Man sieht dies klar in Abbildung 6.2 unten. Werden die Stimuli *Pik* und *Karo* allein gezeigt, macht das Tier einen Unterschied und schleckt bei *Pik* nicht, durchaus jedoch bei *Karo*. Hiermit war nachgewiesen, dass es für die Bedeutung eines Stimulus nicht allein auf dessen Verbindung mit Belohnung ankommt. „Es ist kaum zu glauben, aber man kann den Stimulus *Pik* zusammen mit *Kreuz* hunderte Male darbieten und den Affen Saft geben, und dennoch machen sich die Affen nichts aus *Pik*", sagte mir Wolfram Schultz einmal bei der Diskussion seiner Arbeit am Rande einer Tagung.

## Bedeutung und die Etikettierung von Reizen

Fassen wir das Ergebnis der Untersuchung auf der Verhaltensebene noch einmal zusammen: Es ist nicht die Belohnung, sondern der Vorhersagewert eines Stimulus, der für dessen Bedeutung verantwortlich ist: Der Stimulus *Pik* hat für die Belohnung keinen Vorhersagewert, weswegen er nicht bedeutsam ist, nicht weiter bearbeitet wird und daher langfristig auch nicht gelernt wird. Demgegenüber hat der Stimulus *Karo* einen Vorhersagewert und wird bedeutsam, bearbeitet und gelernt.

Nach jeweils dem ersten und dem zweiten Lernschritt leiteten die Autoren bei den trainierten Tieren die Aktivität von knapp 300 Neuronen unter anderem im Areal A10 ab. Was nach dem ersten Lernen herauskam, ist in Abbildung 6.3 zu sehen. Zuerst feuern die Neuronen bei der Belohnung; nachdem die Tiere jedoch gelernt hatten, dass das *Kreuz* immer der Belohnung vorausgeht, feuern die gleichen Neuronen bereits, wenn das Tier das *Kreuz* sieht.

Nach dem zweiten Lernschritt waren die Ergebnisse folgendermaßen (vgl. Abb. 6.4). Wurde dem Affen der Stimulus *Pik* allein gezeigt, so zeigte *kein einziges* Neuron eine Reaktion. 39 von 85 Neuronen je-

# 1. SCHRITT

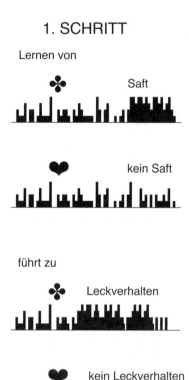

Lernen von

♣          Saft

♥          kein Saft

führt zu

♣     Leckverhalten

♥     kein Leckverhalten

**6.3** Aktivität von Neuronen (Höhe und Dichte der Striche) des Bewertungssystems (schematisch nach Waelti et al. 2001) im Zeitverlauf beim Experiment aus Abbildung 6.2. Zunächst antworten die Neuronen tatsächlich auf Belohnung, d.h. auf den Saft (oben). Kommt kein Saft, zeigen sie keine Erhöhung ihrer Aktivität. Später jedoch, nach erfolgtem Lernen, werden die Neuronen bereits dann aktiv, wenn der Stimulus die Belohnung ankündigt. Das *Kreuz* führt also schon vor dem Saft zur Aktivierung des Bewertungs- bzw. Belohnungssystems.

doch waren auf den Stimulus *Karo* allein aktiv. Die Aktivität der Neuronen des Bewertungssystems verhält sich also genau wie der Blockierungseffekt im Verhalten der Tiere.

## Test

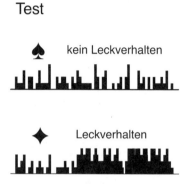

kein Leckverhalten

Leckverhalten

**6.4** Auf den Stimulus *Pik* reagieren die Neuronen des Bewertungssystems nicht, was mit dem Verhaltenseffekt der Blockierung einhergeht. Die Neuronen reagieren jedoch sehr klar auf den Stimulus *Karo* (schematisch nach Waelti et al. 2001).

Das Besondere an der Arbeit von Waelti und Mitarbeitern bestand darin, dass Verhalten und neuronale Aktivierung in Zusammenhang gebracht werden konnten. Die Neuronen der Area A10 antworten nicht einfach auf Belohnung und auch nicht einfach nur auf erwartete Belohnung. Sie *etikettieren* vielmehr gleichsam neue Reize im Hinblick auf ihre Bedeutung (d.h. ihren Vorhersagewert). Im entscheidenden Test (Abb. 6.4) brachte der neue Stimulus, der für sich allein keine Belohnung voraussagte (obwohl er Dutzende oder sogar Hunderte von Malen mit einem belohnten Reiz gekoppelt war!), die Neuronen nicht zur Aktivierung, während der neue, eine Belohnung voraussagende Stimulus zu einer signifikanten Aktivierung der Neuronen führte. So konnte gezeigt werden, dass es die Vorhersagekraft eines Stimulus im

Hinblick auf eine Belohnung ist, die auf der Verhaltensebene des Lernens seine Bedeutung bestimmt und auf der neuronalen Ebene die Aktivierung dopaminerger Neuronen.

## Bedeutung, Glück und Dopamin

Seit dem Anfang dieses Jahrzehnts mehren sich die Hinweise darauf, dass das beim Affen durch Ableitung von einzelnen Nervenzellen so genau charakterisierte System der Bedeutungsverleihung eingehender Reize auch beim Menschen ganz ähnlich funktioniert. Der Erkenntnisfortschritt war wie so oft methodisch bedingt, denn die modernen Verfahren der funktionellen Bildgebung erlauben heute Experimente, die man noch vor wenigen Jahren nicht gewagt hätte, sich auszudenken.

Auf die oben erwähnte Studie mit dem „Holzhammer" Kokain folgten weitere, die zeigten, dass dasselbe System, was bei pharmakologischer extremer Aktivierung Suchtverhalten erzeugt und aufrechterhält, auch auf ganz andere Weise aktiviert werden kann. So wird es beispielsweise auch beim Genuss von Schokolade (Small et al. 2001), beim Hören schöner Musik (Blood & Zatorre 2001), beim Gewinnen eines Spiels (Koepp et al. 1998) und beim Anblick eines attraktiven Gesichtes (Aharon et al. 2001) oder beim Anblick eines Sportwagens (Erk et al. 2002; siehe unten) aktiviert (vgl. die zusammenfassende Darstellung in Spitzer 2002, Kapitel 10). Ein netter Blick aktiviert also unser Belohnungssystem (vgl. Kampe et al. 2001), ein nettes Wort übrigens auch (Hamann & Mao 2002). Das System reagiert auf alles, vom Suchtstoff bis hin zu einem schönen Augenblick (wörtlich und im übertragenen Sinn), und signalisiert damit – ganz allgemein – die Wichtigkeit eines Reizes. Relevante, interessante, neue und vor allem informationstragende Stimuli – ganz gleich welcher Art – führen zu seiner Aktivierung. Wann immer wir uns belohnt fühlen, durch Kokain, Schokolade, Musik, einen netten Blick oder ein nettes Wort, ist jeweils das gleiche System im Organismus am Werk.

Wie oben angeführt, werden alle Organismen mit einer Vielzahl von Reizen geradezu bombardiert und müssen die wenigen wichtigen aus der Vielzahl der unwichtigen Stimuli herausfiltern. Das hier diskutierte System fügt einem Reiz ein Etikett bezüglich dessen Bedeutsamkeit hinzu und bewerkstelligt dadurch die Funktion des Aussortierens wichtiger von unwichtigen Reizen. Sprach man früher vom Lustzentrum, dann vom Suchtzentrum und wiederum später vom Belohnungssystem, so müsste man aufgrund der neueren Ergebnisse eigentlich vom Sinngebungssystem, Wichtigkeitsanzeigersystem oder Bedeutungsverleihungssystem sprechen. Schultz und Mitarbeiter sprechen davon, dass dieses System den *Belohnungsvorhersagefehler* berechnet, indem es die erwartete mit der tatsächlichen Belohnung vergleicht. Der beteiligte Neurotransmitter sollte vielleicht von Dopamin in „Dopamean" umgetauft werden.

Fassen wir kurz zusammen: Das Gehirn muss Wichtiges von Unwichtigem unterscheiden. Ein einfacher Mechanismus hierfür ist die Koppelung zwischen ursprünglich neutralen Reizen und Belohnung, wodurch diese Reize eine besondere Bedeutung erlangen: Sie sagen eine Belohnung vorher. Kommt ein zweiter Reiz hinzu, ohne dass sich an der Belohnungsvorhersage etwas ändert, ist also der Belohnungsvorhersagefehler gleich Null, hat der zweite Reiz keine Bedeutung.

Es gibt mittlerweile erste Studien am Menschen, die mittels ereigniskorrellierter funktioneller Magnetresonanztomografie (fMRT) während der Durchführung von Bewertungs- und Lernaufgaben das Belohnungssystem untersuchten. Elliott und Mitarbeiter (2000) fanden einen direkten Zusammenhang zwischen dem Verdienst beim Erledigen einer Aufgabe im Scanner und der Aktivität des Nucleus accumbens. Knutson und Mitarbeiter (2000, 2001) konnten zeigen, dass der Geld-Wert, den eine Versuchsperson mit einem Stimulus zu verbinden gelernt hatte, mit der Aktivität des Nucleus accumbens beim Betrachten dieses Stimulus korreliert. McClure und Mitarbeiter (2003) sowie O'Doherty und Mitarbeiter (2003) konnten schließlich Hinweise darauf gewinnen, dass auch beim Menschen der Belohnungsvorhersagefehler stärker in Lernprozesse einbezogen ist als das absolute Ausmaß der Belohnung (vgl. auch Braver & Brown 2003).

## Bedeutung, Spaß, Liebe und Sucht

Wie oben beschrieben, führt die Aktivierung der A10-Neuronen nicht nur zur Ausschüttung von Dopamin im Frontalhirn, sondern auch zur Aktivierung des Nucleus accumbens. Die Aktivierung dieser Neuronen produziert daher nicht nur Bedeutung, sondern macht auch Spaß! Endogene Opioide, also Opium-ähnliche Stoffe, die das Gehirn selbst produziert, bewirken im Organismus die entsprechenden Effekte: Man fühlt sich gut und hat Freude an dem, was man gerade tut. Das System könnte daher auch als Optimismussystem bezeichnet werden, denn es führt beim Menschen dazu, dass man auf eine Situation bzw. einen Menschen zugeht, dass man sich vor Neuem nicht verschließt, sondern es geradezu sucht.

Experimente an Ratten zeigten, dass die Begegnung mit Neuem zu einer Freisetzung von Dopamin in diesem System führt. Dopamin wurde daher als Substanz der Neugier und des Explorationsverhaltens, der Suche nach Neuigkeit (engl.: *novelty seeking behavior*) bezeichnet. Ein Dopaminmangel im System führt daher zu Interesse- und Lustlosigkeit, sozialem Rückzug und wird auch mit gedrückter Stimmung in Verbindung gebracht. Umgekehrt führt eine Überaktivität dieses Systems dazu, dass belanglose Ereignisse oder Dinge eine abnorme Bedeutung erlangen, also besonders hervortreten und einen nicht mehr loslassen. Auch die überschäumenden Glücksgefühle des Manikers sind Ausdruck eines überaktiven Dopaminsystems. Der schweizer Psychiater Ludwig Binswanger (1881–1966) hat interessanterweise schon vor Jahrzehnten den Zustand des Manikers in Anlehnung an die Terminologie des Philosophen Martin Heidegger (der vom In-der-Welt-Sein des Menschen sprach) als *Über-die-Welt-hinaus-Sein* bezeichnet (Binswanger 1942).

Praktisch alle bekannten Suchtstoffe wirken auf das beschriebene System. Sie nehmen es in Beschlag und stimulieren es auf pharmakologische Weise sehr stark: Kokain bewirkt eine Steigerung der Aktivität des Nucleus accumbens um einige hundert Prozent; ein netter Blick oder schöne Musik hingegen steigern dessen Aktivierung um etwa fünfzig Prozent. Mit anderen Worten: Der Effekt von Suchtstoffen auf das Belohnungs- bzw. Bedeutungssystem ist um eine Größenordnung stärker als der Effekt von Erlebnissen. Daher machen diese Stoffe im stärksten Maße unfrei! Alles, was ein suchtkranker Mensch will (bzw. wollen kann), ist der Suchtstoff. Dies muss so sein, denn der Effekt des Suchtstoffs ist ein sehr starker.

Man konnte weiterhin zeigen, dass im Nucleus accumbens das so genannte Suchtgedächtnis sitzt (Ghitza et al. 2003). Hiermit ist gemeint: Suchtkranke Menschen werden besonders dann rückfällig, wenn sie sich in ihrer alten Umgebung befinden. Die Theke und die Musik, der Aschenbecher und der Geruch, die Spritze und die alten Bekannten bewirken das Bestellen des Bieres, den Zug an der Zigarette oder den nächsten Druck. Mit Suchtgedächtnis sind also suchtspezifische assoziative Verknüpfungen gemeint, die neutralen Sachverhalten eine besondere Bedeutung *beim Auslösen von Rückfällen* verleihen. Im Tierversuch an Ratten wurde nachgewiesen, dass auch nach längst erfolgtem Entzug und bei nicht mehr vorhandenem Suchtverhalten die alte Umgebung ausreicht, um das Suchtverhalten wieder zu produzieren. Das Belohnungssystem birgt also die Gefahr von Sucht. Dies lässt sich nicht ändern. Wer jedoch *weiß*, wie stark der Einfluss dieses Systems sein kann, der ist eher in der Lage, sich zu ihm distanziert zu verhalten (vgl. hierzu Kapitel 15).

Verliebte Menschen denken dauernd an den anderen, möchten nichts lieber als die Nähe des anderen, können sich schlechter auf den Rest ihrer Angelegenheiten konzentrieren, verfallen bei Trennung in Schwermut und Trauer und vermögen umgekehrt Berge zu versetzen, wenn es um die Verwirklichung ihrer Liebe geht. Man hat gute Gründe anzunehmen, dass das Belohnungs- und Bedeutungssystem beim Zustand der Verliebtheit eine wesentliche Rolle spielt (Szalavitz 2002). Das Studium dieser Vorgänge wird uns langfristig mehr Kontrolle über uns selbst verleihen. Dies wird den Suchtkranken helfen, ihr Leben wieder selbst zu bestimmen und nicht durch die Droge bestimmt zu werden. Letztlich werden jedoch Menschen davon profitieren, wenn aufgeklärt ist, wie Belohnung, Bedeutung und Bewertung in unseren

Köpfen bewerkstelligt wird. Ich glaube nicht, dass hierdurch irgendetwas entzaubert wird. Auch wer den Geschmackssinn erforscht, kann sich weiterhin an gutem Essen freuen.

## Im Durchschnitt überdurchschnittlich

Die meisten Menschen halten sich für überdurchschnittliche Autofahrer; auch denken die meisten, sie seien intelligenter, gerechter und weniger von Vorurteilen behaftet als der Durchschnitt. 70% der Jugendlichen halten ihre Führungsqualitäten für überdurchschnittlich und nur 2% für unterdurchschnittlich. Alle von einer Million befragten Jugendlichen hielten ihre Fähigkeit, mit anderen Jugendlichen klar zu kommen, für überdurchschnittlich, 60% hielten sich in dieser Hinsicht für die besten 10%, und 25% glaubten sich unter den besten 1%! Wer meint, nur die aufgeplusterten Egos junger Menschen brächten derart grobe Verzerrungen der Wahrnehmung von sich selbst im Vergleich zu anderen zustande, der irrt: 94% aller Professoren halten sich für besser als der Durchschnitt ihrer Kollegen (Gilovich 1991). Ein Ergebnis der PISA-E-Studie war, dass deutsche Eltern die deutschen Schulen für schlecht halten – ausgenommen die Schule, auf die ihre Kinder gerade gehen.

Es ist durchaus keine Übertreibung, wenn man feststellt, dass sich der Durchschnittsmensch für überdurchschnittlich hält, sogar was die Objektivität seiner Einschätzungen anbelangt! Faktisch geht das nicht: Die Hälfte aller Menschen ist immer kleiner, dümmer, vorurteilsbehafteter und überhaupt schlechter als der Durchschnitt. Dies folgt logisch aus der Definition des Durchschnitts (und bestimmten Annahmen über die Verteilung). Warum irren sich dann die meisten Menschen – im Durchschnitt – so unglaublich oft?

Es gibt also ganz offensichtlich einen positiven Selbstbeurteilungs-Bias, wie man heute sagt, ein Vorurteil dahingehend, dass man selbst glücklicher und besser dran ist als die anderen. Dieses Vorurteil macht uns das Leben einfacher, befähigt uns, auch bei Regenwetter, schlechter Laune, unverträglichem Chef und verspäteter U-Bahn dennoch pünktlich zur Arbeit zu erscheinen. Ein positives Gefühl, nennen wir es Glück, hat offenbar eine wichtige Funktion. Kein Wunder, dass 80% aller Menschen sich für glücklich halten, zugleich jedoch meinen, dass nur etwa 50% aller Menschen glücklich sind (Myers & Diener 1995).

## Glück und Bewegung

Wer im Lotto gewinnt, ist glücklich, meist jedoch nur für kurze Zeit, und auch wer regungslos und todkrank im Bett liegt, kann sich in Bezug auf seine Lebensqualität nicht anders fühlen als ein vollkommen gesunder Mensch, wie wir bereits in Kapitel 1 feststellten. Unser Glücksmelder scheint damit ähnlich zu funktionieren wie die meisten Sinne. Manche Rezeptoren von Zuständen der Außenwelt haben eine proportionale Input-Output-Charakteristik (je mehr Energie auf sie prasselt, desto mehr Impulse senden sie aus), wohingegen andere wiederum durch eine differentielle Input-Output-Charakteristik zu beschreiben sind (sie melden Änderungen, aber keine Absolutwerte). Die meisten Rezeptoren jedoch tun mehr oder weniger beides: Sie melden, was los ist, und melden Änderungen. Zudem scheint unser Glücksmelder einen Hang zum Positiven aufzuweisen: Menschen sind optimistisch und können ihr Leben überhaupt nur meistern, sofern sie dies sind (vgl. hierzu auch Kapitel 9). Ein gewisser Optimismus schadet nicht, um gut durchs Leben zu kommen – so zumindest scheint die Evolution uns ausgestattet zu haben.

Das Bild vom Dopaminsystem als Anzeiger von Belohnung und Bedeutung ist in zweierlei Hinsicht noch nicht vollständig. Zum einen kommt Dopamin in zwei weiteren Systemen im Gehirn vor, von denen zumindest eines eine Art Verhaltensermöglichung in einem ganz einfachen Sinne leistet (das andere greift in den Hormonhaushalt ein und wird hier nicht weiter diskutiert). Es sorgt dafür, dass Bewegungen flüssig ablaufen, indem seine Neuronen (in der Area A8 und A9 gelegen) zu Zentren ziehen (dem dorsalen Striatum), die an der Steuerung von Bewegungen wesentlich beteiligt sind. Erkrankungen dieses Dopa-

minsystems gehen daher mit Starre und Zittern einher und sind als
Parkinson'sche Krankheit gefürchtet. Dass Bewegung und Belohnung
eng verknüpft sind, erscheint bei genauerem Hinsehen nur folgerichtig, wie der kanadische Psychologe Jim Pfaus (zit. nach Szalavitz 2002,
S. 39) formuliert:

> „Denkt man darüber nach, so ist das sehr sinnvoll: Wenn man von
> etwas angezogen wird, entspricht es dem natürlichen Instinkt, sich
> darauf hin zu bewegen."

Nicht umsonst kann sich eine Unterfunktion des Dopaminsystems beim Menschen in verschiedenen Krankheitszuständen äußern,
denen gemeinsam ist, dass Freude und die Zugewandheit zur Welt verloren gehen.

## Wahrscheinlichkeit und Unsicherheit

Die oben dargestellte ausführliche Beschreibung der Funktion des Dopaminsystems (vgl. Abb. 6.2 bis 6.4) ist noch nicht vollständig, wie ein
im Frühjahr 2003 veröffentlichtes Experiment der bereits erwähnten
Arbeitsgruppe um Wolfram Schultz zu einem weiteren Aspekt des Dopaminsystems nachweisen konnte (Fiorillo et al. 2003). Das Experiment war ähnlich aufgebaut wie das oben geschilderte und macht die
Bedeutung des Dopaminsystems für Neugier und Erkenntnis noch
klarer als die Experimente zuvor. Es lohnt sich daher, auch diese Untersuchung genau zu betrachten.

Affen wurde ein Reiz gezeigt, und sie wurden zwei Sekunden später belohnt oder auch nicht, so dass sie die Verbindung eines Reizes mit
Belohnung lernen konnten. Im Gegensatz zum oben beschriebenen
Blockierungsparadigma lag jedoch die Wahrscheinlichkeit der Belohnung nicht nur bei 0 (wie oben beim Durchgang *Herz* – kein Saft) oder
bei 1 (wie oben beim Durchgang *Kreuz* – Saft), sondern konnte auch
dazwischen liegen, nämlich bei 0,25 (in einem von vier Durchgängen
gab es nach dem Stimulus „Δ" Saft), bei 0,5 (in einem von zwei Durchgängen gab es nach dem Stimulus „ø" Saft) oder bei 0,75 (in drei von
vier Durchgängen gab es nach dem Stimulus „∞" Saft). Wie

Abbildung 6.5 zeigt, lernten die Affen dies recht gut und richteten ihr Leckverhalten nach der Wahrscheinlichkeit (angezeigt durch die unterschiedlichen Reize) des auf den jeweiligen Stimulus folgenden Safts.

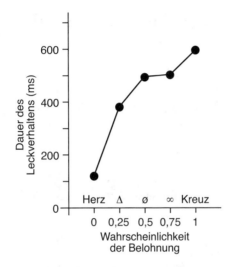

**6.5** Ausmaß des gelernten Leckverhaltens (dessen Dauer in Millisekunden, ms) in Abhängigkeit von der Wahrscheinlichkeit des anzeigenden Stimulus. Oberhalb der x-Achse sind die Stimuli konsistent mit der Beschreibung im Text wiedergegeben (schematisch nach zusammengefassten Daten von Fiorillo et al. 2003, aus Abbildung 1).

Die Ableitungen von den Dopamin-Neuronen zeigten eine erwartete und eine unerwartete Eigenschaft. Erwartet war, dass sie auf die Belohnung und (nach erfolgtem Lernen) auch auf den Reiz reagieren. Solche Reaktionen werden *phasisch* genannt, denn sie verlaufen sehr rasch und in unmittelbarem zeitlichen Zusammenhang mit dem Stimulus. Neben diesen phasischen Reaktionen zeigten die Neuronen jedoch auch eine zunächst vollkommen unerwartete *tonische* (d.h. anhaltende bzw. langsam verlaufende) Reaktion. Diese bestand in einer langsamen Zunahme der Aktivität während des Zeitraums zwischen

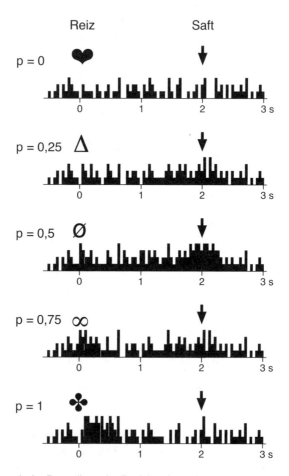

**6.6** Schematische Darstellung der Reaktion dopaminerger Neuronen auf Reize, die mit unterschiedlicher Wahrscheinlichkeit eine Belohnung in Form von Saft erwarten lassen (Zeitpunkt durch den Pfeil angedeutet). Man sieht die phasischen Reaktionen auf Reize und Belohnung sowie den tonischen Anstieg in den zwei Sekunden dazwischen. Dieser tritt stark bei einer Belohnungswahrscheinlichkeit von 0,5 auf und ist bei einer Belohnungswahrscheinlichkeit von 0,25 und 0,75 nur leicht ausgeprägt. Die Neuronen reagieren damit maximal bei maximaler Unsicherheit (nach Daten aus Fiorillo et al. 2003, S. 1900, Figure 3).

Reiz und Belohnung (vgl. Abb. 6.6). Diese Reaktion war am größten bei einer Belohnungswahrscheinlichkeit von 0,5, d.h. genau dann, wenn die größte Unsicherheit bestand.

Die Dopamin-Neuronen kodieren damit zwei Eigenschaften: Zum einen feuern sie auf den Reiz umso stärker, je besser er Belohnung vorhersagt. Dies war bereits in Abbildung 6.2 unten (nach dem Lernen der Reize) für Reize mit einer Vorhersagewahrscheinlichkeit der Belohnung von 0 (*Herz*) und von 1 (*Kreuz*) zu sehen. Nun jedoch liegen auch Daten für Wahrscheinlichkeiten zwischen 0 und 1 vor; diese zeigen an, dass das Neuron auf den Reiz umso stärker phasisch reagiert, je besser der Reiz die Belohnung vorhersagt. (Entsprechend verhält sich das Tier und leckt umso länger, je wahrscheinlicher Saft kommt; vgl. Abb. 6.5.)

Neben dem Vorhersagewert des Reizes kodieren die gleichen Neuronen jedoch offensichtlich auch Unsicherheit. Sie tun dies durch eine ganz andere Art der Reaktion, einem tonischen Anstieg zwischen Reiz und Belohnung, der umso stärker ist, je größer die Unsicherheit der Belohnung ist. Zeigt der Reiz eine Belohnung in einem Viertel oder in Dreiviertel aller Fälle an, so weiß der Affe zumindest einigermaßen, was als Nächstes geschieht, d.h., er liegt in drei von vier Fällen mit seiner Vorhersage richtig. Zeigt der Reiz jedoch eine Belohnung mit einer Wahrscheinlichkeit von 0,5 an (fifty-fifty, wie man auch zu sagen pflegt), so weiß der Affe nicht, was jetzt kommt, d.h., seine Unsicherheit ist maximal. Der Anstieg des Feuerns der dopaminergen Neuronen in der Zeit des Wartens auch (Abb. 6.7).

## Zur Neurobiologie von Neugierde und Abenteuer

Die beiden Eigenschaften dopaminerger Neuronen des Belohnungs- bzw. Bedeutungsverleihungssystems sind unabhängig voneinander; und was man von dieser Art des Multiplexens (d.h. der Kodierung unterschiedlicher Informationen mittels unterschiedlicher Frequenzen) dopaminerger Neuronen zu halten hat, ist keineswegs bereits völlig ge-

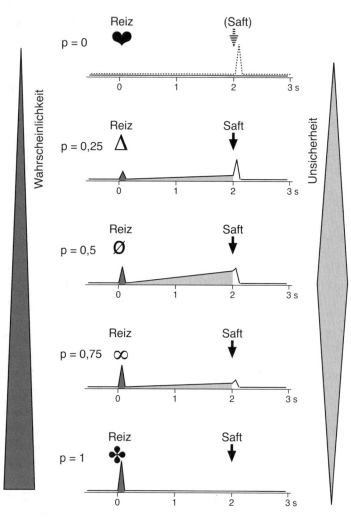

**6.7** Zusammenfassung der Ergebnisse von Fiorillo et al. (2003; siehe auch Abb. 6.6). Erläuterung im Text (unter Verwendung von Shizgal & Arvanitogiannis 2003).

klärt (vgl. Shizgal & Arvanitogiannis 2003). Aber denken wir dennoch kurz darüber nach.

Wenn ein Organismus lernt, dann sind für ihn solche Ereignisse wichtig, die er noch nicht vollständig verstanden (im Griff) hat. Lerntheoretisch gesprochen, ist dies gleichbedeutend damit, dass der Reiz im Hinblick auf seinen Informationsgehalt noch unbestimmt ist. Je geringer also der Informationsgehalt, desto stärker sollte gelernt werden. Damit ist neben der Wahrscheinlichkeit der Kopplung eines Reizes mit einer Belohnung auch dessen Vorhersagbarkeit für das Lernen von Bedeutung.

Der Botenstoff Dopamin ist bekanntermaßen an Aufmerksamkeitsprozessen beteiligt. Ist die Aufmerksamkeit ganz unspezifisch gesteigert, wird besser gelernt. So könnte man sich die Auswirkung der langsam ansteigenden tonischen Reaktion dopaminerger Neuronen auf Unsicherheit als Aufmerksamkeitsfunktion vorstellen, die Lernen immer dann bewirkt, wenn die vorliegende Information für den Organismus minimal ist.

Wie die menschliche Neugierde zeigt, scheint die Unvorhersagbarkeit eines Stimulus selbst einen belohnenden Effekt zu haben. Dies sollte immer dann der Fall sein, wenn Unvorhersagbarkeit nicht – wie im Labor – festgelegt wird und damit gleichsam objektiv vorliegt, sondern wenn sie als Verhältnis des Wissens eines Organismus zu dem, was er wissen könnte (also nicht ontologisch, sondern erkenntnistheoretisch), aufgefasst wird. Dann ist es für einen Organismus von Vorteil, wenn er *aktiv* Stimuli *sucht*, die mit maximaler Ungewissheit verbunden sind. Dieses Aufsuchen von Unsicherheit macht sich für den Organismus langfristig bezahlt, denn es führt zu einer Vermehrung seines Wissens über die Umwelt und damit zu einer langfristigen Verbesserung seines Verhaltensrepertoires. Die Evolution hat also gut daran getan, Unsicherheit nicht nur mit Aufmerksamkeit (und besserem Lernen), sondern auch mit Belohnung zu verknüpfen.

## Risiko und Dauerlottoschein

Diese Erkenntnisse passen sehr gut zu den Ergebnissen der biologischen Persönlichkeitsforschung, die das dopaminerge System seit geraumer Zeit mit dem Charakterzug der Neugierde (*novelty seeking*) und des Risikoverhaltens (*risk taking behavior*) in Verbindung gebracht hat (vgl. z.B. Cloninger 1987). Auch wird im Lichte dieser Ergebnisse zum ersten Mal klar, was die Leute ins Spielcasino oder zur Lottoannahmestelle zieht. Ein jeder, der in dieser Weise spielt, weiß, dass er langfristig nur verlieren kann. Er bildet sich ein, eine Glückssträhne zu haben oder die Zusammenhänge des Fallens der Kugel verstanden zu haben (vgl. hierzu auch Kapitel 9), langfristig jedoch zahlt er drauf, denn die Spiele sind so angelegt, dass die Teilnehmer verlieren und die Bank gewinnt.

Warum also verbringen dann so viele Menschen so viel Zeit mit Glücksspielen? Die Antwort könnte lauten, dass sie einer Eigenschaft ihres Dopaminsystems aufsitzen, die in der freien Wildbahn dazu da ist, sicherzustellen, dass wir uns Neuem zuwenden, d.h. genau dem, was wir noch nicht kennen. Dies bereitet uns Spaß. Im Casino wird diese Lust am Neuen in ähnlicher Weise pervertiert, wie ein Suchtstoff den belohnenden Effekt von Dopamin pervertiert, indem er Belohnung vermittelt, ohne dass irgendetwas eingetreten wäre, das besser als erwartet war.

Die Autoren der beschriebenen Studie formulieren diese Überlegungen wie folgt:

> „Unter den künstlichen und verarmten Umgebungen des Labors oder des Casinos sind die mit bestimmten Stimuli und Handlungen verbundenen Wahrscheinlichkeiten festgesetzt, und es gibt sonst weiter nichts, was gelernt werden könnte. Demgenüber enthält die natürliche Umgebung ein hohes Maß an Korrelationen zwischen einer großen Zahl von Ereignissen; dies liegt dem adaptiven Wert des assoziativen Lernens zugrunde. Ein Tier sollte also nicht davon ausgehen, dass Ungewissheit die objektive Abwesenheit von genauen Vorhersagesignalen (Prädiktoren) anzeigt, sondern vielmehr, dass es selbst unwissend ist im Hinblick auf diese Prädiktoren. Man kann zwar nicht davon ausgehen, dass genaue Prädiktoren

von Belohnung immer in der Umwelt existieren, man kann jedoch noch weniger erwarten, dass die Lernmaschine Gehirn ihre Abwesenheit annimmt. [...] Wenn von subjektiver Ungewissheit angenommen wird, dass sie auf der Unwissenheit genauer Prädiktoren und nicht auf der Abwesenheit von Prädiktoren beruht, dann erscheint es sinnvoll, dass subjektive Ungewissheit aufmerksamkeitsfördernde und belohnende Eigenschaften aufweist, denn dies führt langfristig zu vermehrtem Lernen und damit zu einer Verminderung von Ungewissheit" (Fiorillo et al. 2003, S. 1902, Anmerkung 25; Übersetzung durch den Autor).

Wenn die Aktivität dopaminerger Neuronen der Area A10 des Mittelhirns nicht nur Bedeutung generiert, sondern auch Unsicherheit signalisiert und wenn diese Unsicherheit langfristig zu Neugierde führt, die Lernen begünstigt, dann sind im Dopaminsystem ganz wesentliche *anthropologische Grundkonstanten* verankert. Das Dopaminsystem ist entwicklungsgeschichtlich alt. Nur im menschlichen Gehirn trifft es jedoch auf ein sehr stark entwickeltes Frontalhirn mit den entsprechend stark ausgeprägten Fähigkeiten zur Regelextraktion, Planung und Zukunftsgestaltung, mitsamt seiner Fähigkeit zum Sprechen und Verstehen. Hieraus folgt für die Fähigkeit des Menschen, sich selbst zu bestimmen, sehr viel.

## Fazit: „Dopamean"

Wozu dient Glück? – Diese Frage klang nun bereits mehrfach an. Sie ist einfacher gestellt als beantwortet. Positives Erleben hängt sehr eng mit der Generierung von Bedeutsamkeit (engl.: *to mean* = bedeuten) und mit dem gehirneigenen Botenstoff Dopamin zusammen. Es wird von eigens hierzu spezialisierten Zellen, so genannten dopaminergen Neuronen, ausgeschüttet. Dies geschieht an mehreren Orten des Gehirns mit völlig unterschiedlichen Funktionen. In diesem Kapitel ging es um die Neuronen der Area A10 des Mittelhirns, die den Dingen und Ereignissen um uns herum ihren Sinn, ihre Bedeutung-für-uns, verleihen. Bedeutsam ist, was neu ist (wir kennen es noch nicht und sollten damit bekannt werden), was für uns gut ist und vor allem was für uns besser ist, als wir das zuvor erwartet hatten.

Unser Gehirn berechnet kontinuierlich voraus, was demnächst eintreten wird, und wenn dies dann auch eintritt (was meist der Fall ist), wird das Geschehen als unbedeutend verbucht und nicht weiter verarbeitet. Es braucht auch nicht abgespeichert zu werden, denn wir haben das entsprechende implizite Wissen ja ganz offensichtlich bereits parat. Reize und Handlungen jedoch, deren Konsequenzen besser als erwartet sind, aktivieren das Dopaminsystem rasch, was zu besserer frontaler Informationsverarbeitung und positiverer affektiver Begleitstimmung führt.

Mit dem Begriff des *Belohnungsvorhersagefehlers* lässt sich diese Funktion am schärfsten fassen. Das Dopaminsystem berechnet den Belohnungsvorhersagefehler eines Reizes. Ist dieser gleich Null, d.h. können wir vorhersagen, was als nächstes geschieht, dann wissen wir schon, was uns der Reiz sagt; er sagt uns also nicht *Neues* und ist *in dieser Hinsicht* ohne Bedeutung. Ein Reiz, auf den unerwarteterweise eine Belohnung folgt, ist hingegen für uns wichtig; wir sollten ihn zur Kenntnis nehmen und daher ist er in dieser Hinsicht für uns bedeutsam.

Das Dopaminsystem treibt uns um, motiviert unsere Handlungen und bestimmt, was wir lernen. Studien zeigten, dass es von Suchtstoffen zweckentfremdet werden und uns süchtig machen kann. Sie zeigen aber auch, dass ein netter Blick oder ein nettes Wort zu seiner Aktivierung führen. Kurz: Dopamin macht schlau und Spaß.

Neben diesem Signal zeigen dopaminerge Neuronen mit einer langsam steigenden Aktivität zusätzlich den Grad an Ungewissheit hinsichtlich der gerade vorliegenden Reize an. Dies bewirkt eine Zunahme der Aufmerksamkeit und damit wiederum ein verbessertes Lernen. Gerade dann, wenn man annimmt, dass die Ungewissheit eines Menschen nicht daher rührt, dass es in der Welt nichts zu wissen gibt, sondern daher, dass ich von der Welt nichts weiß, ist ein System, das mich dazu bringt, mit Neugierde der Welt entgegenzutreten, langfristig sehr wertvoll. Es wird dafür sorgen, dass ich mehr über die Welt lerne.

## Postskript: Dopamin und Heidegger –
## Ontologie und Gehirnforschung

Ich habe in Freiburg Philosophie studiert und kam daher an Martin Heidegger (1989–1976), einem der bedeutendsten Philosophen des 20. Jahrhunderts, nicht vorbei. Und das war auch gut so, denn dieser kleine Mann hatte durchaus interessante Ideen, wenn er sie auch oft recht kompliziert ausdrückte, seine Bücher ohne Übersetzungen der griechischen Zitate und ohne Sachverzeichnis publiziert haben wollte und sie ohnehin nicht immer bis zum Ende schrieb. Von seinem Hauptwerk *Sein und Zeit* beispielsweise (Heidegger 1927) hat er nur den Anfang verfasst. Auf die Frage, warum er das Buch nicht fertig geschrieben habe, soll er geantwortet haben, dass Denkende aus dem Fehlenden nachhaltiger lernen würden (und es bliebe nachzutragen: Auf Hitler angesprochen, soll er gesagt haben: „Wer groß denkt, muss groß irren").

Wenn auch die Arroganz dieses Philosophen vielleicht nur durch seine Altgriechisch-Kenntnisse übertroffen wurde, so muss man ihm doch lassen, dass er das richtige Fragen und damit das Hinterfragen von Fragen wie kaum ein anderer zu einer Kunst des Philosophierens erhoben hat. Egal, ob es nun um Wahrheit (Heidegger 1988) oder Freiheit (Heidegger 1982) oder das Wesen des Grundes selber ging (Heidegger 1981, 1984), er verstand es, die jeweilige Frage so zu drehen und zu wenden, dass das richtige und klare Verständnis eben dieser Frage schon die halbe Antwort darstellte.

Heidegger nannte die besondere Seinsform des Menschen *Dasein* und charakterisierte dies näher als *In-der-Welt-Sein*. Er meinte damit keineswegs, dass Menschen auf der Erde, in der Welt, sind (und nicht etwa auf dem Mars), sondern wollte dies ganz grundlegend (auf Philosophisch: ontologisch) verstanden wissen. Er bestimmte das Wesen des Daseins als *Sorge* und meinte dies ebenso grundlegend. Anders ausgedrückt: Menschen können gar nicht anders, es gehört einfach zu ihnen, dass sie bei ihren Lebensvollzügen Zeit – und damit Zukunft – mit im

Blick haben und schon allein deshalb in Sorge sind, ganz gleich, wie sie
sich gerade fühlen und was sie bei oberflächlicher (Selbst-) Betrachtung
auch tun oder sagen mögen.

Am 14. Juli 1969 spottete er über den Psychiater Ludwig Binswanger (und dessen „Riesenbuch"), weil dieser vom *Über-die-Welt-hinaus-Sein* des Menschen gesprochen hatte und dieses auch ganz
grundlegend verstanden wissen wollte, wie folgt:

> „Das völlige Mißverstehen meines Denkens verrät Binswanger am
> krassesten durch sein Riesenbuch *Grundformen und Erkenntnis
> menschlichen Daseins.* In ihm glaubt er, die *Sorge* und *Fürsorge* von
> »Sein und Zeit« durch einen »dualen Seinsmodus« und durch ein
> »Über-die-Welt-hinaus-Sein« ergänzen zu müssen. Damit bekundet
> er aber lediglich, daß er das grundlegende Existenzial, Sorge
> genannt, als eine ontische Verhaltensweise im Sinne eines trübsinni-
> gen oder bekümmert-fürsorglichen Benehmens eines bestimmten
> Menschen verkennt. Sorge als existenziale Grundverfassung des Da-
> seins des Menschen im Sinne von »Sein und Zeit« ist aber nichts
> mehr und nichts weniger als der Name für das gesamte Wesen des
> Da-Seins, insofern dieses immer schon angewiesen ist auf etwas, was
> sich ihm zeigt, und als es stets von Anfang an immer in je einem wie
> immer gearteten Bezug zu solchem aufgeht. In solchem In-der-
> Welt-Sein als Sorge gründen deshalb auch alle ontischen Verhaltens-
> weisen der Liebenden wie der Hassenden wie des sachlichen Natur-
> wissenschaftlers usw. gleich ursprünglich" (Heidegger 1927/1977,
> S. 286, Hervorhebungen und Anführungszeichen im Original).

Was hätte Heidegger wohl gesagt, wenn ihm klar geworden wäre,
dass Bedeutung, ganz allgemein, und die offene (um nicht zu sagen:
neugierige) Zuwendung zur Welt, ganz grundlegend, vom gleichen
neuronalen System verliehen wird, das uns auch mit Glück und Optimismus ausstattet? Man könnte heute sagen, in Heideggers Terminologie, dass jeder sinnhafte Weltbezug dieses neuronale System, das es
uns auch ermöglicht, *über die Welt hinaus* zu sein, schon voraussetzt,
beim Liebenden und beim Hassenden wie beim sachlichen Naturwis-
senschaftler. Die Besonderheiten des menschlichen Gehirns – ein evolutionsgeschichtlich altes und tief verwurzeltes Dopaminsystem trifft
auf ein explosionsartig angewachsenes Frontalhirn – ermöglichen dem
Menschen mehr als nur das In-Rechnung-Stellen von Zukunft (und

damit auch das Sich-Sorgen als eines seiner Merkmale oder Fähigkeiten), sondern auch das überschwängliche Extrapolieren, eben das
Über-die-Welt-hinaus-Sein. Es gäbe den Menschen nicht, hätte er
nicht diese Fähigkeit (und man könnte evolutionsgeschichtlich motiviert in philosophischer Terminologie ergänzen:) immer schon gehabt.

Es bliebe noch nachzutragen, dass es Heidegger gerade mit seiner
Analyse von Bedeutung leichter gehabt hätte, wenn er auf die
Zusammenhänge von Bedeutungsgenerierung und Weltzugewandt-
heit hätte zurückgreifen können. Da er dies nicht konnte, musste er
sich schwer tun, wie man an seiner Diskussion der Funktion des Vor-
läufers des heutigen Blinkers beim Auto (Heidegger 1927/1977, S.
78ff) deutlich sieht. Dort heißt es:

> „An den Kraftwagen ist neuerdings ein roter, drehbarer Pfeil ange-
> bracht, dessen Stellung jeweils, zum Beispiel an einer Wegkreuzung,
> zeigt, welchen Weg der Wagen nehmen wird. Die Pfeilstellung wird
> durch den Wagenführer geregelt. Dieses Zeichen ist ein Zeug, das
> nicht nur im Besorgen (Lenken) des Wagenführers zuhanden ist.
> Auch die nicht Mitfahrenden – und gerade sie – machen von die-
> sem Zeug Gebrauch, und zwar in der Weise des Ausweichens nach
> der entsprechenden Seite oder des Stehenbleibens. Dieses Zeichen
> ist innerweltlich zuhanden im Ganzen des Zeugzusammenhangs
> von Verkehrsmitteln und Verkehrsregelungen" (Heidegger 1927/
> 1977, S. 78).

Heidegger spricht dann weiter davon, dass Zeichen durch „Zei-
chenstiftung" entstehen, die sich „in und aus einer umsichtigen Vorsicht" vollzieht (S. 80). Am Beispiel des Südwindes als Zeichen für
baldigen Regen macht er weiterhin klar, dass ein Zeichen nicht hergestellt zu werden braucht, sondern seinen Charakter durch den Umgang
mit der Welt bekommen kann und damit die Welt nicht selten überhaupt erst erschließt.

> „... der Südwind [ist] *nie zunächst* vorhanden, um dann gelegentlich
> die Funktion eines Vorzeichens [für Regen] zu übernehmen. Viel-
> mehr entdeckt die Umsicht der Landbestellung in der Weise des
> Rechnungtragens gerade erst den Südwind in seinem Sein" (Hei-
> degger 1927/1977, S. 80f).

Man könnte auch sagen, mit Heidegger und mit der Gehirnforschung: Die Welt ist niemals einfach nur da und wir einfach in ihr. Sie hat vielmehr eine Struktur, die wir ihr dadurch geben, dass wir den Dingen Bedeutung verleihen, wenn sie für uns besser sind als (vor dem Horizont jeweils unserer Erfahrungen) erwartet. Der Südwind wird erst dann bemerkt, wenn auf ihn mehrfach Regen folgte, wodurch er für uns zum Zeichen für Regen wurde. Im Gehirn wird Dopamin dann nicht mehr erst beim Regen, sondern bereits beim Südwind ausgeschüttet. Er hat damit Bedeutung gewonnen.

# 7 Vom Bewerten zu Werten

Informationsverarbeitung im Gehirn hinterlässt Spuren, d.h., aus flüchtigen Impulsen werden stabile Repräsentationen durch Veränderungen der Stärke synaptischer Verbindungen. Dies gilt grundsätzlich für *jede* Informationsverarbeitung im Gehirn. Wenn also Prozesse der Bewertung im Gehirn ablaufen, dann schlagen sich auch diese in Spuren nieder. Wie bei der Kuh in Abbildung 3.9 führt dies dazu, dass man irgendwann (d.h. nach vielen Erfahrungen mit Kühen) nicht mehr die Wahrnehmung allein aus den von den Augen kommenden Pixeln konstruieren muss, sondern sich vielmehr zusätzlich bereits gespeicherter Informationen bedienen kann. Dies macht unseren Umgang mit der Welt so effektiv und hat die Entwicklung immer leistungsfähigerer Gehirne im Verlauf der Evolution mit Sicherheit vorangetrieben.

Wenn das Gesagte auch für Bewertungen gilt, dann ist klar, was dies bedeutet: Bewertungen werden langfristig im Kortex repräsentiert – prinzipiell nicht anders als Kühe! Wo geschieht dies und was folgt daraus?

## Sprachzentrum und Wertzentrum

Die Gehirnforschung hat heute mehrere Möglichkeiten, Funktionen im Gehirn zu lokalisieren. Die älteste dieser Möglichkeiten besteht in der Untersuchung und sehr genauen Beschreibung von Patienten mit Gehirnläsionen. So fand man vor mehr als hundert Jahren die Sprachzentren des Menschen dadurch, dass Ärzte wie Paul Broca und Karl Wernicke genau festhielten, was bestimmte Patienten nicht konnten, und nach deren Tod die entsprechenden Gehirnläsionen genau studierten. Heute kann man mittels der Möglichkeiten der funktionellen Bildgebung beim gesunden Menschen Gehirnaktivierungen messen und damit über Läsionsstudien weit hinausgehen. Man findet jedoch in erster Näherung das Gleiche, d.h., diejenigen Bereiche, die bei Patienten für eine Störung verantwortlich sind, wenn sie nicht funktionieren, zeigen sich in entsprechenden Experimenten aktiv, wenn die Versuchspersonen die in Frage stehende Funktion ausführen. So hat man die Sprachzentren mittels funktioneller Bildgebung heute nicht nur neu entdeckt, sondern ihre Funktion auch genauer beschrieben und zudem weitere Zentren gefunden.

Die Forschung zu Bewertungsprozessen reicht ebenso weit zurück wie die neurobiologische Sprachforschung. Den ersten Hinweis darauf, wo Bewertungen im Gehirn verarbeitet werden, lieferte Phineas Gage, einer der bekanntesten Patienten der Neurobiologie (Damasio et al. 1994, Macmillan 2000). Phineas Gage verlor am 13. September 1848 durch einen Unfall bei Sprengarbeiten einen Teil seines Frontalhirns. Er überlebte den Unfall, bei dem eine Eisenstange durch eine vorzeitige Detonation von unten durch seine linke Wange den vorderen Teil des linken Gehirns zerstörte und den Schädel durch ein Loch etwa in der Mitte im Bereich des Haaransatzes wieder verließ (vgl. Abb. 7.1). Der Unfall hatte das Leben von Phineas Gage völlig verändert, um nicht zu sagen: ruiniert. *Er war ein anderer Mensch geworden.* Seine Persönlichkeit hatte sich nach dem Unfall verändert: War er zuvor bescheiden, liebenswürdig, zuverlässig und aufrichtig, so war er nach dem Unfall reizbar, unzuverlässig, haltschwach und orientierungslos. Bis zu seinem Tod am 21. Mai 1861 schlug sich Gage nur noch als Stall- und Landarbeiter durch (vgl. die ausführlichere Darstellung des Falls in Spitzer 2002, Kapitel 18).

Wie im Fall der Sprachzentren hat die funktionelle Bildgebung unser Wissen um die Lokalisation von Bewertungen und deren langfristigen Folgen, den Werten, einen großen Schritt vorangebracht. So wurde im vorstehenden Kapitel eine Reihe von Studien genannt, die die Rolle der Area A10 und des Nucleus accumbens beim Bewerten

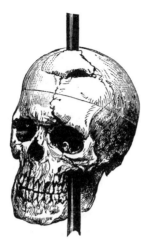

**7.1** Holzschnitt des Schädels von Phineas Gage, wie er für Harlows Publikation (1868) angefertigt wurde.

zeigten. Fasern aus beiden Bereichen enden im präfrontalen Kortex, also in dem Bereich des Gehirns, der beim Menschen besonders stark gegenüber anderen Primaten angewachsen ist (vgl. Abb. 7.2).

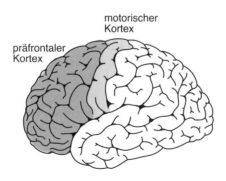

**7.2** Lage des präfrontalen Kortex im Gehirn. Der präfrontale und der motorische Kortex machen zusammen den frontalen Kortex aus (vgl. Abb. 1.4).

In ähnlicher Weise wie der Input des Gehirns über vergleichsweise wenig Fasern eintritt und sich dann aufzweigt (vgl. Abb. 3.2), erfolgt beim Output eine Konvergenz aus verschiedenen Zentren zum motorischen Kortex, der die Neuronen enthält, die Fasern zum Rückenmark senden, von wo die Muskeln ihre Impulse erhalten. Wie in Kapitel 3 diskutiert, ist das Gehirn vor allem mit sich selbst verbunden, d.h., es gehen mit insgesamt vier Millionen Fasern vergleichsweise wenige Fasern hinein oder hinaus. Die Struktur der internen Informationsverarbeitung vom Input zum Output ist stark schematisiert in Abbildung 7.3 dargestellt, deren unterer Teil mit der Abbildung 3.2 korrespondiert.

Auf der Outputseite gehen die in verschiedenen Arealen zum Entscheiden und Handeln gespeicherten Informationen auf immer weniger Arealen ein, so dass schließlich Muskelbewegungen von den Zellen *eines* Areals gesteuert werden (wie ja auch Auge und Ohr zunächst die Zellen *eines* Areals ansteuern).

Die Abbildung 7.3 vereinfacht die Verhältnisse insofern stark, als sie nur das Sehen berücksichtigt. Man könnte ihren unteren Teil auch durch akustischen Input und entsprechende Verarbeitungsprozeduren ersetzen und hätte dann den Informationsfluss, der mit dem Ohr beginnt und mit zielgerichtetem vernünftigen Verhalten endet. Man könnte das Schema auch als Baum konstruieren, denn auf der Output-Seite ließen sich die motorischen Systeme für Gang, Haltung, Hände und Sprache sowie verschiedene endokrine Systeme einzeln näher charakterisieren. (Dies wurde unterlassen, um zu betonen, dass ein Organismus letztlich immer *ein* Verhalten produzieren muss.)

In jedem Falle müsste man den Input gleich mehrfach abbilden, also vielleicht unten links und rechts das Gehör und den Geruch hinzunehmen (vgl. Abb. 7.4), aber auch das Tasten und Schmecken, Wärme- und Kälteempfindungen sowie Schmerzen. Alle diese Inputkanäle würden dann gegen die Mitte des Schemas hin konvergieren, und eine höllisch komplizierte Grafik würde entstehen. Wichtig ist wiederum auch hier, dass die Verbindungen in beide Richtungen laufen, weswe-

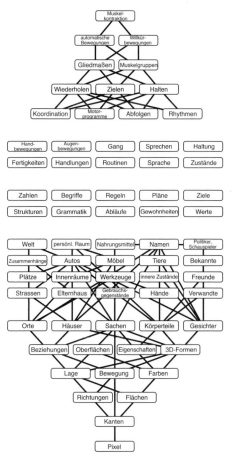

**7.3** Schematische Darstellung des Zusammenspiels kortikaler Karten. Input (von unten) wird auf immer komplexeren Ebenen analysiert und mit gespeicherten Erfahrungen in Verbindung gebracht. Nur dadurch ist es uns möglich, zielgerichtetes Verhalten (und nicht einfach nur reflexhaftes Verhalten) zu produzieren. Je weiter zur Mitte die Repräsentationsareale liegen, desto weniger genau können sie derzeit charakterisiert werden. Daher müssen Einzelheiten ebenso hypothetisch bleiben wie die Verbindungen im Einzelnen, die aus diesem Grund in der Mitte nicht eingezeichnet wurden.

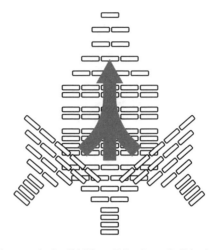

**7.4** Gleiches Schema wie in Abbildung 7.3 mit zusätzlich dargestelltem Input (Hören und Riechen). Nicht gezeichnet sind die vielfältigen Verbindungen, die wiederum in beide Richtungen verlaufen. Durch diese Art der Verschaltung wird verständlich, dass sich beispielsweise Hören und Sehen gegenseitig beeinflussen können.

gen beispielsweise das Sehen in der Lage ist, das Gehörte zu beeinflussen, oder es Geräusche vermögen, unser Sehen zu lenken und zu schärfen (vgl. Abb. 7.5).

## Bewertungskortex

Kommen wir zurück zu Phineas Gage und zur modernen Erforschung der Repräsentation von Bewertungsprozessen im Gehirn. Im vorstehenden Kapitel wurde deutlich, dass die Neuronen des dopaminergen Systems ihre Fasern entweder direkt oder indirekt in den präfrontalen Kortex senden. Die Verarbeitung von Bewertungsprozessen findet dann vor allem im orbitofrontalen und medialen frontalen Kortex statt (vgl. Abb. 7.6). Dies zeigt sich an der Läsion von Phineas Gage vor 150 Jahren und zeigt sich heute in Studien mittels funktioneller Bildge-

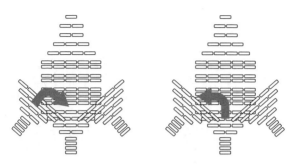

**7.5** Beeinflussung des Gesehenen durch das Gehörte (links) bzw. des Gehörten durch das Gesehene (rechts). Praktische Beispiele hierfür gibt es sehr viele: Wir verstehen Sprache besser, wenn wir zugleich zum Hören auch den Mund des Sprechers sehen können. Umgekehrt wirkt ein Film ohne Musik (oder gar ein Stummfilm) vergleichsweise blass und weniger real (Spitzer 2002, insbesondere Kap. 16).

bung. Wenn Versuchspersonen im Scanner Planungs- und Bewertungsaufgaben ausführen müssen, findet man Aktivierungen in diesen Bereichen (Small et al. 2001, Blood & Zatorre 2001, Greene et al. 2001, Rilling et al. 2002).

Bei jeder Verarbeitung in den genannten Bereichen des präfrontalen Kortex entstehen Repräsentationen. Ganz prinzipiell werden im ganzen präfrontalen Kortex die folgenden Funktionen geleistet: Es werden hochstufige allgemeine Informationen (z.B. der Wunsch, gesund zu leben und nicht dick zu sein), die für die gerade ablaufenden Handlungen wichtig sind, aktiviert und im so genannten *Arbeitsgedächtnis* online gehalten. Nur hierdurch lassen sich komplexe Wahrnehmungs- und Handlungsabläufe strukturieren. Hierzu ein Beispiel: Wenn es warm ist, isst man gerne ein Eis. Kleine Kinder können nicht genug davon haben, süß und kalt, im Sommer wunderbar. Erwachsene schwitzen auch, aber sie wissen, dass zu viel Eis den Zähnen schadet und dick macht, halten sich also beim Konsum zurück, obwohl sie auch gerne Eis essen. Das Eis sehen und gerade *nicht* gedankenlos zugreifen, sondern es sehen und die kurzfristigen gegenüber den langfristigen Zielen abwägen (also vielleicht gelegentlich ein Eis zu essen, es

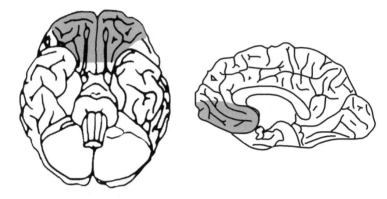

**7.6** Der orbitofrontale und der mediale frontale Kortex (grau) auf schematischen Ansichten der Gehirnrinde von unten (links) und nach Durchschneiden in der Mitte von der Mittellinie her (rechts).

aber ansonsten bei kaltem Wasser oder Tee zu belassen), können Erwachsene, weil sie ein funktionsfähiges Frontalhirn besitzen. (Dass dies nicht immer und bei manchen gar nicht gut klappt, spricht nicht gegen diese prinzipielle Funktion des präfrontalen Kortex.)

Der präfrontale Kortex ermöglicht es dem Menschen mehr als jeder anderen Art, zielgerichtet zu handeln. Damit dies geschehen kann, müssen andere, vielleicht aufgrund des körperlichen Zustandes (Unterzucker), der Motivationslage (Hunger) oder der Umgebung (es riecht nach gutem Essen) sich einstellende Wahrnehmungen und Handlungen unberücksichtigt bleiben bzw. aktiv unterdrückt werden. Eine wesentliche Funktion des präfrontalen Kortex besteht damit in der *Hemmung* reflexhaften bzw. triebhaften Verhaltens.

Mein präfrontaler Kortex sorgt dafür, dass ich nicht immer gerade das tue, was ich von meinen körperlichen Bedürfnissen her jetzt und hier unmittelbar eigentlich am liebsten tun würde. Ich kann die Zeit zwischen Input und Output überbrücken, etwas einschieben oder aufschieben, *mich also von der Unmittelbarkeit des Augenblicks in meinen Handlungen lösen.* Mein präfrontaler Kortex sorgt dafür, dass mein

Handeln nicht nur von der unmittelbaren Umgebung geleitet wird, also beispielsweise von dem Duft guten Essens, sondern von zusätzlichen wichtigen Rahmenbedingungen meines Lebens. Im präfrontalen Kortex ist der, wie man heute allgemein gern sagt, *Kontext* meines Handelns repräsentiert. Dieser Kontext ist ganz konkret diejenige hierarchisch geordnete Struktur von Fakten, Zielen, Gefühlen und Randbedingungen, die meine Handlungen leitet. Hierzu gehören ganz wesentlich die von mir im Laufe des Lebens erworbenen Werte.

Nach Meinung mancher Autoren (Miller & Cohen 2001) sind die genannten Funktionen im präfrontalen Kortex nicht getrennt, sondern ganz im Gegenteil immer zugleich vorhanden. Es gibt lediglich Unterschiede, auf welche Art der Information sich das Online-Halten im Arbeitsgedächtnis – die Hemmung von Alternativen, die Überbrückung der Zeitdimension und das Berücksichtigen anderer – gerade bezieht. Es kann um Sprache gehen oder um Dinge, um Eigenschaften oder um Aspekte des Raums, um das Was und Wann oder um das Wer und Wie gut. Da der *orbitofrontale* Kortex die deutlichsten Verbindungen mit Mandelkernen und Dopaminsystem aufweist, ist er für die genannten frontalen Funktionen (Arbeitsgedächtnis, Hemmung, Kontext, Überbrückung von Zeit, Sozialverhalten) vor allem im Hinblick auf Bewertungen und deren langfristige Kristallisationen – Werte – zuständig.

Hat man sich erst einmal die Leistungen des präfrontalen Kortex vergegenwärtigt, so fällt es nicht mehr schwer, sich auszumalen, was bei seinem Ausfall geschieht. Patienten mit Schädigungen oder Störungen im Bereich des orbitofrontalen Kortex haben Mühe mit der Unterscheidung von Gut und Böse, mit der Verfolgung von Zielen, mit der Unterdrückung unmittelbarer Bedürfnisse und mit dem Handeln im Rahmen eines bestimmten Kontextes. Sie verhalten sich damit haltlos, hemmungslos, ziellos, planlos und gegenüber anderen rücksichtslos.

## Das Gehirn von Vietnam-Veteranen

Ein wichtiger Teil dieses Kontexts sind die *Mitmenschen* und meine Einschätzung von *deren* Gedanken, Zielen und Bedürfnissen. Daher ist der präfrontale Kortex wesentlich für funktionierendes *Sozialverhalten,* und Schäden des präfrontalen Kortex führen insbesondere zu schweren Störungen im menschlichen Miteinander. Eine umfangreiche Studie an 279 Vietnam-Veteranen mit Frontalhirnverletzungen und 59 im Hinblick auf Alter (im Mittel 36 Jahre), Bildungsstand (im Mittel gut 13 Jahre Schule bzw. Ausbildung) und dem Zeitraum ihres Einsatzes in Vietnam (1967 bis 1970) vergleichbaren Veteranen ohne Kopfverletzungen ist daher von besonderer Bedeutung (Grafman et al. 1996). Die Patienten wurden mittels Computertomografie untersucht, um die Gehirnschäden genau zu lokalisieren. Zudem wurde eine nahe stehende Person (Ehegatte, Freund) gebeten, mehrmals mittels Fragebögen Auskunft über die Lebensführung und das Verhalten der Veteranen zu geben. Insgesamt zeigte sich in dieser Studie, dass diejenigen Patienten, deren Gehirnläsion sich entweder nur auf den medioventralen oder orbitofrontalen Kortex bezog oder diese Bereiche zumindest mit einbezog, zu deutlich mehr Gewalttätigkeit neigten als die Kontrollpersonen oder Patienten mit Schäden im Bereich des Temporallappens.

Die Patienten bemerken ihre Unfähigkeit zur Selbstkontrolle nicht unbedingt und stellen eine schwere Belastung für ihre Angehörigen dar. Sie haben Wutausbrüche, neigen zu körperlicher Gewalt oder drohen zumindest mit Gewalt und sind leicht gereizt oder genervt. Das Verhältnis von selbst bemerkter Wut und Aggressivität einerseits sowie von anderen bemerkter Wut und Aggressivität hängt von den Schäden ab:

> „Patienten mit Läsionen des anterioren Temporalhirns berichteten mit hoher Wahrscheinlichkeit über mehr Wut und Feindseligkeit als ihre Freunde oder Verwandten. Patienten mit mediofrontalen Läsionen berichteten selbst über Aggression und Gewalt ebenso häufig wie ihre Angehörigen; demgegenüber wurden Patienten mit orbitofrontalen Läsionen als gewalttätiger und aggressiver beschrieben, obwohl sie selbst sich dieses Verhaltens nicht bewußt waren" (Grafman et al. 1996, S. 1237; Übersetzung durch den Autor).

Dieses Ergebnis ist schematisch in Abbildung 7.7 dargestellt. Es lässt sich unschwer in den größeren Argumentationsgang dieses Kapitels einordnen: Gehirnschäden führen zu einer Vergröberung und Labilisierung des Verhaltens. Solange jedoch diejenigen Bereiche des Gehirns, die Bewertungen vornehmen und speichern, intakt sind, fällt dies dem betreffenden Menschen selbst auf. Sind diese Bereiche jedoch nicht intakt, so können die betroffenen Menschen nicht nur das Verhalten nicht mehr kontrollieren, sondern haben auch das Gefühl für den Verlust dieser Kontrolle verloren.

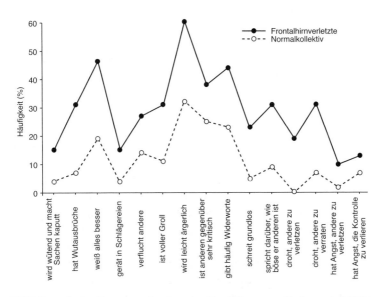

**7.7** Schematische Zusammenfassung der Ergebnisse von Grafman und Mitarbeitern im Hinblick auf Gehirnverletzungen, Aggressivität und das Bemerken dieser Aggressivität durch die Patienten selbst.

Die zusammenfassende Interpretation der Ergebnisse durch die Autoren sei wörtlich wiedergegeben:

„Im präfrontalen Kortex des Menschen gespeichertes Wissen hat im Hinblick auf die Kontrolle von Verhalten die Funktion eines Mana-

gers und liegt in Form von Plänen, mentalen Modellen, themati-
schem Verstehen und sozialen Rollen vor. Dieses Wissen ermöglicht
dem Menschen komplizierte, ausgedehnte Abfolgen von Verhaltensweisen, die ein übergreifendes Thema oder Ziel betreffen,
anstatt immer nur von Augenblick zu Augenblick auf die Provokati-
onen und Forderungen der Umwelt durch den Ausdruck roher
innerer Emotionen zu reagieren. Vor diesem Hintergrund können
wir erwarten, dass es bei Läsionen im Präfrontalhirn zu einer Beeinträchtigung der Fähigkeit des Zugriffs auf solches kontrollierendes
Wissen [*managerial knowledge*] und dessen Aufrechterhaltung
kommt. Diese Beeinträchtigung würde ihrerseits die Regulation
und den Ausdruck von Verhalten in eine Richtung weg von Plänen,
sozialen Regeln und mentalen Schemata und hin zu einer Überer-
regbarkeit auf Umweltreize lenken. Hierdurch sollte spontan
erscheinendes aggressives und gewalttätiges Verhalten mit größerer
Wahrscheinlichkeit auftreten" (Grafman et al. 1996, S. 1237; Übersetzung durch den Autor).

Es ist nicht leicht, Menschen mit strukturellen Gehirnschäden im
Hinblick auf ihre moralischen Qualitäten zu beurteilen, zumal jede Lebensgeschichte anders ist, Umweltfaktoren und vor allem andere Menschen stets eine wichtige Rolle spielen und sich Einzelentscheidungen
schwer rein kausal (Motto: „Er hat einen Hirntumor, also hat er sich
so entschieden") betrachten lassen. Daher ist die Aussagefähigkeit einzelner Fälle gerade in diesem Bereich sehr begrenzt und vor allem immer angreifbar. Kurz: So eindrucksvoll der Fall des Phineas Gage auch
ist, so könnte man vielleicht doch den Verlauf der Geschichte auch als
Resultat unglücklicher Umstände etc. zu beschreiben versuchen. Anders gewendet: Eine Sprachstörung (Aphasie) nach einer strukturellen
Hirnschädigung ist relativ leicht zu diagnostizieren, eine Beeinträchtigung der Fähigkeit zu moralischem Handeln jedoch nicht. Daher sind
Studien wie die gerade diskutierte von großer Bedeutung, denn nur die
gruppenstatistische Auswertung vieler Einzelschicksale erlaubt es, den
Wald vor lauter Bäumen überhaupt erst in den Blick zu nehmen.

Fassen wir zusammen: Viele reflexhafte bzw. eingeübte Fertigkei-
ten kann man ganz ohne präfrontalen Kortex erledigen (was u.a. dazu
geführt hat, dass man in einem dunklen Kapitel der Medizin bestimmte schwer kranke Patienten dadurch behandeln zu können glaubte, dass

man weite Teile des Frontalhirns einfach zerstörte). Wird es jedoch kompliziert, müssen wir beispielsweise Handlungen (oder Sätze) zeitlich ineinander schachteln, hierarchisieren und planen, dann wird das Frontalhirn gebraucht. In ihm sind Repräsentationen von hochstufigen Regeln und komplexen Zusammenhängen gespeichert.

## Männer mögen schnelle Autos

Um die Funktion des Bewertungssystems an einem Beispiel durchzudeklinieren, sei eine Studie aus unseren Labors etwas genauer betrachtet. Wir wollten die Frage beantworten, inwieweit kulturell bestimmte Objekte der Wahrnehmung auf das Belohnungssystem in ähnlicher Weise wirken wie natürliche belohnende Gegenstände der Wahrnehmung (wie beispielsweise attraktive Gesichter oder wohlschmeckende Nahrung). Hierzu untersuchten wir – unterstützt durch eine weltweit bekannte Autofirma – die Attraktivität von Autos mit dem Verfahren der funktionellen Magnetresonanztomografie (vgl. Erk et al. 2002).

Zwölf Männer im mittleren Alter von Anfang 30, die ein Interesse an Autos hatten und schon mindestens einmal im Leben an einem Autokauf beteiligt waren, nahmen an der Studie teil. Sie mussten im MR-Tomografen liegend insgesamt 66 Autos betrachten und danach im Hinblick auf ihre Attraktivität bewerten. Bei den Autos handelte es sich um 22 Sportwagen, 22 Limousinen und 22 Kleinwagen (siehe Abb. 7.8).

Die Bewertung der Autos auf einer fünfstufigen Skala ergab zunächst das (erwartete) Ergebnis, dass die Sportwagen als signifikant attraktiver eingeschätzt wurden im Vergleich zu den Limousinen und den Kleinwagen (vgl. Abb. 7.9).

Der Vergleich der Gehirnaktivierung beim Betrachten von Sportwagen mit der Gehirnaktivierung beim Betrachten von Kleinwagen (vgl. Abb. 7.10) ergibt eine stärkere Aktivität von Regionen des Belohnungssystems (Nucleus accumbens und orbitofrontaler Kortex) beim Betrachten von Sportwagen. Betrachtet man die Aktivität der beiden Strukturen bei den drei untersuchten Fahrzeugtypen im Vergleich

**7.8** Beispiele der im Experiment verwendeten visuellen Stimuli (links Sportwagen; Mitte Limousinen; rechts Kleinwagen), die immer in der gleichen Perspektive und ohne störendes Beiwerk gezeigt wurden (nach Erk et al. 2002, S. 2500).

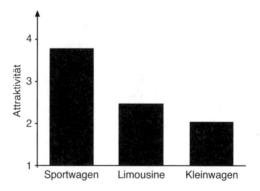

**7.9** Mittlere Einschätzung der Attraktivität der 66 Autos durch zwölf männliche Versuchspersonen im Scanner. Die Sportwagen wurden als deutlich attraktiver eingeschätzt (Daten aus Erk et al. 2002, S. 2501).

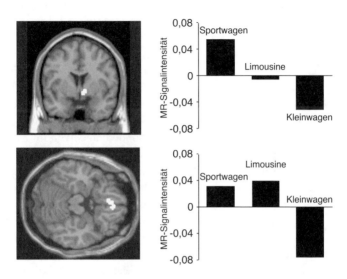

**7.10** Aktivierung (weiß dargestellt) des Nucleus accumbens (oben) und des orbitofrontalen Kortex (unten) durch Sportwagen (im Vergleich zu Kleinwagen). Rechts ist die Aktivität in dem jeweils aktivierten Areal durch die drei unterschiedlichen Fahrzeugtypen zu sehen. Der Nucleus accumbens reagiert positiv auf Sportwagen und negativ auf Kleinwagen. Auf Limousinen zeigt er praktisch keine Reaktion. Der orbitofrontale Kortex hingegen reagiert auf Limousinen wie auf Sportwagen positiv, auf Kleinwagen im Verhältnis negativ (nach Erk et al. 2002, S. 2502).

(Abb. 7.10 rechts), so zeigt sich Folgendes: Der Nucleus accumbens reagiert positiv auf Sportwagen und negativ auf Kleinwagen, wohingegen er auf Limousinen praktisch keine Reaktion zeigt. Der orbitofrontale Kortex hingegen reagiert auf Limousinen positiv (numerisch sogar noch etwas mehr) wie auf Sportwagen, auf Kleinwagen hingegen negativ. Diese Befunde sind insofern interessant, als der Nucleus accumbens am ehesten die im Scanner geäußerten Einschätzungen widerspiegelt (vgl. das Profil der Säulen in Abbildung 7.9 mit dem Profil in Abbildung 7.10 rechts oben). Es ist, so könnte man interpretieren, hier die spontane Bewertung am Werk, die bei autobegeisterten

Männern eben auf Sportwagen anspringt. Solche „subkortikalen" Bewertungsprozesse laufen vollautomatisch ab und sind Ausdruck unseres evolutionären Erbes, das wir uns mit vielen anderen Lebewesen
teilen. Dass der Nucleus accumbens trotzdem auf Autos wie auf Nahrung oder attraktive Geschlechtspartner anspringt, zeigt die Flexibilität
des Systems.

Das Aktivierungsverhalten des orbitofrontalen Kortex dagegen
scheint nicht nur vom vollautomatischen spontanen Bewerten („Wow
– was für ein Flitzer") getrieben zu sein, sondern auch von im Kortex
durch langjährige Erfahrung gespeicherten Repräsentationen dessen,
was ein gutes Auto ist. Dies fährt nicht nur schnell, sondern ist auch
praktisch beim Einkaufen, hat Platz für die Familie oder das Surfboard
etc. Mit anderen Worten, im orbitofrontalen Kortex wird nicht trieb-
haftes Verhalten generiert, sondern abwägendes und vergleichendes
Bewerten aufgrund von Vorerfahrungen vollzogen. Diese Interpretation der Ergebnisse ist zwar nicht zwingend, erlaubt jedoch ihre weitere
Überprüfung durch entsprechende Tests: Man könnte beispielsweise
das Experiment mit Nahrungsmitteln wiederholen und Erdbeereis mit
Müsli und Spinat vergleichen (oder Ähnliches, in Abhängigkeit von
den Vorlieben der Versuchspersonen). Es sollte sich dann wieder zeigen, dass der Unterschied der beiden Anteile des Belohnungssystems
sich bei solchen Nahrungsmitteln zeigt, auf die wir nicht unbedingt
spontan und unwillkürlich mit wildem Verlangen reagieren, die wir
aber aufgrund von praktischen oder gesundheitlichen Gesichtspunkten
als positiv bewerten. Ein solches Experiment wurde noch nicht gemacht.

Nebenbei sei bemerkt, dass auch visuelle Areale durch Sportwagen
stärker als durch Kleinwagen aktiviert wurden. Es ist, als schaue man
(kortikal, also mit dem Gehirn) genauer hin, wenn man etwas sieht, das
man als attraktiv bewertet.

## Werte im Körper

Ich kann mich noch recht gut daran erinnern, als ich zu Beginn meines Psychologiestudiums zum ersten Mal von der Emotionstheorie von William James und Carl Lange gehört hatte. Man weint nicht, weil man traurig ist, sondern man ist traurig, weil man weint – lautet sie ganz kurz zusammengefasst. So ein Unsinn, dachte ich damals bei mir. Warum die Psychologen aber auch alles auf den Kopf stellen müssen?

Was sich vor einem Jahrhundert (und auch noch vor einem Vierteljahrhundert) sehr eigenartig anhörte, hat seit einigen Jahren wieder Hochkonjunktur. Dafür ist vor allem der Neurologe Antonio Damasio aus Iowa, USA, verantwortlich, der mit Publikationen und vor allem mehreren Büchern die *somatic marker-Hypothese* der Gefühle sehr prominent vertreten hat. Hierbei handelt es sich letztlich um eine mit Daten und empirischen Untersuchungsergebnissen gestützte Neuauflage des James-Lange'schen Emotionsverständnisses.

Kurz zusammengefasst, geht es um Folgendes: Emotionen haben einen körperlichen Anteil bzw. einen körperlichen Aspekt. Schmerzen tun weh, Hunger manchmal auch und der Verlust eines lieben Menschen sowieso. Dies spüren wir am und im Körper, ebenso wie wir Angst, Wut oder Ekel am und im Körper spüren. Emotionen machen also etwas mit unserem Körper, und man könnte sogar sagen, dass genau dies eben zur Natur von Emotionen gehört.

Nehmen wir als Beispiel Angst. Wenn wir bedroht werden oder uns bedroht fühlen, laufen im Körper bestimmte Vorgänge ab. Dies geschieht automatisch, ohne unser bewusstes Zutun. Das ist auch gut so, denn damit ist garantiert, dass die Mechanismen auch wirklich schnell und zuverlässig ablaufen (siehe auch das folgende Kapitel). Diese körperlichen Gefühle wiederum werden mit der Angst verbunden und können auch dann, wenn die Situation nur entfernt an einen Angstauslöser erinnert, wegweisend für unsere Reaktion sein. Anders gewendet: Wer die Angst im Körper nicht spürt, bekommt Probleme beim adäquaten Reagieren auf die Wechselfälle der Umwelt, wird nicht vorsichtig, wenn es vielleicht sinnvoll wäre, und entscheidet sich falsch. Hierauf wird später noch genauer eingegangen (Kapitel 12).

## Wenn der Körper dem Verstand hilft

Aus dieser Sicht sind Verstand und Gefühl nicht Gegenspieler, sondern Verbündete mit gleichem Ziel und etwas anderer Vorgehensweise! Diese Betrachtungsweise der Dinge steht entgegengesetzt zu der landläufigen Auffassung, der zufolge unsere Emotionen dazu führen, dass wir gerade nicht vernünftig handeln. Man spricht im Bereich der Kriminologie nicht umsonst von einer Tat im Affekt und meint damit, dass „die Sicherungen durchgebrannt", „die Schleusen aufgegangen", „die Pferde ungezügelt galoppiert" oder „das Herz" bzw. „die Hitze des Blutes jemandem den Verstand geraubt" oder „um die rechte Vernunft gebracht" haben.

Es sei hiermit keineswegs angezweifelt, dass es derartige Phänomene gibt – im Gegenteil: Als Psychiater kennt man all dies nur zu gut! Es geht vielmehr um deren Stellenwert für die Theoriebildung: Das Rückenmark ermöglicht auch eine Querschnittslähmung, aber man wird seine Funktion nicht dadurch charakterisieren, dass man sagt, es hindere uns am Laufen! Es ist vielmehr genau umgekehrt: Gerade weil im Rückenmark die für das Laufen wesentliche neuronale Maschinerie untergebracht ist und weil es uns das Laufen ermöglicht, kann es überhaupt vorkommen, dass Schäden in seinem Bereich sich so fatal auswirken. Nicht anders steht es mit den Emotionen und dem Verstand. Im Normalfall stehen die Emotionen dem Verstand dauernd bei, helfen aus, fällen kleine Entscheidungen (oft, ohne dass wir dies bemerken) und entlasten auf diese Weise das reflektierende, einsichtige, vernünftige Denken. Gerade weil der Körper nicht selten schlauer ist als der Verstand, ist es daher in aller Regel auch vernünftig, auf ihn zu hören.

## Lokomotivführer, Schüler und Barbie-Puppen

Fragt man Lokomotivführer, wann sie Stress haben, so sagen sie, dass der z.B. auftritt, wenn sie das Höllental hinunterfahren, mit seinen steilen Abhängen und den engen Kurven. Fragt man Schüler, wann sie

Stress haben, so sagen sie, dass dies während der Schule der Fall sei. Und fragt man Eltern, womit die lieben Kleinen gerne spielen, dann hört man oft, dass der Junge sich durchaus auch für Puppen und das Mädchen sich für Lego interessiert.

Fragt man den Körper, sieht die Sache ganz anders aus. Die Freiburger Forschungsgruppe für Psychophysiologie unter der Leitung der Professoren Jochen Fahrenberg und Michael Myrtek beschäftigt sich seit Jahrzehnten mit den Reaktionen des Körpers auf die verschiedensten Situationen und Einflüsse, und insbesondere mit dem Zusammenhang von Körper und Geist. Das wesentliche Ergebnis: Man fragt manchmal besser den Körper, weil er verlässlichere Antworten gibt.

In einer Reihe von Untersuchungen hatten die Freiburger zunächst klären können, dass man aus der Herzfrequenz (erfasst über zwei Bewegungssensoren an Kopf und Oberschenkel) sowohl die körperliche Aktivität (viel Bewegung und hoher Puls) als auch die emotional-mentale Aktivität (keine Bewegung und hoher Puls) ableiten kann. Da man zudem weiß, dass bei mentaler Belastung die Variabilität der Herzfrequenz (nicht ihr Mittelwert) zunimmt, ist es insgesamt möglich, anhand der beiden erhobenen körperlichen Variablen (1) die körperliche, (2) die geistige und (3) die emotionale Beanspruchung von Versuchspersonen objektiv zu messen. Dies kann Tag und Nacht erfolgen, ohne große Belastung für die Probanden, und es kann zusätzlich alle 15 Minuten mittels eines kleinen (Palmtop-) Computers zugleich gefragt werden, wie es den Leuten geht, was sie gerade tun oder wie sie sich gerade fühlen.

Untersucht man mit einem solchen System Lokführer, so stellt man fest, dass sie das Höllental recht kalt lässt. Demgegenüber bereitet ihnen die Einfahrt in einen Bahnhof, mit 60 km/h vorbei an vielen Menschen, von denen vielleicht einer gerade darüber nachdenkt, sich vor den Zug zu werfen, erheblichen Stress (Myrtek et al. 1994). Untersucht man Vorschulkinder, die sich einen Werbespot zu Barbie oder Lego betrachten, so erweist sich, dass der emotionale „Kick" bei den Mädchen durch die Barbie-Puppen und bei den Jungen durch Lego ausgelöst wird (Wilhelm et al. 1997). Und bei den Schülern zeigte sich, dass die emotionale Beanspruchung während der Freizeit höher ist als in der Schule, obwohl die Schüler subjektiv die Schule als unangenehmer und „stressiger" erleben (Abb. 7.11).

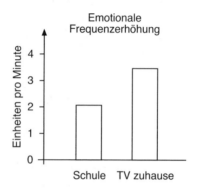

**7.11** Emotionale Erhöhung der Herzfrequenz während der Schulzeit im Vergleich mit der Zeit vor dem Fernseher (Daten zusammengefasst nach Myrtek & Scharff 2000). Der Unterschied ist mit $p < 0,001$ hoch signifikant.

Gerade vor dem Hintergrund der Befunde zur Emotionsabhängigkeit von Lernprozessen (vgl. Cahill et al. 1994, Spitzer 2002) zeigen diese Ergebnisse eine bedeutsame Schwachstelle im Erziehungssystem mit großer Deutlichkeit auf: Wer morgens in der Schule döst und seine Pulsfrequenz nahe der Schlafgrenze wenig moduliert, der wird nichts lernen. Wer dann nachmittags Gewaltfilme oder Horror-Videos mit Pulsbeschleunigung betrachtet, der lernt die Gewalt besonders gut. Wenn er dann abends auch noch zu lange vor dem Fernseher liegt, ist er morgens erst recht müde, und das Ganze geht wieder von vorne los. Lehrer befinden sich damit letztlich in Konkurrenz zu Hollywood und kommen gegen die Tricks von Stephen Spielberg oder George Lucas nur schwer an. Genau genommen befinden sie sich auf verlorenem Posten. Ob das der Grund dafür ist, dass es in Deutschland erstens mehr psychosomatische Klinikbetten gibt als auf dem ganzen Rest der Welt zusammengenommen, in denen, zweitens, bekanntermaßen vor allem Lehrer behandelt werden?

## Fazit

Mittels funktioneller bildgebender Verfahren wurde es in der jüngsten Zeit möglich, die Aktivierung des Belohnungssystems beim Menschen direkt zu untersuchen, ohne auf extreme Reize (wie z.B. Kokain beim Süchtigen im Entzug) zurückzugreifen. Auch Schokolade, schöne Musik, schnelle Autos und Blickkontakt mit einem attraktiven Menschen führen zur Aktivierung des Belohnungssystems.

Der Nucleus accumbens repräsentiert ein altes, auf Ereignisse, die besser sind als erwartet, anspringendes System. Er reagiert spontan und automatisch. Im orbitofrontalen Kortex sind die Resultate vieler Bewertungsvorgänge – sprich: Werte – langfristig gespeichert und sorgen für ausgewogene und repräsentationsbasierte (d.h. auch auf vergangene Erfahrungen Rücksicht nehmende) Bewertungen. In ihm sind nicht nur Gut und Schlecht, sondern auch Gut und Böse – jeweils in vielen Facetten und Erscheinungsformen – repräsentiert, und zwar gar nicht so weit entfernt voneinander. Unterstützt wird er bei seiner Arbeit des Bewertens durch Signale aus dem Körper, die Gut und Schlecht/Böse gleichsam physisch repräsentieren und damit unterstreichen.

Im Rahmen dieser Bewertungsprozesse stellen Emotionen nicht den Widersacher der Vernunft dar, sondern sind als deren Helfer anzusehen. Nur in Ausnahmefällen, d.h. wenn das System – aus welchen Gründen auch immer – nicht ordnungsgemäß funktioniert, werden Gefühle, Emotionen, Affekte zum alleinigen Steuerungsfaktor des Verhaltens, übernehmen gleichsam die kognitive Kontrolle (bzw. schalten sie ab) und führen zu Fehlverhalten.

# 8 Fakten und Werte

Wer glaubt, man könne die Fakten und deren Bewertung etwa so trennen wie grüne und gelbe Erbsen, der gehe zweimal in einen Supermarkt: einmal hungrig und einmal satt. Es ist keineswegs so, dass man in beiden Fällen zunächst die gleichen Fakten zur Kenntnis nimmt und sie dann unterschiedlich bewertet. Vielmehr *sieht* man tatsächlich ganz andere Dinge, wenn man hungrig durch einen Supermarkt geht. Unsere Wahrnehmung und damit die Welt, wie sie uns erscheint, ist abhängig von unseren Vorerfahrungen und von unseren Einstellungen. Dazu gehören auch unsere Werte und Wünsche. Diese werden im Gehirn nicht völlig unabhängig von den Fakten verarbeitet, sondern in enger Verzahnung und vor allem nach zum Teil gleichen Prinzipien. In der Hierarchie der kortikalen Informationsverarbeitung gehen also die Erkenntnis des wahrgenommenen Gegenstandes und dessen Bewertung Hand in Hand. Oft, und wie wir sehen werden mit gutem Grund, ist die Bewertung sogar schneller!

## Schach und Wodka

Schachspieler sehen die Konstellation der Figuren auf einem Schachbrett anders als Nichtschachspieler, der Botaniker sieht Pflanzen anders als der Nichtbotaniker, und für den Hautarzt ist ein Pickel nicht einfach ein Pickel. Eine ganze Reihe von Studien hat gezeigt, dass das Wissen von Experten auf genauere Weise repräsentiert ist als das Wissen von Anfängern und dass diese Experten daher die Welt tatsächlich anders sehen (Majid 2002).

All dies ist wissenschaftlich gut untersucht, nicht nur für die Voreinstellungen von Experten. Auch ganz einfache und rasch wechselnde Einstellungen beeinflussen, was wir erleben und wie wir uns verhalten. Hierzu ein kleines Experiment von Wilson und Abrams (1977). Männliche Versuchspersonen erhielten einen Wodka mit Tonic und hatten als Aufgabe nichts weiter, als sich 20 Minuten später mit einer weiblichen Forschungsassistentin zu unterhalten und einen guten Eindruck zu machen. So etwas macht junge Männer nervös – oder?

Den Versuchspersonen wurde mitgeteilt, dass die Wodka-Tonic-Mischung jeweils ihrem Körpergewicht angepasst wurde, um einen bestimmten Alkoholspiegel zu erreichen. Weiterhin wurde deren Puls im Verlauf der Konversation gemessen. Wie sich herausstellte, war die Pulsbeschleunigung der Versuchspersonen nicht abhängig davon, wie viel Alkohol sie wirklich getrunken hatten, hing jedoch deutlich davon ab, wie viel Alkohol sie getrunken zu haben *glaubten*. Wer dachte, er habe Alkohol getrunken, blieb in der Situation relativ ruhig, wer der jungen Dame hingegen vermeintlich nüchtern gegenübersaß, bekam einen signifikant schnelleren Puls.

## Sensationshunger

Zwölf Jahre später wurde ein weiteres Experiment publiziert, das die Abhängigkeit der Wahrnehmung und des Verhaltens von den Erwartungen noch klarer herausstellte: Zunächst teilte man Versuchspersonen dahingehend ein, ob es sich um sensationshungrige Menschen im Allgemeinen (*sensation seekers*) oder um wenig sensationshungrige Menschen handelte. Bei dieser Suche nach äußerer Stimulation (Sensationshunger) handelt es sich einer ganzen Reihe von Untersuchungen zufolge um eine relativ stabile und tief greifende Charaktereigenschaft, die mit dem körpereigenen Belohnungssystem und dessen Botenstoff Dopamin in Verbindung steht (vgl. Kap. 6). Menschen unterscheiden sich nicht zuletzt im Hinblick darauf, wie stark dieses System bei ihnen ausgeprägt ist.

Versuchspersonen wurden zufällig in zwei Gruppen eingeteilt, wobei die eine Gruppe ein alkoholisches Getränk und die andere Gruppe ein nicht alkoholisches Getränk erhielt, ohne dass den Personen gesagt wurde, was sie jeweils zu trinken bekamen. Die Gruppen wurden dann noch einmal unterteilt, und es wurde den beiden Gruppen gesagt, dass ihnen ein alkoholisches Getränk ausgeschenkt worden war oder dass ihnen ein nicht alkoholisches Getränk ausgeschenkt worden war. Die Aufgabe aller Versuchspersonen bestand danach darin, auf einem Fahrsimulator mit der Möglichkeit zum Überholen langsamerer Fahrzeuge so Auto zu fahren, wie sie dies in einem wirklichen Auto auch tun würden.

Die Autoren (McMillen et al. 1989) fanden heraus, dass es vom *vermeintlich* getrunkenen Alkohol und nicht vom tatsächlich getrunkenen Alkohol abhing, wie sich die Versuchspersonen verhielten: Wer glaubte, er habe Alkohol getrunken, der fuhr riskanter, sofern er charakterlich zu den Sensationslustigen gehörte. Die eher nicht sensationshungrigen Versuchspersonen verhielten sich genau umgekehrt: Wenn sie glaubten, Alkohol getrunken zu haben, fuhren sie vorsichtiger. Das Verhalten war insgesamt nicht vom tatsächlich getrunkenen Alkohol, sondern vom vermeintlich getrunkenen Alkohol abhängig. Auch im Hinblick auf den Konsum anderer Drogen sind solche Erwartungseffekte (*mental set*) bzw. Effekte bestimmter Umgebungskontexte (*setting*) nur zu bekannt (vgl. hierzu Spitzer 1988, S. 102ff).

Noch stärkere Hinweise darauf, dass sich die Wahrnehmung und das Bewerten von Ereignissen nicht voneinander trennen lassen, lieferten weitere Experimente (Hastorf & Cantril 1954, Loy & Andrews 1981, Vallone et al. 1985). Wer kennt die Situation nicht? – Zwei Mannschaften bewegen ein Stück rundliches Leder mit Füßen, Händen, Fäusten oder anderswie, jeweils an einen bestimmten Fleck des gegnerischen Feldes. Wer dies am besten kann, hat gewonnen. Man kann dies mehr oder weniger gewaltsam tun, und die Fans der Mannschaften unterscheiden sich sehr deutlich in ihren Einschätzungen dessen, wie gewaltsam die jeweils eigene und andere Mannschaft vorgeht. Auch hierzu gibt es ordentliche Wissenschaft.

Vor mehr als einem halben Jahrhundert fand in Princeton das Footballspiel *Dartmouth gegen Princeton* statt, das recht gewalttätig verlief und mit Knochenbrüchen auf beiden Seiten endete. Die Fans beider Seiten beschuldigten jeweils die andere Seite, für die vielen Fouls verantwortlich zu sein. Dies rief zwei Wissenschaftler auf den Plan, die der Sache auf den Grund zu gehen versuchten. Man befragte zunächst über 300 Studenten aus Dartmouth und Princeton danach, wer mit dem Foulspiel angefangen habe. Wie zu erwarten war, äußerten sich die Fans jeweils negativ über die andere Mannschaft.

Um herauszufinden, warum dies so war, bat man eine neue Gruppe von Studenten aus beiden Lagern, einen Film des Spiels zu betrachten und die Fouls jeder Seite auf einer Strichliste zu vermerken. Hierdurch konnte gezeigt werden, dass die Fans der beiden Lager keineswegs das gleiche Spiel sahen und die Dinge deshalb jeweils anders bewerteten. Es war im Grunde so, dass die Fans jeweils ein anderes Spiel sahen! Aus der Sicht der Dartmouth-Fans machte deren Mannschaft weniger Foulspiele, wohingegen aus der Sicht der Princeton-Fans die Princetoner Mannschaft weniger Foulspiele machte. Die Autoren kommentierten bereits damals ihre Ergebnisse wie folgt:

> „Es scheint klar, dass das ‚Spiel' ganz offensichtlich viele verschiedene Spiele waren ... Es ist falsch und irreführend zu sagen, dass verschiedene Leute unterschiedliche ‚Einstellungen im Hinblick auf das gleiche Ding' haben. Denn dieses ‚Ding' ist ganz einfach nicht dasselbe für verschiedene Menschen, ganz gleich, ob es sich bei dem ‚Ding' um ein Fußballspiel, einen Präsidentschaftskandidaten, den Kommunismus oder Spinat handelt" (Hastorf & Cantril 1954, S. 132-133, Übersetzung durch den Autor).

Etwa 30 Jahre später wurden die Ergebnisse von Hastorf und Cantril von Loy und Andrews nochmals repliziert. Es kam praktisch wieder genau das Gleiche heraus: Es ist nicht so, dass Menschen mit verschiedenen Einstellungen zunächst die gleichen Fakten wahrnehmen und sie dann unterschiedlich bewerten. Es ist vielmehr so, dass die Werte schon beeinflussen, was wahrgenommen wird.

## Beispiel Landschaft

Mit dem Begriff der Landschaft verbinden wir heute Schönheit, Unberührtheit, Erholung, Ruhe, Frieden etc., d.h. insgesamt positive Werte. Das war nicht immer so: Aristoteles definiert ein Haus als Schutzhütte für Mensch, Tier und Gerät und weist damit bereits darauf hin, was es heißt, der Natur schutzlos ausgeliefert zu sein (und das im schönen Griechenland!). Es ist noch gar nicht so lange her, da galt die Naturlandschaft als roh, feindlich und dem Menschen abträglich.

Der italienische Humanist, Dichter und Gelehrte Francesco Petrarca beschrieb im 14. Jahrhundert die Besteigung des südfranzösischen Berges Mont Ventoux als ästhetische Erfahrung der Natur und leitete damit eine neue Sicht von Landschaft ein (vgl. Mittelstraß 1995, Ritter 1974). Unterwegs traf er einen alten Hirten, der ihm von der Besteigung des Berges abriet, denn man handle sich nur unnötige Erschöpfung und zerrissene Kleidung ein, wie er aus eigener Erfahrung, die allerdings Jahrzehnte zurücklag, berichtete. Landschaft war demnach, wie Ritter (1974/1989, S. 146f) formuliert,

> „dem in der Natur wohnenden ländlichen Volk fremd und ohne Beziehung zu ihm. Berge sind Ort des Wetters ... der Wald ist das Holz, die Erde der Acker, die Wasser der Fischgrund. Es gibt keinen Grund hinauszugehen, um die ‚freie' Natur als sie selbst aufzusuchen und sich ihr betrachtend hinzugeben."

Weiter heißt es dort:

> „Die freie Betrachtung der ganzen Natur ... erhält in der Zuwendung des Geistes zur Natur als Landschaft eine neue Gestalt und Form" (Ritter 1974/1989, S. 148).

Dies war in der Antike noch anders, weswegen man bei den Griechen – wie schon Friedrich Schiller bemerkte – „so wenige Spuren von dem sentimentalischen Interesse" findet, „mit welchem wir Neueren an Naturszenen ... hängen können" (zit. nach Ritter 1974/1989, S. 149). Landschaft wurde für uns erst im Laufe der Jahrhunderte zur wertgeschätzten Landschaft, und diese Wertschätzung von Naturlandschaft wiederum führte zur ganz neuen Betrachtung der Landschaft. Sie kam dadurch überhaupt erst in den Blick. Begriffe bzw. Institutionen wie Landschaftspflege, Landschaftsschutz, Landschaftsarchitektur oder Landschaftsplanung sind relativ neue Erfindungen. Zwölf Prozent der Erdoberfläche sind nach neuesten Angaben geschützte Landschaft, Nationalparks, mit bestimmten Auflagen zur Pflege und zum Erhalt.

Lassen wir noch einmal das historische Wörterbuch zur Philosophie zu Worte kommen:

> „Landschaft ist Natur, die im Anblick für einen fühlenden und empfindenden Betrachter ästhetisch gegenwärtig ist: Nicht die Felder vor der Stadt, der Strom als ‚Grenze‘, ‚Handelsweg‘ und ‚Problem für Brückenbauer‘ , nicht die Gebirge und die Steppen der Hirten und Karawanen (oder der Ölsucher) sind als solche schon ‚Landschaft‘. Sie werden dies erst, wenn sich der Mensch ihnen ohne praktischen Zweck in ‚freier‘ genießender Anschauung zuwendet, um als er selbst in der Natur zu sein. Was sonst als Genutztes oder als Ödland das Nutzlose ist und was über Jahrhunderte hin ungesehen und unbeachtet blieb oder das feindlich abweisende Fremde war, wird zum Großen, Erhabenen und Schönen" (Ritter 1974/1989, S. 151).

Eine Landschaft wird damit erst durch die Bewertung zur Landschaft, wie wir sie heute erleben. Das Beispiel macht damit einmal mehr deutlich, wie sehr Fakten und Werte in unserem Erleben verwoben sind und letztlich Abstraktionen darstellen, die in unserer Lebenspraxis nicht gemacht werden. Zwischen Fakten und deren Bewertung können wir unterscheiden, wenn wir darüber nachdenken. Im Alltag werden Fakten und Werte immer zusammen und zugleich wahrgenommen, verarbeitet und in Handeln umgesetzt.

## Beispiel Wohngemeinschaft

Im Folgenden sei eine Untersuchung zum Zusammenhang von Lebensverhältnissen, Bewertung und Dopaminsystem kurz dargestellt, die weiteres Licht auf den Zusammenhang von gelebten Fakten und Werten zu werfen vermag (Morgan et al. 2002). Man weiß, dass die Aktivität des Dopaminsystems von den Lebensumständen abhängig ist, also vom Vorhandensein unterschiedlicher Belohnungsreize in der Umgebung und damit vom Vorhandensein einer interessanten Umgebung überhaupt. Man weiß auch, dass diese Wirkungen auf das Dopaminsystem einen Einfluss auf das Suchtverhalten haben: Wenn das Belohnungssystem nicht durch entsprechende Reize von außen aktiviert wird, nimmt die Neigung des Individuums zu, beim Vorhandensein des Suchtstoffes Kokain diesen auch zu verwenden (Nader & Woolverton 1991, Schenk et al. 1987, LeSage et al. 1999, Schultz et al. 2000).

Schließlich ist auch bereits aus früheren Studien bekannt, dass die sozialen Lebensbedingungen bei Nagern und Primaten zu Veränderungen des Dopaminsystems führen können: Das Leben in einer Gemeinschaft ist abwechslungsreicher als das Leben allein; und das Leben im oberen Bereich einer sozialen Hierarchie ist „belohnungsgeladener" als das Leben eher am unteren Ende der sozialen Skala (Hall et al. 1998, Grant et al. 1998).

Morgan und Mitarbeiter (2002) berichten über eine Untersuchung an 20 Affen (*Macaca fascicularis*), die zunächst für etwa eineinhalb Jahre jeder für sich allein unter den üblichen Laborbedingungen aufwuchsen. Danach wurde bei den Tieren eine Positronenemissionstomografie (PET) durchgeführt, um die Aktivität des Dopaminsystems abzubilden. Dann wurden die Affen in fünf Gruppen zu jeweils vier Tieren für drei Monate gemeinschaftlich untergebracht, sie lebten also in einer Wohngemeinschaft.

Durch genaue Beobachtung der Tiere ist es möglich, die soziale Rangordnung beim Leben in der Gruppe objektiv zu bestimmen. Wenn sich zwei Affen begegnen, so kommt es zu aggressiven Verhaltensweisen des dominanten Tieres und zu Demutsgebärden des unterlegenen Tieres. Solche sozialen Interaktionen von jeweils zwei Tieren lassen sich häufig beobachten, und aus den jeweils dem anderen Tier gegenüber an den Tag gelegten Verhaltensweisen lässt sich die soziale Stellung eines jeden Tieres in der Gruppe zweifelsfrei ableiten (Abb. 8.1).

**8.1** „Tu' mir nichts, ich tu' dir auch nichts", scheint das gezwungene Lächeln dieses Äffchens in Anbetracht eines zweiten, auf es zulaufenden Äffchens zu sagen. Dieses Lächeln lässt den Schluss zu, dass der Affe in der sozialen Rangfolge unter dem sich nähernden zweiten Affen steht (modifiziert nach Kuhar 2002).

In jeder der fünf Wohngemeinschaften stellte sich sehr rasch eine Hierarchie der vier jeweils gemeinschaftlich lebenden Tiere ein, so dass jedem Affen nach den drei Monaten eine soziale Stellung von Rang 1 bis 4 zugeordnet werden konnte. Es konnte weiterhin beobachtet werden, dass die dominanten Tiere häufiger ihr Fell durch andere Tiere gelaust bekamen (12,1% versus 4,9% der Zeit bei untergeordneten Tieren), wohingegen die untergeordneten Tiere mehr Zeit allein verbrachten (27,8% der Zeit versus 14,4% der Zeit bei dominanten Tieren).

Nach drei Monaten in einer Wohngemeinschaft wurde nun bei allen Tieren erneut eine PET-Untersuchung der Aktivität des Dopaminsystems durchgeführt. Diese ergab, dass das soziale Leben der Tiere zu einer signifikanten Änderung des Dopaminsystems geführt hatte. Diese Änderung war bei denjenigen Tieren besonders stark ausgeprägt, die den höchsten sozialen Rang innehatten, und nahm mit sozialem Rang ab. Die Wechselwirkung zwischen Wohnbedingung (Einzelwohnung versus Wohngemeinschaft) und sozialer Stellung (Rang 1 bis 4) war somit statistisch signifikant und zeigte bei den dominanten Männchen unter Wohngemeinschaftsbedingungen eine Verstärkung der Aktivität des Dopaminsystems um 22%. Bei den Tieren auf der unteren sozialen Stufe war diese Änderung mit 3,9% nur gering.

Man könnte nun vermuten, dass die in der Wohngemeinschaft dominanten Tiere bereits vorher unter der Bedingung des individuellen Lebens bestimmte Charakterzüge aufwiesen, die sie zur Dominanz führten. Untersuchungen des Cortisolspiegels sowie der Testosteronkonzentrationen während des Lebens als Einzelner konnten jedoch die soziale Stellung nach dem Wechsel in die Wohngemeinschaft nicht vorhersagen, und auch das genaue Alter oder Gewicht der Tiere spielten keine Rolle. Ganz offensichtlich waren es also die Lebensbedingungen *in der Wohngemeinschaft*, die eine relativ rasche Veränderung des Dopaminsystems bei dominanten, in einer Wohngemeinschaft lebenden Tieren bewirkten.

Von besonderer Bedeutung ist ein weiterer Aspekt der Studie: Um die Empfänglichkeit für Suchtstoffe und die Wahrscheinlichkeit der Entwicklung von Suchtverhalten zu untersuchen, wurden die Tiere nach drei Monaten Leben in der Wohngemeinschaft durch entsprechende, standardisierte Maßnahmen in die Lage versetzt, sich selbst Kokain in unterschiedlichen Dosen zuzuführen. Hierbei zeigte sich, dass sich die Affen am unteren Ende der sozialen Rangskala im Vergleich zu sozial dominanten Tieren signifikant häufiger und signifikant mehr Kokain zuführten. Wie der Vergleich mit der Selbstadministration von Salzlösung zeigte, hatte bei den sozial dominanten Tieren Kokain keinen verstärkenden Effekt. Die Autoren kommentieren diese Ergebnisse wie folgt:

> „Die Daten zeigen eine Resistenz gegenüber den belohnenden Effekten von Kokain bei dominanten Affen und umgekehrt eine

gesteigerte Anfälligkeit [für Suchtverhalten] bei den untergeordneten Affen" (Morgan et al. 2002, S. 170).

Die Studie konnte damit nachweisen, dass relativ kurzfristige Veränderungen der sozialen Umgebung von Primaten zu einer deutlichen Veränderung des Dopaminsystems führen können und dass diese Veränderungen sich auf die suchterzeugende Wirkung von Kokain direkt auswirken.

Die Untersuchung von Morgan und Mitarbeitern hat erstmals nachweisen können, dass die suchterzeugenden Wirkungen von Kokain keineswegs nur genetisch bedingt sind, sondern auch durch relativ kurze Episoden von sozialem Leben klar beeinflusst werden. Um es einmal kurz und knapp zu formulieren: Das Alpha-Männchen braucht kein Kokain, denn es hat genug andere soziale Belohnungen. Sogar relativ kurze Episoden glückenden Soziallebens können somit einen deutlichen Effekt auf das Dopaminsystem von Primaten haben.

Auf den Menschen übertragen bedeutet dies, dass die Lebensbedingungen einen Einfluss auf unser Belohnungs- und Bedeutungssystem haben. Wie jemand lebt, hat einen Einfluss auf seine Bewertungen – schon im Tierversuch. *Das Sein prägt das Bewusstsein*, hatte der Philosoph Karl Marx schon im vorletzten Jahrhundert hierzu geäußert. Die Studien zur Neuroplastizität zeigen, dass dies nicht nur für vom Gehirn durch Lernen (im weitesten Sinne) aufgenommene Fakten gilt, sondern auch für Bewertungen und sogar für die sich dauernd ändernde Funktionsweise des Bewertungssystems.

## Beispiel heiße Herdplatte

Bewertungen sollten vor allem dann besonders schnell vonstatten gehen, wenn etwas schief geht: Wer in einen Nagel tritt, die Hand auf die Herdplatte legt oder einer Schlange begegnet, der sollte nicht lange überlegen, sondern sofort das Richtige tun – lange bevor er die Fakten richtig zur Kenntnis nehmen konnte. Es kommt gar nicht darauf an, die genaue Größe des Nagels, die Temperatur der Platte oder die Spezies des Kriechtiers zu wissen, um richtig zu reagieren. Einzig richtig ist hier die schnelle Reaktion, nicht jedoch die genaue Erkenntnis der Welt.

Viele solcher Reaktionen laufen nach Art eines Reflexes ab, andere hingegen laufen über bestimmte subkortikale Zentren ab und wieder andere über höhere und höchste kortikale Verarbeitungsareale. Wir hatten in Kapitel 5 bereits gesehen, dass es die Funktion des Mandelkerns ist, potentielle Gefahren sehr schnell zu erkennen und den Körper auf Kampf oder Flucht vorzubereiten (vgl. Abb. 5.2). Insofern könnte man sagen, dass der rechte und der linke Mandelkern Teil eines Systems sind, das für die sehr schnelle und vor allem reflexhafte Bewertung von Ereignissen zuständig ist. Zieht man zudem das Dopamin-Belohnungssystem heran, so könnte man durchaus folgern, dass Bewertungen im Gehirn mittels spezieller Module vollzogen werden und damit unabhängig von den Fakten sind. Dies ist richtig und falsch zugleich, wie die genaue Betrachtung der Mechanismen zeigt.

Wenn etwas Unerwartetes geschieht, kann es gefahrvoll (negativ) oder erfreulich (positiv) sein. Diese Bewertungen werden im Gehirn sehr schnell bewerkstelligt. Negative Aspekte einströmender Information werden im Mandelkern entsprechend bewertet, bewirken die Emotionen der Furcht und Angst und werden sehr schnell mit Verhaltensstrategien assoziiert, die mit Kampf oder Flucht in Verbindung stehen. Die Muskeln werden angespannt, und sowohl die Herzfrequenz als auch der Blutdruck steigen an (LeDoux 1994, 2002). Dies geschieht, noch bevor das visuelle System genau wahrgenommen hat, welche Fakten im Einzelnen vorliegen. Auch das Dopaminsystem springt gleichsam vor den Fakten an. Damit kommt die Bewertung der Dinge im Gehirn zeitlich *vor* den Dingen und nicht (wie wir es systematisch gerne hätten) danach. Und weil dies so ist, sind für unser Erleben die Fakten von den Werten nicht zu trennen: Die Werte sind immer schon da, wenn die Fakten sich endlich auch einstellen – könnte man überspitzt formulieren.

Bereits der französische Philosoph und Mathematiker René Descartes (1596–1650) stellte Überlegungen zur Körpermaschinerie an, die automatisch den Fuß zurückzieht, wenn er zu nahe an ein Feuer kommt. Seine in Abbildung 8.2 wiedergegebene Zeichnung findet sich in jedem Lehrbuch der Neurobiologie, sofern es historische Bezüge herstellt.

**8.2** Schematische Darstellung eines Reflexes nach Descartes (aus *L'Homme* 1664). Die Empfindung der schmerzhaften Hitze gelangt zum Gehirn und wird in eine Bewegung umgesetzt.

Bereits vor knapp 400 Jahren wurden somit mechanistische Erklärungen neurobiologischer Vorgänge herangezogen, um die beteiligten Prozesse und deren raschen Ablauf zu erklären. Für Descartes waren solche Vorgänge jedoch von höheren geistigen Prozessen völlig verschieden, wohingegen heutzutage die Unterschiede eher quantitativ und weniger qualitativ gesehen werden. Auch höhere geistige Leistungen können vollautomatisch vonstatten gehen; einfache wiederum (z.B. das normalerweise völlig automatisierte Atmen) können wir auch kontrollieren, wenn es sein muss oder wenn wir dies wollen. Reflex und Geistestätigkeit sind somit nicht völlig voneinander geschieden. Daraus darf man jedoch nicht schließen, dass jegliche Geistestätigkeit reflexhaft funktioniert. Vielmehr hatten die vergangenen Kapitel immer wieder gezeigt, dass der Organismus seine jeweilige Geschichte immer in Form der gemachten Erfahrungen mit sich führt und diese Geschichte immer auch die weiteren Erfahrungen mit strukturiert. Je höherstufig die Erfahrungen sind, desto größer ist die Rolle der Vorerfahrungen. Da der Mensch sich von Geburt an aktiv um seine Strukturierung bemüht, sich also aktiv selbst bestimmt, ist auch der Reflex mehr als nur „tote" Automatik, sofern er – wie dies bei sehr vielen Reflexen der Fall ist – durch höhere Zentren vorgebahnt werden kann.

Das Beispiel der heißen Herdplatte zeigt damit Folgendes: Es gibt durchaus Systeme im Gehirn, deren wesentliche Aufgabe in einer raschen negativen (oder positiven) Bewertung besteht. Daraus folgt jedoch nicht, dass in unserer Erfahrung die Fakten und die Werte getrennt sind. Vielmehr produziert das Gehirn eine Erfahrung, die im Grunde nie völlig wertfrei ist, sondern immer bereits mit Bewertung durchdrungen ist. Nur die Abstraktion im Nachhinein ermöglicht es uns, die Fakten von den Werten zu trennen.

## Der naturalistische Fehlschluss

Wer im Zusammenhang von Gehirnforschung von Werten spricht, muss sich der Frage stellen, ob er nicht einen naturalistischen Fehlschluss begeht. Hiermit ist gemeint, dass aus dem, was ist, nicht abgeleitet werden kann, was sein soll. Wenn jedoch das Gehirn des Menschen so funktioniert, dass die Werte noch vor den Fakten produziert werden und beides immer durchdrungen erlebt wird, ist es dann noch möglich, das Sein und das Sollen so klar zu trennen, wie es die Rede vom naturalistischen Fehlschluss nahe legt?

Redet man darüber, was die Menschen tun, so geht es zunächst um die Beschreibung der Regeln und des Handelns von Menschen. Erst dann, wenn es darüber zu Auseinandersetzungen kommt, wird daraus die Frage, was man tun *soll*, geht es also nicht mehr um Beschreibung, sondern um Bewertung und um Normen sowie deren Rechtfertigung. „Die neuseeländischen Maoris bringen Menschenopfer dar", „die Maoris essen Teile ihrer Toten" sind Beschreibungen. „Die Maoris dürfen das nicht" ist eine Bewertung. In diesem Fall ist der Unterschied einfach. Aber wie ist es mit „diese Landschaft ist Ölbohrungsgebiet" und „diese Landschaft ist Naturschutzgebiet"? – Zunächst klingen beide Sätze gleich und scheinen nichts weiter als ein Faktum auszudrücken. Denkt man kurz nach, fällt auf, dass „Naturschutzgebiet" ein wertender Begriff ist. Denkt man etwas länger nach, fällt auf, dass „Landschaft" ebenfalls ein Begriff ist, der über das Faktische weit hinausgeht. Damit ist das Ölbohrungsgebiet entweder keine wertfreie Landschaft oder der ganze entsprechende Satz kein bloßes Faktum. Dann aber sind beide Sätze keine reinen Beschreibungen.

Aus dieser engen Verwobenheit der Fakten und der Werte folgt keineswegs, dass der diskutierte Fehlschluss nun doch erlaubt sein sollte. In Diskursen über das, was sein soll, muss jeder Beteiligte Gründe für seine Meinung vorbringen und versuchen, diese Gründe in Prinzipien zu verankern. Hierfür reichen Logik und Naturgesetze der Physik nicht aus. Es bedarf vielmehr weiterer Prinzipien, die vor allem unserem Miteinander zugrunde liegen. Diese Prinzipien kann die Gehirnforschung teilweise aufdecken. Erst die Zukunft wird zeigen, wie wir diese Prinzipien zuordnen werden. Das Prinzip, dass Schmerzen vermieden werden, könnte man als eines der Natur verstehen oder als eines unseres Wertens.

## Fazit

Fakten und Bewertungen liegen in der Erfahrung des Menschen und in seinem Gehirn nahe beieinander und können oft nur im Denken getrennt werden. Aus meiner Sicht sind viele der gegenwärtigen Probleme u.a. dadurch mitverursacht, dass die enge Verbindung von Fakten und Werten geleugnet wird bzw. dass so getan wird, als könnte man beides in allen Fällen immer sauber trennen. Selbst die Werte werden in philosophischen Wörterbüchern noch unterteilt in ökonomische und ethische (vgl. Mittelstraß 1996, S. 662ff). Unser Gehirn tut dies nicht. Es verarbeitet Informationen, merkt sofort, wenn etwas schief geht, und handelt sehr schnell; bewertet manches Unerwartete auch positiv und lernt dann etwas Neues. Erst bei langem Nachdenken können wir die Welt in Fakten und Werte einteilen und die Werte nochmals in solche, die sich in Geld ausdrücken lassen, und solche, bei denen dies nicht geht.

Die gegenwärtig täglich diskutierten brennenden Probleme unserer Gesellschaft – Gesundheit, Arbeit und Altersversorgung – erscheinen in diesem Zusamenhang in einem neuen Licht: Schmerzen und Nächstenliebe *müssen* in Euro und Cent verrechnet werden, um eine rationale und faire Lösung zu finden. Andererseits darf man die Probleme gerade nicht dem Markt allein überlassen, denn sonst wären Verzerrungen und Unmenschlichkeiten die Folge. Wir können uns – aus Einsicht – Richtlinien und Gesetze schaffen, die über unmittelbare Bewertungen hinausgehen. Allerdings müssen diese fair und für jedermann verständlich sein, sonst wird der Durschnittsbürger rasch zum Kleinkriminellen (vgl. hierzu auch Kapitel 15).

## Postskript: Medizin nach Markt
## Ein Jahrzehnt nach der Gesundheitsreform[1]

Wir schreiben das Jahr 2012. Die Gesundheitsreform liegt endlich hinter uns, und es ist wieder Ruhe eingekehrt im medizinischen Alltag. Dieser Alltag ist jetzt ganz anders als noch vor wenigen Jahren, aber die Zeit vor der Reform kommt jedem fortschrittlich denkenden Menschen dennoch vor wie das Mittelalter. Damals gab es noch die antiquierten Vorstellungen vom besonderen Verhältnis vom Arzt zum Patienten, von einer besonderen Ethik der Medizin, und sogar der aus dem Altertum stammende Eid des Hippokrates wurde von manchen Träumern noch immer hochgehalten. Damit ist jetzt Gott sei dank Schluss. Medizin ist wieder, wie vor 200 Jahren auch, alltäglich, nichts Besonderes im Vergleich zu den anderen Lebensvollzügen, die ja auch längst nicht mehr von überkommener Ethik und Moral, sondern vom Markt bestimmt sind. Gesundheit ist endlich das, was sie schon immer war (man hatte es nur nicht gesehen): ein Gut wie Autos und Handys oder Brezeln und Butter. Seit man mit Gesundheit nun endlich auch genau so umgeht, zeigen sich die Vorteile für alle sehr klar, denn die früher immer weiter steigenden Kosten sind nun endlich im Griff.

Für den Verbraucher – Patienten gibt es keine mehr, das Wort wurde offiziell aus dem Verkehr gezogen – ist die Situation natürlich nun etwas komplizierter geworden. Aber schließlich sollte man ihm auf dem so wichtigen Gebiet der Gesundheit die gleiche Mündigkeit einräumen wie in anderen Geschäftsbereichen auch. Man geht nicht einfach mehr zum Arzt, sondern vergleicht ähnlich wie bei der Anschaffung einer Waschmaschine oder eines Autos erst einmal die Preise, vor allem natürlich das Preis-Leistungsverhältnis der Angebote, und informiert sich im Internet. Chatrooms mit Gesundheitsthemen sind daher, wie zu erwarten war, seit einigen Jahren der größte Wachstumssektor im die Welt umspannenden Datennetz.

---

1. Dieser Text wurde erstmals im Jahr 2001 in der *Zeitschrift für Nervenheilkunde* publiziert und ist hier in überarbeiteter Form wiedergegeben.

Natürlich kamen mit dem Fortschritt auch manche unschönen Erscheinungen, wie beispielsweise die „Diagnosehaie" genannten und aus der Kreditwirtschaft ja sattsam bekannten unseriösen Anbieter medizinischer Dienstleistungen. Auch so manches Billigangebot kommt mit Fallstricken daher und hält nicht immer, was es vermeintlich verspricht. Technisch perfekt gemachte Röntgenbilder für EUR 3,-- wurden beispielsweise erst kürzlich bei Albi (der bekannten Kette: Alles billig) angeboten, und die Verbraucher standen wie immer Schlange und sollen an manchen Orten sogar die Nacht vor den Läden campiert haben. Technisch perfekt waren die Bilder auch, und man bekam sie entweder einzeln oder im Komplettpaket – eine Lunge, einen Schädel in zwei Ebenen, ein Colon-Doppelkontrast und (beim Komplettpaket gratis) eine Angiografie. Die Bilder waren jedoch keine jeweils neuen Aufnahmen, sondern im Kunstdruckverfahren aufwendig hergestellte Normalbefunde, die von Albi-Märkten, die ja schon lange Kunst verkaufen, günstig aus dem Bildarchiv eines Konkurs gegangenen Großkrankenhauses erworben worden waren. Wer also so naiv war, das Angebot eines Röntgenbildes mit dem Angebot eines neu angefertigten Röntgenbildes zu verwechseln, der besitzt jetzt Bilder, die sehr billig und dazu technisch perfekt gemacht sind, die er jedoch vermutlich gar nicht braucht.

Aber machen wir uns nichts vor: In jedem Bereich der Marktwirtschaft gibt es schwarze Schafe, d.h. dumme Verbraucher, die ihr schwer verdientes Geld unkritisch ausgeben und so die Existenz unseriöser Anbieter unterstützen. Man sollte sich jedoch den Blick für die positiven Auswirkungen des Fortschritts nicht von solchen randständigen Lappalien trüben lassen.

Sehr positiv auf die wirtschaftliche Gesamtsituation im Gesundheitssektor hat sich beispielsweise eine schon mehr als zehn Jahre alte Gerichtsentscheidung zu Kopplungsgeschäften ausgewirkt, und nun boomt der Gesundheitsmarkt gerade auf diesem Gebiet. Autohäuser werben damit, dass man ein EKG bekommt, während der Wagen bei der Inspektion ist. „Doppeldiagnose" heißt das Zauberwort, dem findige Werbefachleute eine ganz neue Bedeutung verliehen haben: Diagnostiziert werden Auto (vom TÜV) und Halter (von netten jungen

Assistentinnen), dazu gibt's Kekse und Designer-Kaffee. Schon lange misst der Friseur den Blutdruck, wie ja auch die Apotheke Haarspray verkauft oder Tchibo Vitamine und Blutdruckmessgeräte. Die AOK sponsert Basketballturniere, und psychosomatische Kliniken organisieren ein Kulturprogramm. Entsprechende Ansätze, die aus heutiger Sicht recht kümmerlich erscheinen, gab es zwar schon vor mehr als zehn Jahren. Dennoch hat erst die gründliche Reform den Durchbruch herbeigeführt und solche Geschäftsmodelle in der Fläche angestoßen.

Einige Beispiele: Die nach der Ski-Saison weniger ausgelasteten Unfallkliniken in den Schweizer Alpen werben schon seit einigen Jahren mit Komplettangeboten zur neuen Hüfte nach dem Urlaub an den Hängen einschließlich Skilehrer, im Bündel um bis zu 50% reduziert („Neue Schwünge und neue Hüfte"). Sie machen es den plastischen Chirurgen der Region nach, die mit ähnlichen Angeboten („vom Lift zum Lifting") schon lange untereinander konkurrieren. Übergewichtige sprechen gut auf die Kombination von Nulldiät und Spielsalon in entsprechenden Kliniken an („Sie verlieren garantiert"), und Arztpraxen machen sich immer mehr in Bahnhöfen und Flugplätzen breit, wo man Gesundheit und Reisen am zweckmäßigsten verknüpfen kann. Man hat als Verbraucher die Wahl zwischen zwei Wochen Nachbehandlung oder einer Woche auf den Malediven und kann seine Entscheidung zeitnah umsetzen.

Selbstverständlich muss der Verbraucher solche Angebote kritisch prüfen. Sonst geht es ihm wie den vielen, denen in gutem Glauben an eine vorbeugende Blinddarm-Operation nur der Bauch aufgeschnitten und wieder zugenäht wurde. Sie waren auf die Werbung, die eine besonders schöne Bauchnaht (und eine kostenlose Tätowierung als Bonus) versprach, hereingefallen. Der Anbieter hatte hierzu auch eigens arbeitslos gewordene, erblindete Schneider eingestellt, deren Nahtkünste tatsächlich tadellos waren. Nur im Kleingedruckten war zu lesen und für viele Verbraucher nicht zu durchschauen, dass keine wirkliche Operation durchgeführt (das klingt ja auch gefährlich!), sondern nur ein oberflächlicher Hautschnitt gesetzt und wieder mit natürlichem Katzendarm-Nahtmaterial vernäht würde.

Der Werbeslogan hatte gelautet: „die perfekte biologische Blind-Darm-Naht", und Hunderttausende hatten in ihrer grenzenlosen Naivität darauf vertraut, dass eine Naht doch nur nach einer tatsächlichen Blinddarm-Operation sinnvoll sei. Auch hatten sie den Ausdruck „Blinddarm" völlig falsch dahingehend interpretiert, dass es darum gehen sollte, dass ihnen dieser entfernt würde. Davon war jedoch im Vertrag keine Rede. Im Kleingedruckten stand ausdrücklich, dass blinde Schneider mit Katzendarm nähen würden – sonst nichts! Die Geschädigten prozessierten, verloren jedoch über alle Instanzen hinweg, denn der jeweils abgeschlossene Vertrag über die zu erhaltende Serviceleistung enthielt tatsächlich den klaren Hinweis, dass der Bauch gar nicht aufgeschnitten würde.

Überhaupt nahmen in der letzten Zeit die Klagen vor Gericht zu. Positiv wertet der *Verband für Arbeit und schonungslose und ungetrübte Marktorientierung in der Medizin* (Kurz: VerArschung-Med) allerdings, dass der Anteil gewonnener Prozesse durch geschädigte Verbraucher seit der Gesundheitsreform stark rückläufig war. Schließlich überlasse man nicht mehr (wie früher viele Ärzte) alles dem Zufall oder gar dem Schicksal, sondern sichere sich mittels entsprechend gestalteter Verträge vor jeder medizinischen Handlung wasserdicht ab. Die früheren ganz einfachen Behandlungsverträge von einer Seite Umfang sind daher seit einigen Jahren recht dicken Dokumenten gewichen, die deutlich komplizierter sind als etwa Miet- oder Kaufverträge. Dies sei nach Auskunft des Verbandes aber nur folgerichtig, denn im Vergleich zu den Risiken eines Verkäufers oder Vermieters sei das Risiko der Gesundheitsanbieter ja deutlich höher. Man müsse sich schließlich vor den wirklich Kranken irgendwie schützen, deren Behandlung ja oft wesentlich mehr Geld verschlinge, als zunächst absehbar sei. Gerade ältere Menschen neigten hier zu einer unglaublichen Anspruchshaltung. Sie würden beispielsweise erwarten, dass man bei einer (natürlich ambulanten) Gallen-Operation auch den Blutzucker neu einstelle oder sich gar um die anschließend notwendige Diätberatung gleich mit kümmere. Wie der Verband mit Recht betont, müssten sich die älteren Verbraucher eben umstellen und hätten ja bekanntermaßen immer die größten Schwierigkeiten mit dem Fortschritt.

Nachdem sich jeder erst einmal an das neue System gewöhnt hatte, war im Grund alles in Ordnung. Die Eingewöhnungszeit dauerte erwartungsgemäß nicht sehr lange, denn man musste ja nur aus dem übrigen Wirtschaftsleben bekannte Schemata und Verhaltensgewohnheiten auf ein neues Sachgebiet übertragen, was den meisten Menschen nicht besonders schwer fiel. Man „feuert" schon lange den Geliebten, „investiert" in eine neue Beziehung, erwartet entsprechend „Rendite" oder „schreibt sie ab". Ökonomisches Denken hat also seit Jahren schon den Bereich der zwischenmenschlichen Beziehungen erobert, von dem man aufgrund seiner Privatheit vielleicht am ehesten annehmen würde, dass er gegen derartige sprachliche und damit auch gedankliche Usurpation immun sei. Dem war aber nicht so. Daher war die konsequente Übertragung des Wirtschaftsgedankens auf das Gesundheitssystem für die meisten Menschen überhaupt kein Problem mehr.

Einzig die Kranken scheinen noch nicht völlig zufrieden zu sein mit der neuen Situation. Sie seien nach der Reform deutlich schlechter versorgt, alles sei teurer, und niemand würde sich mehr wirklich ihrer annehmen.

Der oben bereits erwähnte Verband konterte diese Nörgeleien jedoch geschickt mit dem Argument, dass die Kranken als soziale Randgruppe Verständnis dafür haben müssten, dass sich nicht das ganze Gesundheitssystem um sie drehen könne, denn schließlich sage ja bereits dessen Name, dass dieses System zuerst und vor allem für Gesundheit und nur in zweiter Linie (z.B. bei schlechter Auslastung der Ressourcen oder im Rahmen von steuerlich absetzbaren Spendenaktionen) auch für Krankheit zuständig sei. So mancher Funktionär hat sich in der Diskussion auch schon einmal zu der Formulierung hinreißen lassen, dass die Kranken, insbesondere die chronisch Kranken, zu den Sozialschmarotzern gehörten und dass man dieses Problem in den Griff bekommen müsse, sofern das neue und so gut funktionierende Gesundheitssystem langfristig konkurrenzfähig bleiben soll.

Und um diese Konkurrenzfähigkeit gehe es letztlich, gerade auch in Anbetracht der zunehmenden Globalisierung. Vor mehr als zehn Jahren begannen schon manche auf private Initiative, eine Zahnsanierung in der Türkei mit einem Urlaub zu verbinden und dabei noch Tausende Mark einzusparen. Dieser Trend setzte sich unaufhaltsam fort, wie das folgende Beispiel zeigt: Weil man sich auf Sumatra für einen Apfel und ein Ei die Bandscheibe operieren lassen könne, von speziell dafür ausgebildeten Technikern, die dort diesen Beruf ab dem dreizehnten Lebensjahr ausführen dürfen, müsse man auch hierzulande nach innovativen Lösungsmöglichkeiten suchen. So sei bespielsweise zu erwägen, ob diese Operationen hierzulande nicht vom (ohnehin ebenso überzahlten wie überqualifizierten) Reinigungspersonal und nicht wie bisher von einer MTA nach einer entsprechenden Einlernphase übernommen werden könnten. Nur wer diese Chancen zur Umgestaltung der medizinischen Verantwortlichkeiten vorurteilslos und risikofreudig implementiere, könne einigermaßen den Herausforderungen von Morgen Paroli bieten. Die Zeit zwischen Berufsbeginn und Berentung (wegen Zittrigkeit etc.) werde auf Sumatra immer kürzer sein als hierzulande, weswegen die dreiwöchige Ausbildung zum Bandscheibenentferner auf Sumatra direkt nach der Grundschule volkswirtschaftlich immer mit einer höheren Rendite verbunden sei. Man müsse dem Qualität entgegensetzen. So sind die Kliniken in bekannten Erholungsgebieten wie dem Schwarzwald oder der Nordsee auch längst dazu übergegangen, den verlockenden Billigangeboten aus Übersee nicht nur mit erstklassigem Service (marmorgetäfelte Bäder, Mahlzeiten auf goldenen Tellern vom Catering Service; Gratis-Massagen etc.), sondern auch mit Qualitätsgarantien („bei uns operiert Sie nur die Chef-Putzfrau") zu begegnen. Hier zeigt sich wie in anderen Branchen auch, dass erst der Markt das kreative Potential der Menschen zur vollen Entfaltung zu bringen vermag. Wie gut, dass die Reform nach ersten Geburtswehen endlich greift. Wenn erst einmal noch ein paar Jahre ins Land gegangen sind, so muss man heute hoffen, dürfte auch der Widerstand der Alten und Kranken verstummt sein.

# 9 Nicht wissen, aber glauben

Die Natur um uns herum ist einerseits voller Zufälle. Andererseits stecken aber doch hinter den meisten unserer Erfahrungen nicht nur Zufälle, sondern auch Muster oder Regeln. Wenn es erst im Gebüsch raschelt, dann ein Stück Fell zu sehen ist und dann vielleicht noch ein dumpfes Knurren zu hören ist, so folgern wir aus der Abfolge der Ereignisse, dass ein Raubtier in der Nähe ist. – So oder so ähnlich zumindest müssen die Gehirne unserer Vorfahren funktioniert haben, wir stammten sonst nicht von ihnen ab.

## Vom Kontext umzingelt

Im Mai 1989 machte die damals erst fünfköpfige Familie Spitzer Urlaub in Kalifornien. Eines späten Vormittags stapften wir – meine Frau und die beiden Töchter voraus, der Papa mit dem achtmonatigen Sohn Thomas auf dem Rücken hinterher – durch eine gebirgige Wüstenlandschaft. Der Weg war schmal, die Gegend zerklüftet, wenige Pflanzen, viele Steine und ab und zu eine Eidechse. Während die anderen neugierig und unermüdlich vorausgingen, kamen in mir Erinnerungen an Westernfilme, die gefährliche Natur und Gedanken über Unfälle und wilde Tiere auf. Da hörte ich plötzlich, ganz deutlich, ein tiefes schnurrend-brummend-knurrendes Geräusch, genau hinter mir, und es schoss mir unweigerlich durch den Kopf: *ein Berglöwe.*

In Kalifornien gibt es Berglöwen; wie dumm von uns, so ganz allein und ohne jede Verteidigungsmöglichkeit in der unberührten Natur das Schicksal geradezu herauszufordern. Unwillkürlich drehte ich mich um – nichts! – Und noch bevor meine Augen Gelegenheit hatten, die näher gelegenen Felsvorsprünge genauer zu inspizieren, schon wieder, noch deutlicher und lauter, das gleiche markerschütternde tiefe Brummen und Knurren, wieder genau hinter mir.

„Umringt von Berglöwen!", schoss es mir durch den Kopf, und die Nackenhaare stellten sich, die Muskeln spannten sich, das Herz schlug schneller, und mir lief der Schweiß. All dies, die Reaktionen meines Körpers und meines Geistes, verliefen völlig automatisch, d.h. ohne Zutun meines kritischen Verstandes, der sich etwa zeitgleich mit dem dritten schnurrend-brummenden Geräusch wieder zu Wort meldete: Ja, es gibt Berglöwen in Kalifornien, aber aus dem Nichts gleich von mehreren umgeben zu sein, ist unwahrscheinlich, jagen sie doch allein und nicht in Rudeln...

Ich musste unwillkürlich lachen, als mir der Ausgangspunkt des tiefen markerschütternden Geräuschs, immer genau hinter mir, klar wurde: Mein kleiner Sohn Thomas war eingeschlafen und hatte begonnen *zu schnarchen!* „Umringt von Berglöwen – hahaha", war der Kommentar meiner drei charmanten Begleiterinnen, denen ich die Geschichte sofort erzählen musste.

Die Bedeutung von Vorerfahrungen, Wissen und Situation – man fasst all dies nicht selten mit dem Wort *Kontext* zusammen – für Wahrnehmungsprozesse wird in diesem Beispiel besonders deutlich: Ich hatte meinen Sohn noch nie schnarchen gehört, im Bettchen tat er dies nicht, aber auf meinem Rücken in einer wahrscheinlich ziemlich unbequemen zusammengekauerten Stellung, mit dem Kopf hin- und herbaumelnd in der heißen Sonne, machte er es sich eben auf seine Weise bequem. Sein lautes, tiefes Atemgeräusch war für meine akustische Wahrnehmung zunächst nicht einzuordnen, aufgrund des Kontextes jedoch bot sich die Interpretation „Hinter mir ist ein Berglöwe" unmittelbar an. Weil ich mich um 180 Grad drehte und das Geräusch hinter mir wieder auftauchte, lag die Interpretation „noch ein Berglöwe – du bist umzingelt" zumindest für einige Zehntelsekunden nahe, bis sich die eher verstandgeleitete, konkurrierende „Arbeitshypothese" meines Wahrnehmungsapparates in meinem Geist Gehör verschaffte: Dein Sohn schnarcht. Mein Körper hatte sich längst auf die Gefahr der Situation eingestellt (vgl. die Kapitel 5 und 8) – denn das geschieht automatisch, unter anderem bewirkt durch die tief im Gehirn liegende Struktur des Mandelkerns.

## Prognosen jeden Augenblick

Zeitliche Vorhersagen von Augenblick zu Augenblick geschehen in unserem Kopf permanent: Wenn wir beispielsweise einen Satz lesen oder einem gesprochenen Satz zuhören, so lässt sich nachweisen, dass die Aufmerksamkeit am Anfang des Satzes hoch ist und gegen Ende des Satzes abnimmt. Dies liegt daran, dass die Vorhersagbarkeit eines Wortes im Satz mit der Stellung dieses Wortes nach hinten zunimmt. Das letzte Wort eines Satzes brauchen wir oft gar nicht mehr zu hören, wir können es aufgrund der vorangegangenen Wörter erschließen. Daher kann die Aufmerksamkeit am Satzende relativ gering sein. Wir sind uns dieser beständigen Vorhersageaktivität unseres Gehirns in den wenigsten Fällen bewusst. Spielen wir Tischtennis, so geht die Sache deshalb wie geschmiert, weil wir schon wissen, wohin der Ball fliegen wird, wenn wir die Bewegung des Gegenspielers gesehen haben. Würden wir die Flugbahn erst aus den Seheindrücken des fliegenden Balls berechnen, dann über unsere Entgegnung nachdenken, dann die Muskeln programmieren und dann die Bewegung beginnen, kämen wir immer zu spät.

Damit dies nicht geschieht, ist unser Gehirn der Gegenwart immer um einige Augenblicke voraus. Es generiert Hypothesen bezüglich dessen, was als Nächstes geschieht, und tut dies einerseits unter Zuhilfenahme dessen, was es aus den vielen bisherigen Erfahrungen alles gelernt hat. Andererseits geschieht diese Vorhersage jedoch auch online und auf der Basis immer gerade dessen, was sich kurz vor dem jeweiligen Moment abgespielt hat. Auch wenn wir keine Vorerfahrungen haben, sagt unser Gehirn die unmittelbare Zukunft voraus oder versucht es wenigstens. Dies geschieht im Frontalhirn, wie bereits in Kapitel 3 angedeutet worden war. Neue Stimuli in einer Serie von bekannten Reizen verursachen beispielsweise im EEG eine etwa 300 ms nach Sti-

mulusbeginn einsetzende frontal betonte Positivität, die so genannte
P300 (P für positiv und 300 für die Zeit ihres Auftretens in Millisekunden nach dem Beginn des Reizes).

## Zufall im Scanner

Wie unser Gehirn mit Neuigkeit und Vertrautheit umgeht, unabhängig von Vorerfahrungen, allein im Hier und Jetzt, wurde inzwischen
im Magnetresonanztomografen genauer untersucht (vgl. Huettel et al.
2002). Das Experiment war im Prinzip sehr einfach – so einfach, dass
es den Versuchspersonen sicherlich im Scanner langweilig wurde und
man sie daher gut bezahlen musste, damit sie überhaupt mitmachten.
Ihre Aufgabe könnte einfacher nicht gewesen sein: Es wurde ihnen
kurz entweder ein Quadrat oder ein Kreis gezeigt, und sie hatten die
Aufgabe, auf jeden Stimulus so schnell wie möglich durch das Drücken
eines von zwei Knöpfen zu reagieren. Gemessen wurde jedes Mal die
Reaktionszeit. Dann kam das nächste Quadrat bzw. der nächste Kreis
an die Reihe, wobei die Reihenfolge der Kreise und Quadrate vollkommen zufällig war (vgl. Abb. 9.1). Dies wurde den Versuchspersonen
auch vor dem Experiment mitgeteilt.

Insgesamt 1800 – ja, richtig, eintausendachthundert (!) – Kreise
und Quadrate wurden so in zufälliger Reihenfolge jeder Versuchsperson gezeigt und von dieser durch Tastendruck mit einer Entscheidung
– Kreis oder Quadrat – beantwortet. Nun stecken in jeder Zufallsrei-
henfolge hin und wieder regelhafte Teilfolgen, es kommen also beispielsweise mehrere Kreise oder mehrere Quadrate hintereinander oder
auch Abfolgen von Kreisen und Quadraten jeweils im Wechsel. Genau
hierauf kam es den Experimentatoren an. Sie richteten ihre Analyse sowohl auf Abfolgen des gleichen Stimulus (z.B. sechs Kreise oder Quadrate hintereinander) sowie auf regelhaft-abwechselnde Folgen (also
Kreis–Quadrat–Kreis–Quadrat–Kreis-Quadrat etc.). Die Reaktionszeiten der Probanden wurden bei solchen kurzen Einsprengseln von

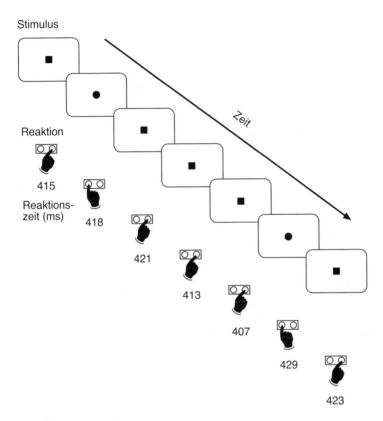

**9.1** Schematische Darstellung des experimentellen Paradigmas. Die Kreise und Quadrate wurden in zufälliger Reihenfolge jeweils für 250 Millisekunden präsentiert, gefolgt von 1750 Millisekunden Pause (nicht dargestellt). Als Reaktion war einer von zwei Knöpfen zu drücken. Die Reaktionszeiten waren vom Vorhandensein scheinbarer Ordnung in der zufälligen Reihenfolge abhängig, wie hier schematisch angedeutet ist. Immer dann, wenn eine Regel sich langsam zeigt, nimmt die Reaktionszeit ab, wenn eine Regel verletzt wird, nimmt sie zu.

Regelhaftigkeit in die Zufallsfolge jeweils kürzer. Fand dann eine Verletzung der vermeintlichen Regel statt (beispielsweise ein Quadrat nach fünf Kreisen), so dauerte die Reaktion länger (vgl. Abb. 9.2).

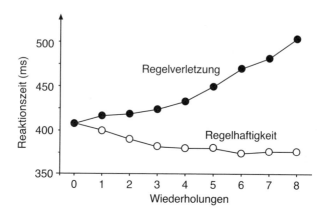

**9.2** Wiederholt sich der Reiz, reagiert man schneller. Die untere Kurve zeigt die mittleren Reaktionszeiten der Versuchspersonen in Abhängigkeit davon, wie oft der Reiz schon wiederholt und damit gleichsam „zur Regel" wurde. Kommt dagegen ein anderer Reiz, wird also die Regelhaftigkeit verletzt, braucht man länger. Dies zeigt der Verlauf der oberen Kurve: Bei einer „Verletzung" der vermeintlichen Regel wurden umso längere Reaktionszeiten gemessen, je besser die vermeintliche Regel zuvor etabliert war (d.h. je mehr Wiederholungen desselben Reizes zuvor vorkamen). Im Prinzip die gleichen Ergebnisse, wenn auch nicht so stark ausgeprägt, wurden für die alternierenden Folgen und deren Verletzung gefunden.

Dies legt nahe, dass die Versuchspersonen ihre Reaktionen auf der Annahme basierten, dass sich die scheinbare Regelhaftigkeit, das zufällig erscheinende Muster, fortsetzen würde, obgleich sie die ausdrückliche Instruktion erhalten hatten, dass die Reize vollkommen zufällig erscheinen würden, und obwohl die Reize tatsächlich vollkommen zufällig erschienen. Die korrekten Vorhersagen führten somit zu einer Reaktionsbeschleunigung, die inkorrekten Vorhersagen dagegen zu einer Reaktionsverzögerung.

Um herauszufinden, wo genau im Gehirn diese Vorhersagen gemacht werden, fand das gesamte Experiment in einem Scanner statt. Dieser macht es möglich, die Aktivierung des Gehirns auf diejenigen Stimuli, welche die jeweilig kurz auftauchende Regel verletzten, zu messen. Man vergleicht also beispielsweise die Antwort des Gehirns auf einen Kreis mit der Antwort auf den gleichen Kreis, mit dem Unterschied, dass der erste Kreis vielleicht nach einem Quadrat, der zweite jedoch nach fünf Kreisen gesehen wurde. Der einzige Unterschied besteht somit in dem, was unmittelbar vorher stattgefunden hat. Wie die Abbildung 9.3 klar zeigt, arbeitet das Gehirn mehr, wenn etwas anderes kommt, und zwar umso mehr, je unerwarteter es ist, d.h., je öfter vorher jeweils der andere Reiz verarbeitet wurde.

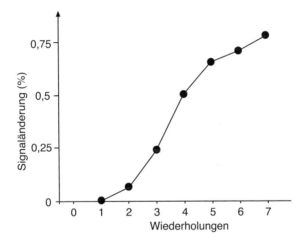

**9.3** Die Aktivität im Gehirn gehorchte den gleichen Gesetzmäßigkeiten wie die Reaktionszeiten in Abbildung 9.2. Nochmals sei betont, dass sowohl der Stimulus als auch die Reaktion in allen gezeigten Fällen identisch waren (zu sehen waren nur Kreise oder Quadrate). Lediglich der Kontext, d.h. die Zahl der vorherigen Wiederholungen, war ein anderer. Da in dem Experiment alle zwei Sekunden ein neuer Reiz dargeboten wurde und da das Signal sowie die Reaktion nach bis zu sieben Wiederholungen noch systematische Veränderungen zeigte, muss man folgern, dass auch ein vor 14 Sekunden gezeigter Reiz noch Einfluss auf die Verarbeitung des momentan verarbeiteten Reizes hat.

## Hypothesenbildung ohne Grund

Mittels dieser experimentellen Strategie beobachteten die Autoren, dass Verletzungen regelhafter Reizfolgen von einer ansteigenden Aktivierung präfrontaler Areale begleitet sind (vgl. Abb. 9.4). Ebenso wie die Reaktionszeiten bei Regelverletzungen mit der Anzahl des jeweils anderen, vorherigen Stimulus (d.h. mit der „Etabliertheit" der Regel) zunahmen, nahm auch die kortikale Aktivierung mit der Anzahl vorheriger Wiederholungen des anderen Stimulus zu.

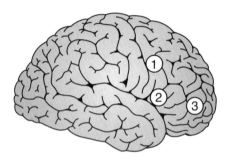

**9.4** Rechts-frontale aktivierte Areale bei Abweichungen von einer zuvor erscheinenden regelhaften Abfolge von Reizen. Bei den Arealen handelt es sich im Einzelnen um den (1) mittleren frontalen Gyrus, (2) die so genannte Insel und (3) den inferioren frontalen Gyrus.

Die Autoren fassen ihre Ergebnisse etwa wie folgt zusammen: Gehirnregionen im rechten präfrontalen Kortex produzieren mentale Modelle dessen, was jetzt gerade geschieht, um besser (d.h. effektiver) mit dem, was im nächsten Moment geschieht, umgehen zu können.

„Die kortikale Repräsentation des mentalen Modells wird durch zum Modell passende eingehende Information gestärkt, wie im beschriebenen Experiment, wenn ein Muster über eine ganze Reihe von Stimuli wiederholt wurde, so dass Verletzungen des gut etablierten mentalen Modells mehr Gehirnaktivierung produzieren als Verletzungen eines schwach etablierten Modells. Die Erkennung von Mustern ist somit ein obligatorischer dynamischer Prozess, der die Extraktion lokaler Strukturen sogar in zufälligen Ereignisfolgen mit einschließt" (Huettel et al. 2002, S. 489; Übersetzung durch den Autor).

Die Ergebnisse der Studie von Huettel und Mitarbeitern lassen sich gut in das bisherige Wissen der Arbeitsweise des Frontalhirns integrieren (vgl. Ivry & Knight 2002): Zum einen ist bekannt, dass der präfrontale Kortex für die Funktion des Arbeitsgedächtnisses zuständig ist, das u.a. in die Bereitstellung und Aufrechterhaltung des unmittelbaren handlungsrelevanten Kontextes involviert ist. Zum anderen ist der präfrontale Kortex an der Detektion von Neuheit (*novelty detection*) beteiligt. Drittens ist das Frontalhirn als Generator von Regeln ohnehin bekannt (vgl. Spitzer 2002). Dies erfolgt ganz offensichtlich auf verschiedenen Zeitskalen: Zum einen erwerben wir die Grammatik unserer Muttersprache durch die Verarbeitung vieler Millionen Einzelbeispiele über Jahre hinweg. Die entsprechenden Regeln werden sehr fest abgespeichert und stehen uns zeitlebens zur Verfügung. Zum anderen wird ganz offensichtlich auf einer sehr kurzen Zeitskala nach Regelhaftigkeit der Eingangssignale gleichsam gefahndet, und diese Regeln werden extrahiert.

Im Frontalhirn geschieht somit nichts anderes als in anderen kortikalen Arealen, die der Verarbeitung von Wahrnehmungsreizen dienen: Ebenso wie der primäre visuelle Kortex mit Ecken und Kanten besser umgehen kann, weil er schon viele Ecken und Kanten verarbeitet hat, kann der frontale Kortex Regeln gut verarbeiten, weil er schon sehr viele Regeln verarbeitet hat. Er generiert ausgehend von vergangenen Erfahrungen neue Hypothesen in Bezug auf das, was gleich eintreten könnte. Den für die Wahrnehmung zuständigen Bereichen der Gehirnrinde geht es dabei um Eigenschaften des gerade wahrgenommenen Gegenstands. Im frontalen Kortex ist der Gegenstand der Verarbeitung nicht mehr ein einfacher Wahrnehmungsgegenstand, ein Objekt, sondern ein räumlich und vor allem auch zeitlich ausgedehntes Ereignismuster. Das Frontalhirn verbindet sozusagen Ereignisse in der Zeit und entdeckt damit auch Muster in Ereignisfolgen (Fuster 1997, 2001). Diese Hypothesen können implizit (d.h. der Versuchsperson

nicht bewusst) oder explizit sein (d.h. mit dem Gedanken, „nun
kommt eine ganze Reihe von Vierecken hintereinander", einhergehen).

Die Fähigkeit zur andauernden Hypothesengenerierung über zukünftige Ereignisse kann ungünstige Auswirkungen haben, beispielsweise dann, wenn der Roulettspieler in den vergangenen Ereignissen
Muster zu erkennen glaubt, auf die er dann viel Geld setzt und womög-
lich verliert. Von den australischen Ureinwohnern, den Aborigines, ist
bekannt, dass sie vor etwa 4000 Jahren aufhörten, Fisch zu essen, der
zuvor eine ihrer wichtigsten Nahrungsquellen war. Man vermutet, dass
hierbei wenig Erfahrung (vielleicht gab es einmal eine Vergiftung) und
viel Aberglauben im Spiel war. Auch die Engländer hörten nach neuen
Erkenntnissen vor bereits 6000 Jahren mit dem Essen von Fisch auf,
was sich rein rational nur schwer erklären lässt.

In der Geschichte von Südafrika ist die Figur der Nongqawuse mit
einer sehr eigenartigen Geschichte von Aberglaube verbunden. Der
südafrikanische Stamm der Xhosa hatte bis zur Mitte des vorletzten
Jahrhunderts acht Kriege mit Europäern und eine ebenfalls aus Europa
stammende Rinderseuche überstanden. Es ging den Leuten jedoch
nicht gut, und vielleicht deswegen waren sie empfänglich für einen verheerenden Irrglauben: In ihrer Verzweiflung klammerten sie sich an
die Vorhersagen eines sechzehnjährigen Mädchens namens Nongqawuse. Diese weissagte dem Stamm die Wiederauferstehung aller Her-
den und den Untergang der weißen Feinde. Am 18. Februar 1857, so
prophezeite Nongqawuse, würden zwei Sonnen aufgehen, und ein
Wirbelsturm würde die weißen Siedler ins Meer spülen. Als Opfer der
Mitglieder des Stammes verlangte das Mädchen die Tötung aller Rinder und die Vernichtung sämtlicher Nahrungsmittelvorräte. Es ist
kaum vorstellbar, aber genau dies taten die Leute dann auch: Mindestens 200.000 Rinder wurden geschlachtet, woraufhin über 40.000
Menschen des Stammes der Xhosa verhungerten und weitere 30.000
auf der Suche nach neuer Nahrung in andere Gebiete flohen (Peires
1989). Die Prophetin wurde daraufhin verhaftet und auf eine Insel ver-
bracht; sie starb 40 Jahre später im Exil. Der Lebensraum der Xhosa

war nach den Ereignissen praktisch entvölkert, so dass später auch deutsche Einwanderer im Gebiet der Xhose eine neue Heimat finden konnten.

Das Ereignis wurde deswegen etwas genauer geschildert, weil es einerseits die Ausmaße aufzeigt, die das Leid, das durch Aberglauben verursacht wird, mit sich bringen kann. Die Vorgänge bilden zudem – leider – keinen Einzelfall, wie ein Blick in die Geschichte nur zu deutlich zeigt. Die Liste der Beispiele ließe sich beliebig verlängern (siehe unten).

Trotz der offensichtlichen Nachteile abergläubischen Denkens und Verhaltens gehört die *Hypothesenbildung ohne Grund* zu uns Menschen wie andere Eigenschaften auch. Wir sind so gebaut, dass wir Strukturen selbst dann entdecken, wenn es „eigentlich" keine zu entdecken gibt. Warum haben Menschen diese Eigenschaft?

## Eva und Adam

In der Paläoanthropologie – der Wissenschaft vom Ursprung der Menschheit, beginnend mit den Früh- und Vormenschen bis hin zur Jetztzeit – wurde ein lange Jahre währender Streit kürzlich durch neue Funde beigelegt. Erst vor einem Jahr hatte man entdeckt, dass die ältesten menschenähnlichen Wesen in Afrika vor sechs bis sieben Millionen Jahren lebten (Brunet et al. 2002; siehe auch Abb. 9.5 links). Ganz offensichtlich haben sich die Menschen jedoch irgendwann über den gesamten Erdball verbreitet. Die in der Paläoanthropologie diskutierte Frage war allerdings, wann und wie dies geschehen war. Nach der *Out of Africa*-Hypothese hatte sich der heutige Mensch zunächst in Afrika entwickelt und sich dann über den ganzen Erdball ausgebreitet. Dagegen stand die *multiregionale* Hypothese, der zufolge sich Vorfahren des heutigen Menschen langsam aus Afrika herausbewegt haben, wonach dann die heutigen Menschen unabhängig voneinander an verschiedenen Stellen der Erde entstanden sind.

Beide Hypothesen scheinen zunächst die Fakten auf ihrer Seite zu haben (was einen wissenschaftlichen Disput ja immer erst richtig interessant macht). Die Vertreter der *Out of Africa*-Hypothese weisen darauf hin, dass der heutige Mensch genetischen Analysen zufolge nicht mit dem Neandertaler in Zusammenhang steht und – ganz im Gegenteil – genetisch sehr einheitlich ist. Es wurde berechnet, dass sich die beobachtbaren Unterschiede innerhalb der Art Mensch in etwa 100.000 Jahren entwickelt haben könnten, so dass alle heute lebenden Menschen auf letztlich eine Mutter (Eva; vgl. Sykes 2001) bzw. einen Vater (Adam; vgl. Schrenk & Bromage 2002) zurückgehen könnten.

**9.5** Zwei Titelseiten der Zeitschrift *Nature* vom Juli 2002 und Juni 2003, auf denen jeweils ein bedeutsamer Knochenfund aus Afrika herausgehoben wird: links der Fund eines Vormenschen (Hominiden) vor sechs bis sieben Millionen Jahren und rechts der Fund eines heutigen Menschen (Homo sapiens) vor etwa 160.000 Jahren.

Die *multiregionale* Hypothese kann gut erklären, wie der Vormensch Homo erectus vor etwa zwei Millionen Jahren langsam aus Afrika nach Europa und Asien wanderte und dort u.a. den Homo Heidelbergensis und später den Neandertaler zum Nachkommen hatte. Ihre Vertreter halten der *Out of Africa*-Hypothese entgegen, dass man keine Fossilien moderner Menschen in Afrika mit einem Alter von etwa 150.000 Jahren gefunden hat und dass der heutige Mensch unmöglich innerhalb so kurzer Zeit über den gesamten Erdball gewandert sein könne. Wie man weiß, wurde selbst Polynesien vor mehr als 40.000 Jahren besiedelt, so dass ein Zeitraum von nur 50.000 bis 100.000 Jahren für eine Wanderung um den halben Erdball hätte ausreichen müssen. Nun könnte man zwar einwenden, dass (maximal) 20.000 km (Luftlinie) in 100.000 Jahren (oder 200 Meter pro Jahr) nicht viel erscheint; in menschheitsgeschichtlichen Zeitdimensionen ist jedoch eine Wanderungsgeschwindigkeit von 5 km pro Generation (25 Jahre) rasant schnell.

## Out of Africa

Der kürzlich publizierte Fund aus Äthiopien (vgl. Abb. 9.5 rechts) nahe der Stadt Herto, etwa 230 km nordöstlich der Hauptstadt Addis Abeba, beendete den Streit. Tim White und Mitarbeiter (2003) von der Universität von Kalifornien in Berkeley waren 1997 zunächst über fossile Nilpferdknochen gestolpert, hatten zu graben begonnen und schließlich Fragmente von zehn menschlichen Schädeln gefunden (vgl. Randerson 2003). Hieraus ließen sich die Schädel zweier Männer und eines Kindes rekonstruieren, die eindeutig als moderne Menschen Homo sapiens identifiziert und mittels Kaliumzerfallsdatierung auf ein Alter zwischen 160.000 und 154.000 Jahre datiert werden konnten.

Damit wurde eine bedeutsame Lücke im Bereich der fossilen Knochenfunde des heutigen Menschen geschlossen. Die Funde zeigen die Präsenz des Homo sapiens in Afrika zu genau der Zeit, in der man ihn gemäß der *Out of Africa*-Hypothese erwarten sollte. Wie in der Wissenschaft üblich, wirft eine Lösung fünf neue Probleme auf: Wenn wir heutigen Menschen tatsächlich allesamt von Vorfahren abstammen, die vor ca. 150.000 Jahren in Afrika gelebt haben, dann stellt sich die Frage, wie es zu der enormen Verbreitung des Menschen innerhalb relativ kurzer Zeit kommen konnte.

Stellen wir uns eine Horde von 30 bis 150 Menschen in der afrikanischen Savanne vor. Was trieb sie um? Was bewegte sie dazu, ihre Sachen zu packen und fortzuziehen? – Man verweist gerne auf Anlässe wie Trockenheit, Ausbleiben von Tierherden oder andere Naturereignisse, die Extremfälle produziert und damit die Menschen zum Wandern genötigt haben. Das Problem dieser Sicht ist, dass sie die Geschwindigkeit des Prozesses beim Menschen kaum erklären kann. Extremfälle sind – definitionsgemäß – selten, können also kaum dafür verantwortlich sein, dass die Menschen über Jahrzehntausende ständig auf der Wanderschaft waren.

Man kann abschätzen, dass es zur rasanten Ausbreitung des Menschen über den gesamten Erdball immer wieder des Aufbruchs einer Gruppe in eine neue, bis dahin *unbekannte* Umgebung bedurfte. Nur wer es also schaffte, sich selbst und eine Gruppe von Anhängern davon zu überzeugen, dass die Lebensbedingungen jenseits des Horizonts mindestens so gut waren wie am Ort, war in der Lage, die Sicherheit des Status Quo zu verlassen und anderswohin zu gehen. Dies wird oft nicht geklappt haben, mit allen fatalen Konsequenzen für die Gesamtgruppe. Rein statistisch gesehen waren jedoch manchmal die Dinge hinter dem Berg wirklich besser, und die Wanderung war erfolgreich. Wichtig ist, dass sich nur diejenigen ausgebreitet haben, die über genau solche Denkstrukturen verfügten, die dafür sorgten, dass sie nicht am Ort blieben. Umgekehrt sollte aus evolutionstheoretischer Sicht jeder Charakterzug, der zu „Aufbruchstimmung" führt oder diese begünstigt, langfristig im Genpool die Oberhand gewinnen. Kurz: Wer die Sicherheit der Realität dem Risiko des Unbekannten vorzog, gehörte nicht zu den Vorfahren der weltweit verbreiteten Spezies Homo sapiens.

## In der Welt und über die Welt hinaus

Aus dieser Sicht der Dinge lässt sich vielleicht verstehen, wie es dazu kommen konnte, dass Menschen die Fähigkeit zu abergläubischem Verhalten überhaupt aufweisen. Zunächst hat doch die Gehirnentwicklung, wie auch in den vergangenen Kapiteln dargestellt, zu immer mehr tatsachengetreuer Abbildung von Komplexität der Welt im Zentralnervensystem geführt, d.h. zu einer immer besseren Passung der Struktur der Welt und ihrer Erfassung durch das Gehirn. Einfache Organismen reagieren nur, sie repräsentieren überhaupt nicht. Erst ab dem Vorhandensein von Zwischenschichten in Nervensystemen können interne Repräsentationen wirklich entstehen, und entsprechend kam die Entwicklung komplexer Nervensysteme mit der evolutionären Erfindung kortikaler Zwischenschichten erst so richtig in Gang. Wenn jedoch die Gehirnentwicklung in Richtung zunehmender innerer Repräsentation äußerer Komplexität hinausläuft und der Motor dieser Entwicklung den Erfolg der Organismen mit komplexem informationsspeicherndem Innenleben darstellt, dann ist schwer zu verstehen, wie Gehirne entstehen konnten, die Aberglauben, d.h. falsche Hypothesen über Zusammenhänge in der Welt, hervorbringen. Kurz und noch einmal gefragt: Wer falsch liegt, den bestraft das Leben; und man sollte meinen, die Evolution sorgt dafür, dass dies in jedem Falle gilt. Warum also gibt es Aberglauben?

Zunächst sei festgehalten, dass es Aberglauben auch im Tierreich gibt. Der Psychologe Burrhus Frederick Skinner (1904–1990) beobachtete beispielsweise bei der Dressur von Tauben mit rein zufälligen Belohnungsabfolgen, dass diese das Verhalten, das zufällig gerade zum Zeitpunkt der Belohnung erfolgt, öfters durchführten. Wird also eine Taube ganz zufällig gelegentlich belohnt, dann entwickelt sie irgendwelche eigenartigen Verhaltensweisen, die man „abergläubisch" nennen könnte. Gleichwohl sind diese Beobachtungen im Tierreich eher ein Randphänomen. Im Allgemeinen verhalten sich Tiere recht realitätsnah, um nicht zu sagen: realitätskonform. Wie sollten sie auch anders überleben?

Beim Menschen hingegen könnte die rasche Ausbreitung eine Rolle bei der Entwicklung der hierfür notwendigen Denkweisen (manche sprechen von kognitiven Strukturen) gespielt haben. Nur diejenigen Menschen haben sich über den Erdball ausgebreitet, die nicht nur Fakten in der Welt richtig erkannten und sich entsprechend verhielten, sondern die auch gelegentlich *über die Welt hinaus* schossen mit ihren Gedanken und Plänen, mit ihren Zielen und Werten. Es ist kein Zufall, dass aus evolutionärer Sicht das Frontalhirn diejenige Struktur darstellt, welche die eben genannten Funktionen leistet. Zum Denken und Planen und zum Verfolgen von Zielen und Werten dient der präfrontale Kortex und ist damit Chance und Risiko zugleich.

Sind also der Ausbreitungserfolg der Art Mensch und die Neigung zu unbegründeten Behauptungen nur zwei Seiten der gleichen Medaille? – Wo Risikobereitschaft aufhört und Aberglauben anfängt und wo wiederum dieser aufhört und Glauben anfängt, ist sehr schwer zu entscheiden. Betrachten wir den Aberglauben.

## Aberglauben

Das Handwörterbuch des deutschen Aberglaubens (Bächtold-Stäubli 1935/1987) hat zehn Bände und wiegt als broschierter Nachdruck 12,8 kg. Sobald man es aufschlägt, liest man sich fest, und es gibt kaum ein Wort der deutschen Sprache, zu dem sich nicht irgendein Eintrag zu irgendeiner Idee findet, die falsch ist und sich dennoch irgendwie gegen jede Erfahrung im Volksglauben hält oder gehalten hat.

Wer glaubt, dass diese mentalen Strukturen im 21. Jahrhundert nicht mehr vorkommen, nehme die folgende wahre Geschichte aus dem Jahr 2003 zur Kenntnis, die zwar aus England stammt (vgl. Anonymous 2003), jedoch ebenso gut hierzulande sich hätte abspielen können. Ein Mann geht ins Internet und kritisiert auf einer Web-Seite für Anhänger von allerlei mystischen Dingen ganz offen die Kristall-Homöopathie. Bei dieser alternativen Heilmethode sind die Prinzipien der Homöopathie mit der heilenden Kraft der Kristalle verbunden. Diese wachsen bekanntermaßen in Höhlen während Tausenden von

Jahren und nehmen dabei kleinste (um nicht zu sagen: homöopathische) Mengen verschiedenster Substanzen auf. Diese wiederum beeinflussen den Körper und insbesondere dessen Aura günstig, woraus sich die heilende Wirkung der Kristall-Homöopathie letztlich ableitet.

Wenn Sie diese Therapie für Scharlatanerie halten, dann geht es Ihnen genauso wie dem Engländer, der über das Internet die Kristall-Homöopathie aufs Korn nahm. Dies löste unter den Anhängern dieser Heilmethode einen Sturm der Entrüstung aus. Der Engländer jedoch gab sich so schnell nicht geschlagen, kopierte die Web-Seite mit dem Manifest der Kristall-Homöopathen auf die Web-Seite des Diskussionsforums und kritisierte alles, Satz für Satz, als einen zynischen, die Leute für dumm verkaufenden wissenschaftlichen Unsinn.

Interessanterweise ließ sich hiervon jedoch erneut niemand überzeugen. Noch mehr internetsurfende Menschen verteidigten die Kristall-Homöopathie. Was sie nicht wussten, war, dass der Engländer selbst die Kristall-Homöopathie erfunden und die entsprechenden Web-Seiten ins Netz gestellt hatte. Es war ihm darum gegangen, zu zeigen, wie sehr manche Menschen wirklich jeden Unfug glauben und dann auch durch bessere Argumente nicht zu überzeugen sind. Die eingesandten Bestellungen samt der im Voraus eingegangenen Geldbeträge gab der Engländer selbstverständlich zurück.

Wie schon eingangs betont: Wer da glaubt, dies sei ein britisches Phänomen, der irrt, denn im Grunde sind die Briten ein recht empirisch angehauchtes Völkchen mit viel Sinn für Humor und wenig Sinn für Esoterik. Auch bei uns gibt es all diesen Unfug. Dies zeigte mir erst im Frühjahr 2003 sehr eindrücklich ein Besuch der Esoterik- und Gesundheitstage in Neu-Ulm. Es war für jeden etwas dabei. Neben der üblichen gesunden Nahrung gab es Heilsteine, Wellness- und Bio-Energieprodukte, Handlesen und Charakteranalyse der Unterschrift, Auraberatung, Kirlianfotografie, Masai-Barfuß-Technologie, Power Mind, mentales Coaching, Phi-Lambda-Technologie und Organverjüngung mit Tachyonen-Technologie (in einem „Seminar für Vertikalität" bei einem „zertifizierten Tachyonen-Trainer"). Es gab die Chi-Maschine (lässt elektrisch im Liegen die Füße wackeln, 15 Minuten seien so gut wie 90 Minuten Spazierengehen) und Benny, den Energiebären, der die Mikrozirkulationseigenschaften des Blutes im Dunkelfeldmikroskop nach Prof. Enderlein nachweislich verbessert, wenn man ihn vor die Brust hält.

Es war schwer, aus der Fülle des Angebotes der Vorträge auszuwählen, und so entschied ich mich für den Vortrag „Aufspürung von Störstrahlung und deren Beseitigung mittels Einhandrute und Pyramidenresonanzenergie" (der Name des Vortragenden ist dem Autor bekannt). Überall, so begann der Vortrag, sei Strahlung, vom Weltraum und aus der Erde, aus den Dingen und aus uns. Es gibt – wie immer im Leben – gute und böse Strahlen, natürlich auch starke und schwache. Zum Glück kann man diese leicht mit der Einhandrute, einem Stück Draht mit einer Metallkugel am Ende, diagnostizieren. Hält man die Rute von ca. 50 cm Länge über einen Apfel, so pendelt sie entweder bejahend (nickend) auf und ab (der Apfel kann gegessen werden) oder warnt durch horizontales Hin- und Herpendeln verneinend (den Kopf schüttelnd) vor dem Verzehr der durch giftige Strahlung verseuchten Orange.

Wie gut, dass man nicht nur diagnostizieren, sondern auch etwas tun kann. Mit dem Erwerb einer Mega-Power-Pyramide aus Kunststoff für schlappe 350 Euro (die nicht nur etwa so aussieht wie eine Nachttischlampe, sondern sich dank der eingebauten Glühbirne sogar wirklich so verwenden lässt, als kleiner Nebeneffekt sozusagen) kann man „das gesamte Frequenzspektrum des Universums" aufnehmen und als „ultrafeinstoffliche Schwingung" wieder abstrahlen, wie der Prospekt und der Redner verkünden. Es wurde auch vorgeführt: Hatte die Einhandrute beim erwähnten Obst noch vor wenigen Minuten böse Energiefelder angezeigt, so pendelte sie sich nun bei den zweiten Messungen bei guter Energie mit hoher Stärke ein. Mehr noch: Auch Krankheiten lassen sich heilen, die Konzentration verbessern, das Trinkwasser optimieren, Giftstrahlen aus Möbeln und Kleidung in positive Energie umwandeln etc. Dank mehr als 20-jähriger Forschung sei es ihm nun gelungen, seine Pyramide so zu verstärken, dass ihr Effekt auch noch in 55 km Entfernung nachweisbar sei, so der Redner.

Nach dem Vortrag wurde kurz diskutiert: Nein, die Pyramide wir-
ke auch, wenn man nicht daran glaubt, meinte der Vortragende zum –
übrigens einzigen – skeptischen Einwand im Hinblick auf einen möglichen Placebo-Effekt. Meine Frage nach kostengünstigeren schwächeren Pyramiden wurde dahingehend beantwortet, dass die Leistung
zwar für Äpfel und Apfelsinen auch im weiteren Umkreis längst ausrei-
che, man aber bei Krankheiten wirklich auf die volle Leistung des neuesten Gerätes nicht verzichten sollte: Bei herannahendem Schnupfen
beispielsweise brauche man sich vor die leistungsstarke Pyramide nur
zehn Minuten zu setzen, bei den schwächeren (ab 150 Euro) hingegen
bräuchte man 40 oder 50 Minuten. Ich überlegte noch, ob ich versuchen sollte, den Mann von der Unsinnigkeit seiner Argumentation zu
überzeugen, wenn man bedenkt, dass die Energie mit dem Quadrat der
Entfernung abnimmt und sich daher die Wirkungen der beiden Pyramiden so nahe am Wirkort nicht so sehr unterscheiden könnten etc.,
aber ich ließ es sein. Die nächste Vortragende stand schon in der Tür,
und auch das Publikum wechselte.

Jetzt ging es um „die neue Schwingung der Erde", und man erfuhr,
dass die Geistwelt uns alle vorm Untergang bewahrt hat. Die Platten-
tektonik sei durcheinander gekommen, und gerade in Deutschland
hätten ca. acht Millionen Menschen starke Erschütterungen gespürt.
Man habe jedoch dadurch, dass man bei einer Bewegung der Erde nach
links sich einen Ruck nach rechts gegeben habe (und umgekehrt), das
Schlimmste verhindern können. Sie (die Vortragende; Name dem Autor bekannt) selber habe immer wieder vor allem beim Autofahren bemerkt, wie das Auto gelegentlich stark in eine Richtung gezogen
hätte...

Als es dann noch um das Praktizieren einer Atemübung ging, mit
der man die neue Schwingung der Erde besonders günstig auf sich wirken lassen könne, verließ ich den Saal und ging die Stände entlang. „Es
ist wie beim Weihnachtsmarkt" (und roch auch so ähnlich, weniger
Zimt, mehr Räucherstäbchen), dachte ich bei mir, als ich den Stand
mit den Pyramiden erreichte, und sah, wie ein Besucher des Vortrags

eine Hochleistungspyramide mitsamt roter Glühbirne (wohl für den
Nachttisch), Programmieranweisung und Einhandrute zur Diagnostik
im Komplettpaket erwarb.

Der erfahrene Psychiater kennt all dies nur zu gut, meist in akute-
rer Form, aber gerade deswegen auch besser behandelbar (vgl. Spitzer
1989). Die milderen Formen sind schwer von der Normalität abzu-
grenzen bzw. sind schlichtweg Teil von ihr. Menschen sind nicht nur
fähig zum Wissen, sondern auch zum Glauben. Anders gewendet: Ein
evolutionsgeschichtlich altes Dopaminsystem, das auf einen immer effektiver werdenden präfrontalen Kortex trifft, ist eine explosive Mischung. Zuweilen im wahrsten Sinne des Wortes (vgl. das Postskript).

## Fazit

Gehirne sind im Laufe der Evolution entstanden, um mit der Realität
in immer effizienterer Weise umzugehen. Dies beinhaltet in der Regel,
dass die Realität immer exakter bzw. detailreicher intern repräsentiert
wird, so dass die Reaktionen des Organismus auf die Realität zunehmend differenziert und komplex sein können. Zweifelsohne trifft dies
in ganz besonderem Maße auf das menschliche Gehirn zu, dessen
Komplexität uns ein praktisch unbegrenztes Repertoire an Erlebnis-
und Verhaltensweisen erlaubt. Wie schon mehrfach an dieser Stelle
diskutiert, ist unser Gehirn in der Lage (tut nichts lieber und kann sowieso nichts anderes), aus scheinbar oder tatsächlich regelhaftem Input
die dahinter steckenden Regeln zu extrahieren und auf sich abzubilden,
d.h. längerfristig zu repräsentieren (vgl. Spitzer 2002).

Hierbei ist das Gehirn mitunter sehr „kreativ" und entdeckt Regeln selbst dort, wo keine sind (vgl. Spitzer 2002). Weil das Gehirn zudem ein permanent arbeitender Geschichtengenerator ist (vgl.
Kap. 15), sieht es nicht nur Regeln, wo keine sind, sondern erfindet
auch noch Geschichten, die diese Regeln mehr oder weniger plausibel
erscheinen lassen.

Abergläubisches Verhalten beruht darauf, dass wir zufällige zeitliche
Sequenzen als einer Regel folgend interpretieren, und in Spielsalons

bilden sich die Menschen permanent ein, aus den Ereignissen der unmittelbaren Vergangenheit auf die Zukunft schließen zu können.

## Postskript: Von der Religion zum 11. September

Menschen sind religiös. Wie auch immer man über Gott und die Welt
denkt, an diesem Faktum kommt man nicht vorbei: Von den 6,06
Milliarden Menschen, die um die Mitte des Jahres 2000 auf der Erde
lebten, sind 5,137 Milliarden Menschen, d.h. 84,8%, religiös. Neben
den großen Religionen der Christen (zwei Milliarden), Moslems
(1,188 Milliarden), Hindus (811 Millionen) und Buddhisten (360
Millionen) gibt es viele weitere Religionen, deren genaue Zahl man nur
sehr schwer angeben kann. Ist es schon schwer genug, genau anzugeben, was man unter Religion versteht, so ist die Definition von *einer
Religion* noch schwieriger. Daher ist die Frage nach der Anzahl der Religionen auf der Welt eine sehr schwierige, und die Antwort liegt irgendwo zwischen 10 und 100.000.

Das Faktum der menschlichen Religiosität lässt sich durchaus von
einem naturwissenschaftlichen Standpunkt aus in den Blick nehmen.
Diese Fähigkeit des Menschen entstand aus dieser Sicht wie auch andere Fähigkeiten im Laufe der Evolution. Die Entwicklung der Arten
führte zu immer leistungsfähigeren Gehirnen, deren Aufgabe die um-
welt- und kontextgerechte Steuerung des Verhaltens eines Organismus
ist. Je besser diese Gehirne also die wahren Werte relevanter Variablen
der Umwelt schätzten bzw. voraussagten, desto höher die Überlebens-
wahrscheinlichkeit und damit auch die Reproduktionswahrscheinlich-
keit des Organismus.

Wenn wir die Entstehung des menschlichen Gehirns in dieser
Weise rekonstruieren, dann wären Überzeugungen und Handlungen
ohne jegliche empirische Grundlage, wie sie für die Phänomene Fanatismus, Aberglaube und Glaube charakteristisch sind, nur als krankhaf-
te Sachverhalte zu begreifen. Gegen diese Auffassung spricht jedoch
insbesondere die Verbreitung des Glaubens: Glaube, also die verhal-
tensrelevante Akzeptanz von Aussagen ohne empirischen Gehalt, ge-

hört zum Menschen wie andere höhere geistige Leistungen auch. Menschen neigen zum Glauben, wie die eingangs vorgestellten Zahlen klar verdeutlichen. Dies ist selbst kein religiöser, sondern ein empirischer Tatbestand. Die Untersuchung von Religiosität ist gegenüber den geglaubten Inhalten neutral. Wir sollten auch diese Facette unseres Lebens ernst nehmen. Der Grund liegt darin, dass wir uns Ignoranz auf diesem Gebiet im Zeitalter von Massenvernichtungswaffen und Terrorismus nicht länger leisten können.

Kommt es zu Gewalttaten oder terroristischen Akten, dann hört man immer wieder man den Satz: „Was geht wohl in den Köpfen von Fanatikern, Terroristen und Selbstmordattentätern vor?" – Die Frage ist nie neurobiologisch, selten psychiatrisch, meist rhetorisch und immer metaphorisch gemeint. Der Grund: Man traut den Wissenschaftlern nicht zu, hierzu etwas Vernünftiges sagen zu können. Dabei gibt es durchaus bekannte Kollegen, die darüber nachdenken, wie die Vorgänge um die Terroranschläge am 11. September 2001 in den USA mit dem Gehirn des Menschen in Zusammenhang stehen.

Auch die wissenschaftliche Gemeinschaft und die Medizin äußerten sich: In wöchentlich und weltweit erscheinenden Zeitschriften wie *Nature* und *Science* oder auch in der internationalen medizinischen Wochenzeitung *Lancet* wurde über die Ereignisse des 11. September sehr genau berichtet und viel nachgedacht. Dabei richtete sich das Augenmerk zunächst darauf, was der medizinische und vor allem der technische Fortschritt zur Bekämpfung des Terrorismus beitragen kann, von besseren Scannern für das Gepäck an Flughäfen bis hin zu besseren Impfungen der Bevölkerung gegen Bioterrorismus.

Wenige Wochen später jedoch wurde der Blick breiter und zugleich tiefer: In der medizinischen Wochenzeitschrift *Lancet* wurde der Zusammenhang zwischen Menschenrechten (und deren drohender Beschneidung durch Regierungen im Zuge des Kampfs gegen den Terror) und Gesundheit ebenso diskutiert wie der zwischen fehlendem Trinkwasser und sozialer Unruhe (Anonymous 2001a, b). Am klarsten sagte ein Editorial in *Science*, wie Terrorismus auf dem Boden von Armut gedeiht und wie daher wirklich wirksame Maßnahmen gegen den Terrorismus auszusehen haben:

„Ich glaube nicht, dass es eine freie Gesellschaft vermag, jedes Ziel kugelsicher zu machen, jeden Lastwagen zu durchsuchen, jeden Briefumschlag zu öffnen, jedes Wasserreservoir zu schützen und jede Meile aller ihrer Grenzen zu bewachen und dabei dennoch frei zu bleiben. Demgegenüber glaube ich, dass wir unsere Sicherheit dadurch verbessern können, dass wir die Erde beschützen und uns zum Ziel machen, dass die Menschen überall würdevoll leben können" (Lash 2001, S. 1789).

So weit Beiträge aus Medizin und Wissenschaft im Allgemeinen. Was aber kann man als Neurowissenschaftler zu den Ereignissen sagen? – Nehmen wir also die oben gestellte Frage einmal ernst: Was geht in solchen Köpfen vor?

Als Psychiater könnte man zunächst versucht sein, die bei Selbstmordattentätern zweifelsohne vorhandene Bereitschaft zur Selbsttötung als krankhaft abzutun. Wer sich und andere in die Luft sprengt, so könnte man meinen, der ist krank und muss behandelt werden. Man macht es sich jedoch zu leicht, wenn man die Selbstmordattentäter einfach für krank erklärt.

Gewaltbereitschaft gehört zum Menschen und ist nicht einmal auf den Menschen beschränkt, denn Mord und Totschlag sind auch im Tierreich weit verbreitet (vgl. Kap. 14). Ob solches Verhalten tatsächlich manifest wird, hängt von Randbedingungen ab. Wer sich in die Ecke gedrängt fühlt, wer für sich keinerlei Chance sieht und sich zudem ungerecht behandelt glaubt, der wird eher zur Gewalt greifen als der Freie mit Chancen in einer gerechten Umgebung. Wer zudem hungrig ist und zusieht, wie anderswo die Verschwendung an der Tagesordnung ist, wem die Umwelt oder die Heimat durch anonyme Systeme zerstört wird und wer erleben muss, dass nicht nur er, sondern auch seine Kinder nie satt, geschweige denn frei und selbstbestimmt leben können, dem bleibt vergleichsweise wenig Verhaltensspielraum. Wenn dann noch Institutionen bestehen, die darauf spezialisiert sind, gewaltbereite Menschen im Fach „Selbstmordattentat" auszubilden (Atran 2003), dann kann die Mischung aus Fanatismus, Wissen und Ausweglosigkeit fast nur noch explosiv sein. Wie die schockierenden Resultate der Experimente des amerikanischen Psychologen Stanley

Milgram (1974) zeigten, sind ganz normale Bürger in der Lage, einen anderen unschuldigen Menschen umzubringen, wenn eine Autorität es ihnen sagt. Auch dies gehört offenbar zur menschlichen Natur.

Die zuweilen geäußerte weitere einfache Erklärung, Selbstmordattentäter müssten dumm sein, ist empirisch falsch: Vom 19. bis 24. Dezember 2001 wurden 1357 Palästinenser im Alter von mehr als 18 Jahren aus der West Bank und dem Gazastreifen nach ihrer Einstellung zu bewaffneten Angriffen und zum Dialog mit Israel befragt (Krueger & Maleckova 2002). Die Ergebnisse dieser Befragung sind in Tabelle 9.1 wiedergegeben.

**Tabelle 9.1** Ergebnisse der Befragung zur Gewaltbereitschaft von Palästinensern in Abhängigkeit von der Ausbildung (aus Krueger & Maleckova 2002, S. 40)

|  | 12 oder mehr Jahre Ausbildung | Grundschule | Analphabeten |
|---|---|---|---|
| für bewaffnete Angriffe gegen Israel | 81,5% | 80,5% | 72,2% |
| gegen bewaffnete Angriffe gegen Israel | 13,9% | 17,5% | 25,9% |
| Differenz | 67,6% | 63,0% | 46,3% |

Diejenigen mit der längsten Ausbildung waren deutlich häufiger für die Gewalt gegen Israel als diejenigen mit weniger oder gar keiner Ausbildung. Am deutlichsten zeigt sich der Effekt bei Betrachtung der untersten Zeile von Tabelle 9.1, d.h. dann, wenn man die Differenz zwischen den Befürwortern und Gegnern von Gewalt bildet. Dann sind bei den gut Ausgebildeten 68%, bei den wenig Ausgebildeten 63% und bei den Analphabeten nur 46% für die Gewalt gegen Israel (das Ergebnis war mit $p = 0,004$ statistisch signifikant; vgl. Krueger & Maleckova 2002, S. 15).

Ein direkter Vergleich von 129 im Kampf während der Jahre 1982 bis 1994 umgekommenen Hizbollah-Milizen mit der Durchschnittsbevölkerung im Libanon gleichen Alters und gleicher Herkunft zeigte ebenfalls, dass die toten Kämpfer einen vergleichsweise eher besseren Ausbildungsstand aufwiesen (Krueger & Maleckova 2002).

Man hat aufgrund der Erkenntnisse der vergleichenden Verhaltensforschung Grund zur Annahme, dass wir Menschen über die Anlage verfügen, in einer ausweglosen Situation mit Gewaltbereitschaft zu reagieren. Wer dies nicht tat, hatte keine Chance, sein genetisches Material weiterzugeben. Umgekehrt gilt daher: Wer auch immer unsere Vorfahren waren: Gewaltbereitschaft gehörte zu ihrem Verhaltensrepertoire. Hier sei noch einmal *Science* zitiert:

> „Gewalt ist keine Krankheit der Armen. Aber die Mischung aus Armut, Machtlosigkeit, Chancenlosigkeit und Ungerechtigkeit ist explosiv, und genau diese Mischung hoffen die uns angreifenden Terroristen zu entzünden" (Lash 2001, S. 1789, Übersetzung durch den Autor).

Die Bereitschaft zu Gewalt gegenüber anderen und sich selbst ist so betrachtet ebenso wenig eine Krankheit wie das Vitamin-C-Synthesedefizit, von dem wir alle betroffen sind. Wir sind trotz dieses prinzipiell tödlichen Stoffwechselfehlers in aller Regel symptomfrei, denn wir wissen, wie unser Ernährungskontext aussehen muss, um keine Symptome zu entwickeln. Stimmt dieser Kontext nicht, fehlt also Vitamin C, so geht es uns zunehmend schlechter. Nicht viel anders ist der im Zitat angeführte Zusammenhang zwischen einem Leben in Armut einerseits und Gewalt andererseits. Wir sollten wissen, wie unser gesellschaftlicher Kontext auszusehen hat, und dafür sorgen, dass er auch so aussieht, dass Gewalt nicht benötigt und daher auch nicht realisiert wird.

Nicht nur Gewaltbereitschaft gehört zur Conditio humana (wie man die Gesamtheit unserer Erlebens- und Verhaltensmöglichkeiten gelegentlich nennt), sondern auch die Fähigkeit zu glauben. Wir hatten auch gesehen, dass dies im Gegensatz zur Gewaltbereitschaft gerade unter dem Gesichtspunkt der evolutionären Entwicklung des Menschen zunächst schwer zu verstehen ist, sich dann aber mit der Tatsache der sehr raschen Ausbreitung des Menschen in einen plausiblen Zusammenhang bringen lässt.

Noch einmal: Stellen wir uns zwei Horden A und B in der afrikanischen Savanne vor 150.000 Jahren vor. In Horde A leben völlig rationale Menschen, die sich immer und nur von der Erfahrung der Realität leiten lassen und keinen Glauben kennen. In Horde B leben demgegenüber Menschen, die an Götter, eine andere Welt, die Erlösung oder Gerechtigkeit im Jenseits glauben, weil ihre Gehirne aufgrund entsprechender genetischer Veranlagung hierzu neigen. Nun kommt es zu einer Trockenheit und zum unausweichlichem Kampf um Essen und Trinken...

Man braucht nicht viel Phantasie, um zu sehen, dass unsere Vorfahren zur Horde B gehörten. Dieses Argument aus dem Bereich der Soziobiologie lautet ganz allgemein so, dass die Randbedingungen sozialer Gemeinschaften Verhaltensweisen wie Glaube, Tugend oder Altruismus begünstigen können, die bei Betrachtung des Individuums außerhalb der Gemeinschaft nie evolutionär entstehen könnten. Da wir Menschen soziale Wesen sind, entstanden diese Eigenschaften, mit all ihren Konsequenzen für unser Zusammenleben. Menschen können einander helfen und sich gegenseitig umbringen. Ihr Glaube kann sie zu besonders guten oder zu besonders bösen Menschen machen. Ein Blick in die sehr gewaltsame Geschichte lehrt, dass der Glaube schon sehr oft zu sehr viel Leid geführt hat. Es ist daher an der Zeit, die Verbindung von Glaube und Liebe wirklich ernst zu nehmen.

Ich glaube nicht, dass es einen Konkretismus oder gar Fehler darstellt, die Frage danach, was im Kopf von Selbstmordattentätern vor sich geht, zu stellen. Ich denke vielmehr, dass wir diese Frage stellen müssen und zumindest teilweise auch beantworten können: Die Bereitschaft zu Gewalt und zum Glauben gehören ebenso zur Neurobiologie bzw. Psychologie des Menschen wie die Unfähigkeit unseres Körpers, Vitamin C herzustellen, zu dessen Stoffwechsel gehört. Wir alle sind betroffen. Ob wir jedoch darunter leiden, hängt von den Bedingungen ab, unter denen wir leben.

# Teil III
# Entscheiden

Nicht nur wir Menschen, sondern auch Tiere entscheiden sich laufend, wie in einigen der vorangegangenen Kapiteln dargestellt. Die beteiligten Systeme leisten bei Mensch und Tier dasselbe. Das Dopaminsystem bewertet und versieht die Umgebung mit Bedeutung, der frontale Kortex kann die Resultate von Bewertungen längerfristig speichern und später wieder nutzen. Der parietale Kortex kann – in Verbindung mit dem frontalen Kortex – Bewertungen vor einer Entscheidung in diese direkt einfließen lassen. Menschen können all dies noch besser, zumal ihr frontaler Kortex besonders stark ausgeprägt ist. Man versteht jedoch die beim Bewerten und Entscheiden beteiligten neuronalen Prozesse dann besonders gut, wenn man sich auf einfache Beispiele und Vorgänge beschränkt, die sich auch beim Tier untersuchen lassen. Je einfacher diese Prozesse sind, umso bessere Chancen hat unser Verständnis.

In den folgenden vier Kapiteln werden einige begriffliche Grundlagen für ein neurobiologisches Verständnis von Entscheidungsprozessen diskutiert. Die Kapitel 10 und 11 sind daher vor allem methodisch wichtig und zeigen wesentliche Prinzipien auf. Dann werden wir dem Gehirn des Menschen beim Entscheiden zuschauen. Abschließend werden wir inhaltliche Beispiele für Entscheidungsprozesse im Tierreich anführen, um zu zeigen, dass man fürs Bewerten, Entscheiden und (moralische) Handeln nicht unbedingt Mensch sein muss. Diese Einsicht ist wichtig, denn sie entkräftet den Einwand, dass die hier vorgestellten neuronalen Mechanismen vielleicht beim Tier relevant, nicht jedoch auf den Menschen übertragbar seien. Wir argumentieren daher umgekehrt: Bewerten, Entscheiden und moralisches Handeln gibt es auch bei Tieren, weswegen die bei Tieren gewonnenen Erkenntnisse umgekehrt auch für den Menschen gelten.

Im nächsten Teil (Handeln) wird sich dann noch klarer als bisher zeigen, dass nur derjenige, der die Mechanismen kennt, sich auch noch zu diesen reflexiv verhalten kann. Oder ganz kurz: Wer selbst bestimmen will, muss sich (d.h. auch: sein Gehirn und die Mechanismen der Bewertung und Entscheidung) kennen.

# 10 Demokratie im Kopf

In den vergangenen Kapiteln war immer wieder davon die Rede, dass Neuronen etwas repräsentieren. Wir hatten auch gesehen, dass sehr viele Neuronen an einem Prozess oder einer Funktion beteiligt sein können. In diesem Kapitel geht es darum, wie die Aktivität vieler Neuronen *zusammen* etwas repräsentieren kann. Dieses Problem ist ein sehr Grundlegendes, denn es hat nichts weniger zum Thema als die Art, wie Gruppen von Neuronen überhaupt etwas kodieren. Man bezeichnet solche Gruppen nicht selten als *Populationen*.

## Neuronenvölker

Stellen Sie sich vor, Sie haben ein Gewürzregal und sind am Kochen (vgl. Abb. 10.1). Nun haben Sie 24 Gewürze vor sich, vier Reihen zu jeweils sechs Gewürzdöschen. Wie bewerkstelligen es die für Bewegungen von Arm und Hand zuständigen Neuronen, nach einem bestimmten Döschen zu greifen? Hierzu bedarf es natürlich des Sehens der Döschen, ihres Erkennens, der Entscheidung, dass Sie jetzt Estragon brauchen und nicht Thymian etc. Nehmen wir an, wir hätten all diese Probleme schon im Griff. Wie sind dann die Plätze der einzelnen Döschen in Ihrem Kopf repräsentiert, und wie greifen Sie an diese bestimmten Stellen?

Im Gehirn könnte das Gewürzregal durch 24 Neuronen repräsentiert sein, von denen jedes für ein Gewürzdöschen steht. Jedes Neuron hat Verbindungen zu den für die Muskeln zuständigen Neuronen, und wird das betreffende Neuron aktiviert, dann aktiviert es seinerseits die Muskeln, die den Arm zum Döschen führen (vgl. Abb. 10.2). Zunächst scheint dies die einfachste und sparsamste Lösung zu sein, denn

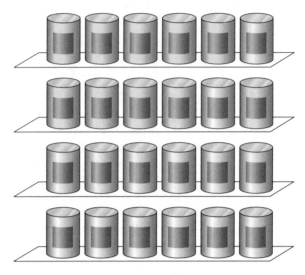

**10.1** Gewürzregal zur Verdeutlichung des Problems der Repräsentation eines Greifvorgangs.

die 24 Neuronen kodieren ganz klar die 24 Döschen. Würde man ein Computerprogramm zur Steuerung eines Greifarmes schreiben, so würde man wahrscheinlich so beginnen. Geht es jedoch um reale Gehirne mit realen Neuronen, dann werden Schwierigkeiten deutlich, sobald wir annehmen, dass z.B. ein Neuron auch mal nicht funktionieren kann, z.B., weil es kaputtgegangen ist. In diesem Fall käme es dann darauf an, nach welchem Döschen Sie greifen wollten, ob sich der Schaden bemerkbar macht. Sofern gerade dasjenige Neuron kaputt ist, welches das Gewürzdöschen repräsentiert, nach dem Sie greifen wollten, sieht die Sache ungünstig aus: Sie haben Ihre innere Repräsentation des Ortes verloren und können daher nicht mehr nach dem Döschen greifen. Dies ist ein Problem, das alle sparsamen (bzw. nicht redundanten) Kodes aufweisen. Deswegen macht es Sinn, in einen Kode Redundanz

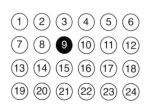

**10.2** Einfache Repräsentation des Gewürzregals aus Abbildung 10.1 bzw. des Greifens nach dem dritten Döschen von links in der zweiten Reihe. Nicht aktive Neuronen sind weiß, stark aktive Neuronen sind schwarz dargestellt.

einzubauen, d.h. die Information so zu repräsentieren, dass der Ausfall eines Neurons sich nicht in der beschriebenen Weise katastrophal auf die Funktion auswirkt.

Eine Methode hierzu besteht in der Verteilung der Information auf mehrere Neuronen. So könnte beispielsweise jedes Neuron aus Abbildung 10.2 weiterhin für jedes Döschen zuständig sein, es könnte sich jedoch auch noch ein kleines bisschen für die Nachbardöschen zuständig fühlen (d.h. ein wenig aktiv sein, wenn zum Nachbardöschen gegriffen wird). Dann sähe die Aktivierung beim Griff nach der Dose (wie in Abb. 10.1) wie in Abbildung 10.3 aus.

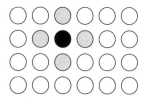

**10.3** Geringgradig verteilte Kodierung. Auch die Nachbarneuronen tragen ein wenig Information. Die Aktivität ist definiert als Aktionspotentiale pro Sekunde, also nicht als Anwesenheit oder Abwesenheit eines Aktionspotentials, sondern als kontinuierliche Größe.

Zunächst scheint hierdurch nichts gewonnen. Wenn jedoch nun das „schwarze" Neuron aus irgendeinem Grund ausfällt, sieht die Sache ganz anders aus. Die Nachbarn sind ja noch da und geben jeder eine Richtung an. In welche der vier Richtungen soll jedoch die Hand greifen? – „Irgendwie in die Mitte", werden Sie jetzt denken und haben damit intuitiv die Vektorkodierung bereits erfasst.

## Vektoren

Ein Vektor ist eine gerichtete Größe, ein Pfeil mit einer Länge und einer Richtung. Man kann Vektoren addieren, indem man sie „aneinander hängt". Man kann sie mit einer Zahl multiplizieren, was ihre Länge entsprechend ändert.

Stellen wir uns nun vor, die Neuronen in unserem Gehirn stehen nicht für eine Zahl (also gleichsam für die Nummer des Döschens wie in Abbildung 10.2), sondern stehen für einen Vektor, d.h. für eine Größe und eine Richtung. Die Stärke der Aktivität des Neurons wird durch die Länge des Vektors wiedergegeben, und welches Neuron jeweils aktiv ist, wird durch die Richtung des Neurons festgelegt. So betrachtet, bedeutet jetzt die Aktivität des Neurons Nr. 9 den entsprechenden Vektor (wie dies in Abbildung 10.4 dargestellt ist).

Wenn man jede neuronale Aktivität als einen Vektor interpretiert, hat das den Vorteil, dass man mit diesen Vektoren rechnen kann. Dadurch lässt sich wiederum leicht zeigen, wie vorteilhaft ein solcher Kode ist. Betrachten wir nochmals den Fall des kaputten Neurons Nr. 9. Sein Vektor fehlt. Die Vektoren, welche die Aktivitäten der Nachbarneuronen darstellen, sind jedoch vorhanden (vgl. Abb. 10.5 oben). Sie zeigen jeweils in die entsprechende Richtung, sind jedoch kurz, denn die Neuronen sind nicht sehr aktiv. In ihrer Summe, d.h. „hintereinander gehängt" (vgl. Abb. 10.5 unten), zeigen die Vektoren jedoch genau in die Richtung, die das kaputte Neuron repräsentiert hat.

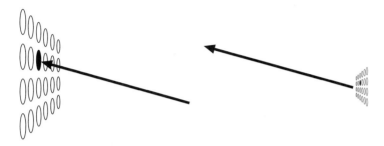

**10.4** Neuronale Aktivität als Vektor. Der Vektor symbolisiert die Stärke der Aktivität und die Richtung. Je nachdem, wie man den Vektor interpretiert, zeigt er genau auf den Ort (links) bzw. führt er den Arm und die Hand genau auf den Ort, der zu repräsentieren ist (rechts). Wichtig ist hier nur, dass seine Länge und seine Richtung durch die Aktivität eines Neurons bestimmt sind. Das Neuron steht für eine Richtung, seine Aktivität symbolisiert die Länge.

Gerade *weil* also in diesem Fall jedes Neuron nicht nur eine (d.h. *seine*) Hauptrichtung repräsentiert, sondern auch noch andere Richtungen (es feuert einfach umso schwächer, je weiter die andere Richtung von seiner eigenen abweicht), können mehrere Neuronen zusammen die Funktion eines kaputten Neurons übernehmen.

Vielleicht macht das vorstehende Beispiel deutlich, dass die Kodierung von Information in Form von Vektoren sehr *robust* ist. Geht etwas kaputt, funktioniert das Gesamtsystem trotzdem noch. Ich glaube, man muss nicht weiter darüber sprechen, wie vorteilhaft diese Eigenschaft ist.

Der Vektorkode hat jedoch noch andere Vorteile: Stellen Sie sich vor, zwischen Gewürzdose 9 und 10 liegt eine Muskatnuss, und Sie wollen nach ihr greifen. Solange Ihre Neuronen einen nicht redundanten diskreten Kode verwenden (ein Neuron steht für den Ort einer Dose), können Sie nicht nach der Nuss greifen. Sofern jedoch die Neuronen einen Vektorkode verwenden, ist die Sache einfach: Sie aktivieren die Neuronen 9 und 10 zu jeweils gut 50%, und schon haben Sie die Position der Muskatnuss genau im Visier und können nach ihr greifen. Sie könnten sogar nach der Nuss greifen, wenn die Neuronen

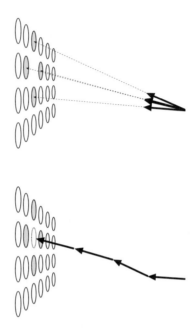

**10.5** Repräsentation durch die Summe einer Population von Vektoren. Auch dann, wenn das Neuron fehlt, das für eine bestimmte Repräsentation (in unserem Beispiel: Ort Nr. 9) zuständig ist, kann diese Repräsentation von den anderen Neuronen durch Summation übernommen werden.

9 und 10 beide kaputt sind: Dann aktivieren Sie die Neuronen 8 und 11. Sind diese ebenfalls ausgefallen, aktivieren Sie 7 und 12. Und wenn die ganze Reihe nicht mehr geht, dann aktivieren Sie die Neuronen 3 und 4 sowie 15 und 16. Es kann sehr viel kaputtgehen, bis das System als Ganzes nicht mehr funktioniert (vgl. Abb. 10.6).

Das System kann jedoch offensichtlich noch mehr als nur robust sein gegenüber Ausfällen (was ja schon nicht schlecht ist!). Es kann auch feinste Zwischenwerte repräsentieren und nicht nur einzelne Werte. Wenn Sie die Neuronen 9 und 10 einschalten, 9 jedoch einen Tic mehr als 10, so greifen sie leicht links von der Muskatnuss; und wenn Sie 10 etwas mehr einschalten, dann greifen sie etwas rechts von

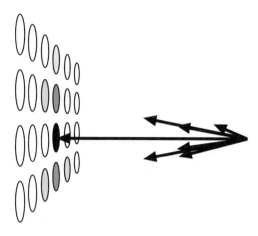

**10.6** Das Aktivitätsmuster der Neuronenkarte (links) dargestellt als Vektorpopulation (rechts). Die Aktivität eines Neurons entspricht der Länge des Vektors, die durch das Neuron repräsentierte Richtung entspricht der durch das Neuron kodierten Position im Raum.

der Nuss. Sie können auch leicht über die Nuss greifen, wenn Sie die Neuronen 3 und 4 ganz leicht aktivieren. Das System erlaubt feinste Abstufungen.

## Populationsvektoren

Man bezeichnet einen Vektor, der aus vielen Vektoren zusammengesetzt ist (d.h. die *Summe* dieser Neuronen darstellt), auch als Summenvektor. Steht jeder einzelne Vektor für die Aktivität eines Neurons einer Neuronenpopulation, dann nennt man diesen Summenvektor auch den *Populationsvektor*. Die gerade diskutierte Möglichkeit der Interpretation von Neuronenaktivität als Vektor und von vielfältiger Neuronenaktivität als Summenvektor ist praktisch sehr wichtig, wie das im Folgenden diskutierte Beispiel der Kodierung der Bewegungsrichtung im motorischen Kortex von Affen zeigt.

Wie wir Menschen können auch Affen sehr genaue Greifbewegungen ausführen, d.h., sie hätten mit Gewürzregalen keinerlei
Schwierigkeiten. Durch die Messung der Aktivität vieler Neuronen im
motorischen Kortex von Affen war es möglich nachzuweisen, dass Informationen dort tatsächlich in Form von Populationsvektoren kodiert
sind.

Man könnte vermuten, dass der motorische Kortex nur für die
Ausführung von Bewegungen zuständig ist, d.h. für die Generierung
von Aktionspotentialen, die entlang des Rückenmarks zu motorischen
Neuronen laufen, von wo aus die Muskeln aktiviert werden. Diese Annahme, dass der motorische Kortex lediglich diese elektromechanische
Funktion hat, ist falsch. Neuronen des motorischen Kortex können
vielmehr verschiedene Aspekte einer Bewegungsaufgabe kodieren. So
ergaben Experimente an Katzen, bei denen die Richtung des Stimulus
von der Richtung der Bewegung getrennt wurde, dass manche Zellen
die Richtung der Bewegung, andere jedoch die Richtung des Stimulus
kodierten (vgl. Martin & Ghez 1985, Smyrnis et al. 1992). Ebenso wenig wie der primäre visuelle Kortex, der nicht nur ein Abbild des Netz-
hautbildes, sondern bereits komplexe Eigenschaften kodiert, ist der
motorische Kortex lediglich als Aktionspotentialgenerator für Bewegungen aufzufassen. Weiterhin haben Untersuchungen von Schieber
und Hibbard (1993) gezeigt, dass auch für Bewegungen einzelner Finger verteilte Neuronenpopulationen im motorischen Kortex zuständig
sind.

Zur Frage, wie Richtung im Motorkortex kodiert wird, wurde von
Anastopoulos Georgopoulos und Mitarbeitern in den vergangenen 20
Jahren bahnbrechende Arbeit geleistet. Die Bedeutung dieser Untersuchungen geht weit über ein Verständnis von Greifbewegungen hinaus,
weswegen sie hier ausführlich dargestellt werden. Zur Beschreibung
des Zusammenhangs zwischen der Aktivität einer Population von einigen hundert Neuronen im Motorkortex einerseits und der Bewegungsrichtung andererseits wurde von Georgopoulos et al. (1986, 1991) der
Begriff des *Populationsvektors* verwendet, definiert als Summenvektor
aus einzelnen Aktivitäts-Richtungsvektoren. Die Untersuchungen
hierzu gehören zu den elegantesten der modernen Neurowissenschaft.

## Wie Affen greifen

Georgopoulos trainierte Rhesusaffen zunächst in Analogie zur Ge-
würzregalsituation (siehe oben), d.h., die Affen mussten eine Handbe-
wegung hin zu einem bestimmten Ziel ausführen. Ausgehend von
einem Punkt in der Mitte der Fläche vor ihnen mussten sie einen Hebel
zu einem von acht um den Mittelpunkt herum angeordneten kleinen
Lämpchen bewegen. Wenn eines der Lämpchen aufleuchtete, mussten
die Affen lernen, den Hebel zum roten Lämpchen bewegen. Das Tier
bekam beim erfolgreichen Positionieren des Hebels, wie bei solchen
Experimenten üblich, einen Schluck Saft als Belohnung. Danach führte die Hand des Tieres den Hebel wieder zur Ausgangsposition im Mittelpunkt zurück, wonach erneut ein anderes Lämpchen aufleuchtete;
das Tier hatte, ausgehend vom Mittelpunkt, erneut den Hebel auf das
aufleuchtende Lämpchen zu bewegen. Insgesamt waren acht
Lämpchen vorhanden, die vom Mittelpunkt jeweils den gleichen Abstand von 12,5 cm hatten.

Mittels im motorischen Kortex eingesetzter Elektroden, die die
Aufzeichnung der Aktivität einzelner Neurone erlaubten, wurden Ak-
tionspotentiale von fast 300 Neuronen während dieser Bewegungen
aufgezeichnet. Es zeigte sich dabei, dass die Aktivität von etwa drei
Vierteln dieser Neurone von der Bewegungsrichtung abhängig war.
Ein einzelnes Neuron war allerdings nicht nur bei der Bewegung in
eine Richtung, sondern vielmehr bei Bewegungen *in einem ganzen
Richtungsbereich* aktiv. Die meisten Neuronen hatten jedoch eine
„Leib-und-Magen-Richtung", d.h. sie waren bei Bewegungen in eine
bestimmte Richtung stärker aktiv als bei Bewegungen in andere Richtungen.

Die Aktivität eines jeden Einzelneurons lässt sich damit als ein in
eine bestimmte Richtung weisender Vektor darstellen. Das Ganze erscheint zunächst trivial: Ein Neuron, das für eine bestimmte Richtung
steht (es kodiert diese Richtung), feuert genau dann, wenn der Arm in
diese Richtung bewegt werden soll. Würde das Neuron nur bei Bewegungen in genau eine Richtung aktiv sein, wäre in der Tat nicht viel
durch diese Art der Beschreibung gewonnen. Dem war jedoch nicht so.

Vergegenwärtigen wir uns zunächst noch, warum diese Art der Kodierung sehr anfällig für Fehler ist: Sofern jede Richtung durch ein bestimmtes Neuron kodiert wäre, könnte bei Ausfall dieses einen Neurons eine Bewegung in dieser Richtung nicht mehr stattfinden.

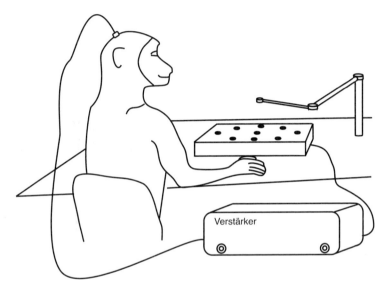

**10.7** Versuchsaufbau im Experiment von Georgopoulos (aus Spitzer 1996). Der Hebel befindet sich in Ausgangsstellung über dem Lämpchen in der Mitte. Eines der acht kreisförmig auf dem Brett vor dem Affen angeordneten Lämpchen leuchtete entweder schwach oder hell auf. Der Affe wurde trainiert, den Hebel entweder genau über dieses Lämpchen zu bewegen oder über ein Lämpchen, das um 90° entgegen dem Uhrzeigersinn vom aufleuchtenden Lämpchen entfernt war.

Wie Georgopoulos und seine Mitarbeiter jedoch herausfanden, verhält sich die Aktivierung der Neuronen ganz anders: Ein einzelnes Neuron ist bei Bewegung in seine „Lieblingsrichtung" maximal aktiv, bei Bewegungen in eine ähnliche Richtung noch etwas aktiv und nur bei Bewegungen in ganz andere Richtungen sehr wenig oder gar nicht aktiv. Mit Hilfe der Vektorrechnung lassen sich die schwammigen Begriffe „Lieblingsrichtung", „ähnliche Richtung", „etwas aktiv" und „sehr wenig oder gar nicht aktiv" sehr klar präzisieren: Jedes Neuron feuert bei einer Bewegung in eine bestimmte Richtung maximal; dies ist die von ihm repräsentierte Richtung. Weicht die Richtung der auszuführenden Bewegung von der Lieblingsrichtung des Neurons um den Winkel alpha ab, so ist die Aktivität des Neurons gleich dem Produkt seiner maximalen Aktivität und dem Cosinus von alpha.

Zu beachten ist, dass Georgopoulos und Mitarbeiter zunächst nur die Daten aus den Ableitungen vorliegen hatten und nach diesen Daten ihr Modell entwarfen. Als dieser Schritt jedoch erfolgt war, zeigten sich sogleich die Vorteile der vektoriellen Darstellung: Man konnte mit einem Mal die unterschiedliche Aktivität einer Vielzahl von Neuronen, die jeweils eine etwas unterschiedliche Richtung repräsentieren, mathematisch beschreiben. Die Aktivität von mehreren Neuronen ließ sich nun ganz einfach durch Bildung der Vektorsumme zusammenfassen (vgl. Abb. 10.8) Mit anderen Worten: Wenn einzelne Neuronen jeweils eine bestimmte Richtung kodieren, dann kodiert die Summe dieser Vektoren ebenfalls eine Richtung.

Man kann sogar durch Bestimmung des Populationsvektors die Richtung einer Bewegung vorhersagen. So wurde der Affe trainiert, die Bewegung erst nach einer Sekunde auszuführen. Während dieser Sekunde werden dann bereits diejenigen Neuronen aktiviert, die die Richtung repräsentieren, in die der Affe greifen wird. Der Populationsvektor kann damit benutzt werden, um die Vorgänge, die sich bei der Planung einer Bewegung abspielen, näher zu untersuchen. Je mehr Zellen dabei abgeleitet werden, umso genauer wird die Vorhersage (Lurito et al. 1991).

In weiteren, mittlerweile klassisch zu nennenden Experimenten konnten Georgopoulos und Mitarbeiter (1989) zeigen, dass sich der Populationsvektor in der Planungsphase von Bewegungen in der Tat systematisch ändern kann. Ein Affe wurde trainiert, seinen Arm auf einen optischen Reiz folgend zu bewegen. Entweder sollte diese Bewegung in die durch den Reiz (ein Lichtpunkt analog zum in Abbildung 10.7 dargestellten Experiment) angezeigte Richtung gehen

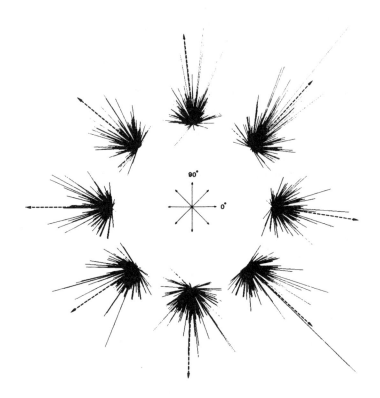

**10.8** Die gerichtete Aktivität von über 200 Neuronen des Armareals im motorischen Kortex ist dargestellt, während der Affe nacheinander die acht im Zentrum gezeigten Bewegungen ausführte. Jedem Neuron entspricht eine Linie, die in diejenige Richtung zeigt, die das jeweilige Neuron kodiert (d.h. bei der das Neuron am stärksten aktiv ist). Je länger die Linie, desto aktiver das jeweilige Neuron. Die Summe der gerichteten Aktivität aller Neurone, der Populationsvektor, ist gestrichelt dargestellt. Er repräsentiert die durch die gesamte Neuronenpopulation kodierte Richtung der auszuführenden Bewegung. Die Richtung der tatsächlich ausgeführten Bewegung entspricht sehr genau der des Populationsvektors (nach Georgopoulos et al. 1989).

oder in eine Richtung entgegen dem Uhrzeigersinn vom Lichtpunkt weg. Immer dann, wenn der Lichtpunkt schwach aufleuchtete, sollte der Arm direkt auf ihn bewegt werden, leuchtete er hell, war der Arm in eine um 90° gedrehte Richtung zu bewegen. Man ging davon aus, dass der Affe diese Aufgabe durch die Drehung eines die vorzunehmende Bewegung repräsentierenden Populationsvektors löst (siehe Abb. 10.9).

Um diese Hypothese direkt zu untersuchen, wurde die Aktivität von Neuronen im motorischen Kortex vor und während der Durchführung der Bewegungen alle zehn Millisekunden aufgezeichnet. Hierbei zeigte sich, dass bei Bewegungen direkt zum Stimulus hin ein Populationsvektor aufgebaut wird, der diese Bewegung repräsentiert, woraufhin die Bewegung erfolgt. Bei Bewegungen in eine Richtung 90° abweichend vom Reiz hingegen wird zunächst ein Vektor in Richtung des Reizes aufgebaut, der dann um 90° gedreht wird. Mit anderen Worten: Die maximale Aktivität wechselte von Zellen, die die Richtung des Stimulus repräsentieren, graduell über Neuronen, die dazwischenliegende Richtungen kodieren, zu Zellen, deren maximale Aktivität Bewegungen in Richtung der Reaktion repräsentieren.

> „Während der Planung der Bewegung nimmt die Länge des Populationsvektors zu, und er zeigt im direkten Fall [in Abbildung 10.9 links dargestellt] in die Richtung der Bewegung. Soll eine Rotation ausgeführt werden, zeigt der Populationsvektor zunächst in die Richtung des Stimulus und rotiert dann im Uhrzeigergegensinn (von 12°° Uhr nach 9°° Uhr), so dass er etwa bei Beginn der tatsächlich ausgeführten Bewegung dann in die Bewegungsrichtung zeigt" (vgl. Georgopoulos et al. 1989, S. 600)

Der graduelle Richtungswechsel des Populationsvektors erfolgt wie die Bewegung selbst gegen den Uhrzeigergegensinn und geschieht innerhalb der ersten 225 ms nach Aufleuchten des Stimulus; die Bewegung beginnt jedoch erst nach etwa 260 ms. Dies bedeutet, dass der gesamte Vorgang nicht äußerlich beobachtbar bzw. bei Beginn der Bewegung bereits abgeschlossen ist. Das Auftreten einer Rotation wurde auch dadurch belegt, dass diejenigen Neuronen, die Richtungen zwi-

**Populationsvektoren (gezeichnet alle 10 ms)**

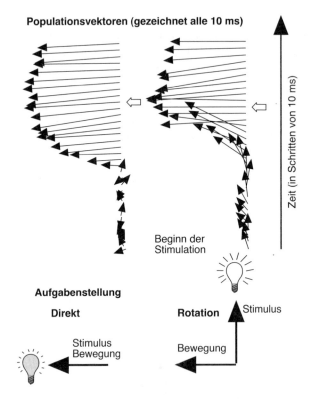

**10.9** Länge und Richtung des Populationsvektors während einer vorgestellten Drehung (aus Spitzer 1996). Bei dunklem Licht sollte der Affe den Hebel in die Richtung des Lichts bewegen, bei hellem Licht in eine Richtung 90° gegen den Uhrzeigersinn von dieser Richtung gedreht. Man sieht die Länge und Richtung des alle 10 ms aus der neuronalen Aktivität berechneten Populationsvektors vom Beginn des Stimulus (dem Aufleuchten der Lampe) bis nach dem Beginn der Bewegung, die durch einen Pfeil angezeigt wird.

schen der des Stimulus und der der erfolgten Bewegung kodierten, in der Tat etwa nach der Hälfte der Reaktionszeit die höchste Aktivität aufwiesen (Lurito et al. 1991).

Es ist von großer Bedeutung, sich die Tragweite dieser Beobachtung zu vergegenwärtigen: Man kann anhand der elektrischen Aktivität nachweisen, wie das Tier – besser: eine Neuronenpopulation im motorischen Kortex des Tieres – einen Vektor „im Geiste" um einen kleinen Betrag rotiert, bevor überhaupt eine Bewegung erfolgt.

Es ist weiterhin von Bedeutung, dass dieses Ergebnis nicht trivial ist. Es war vor dem Experiment keineswegs zu erwarten, dass dem Drehen einer Vorstellung das Drehen eines diese Vorstellung repräsentierenden neuronalen Aktivierungsmusters zugrunde liegt.

Durch Messung des regionalen zerebralen Blutflusses mit modernen bildgebenden Verfahren konnte auch für den Menschen gezeigt werden, dass beim Rotieren von Vorstellungsbildern eine Aktivierung sowohl des primären motorischen Kortex als auch zusätzlicher Bereiche des Frontallappens (zuständig für die Planung komplexer Bewegungen) erfolgt (Deutsch et al. 1988).

Weiterhin weiß man aufgrund psychologischer Experimente zur Drehung von gesehenen oder vorgestellten geistigen Bildern beim Menschen, dass Versuchspersonen vorgestellte Bilder mit einer Geschwindigkeit von etwa 400° pro Sekunde drehen (Shepard & Cooper 1982). Diese Geschwindigkeit entspricht der Größenordnung, die auch in der eben angeführten Studie gemessen wurde. Weiterhin wurde durch Untersuchungen am Menschen nachgewiesen, dass die Zeiten für die Rotation eines Vorstellungsbildes und für die Rotation einer intendierten motorischen Antwort (entsprechend dem dargestellten Tierversuch) kovariieren. Dieser Zusammenhang legt die Beteiligung ähnlicher Prozesse an beiden Aufgaben nahe (Georgopoulos et al. 1993).

Diese Untersuchungen zeigten erstmals der zeitliche Verlauf der Aktivität einzelner Neuronen, die einen komplexen kognitiven Prozess ausführten, direkt beobachtbar war.

## Fazit

Wird man nach der Arbeitsweise des Gehirnes gefragt, so kann man kurz antworten: Das Gehirn betreibt Vektorrechnung. Vektoren eignen sich besonders gut für die effiziente Kodierung von Informationen in Neuronenpopulationen.

Information kann in unterschiedlicher Form vorhanden sein. Dies ist gleichbedeutend damit, dass bestimmte Aspekte der Außenwelt oder des Verhaltens neuronal unterschiedlich repräsentiert sind. Man kann statt von einer Repräsentation auch von einem Kode sprechen. Ein sehr robuster Kode ist der Populationskode, bei dem eine größere Anzahl von Neuronen eine Eigenschaft dadurch kodiert, dass die Summe der gerichteten Einzelaktivitäten gebildet wird. Diese Summe ist der Populationsvektor. Handelt es sich bei der kodierten Eigenschaft beispielsweise um die Richtung einer Bewegung, so zeigt der entsprechende Populationsvektor in genau diese Richtung.

Es ist somit in bestimmten Fällen bereits möglich, einem Tier gleichsam ins Gehirn zu schauen und aus der Kenntnis der neuronalen Aktivität in bestimmten Teilen des Gehirns präzise Schlüsse zu ziehen, wie eine Bewegung ausgeführt wird.

# 11 Neuroökonomie

Neuroökonomie – das klingt zunächst nicht viel besser als „Neurofuß-
ball" oder „Sauerkrautpralinen", und dennoch ist es eine der jüngsten
und spannendsten derzeitigen interdisziplinären Wissenschaften. Das
Erkenntnisinteresse geht dabei in beide Richtungen: Man kann erstens
das Verhalten von Nervenzellen besser verstehen, wenn man statisti-
sche Prinzipien der Zukunftsvorhersage aus der Wirtschaftswissenschaft heranzieht (vgl. Glimcher 2003), und man kann zweitens
Entscheidungsprozesse in der Wirtschaft besser verstehen, wenn man
die zugrunde liegenden neuronalen Prozesse besser kennt.

Weil beides zum Verständnis, wie das Gehirn Entscheidungen
fällt, beiträgt, sei das noch junge wissenschaftliche Arbeitsgebiet der
Neuroökonomie in diesem und im folgenden Kapitel näher betrachtet.

## Entscheiden im Kopf

Die neuronalen Grundlagen von Entscheidungsprozessen kamen in
den vergangenen Jahren vor allem durch *methodische* Fortschritte klarer
in den Blick. Wir wissen gegenwärtig keineswegs schon ganz genau,
wie Entscheidungen im Gehirn zustande kommen, wir kennen jedoch
einige der zugrunde liegenden Mechanismen.

Um diese zu erforschen, war es wesentlich, dass man Tiere wie beispielsweise Affen in eine *experimentelle Entscheidungssituation* bringen
und dann sowohl deren Verhalten genau studieren als auch die Aktivierung einzelner Nervenzellen im Gehirn parallel aufzeichnen konnte.
Die hierbei gestellten Aufgaben waren unterschiedlicher Natur: Man
hat beispielsweise einen Affen trainiert, Gegenstände zu unterscheiden,
die zunächst sehr unähnlich waren (z.B. Tassen und Teller), und dann

auf einen Gegenstand zu deuten, der irgendwo in der Mitte liegt (z.B.
eine flachere Schüssel). Wenn also das Tier diesen Gegenstand ebenfalls einer der beiden Kategorien zuordnen sollte, musste es eine Entscheidung fällen, die schwieriger war als bei einfachen Tassen und
Tellern. Man kann auf diese Weise feststellen, welche Neuronen für
welche Eigenschaften stehen (sie repräsentieren) und wie deren Aktivierung mit der Entscheidung zusammenhängt.

Richtig schwierig, aber zugleich auch richtig interessant wird es jedoch bei Entscheidungen, die nicht allein auf einfachen Eigenschaften
von Objekten basieren, sondern auf der Bewertung von Objekten und
auf der Einschätzung von Wahrscheinlichkeiten. Soll der Leopard weiter hinter dem Zebra herrennen, obwohl es sich als recht schnell her-
ausstellt und die Chance, dass er es noch fängt, gering ist? Oder soll er
an dem zuvor erlegten Tier noch eine Weile herumnagen? – Diese Entscheidung muss der Leopard effizient und laufend (!) fällen, wenn er
nicht wertvolle Zeit und Energie verschwenden will. Wie aber tut er
das? Welche Struktur im Gehirn verrechnet den Wert einer Sache mit
der Wahrscheinlichkeit, sie auch zu bekommen? Nur wenn er beides in
Betracht zieht, fällt er eine Entscheidung, die eine Größe maximiert:
den *Nutzen* einer Sache (oder Handlung) für den Organismus.

## Der Nutzen: vom Leoparden zum Börsenmakler

Noch einmal: Das Produkt aus Wert und Wahrscheinlichkeit einer Sache, eines Sachverhalts oder einer Handlung nennt man deren *Nutzen*.
Wegen der Bedeutung des Begriffs für das Verständnis der nachfolgend
dargestellten Experimente sei er nochmals kurz veranschaulicht: Die
hundertprozentige Chance auf einen Euro ist den meisten Leuten etwa
so viel wert wie die fünfzigprozentige Chance auf zwei Euro oder die
dreiunddreißigprozentige Chance auf drei Euro – insbesondere dann,
wenn sie sehr oft wählen können, wodurch der Zufall gleichsam her-
ausgemittelt wird (im Fall einer einzigen Entscheidung liegen die Dinge etwas anders; vgl. Kapitel 12).

Wenn man wissen will, was besser ist, die dreiunddreißigprozentige Chance auf fünf Euro oder die fünfzigprozentige Chance auf vier Euro, muss man die Wahrscheinlichkeiten mit den Werten multiplizieren, um herauszubekommen, welches die bessere Alternative ist. Nun ist 0,33 x 5 (= 1,67) kleiner als 0,5 x 4 (= 2,5). Wenn man sich zwischen den genannten Alternativen entscheiden soll, wird man also in diesem Fall gut daran tun, die größere Chance auf den kleineren Gewinn zu wählen. Zugegeben: In diesem Beispiel liegen die Dinge einfach. Wie jedoch jeder weiß, der sein Geld anlegen will oder gar schon an der Börse spekuliert hat, sind Entscheidungen dieser Art das finanzielle Tagesgeschäft und keineswegs einfach, denn die Werte und Wahrscheinlichkeiten ändern sich. Dennoch gilt die genannte Formel für den Nutzen ganz allgemein, für den Leoparden wie für den Börsenmakler. Beiden geht es um die Maximierung des Produkts aus Wert und Wahrscheinlichkeit.

Irgendwo zwischen den Leoparden und den Börsenmaklern sind unsere Vorfahren einzuordnen, ständig darum bemüht, die richtigen Entscheidungen zu fällen: Weiter jagen oder aufhören und stattdessen Bucheckern suchen? Hier bleiben oder zu einer vielleicht besseren Gegend aufbrechen (vgl. Kap. 9)? Sich um das vorhandene Kind kümmern oder das nächste bekommen? Definitionsgemäß gilt: Wir stammen von denjenigen ab, die diese Entscheidungen am besten gefällt haben.

Die Verhaltensforschung der vergangenen beiden Jahrzehnte ist voller Beispiele von Entscheidungssituationen, die sich mittels wahrscheinlichkeits- und spieltheoretischer Methoden recht gut analysieren lassen. Will man nun die neuronale Grundlage der jeweils an den Tag gelegten Verhaltensweisen untersuchen, so kommt man daher nicht darum herum, die entsprechenden Methoden – d.h. die in der Ökonomie präzisierten Begriffe des Wertes, der Wahrscheinlichkeit und des Nutzens – nicht nur auf das beobachtete Verhalten von Organismen, sondern auch auf das gemessene elektrophysiologische „Verhalten" von Neuronen anzuwenden. Es geht also darum, die Aktivierung bestimmter Neuronen in Entscheidungssituationen zu messen und die genannten ökonomischen Begriffe zur Interpretation der Messungen heranzuziehen. Genau dies haben Platt und Glimcher (1999) mit Erfolg im Hinblick auf Neuronen des Parietalhirns getan.

## Zwischen Input und Output: der Nutzen im Parietalhirn

Lange Zeit gab es in der Neurowissenschaft einen Streit über die Funktion des Parietallappens (vgl. Abb. 1.4). Für die einen war er noch Teil der Wahrnehmungsverarbeitung, für die anderen jedoch bereits eine Art Vorverarbeitung für die Motorik. Man stritt sich also darüber, ob Neuronen im Parietalhirn eher mit der Repräsentation von Input oder Output beschäftigt sind. Beide Schulen konnten experimentelle Ergebnisse für ihre Sichtweise anführen, und man kam nicht recht weiter (vgl. die detaillierte Darstellung dieser Auseinandersetzung in Glimcher 2003, S. 225-250). Der Begriff der Aufmerksamkeit schien dann zunächst zu vermitteln, denn er ist zwischen Input und Output angesiedelt: Aufmerksamkeitsprozesse bewirken Veränderungen der Wahrnehmung eines Reizes zum Zwecke einer verbesserten Reaktion, d.h. motorischen Antwort, auf den Reiz (vgl. Posner & Raichle 1996).

Weitere sehr geschickt geplante und durchgeführte Untersuchungen (Platt & Glimcher 1999) zeigten dann, dass sich die Funktion mancher Neuronen im Parietallappen am präzisesten dadurch charakterisieren lässt, dass sie tatsächlich den Nutzen einer Sache – also weder ihre bloßen Eigenschaften noch die motorische Reaktion des Organismus auf die Sache – kodieren. Man ging wie folgt vor:

Eine sehr grundlegende Entscheidung, die wir wie auch andere Primaten etwa viermal in jeder Sekunde fällen, besteht darin, wohin wir blicken. Dies mag im Vergleich zu den angeführten Problemen von Leoparden und Börsenmaklern etwas trivial klingen, ist es aber keineswegs: Wir blicken permanent umher, und es ist sehr wichtig, im nächsten Augenblick genau dorthin zu sehen, „wo die Musik spielt",

d.h. an denjenigen Ort, wo von allen möglichen Stellen, an die wir blicken könnten, die größte Chance besteht, dass dort etwas Interessantes und für uns Positives geschieht.
Wir sehen für das Folgende einmal von den Augenmuskeln und deren Steuerung im Einzelnen ab. Es geht vielmehr darum, diejenigen Nervenzellen zu betrachten, die im Parietalhirn sitzen und den Blick steuern. Andere Neuronen in den Augenfeldern (einem Bereich der frontalen Gehirnrinde) und der so genannten Vierhügelplatte (in den beiden oberen Hügeln) stehen für Positionen im Raum und weisen kartenförmig organisierte Repräsentationen dieser Positionen auf (vgl. Abb. 11.1). Diese Neuronen repräsentieren damit eindeutig motori-

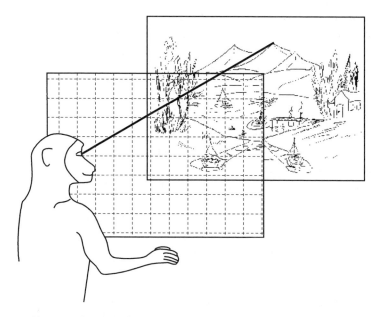

**11.1** Karte von Blickkoordinaten, wie man sie für die kortikalen Augenfelder und die Vierhügelplatte annimmt. Man stelle sich ein Koordinatensystem auf einer Glasplatte zwischen den Augen und dem Sehfeld vor. Jeder Position im dreidimensionalen Raum, auf die der Affe blicken kann, entspricht eine Position im zweidimensionalen Koordinatensystem, das die Blickrichtung repräsentiert.

sche Aspekte der Augenbewegung, nämlich wohin genau sie ausgeführt wird. Anders ist dies bei den Neuronen im Parietalhirn. Sie stehen nicht unmittelbar für die Koordinaten einer motorischen Antwort, sondern liegen noch – wie wir gleich sehen werden logisch und zeitlich – vor einer solchen. Ebenso ist bekannt, dass die Neuronen im Parietalhirn nicht einfach nur das Gesehene visuell repräsentieren. Ihre Aufgabe liegt damit zwischen dem Sehen und dem Handeln (d.h. dem Reagieren mit den Augen).

## Augenbewegungen: Wohin mit dem Blick?

Drei Rhesusaffen wurden zunächst trainiert, Augenbewegungen als Reaktion auf visuell dargebotene Reize auszuführen. Für jede richtige Augenbewegung wurden sie mit Fruchtsaft belohnt. Gleichzeitig wurde die Aktivität von vielen einzelnen Neuronen im parietalen Kortex abgeleitet. Die Affen saßen vor einer Wand, auf der mehrere hundert Leuchtdioden lokalisiert waren (vgl. Abb. 11.2). Sie mussten zunächst auf die mittlere erleuchtete Diode schauen und dann zwischen 50 und 200 Augenbewegungen von der mittleren Position auf die Position einer zufällig ausgewählten, aufleuchtenden Diode machen. Es wurde dann ein einzelnes Neuron herausgesucht, von dem man aufgrund der Aktivitätsmessungen der Neuronen genau sagen konnte, dass es maximal aktiv ist, wenn der Affe eine Augenbewegung von der mittleren Position zu einer bestimmten Diode macht. Zugleich war wichtig, dass beim Aufleuchten einer anderen Diode und beim Bewegen der Augen in Richtung auf diese Diode das gleiche Neuron keinerlei Reaktion zeigte. Das herausgesuchte Neuron reagierte also voll auf eine Bewegung zur ersten Diode und überhaupt nicht auf eine Bewegung zur zweiten Diode hin.

Erst jetzt begannen die eigentlichen Experimente. Sie sollten klären, wovon die Aktivität des zuvor identifizierten Neurons genau abhängt. Im ersten Experiment begann jeder Durchgang mit dem Aufleuchten der direkt in der Mitte des visuellen Feldes vor dem Affen liegenden Leuchtdiode in gelber Farbe (vgl. Abb. 11.3). 200 bis 500

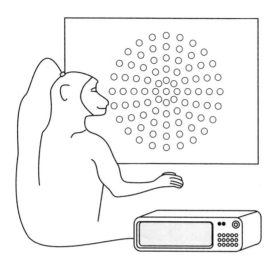

**11.2** Der Affe sitzt vor einer Wand mit Hunderten von Leuchtdioden (nicht alle eingezeichnet). Auf diese Weise lassen sich Neuronen identifizieren, die für eine bestimmte Blickrichtung zuständig sind und für eine andere Blickrichtung überhaupt nicht zuständig sind.

Millisekunden (das Intervall variierte jeweils zufällig) nachdem das Tier seinen Blick auf diese gelb leuchtende Elektrode gerichtet hatte, leuchteten dann die beiden Dioden auf, die zuvor mit dem einen Neuron in Verbindung gebracht wurden (die eine Leuchtdiode bringt das Neuron maximal zur Aktivierung, die andere Leuchtdiode verändert die Aktivität des Neurons überhaupt nicht).

Die Affen hatten zuvor gelernt, zu diesem Zeitpunkt ihren Blick noch weiter auf die mittlere, gelb aufleuchtende Elektrode zu richten (vgl. Abb. 11.4). 200 bis 800 Millisekunden später änderte die mittlere Diode dann ihre Farbe und wechselte entweder nach rot oder nach grün (vgl. Abb. 11.5).

Das Tier war trainiert worden, dass es nach der Veränderung der Farbe nach grün seinen Blick auf die tiefer gelegene von den beiden leuchtenden Dioden zu richten hatte; änderte sich die Farbe der mitt-

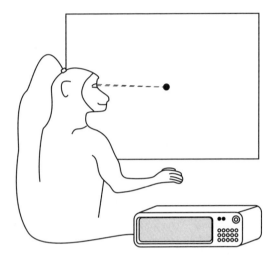

**11.3** Beginn des Experiments: Der Affe betrachtet die mittlere Leuchtdiode, die gelb aufleuchtet.

leren Diode hingegen nach rot, sollte das Tier seinen Blick auf die höher gelegene der beiden leuchtenden Dioden richten. Wichtig ist, dass das Tier ebenfalls gelernt hatte, zu diesem Zeitpunkt noch keine Augenbewegung auszuführen. Dem Tier wurde lediglich durch die Veränderung der Farbe der mittleren Elektrode angezeigt, in welche Richtung die nächste Augenbewegung auszuführen war, so dass das Tier Saft als Belohnung bekam. Die Augenbewegung konnte daher bereits geplant werden. Planung und Ausführung der Entscheidung wurden so zeitlich getrennt.

Tatsächlich auszuführen war die Blickbewegung erst dann, wenn die mittlere Diode erlosch, was 200 bis 800 Millisekunden nach deren Farbveränderung der Fall war. Das Tier wurde dann mit Saft belohnt, wenn es seinen Blick auf die richtige periphere Diode richtete (vgl. Abb. 11.6).

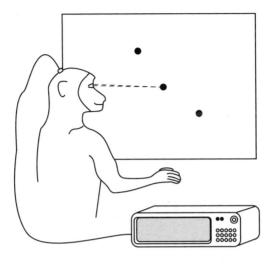

**11.4** Nach der Fixierung der mittleren Diode leuchten zwei weitere auf. Die Reaktion des Neurons auf beide ist bekannt.

Die ganze Prozedur mag zunächst ziemlich kompliziert klingen, und man wundert sich, dass die Untersucher überhaupt in der Lage waren, dem Affen die genannte Sequenz von Ereignissen beizubringen. Dies gelang jedoch, so dass man auf diese Weise die Situation des Ausführens einer einzigen Augenbewegung in unterschiedliche Phasen zerlegt hatte: Zunächst wurden nur zwei Orte angezeigt, wobei auf einen von ihnen die Augen zu bewegen waren; dann wurde angezeigt, welcher der beiden Orte eine Belohnung verspricht, so dass eine Bewegung geplant werden konnte; erst danach wurde das Signal zur Ausführung der Bewegung gegeben. Die Tiere führten die genannte Aufgabe in etwa 90% der Durchgänge korrekt aus.

Die beschriebene experimentelle Prozedur machte es möglich, sowohl den Wert als auch die Wahrscheinlichkeit der Augenbewegungen systematisch und unabhängig voneinander zu variieren. Die eigentli-

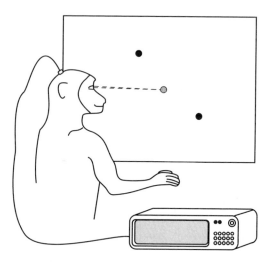

**11.5** Der Farbwechsel der zentralen fixierten Leuchtdiode stellte das Signal für den Affen dar, jetzt seinen Blick auf diejenige Leuchtdiode zu wenden, die zuvor durch die Hinweisreize angezeigt worden war.

chen Experimente gingen also jetzt erst los – nach dem Auffinden der richtigen (interessanten) Neuronen und nach intensivem Training einer komplizierten Reiz- und Verhaltenssequenz.

So konnte man beispielsweise die Menge an Saft, die mit den beiden Richtungen (aus dem Antwortfeld des Neurons heraus oder in das Antwortfeld des Neurons hinein) verbunden war, variieren und damit den Wert, den eine entsprechende Augenbewegung für das Tier hatte, verändern. In einem anderen Fall konnte man bei Konstanthalten der Belohnung die Wahrscheinlichkeit, mit der ein Blick in eine der beiden Richtungen zu erfolgen hatte, verändern. Das Ergebnis der Veränderung der Menge an Saft („Wert"), die der Affe bei korrekter Blickrichtungsänderung erhalten hat, ist in Abbildung 11.7 dargestellt. Man sieht die Anzahl der Aktionspotentiale pro Sekunde (Mittelwert), die das Neuron im Laufe gleicher Versuchsdurchgänge produziert.

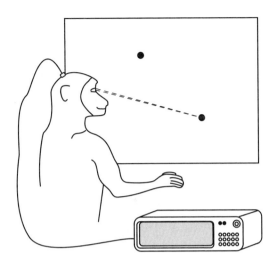

**11.6** Ausgeführte Blickbewegung.

Man konnte weiterhin aus den Daten berechnen, dass die Aktivität des Neurons bis etwa zum Beginn der Augenbewegung mit dem erwarteten Gewinn (relative Menge an Saft) hoch signifikant korreliert. Da der Gewinn nicht mit der Geschwindigkeit, der Weite oder der Latenz der Bewegung korrelierte, kann man schließen, dass das Neuron tatsächlich den *Gewinn*, den das Tier von der nachfolgenden Augenbewegung erwartet, repräsentiert. Dieser Zusammenhang (zwischen Aktivität und erwartetem Wert der Augenbewegung zu irgendeinem Zeitpunkt des Durchgangs) ließ sich für die Aktivität von 62,5% aller gemessenen parietalen Neuronen nachweisen.

Auch die Wahrscheinlichkeit des Auftretens jedes der beiden Reize wurde in dieser experimentellen Anordnung systematisch variiert (vgl. Abb. 11.8). Dies geschah ganz einfach dadurch, dass beispielsweise für etwa hundert Durchgänge die mittlere Diode in 80% der Fälle auf rot und in 20% auf grün überging (oder umgekehrt: 80% grün und 20%

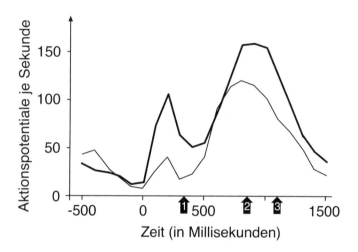

**11.7** Anzahl der Aktionspotentiale pro Sekunde (Mittelwert aus 48 bzw. 37 Durchgängen) eines Neurons im Parietalhirn während der Aufgabe. Die dicke Linie gibt an, wie das Neuron reagierte, wenn der Affe viel Saft bekam, die dünne Linie zeigt die Reaktion des Neurons an, wenn der Affe wenig Saft bekam. Als Zeitpunkt 0 wurde das Aufleuchten der beiden Dioden gewählt. Die nummerierten schwarzen Pfeile markieren die Zeitpunkte (1) des Wechsels der Farbe der mittleren Diode (d.h. der Instruktion für das Tier, auf welche leuchtende Diode es seinen Blick bewegen sollte), (2) des Erlöschens der mittleren Diode (d.h. der Instruktion, jetzt die Augen zu bewegen) und (3) des tatsächlichen Beginns der Augenbewegung. Das Neuron reagiert stärker auf genau den gleichen Sachverhalt, wenn die Belohnung größer ist.

rot). Eine der beiden Reaktionen (und entsprechend die Möglichkeit des nächsten Schlucks Saft für den Affen) war damit wahrscheinlicher als die andere.

Wie aus Abbildung 11.9 hervorgeht, hat auch die Wahrscheinlichkeit einen klaren Einfluss auf die Aktivität des Neurons. Wenn eine Augenbewegung zur Diode, die durch das Neuron repräsentiert wird, mit 80%iger Wahrscheinlichkeit auszuführen war (dicke Linie in Abbildung 11.9), zeigte das Neuron eine hoch signifikant stärkere Aktivierung als in Durchgangsfolgen, bei denen die gleiche Augenbewe-

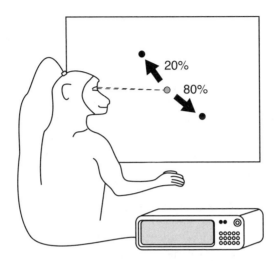

**11.8** Experimentelle Variation der Wahrscheinlichkeit der Blickbewegung zu einer der beiden zuvor aufleuchtenden Dioden. Für etwa hundert Durchgänge gestaltete man die Experimentalbedingungen so, dass einer der beiden Orte wesentlich häufiger vorkam als der andere.

gung in nur 20% der Fälle vorzunehmen war. Da wiederum weder die Weite der Bewegung noch deren Geschwindigkeit oder Latenz mit der Wahrscheinlichkeit korreliert waren, erwies sich die Repräsentation der Wahrscheinlichkeit durch das Neuron als unabhängig von den Parametern der ausgeführten Bewegung. Mit anderen Worten: Das Neuron kodiert Wahrscheinlichkeit (und es kodiert *nicht* Aspekte der Bewegung). Betrachtete man alle gemessenen Neuronen, so war dies bei 75% der Neuronen der Fall.

Die Autoren kommentieren ihre Ergebnisse mit der in der Wissenschaft üblichen Vorsicht wie folgt:

„Wenn ein Tier vor die Wahl gestellt wird, sich für eine von zwei möglichen Augenbewegungen zu entscheiden, ist die vom Tier vorgenommene Einschätzung des relativen Werts der beiden Bewegungen mit der Aktivierung von Neuronen des Parietalhirns korreliert. Die Aktivierung des parietalen Kortex scheint damit die Entscheidungsprozesse zu reflektieren, welche die Tiere zum Ausführen von Verhalten verwenden" (Platt & Glimcher 1999, S. 237).

Nahm man alle Messungen (zum Wert und zur Wahrscheinlichkeit) zusammen, so konnte man die hier anhand der Reaktion einzelner Neuronen beschriebenen Ergebnisse nicht nur sehr klar demonstrieren, sondern auch statistisch absichern. Bis zum Beginn der Augenbewegung repräsentieren die Neuronen den Nutzen (Wert bzw. Wahrscheinlichkeit) der Bewegung. Erst danach kodieren sie Aspekte der Bewegung selber, was man daran sieht, dass jeweils die dicke und dünne Linie in den Abbildungen 11.7 und 11.9 rechts vom Pfeil 3 nicht mehr deutlich voneinander abweichen. Noch einmal: Diese Linien zeigen die Aktivität des Neurons, das sich für eine bestimmte Diode (d.h. Blickrichtung im Raum) als „zuständig" erwies, von dem man also bereits wusste, dass es mit der Bewegung des Blicks in enger Verbindung steht. Der Witz der Experimente war jedoch gerade, dass man zusätzlich zeigen konnte, dass die an der Planung von Augenbewegungen beteiligten Neuronen für eine gewisse Zeit *vor* der tatsächlichen Bewegung nicht Aspekte der Bewegung, sondern den Wert und die Wahrscheinlichkeit der Bewegung kodierten.

## Freie Auswahl

In einem zweiten Experiment wurden die beschriebenen Prozeduren wiederholt, jedoch mit einem Unterschied: Das Tier wurde nicht (durch den Farbwechsel der mittleren Leuchtdiode) instruiert, zu einer der beiden Dioden hinzuschauen. Man ließ es vielmehr frei wählen, wohin es schauen wollte, wobei man während des Verlaufs des Experiments die relative Menge an Saft änderte, die das Tier beim Blick auf die Leuchtdioden erhielt. Zur Analyse der abgeleiteten neuronalen Aktivität verwendete man dann die einzelnen Reaktionen, d.h., man verfolgte, wie stark das (für die Leuchtdiode zuständige) Neuron aktiviert war in Abhängigkeit davon, wie hoch der Gewinn einer Blickbewegung für das Tier war (es erhielt entweder 0,15 oder 0,05 ml Saft).

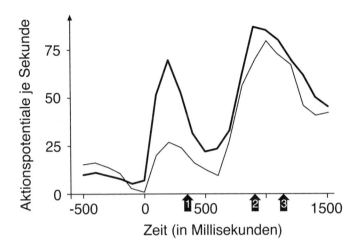

**11.9** Anzahl der Aktionspotentiale pro Sekunde (Mittelwert aus 77 bzw. 26 Durchgängen) eines Neurons im Parietalhirn während der Aufgabe. Die dicke Linie gibt an, wie das Neuron reagierte, wenn der Affe auf ein Ziel blickte, das häufig (80% aller Fälle) anzuschauen war; die dünne Linie zeigt die Reaktion des Neurons an, wenn die Wahrscheinlichkeit der von ihm kodierten Blickrichtung selten (20% der Fälle) war. Wie in Abbildung 11.7 wurde das Aufleuchten der beiden Dioden als Zeitpunkt 0 gewählt. Die Pfeile markieren die gleichen Zeitpunkte wie in Abbildung 11.7, also (1) den Wechsel der Farbe der mittleren Diode, (2) das Erlöschen der mittleren Diode und (3) den tatsächlichen Beginn der Augenbewegung. Das Neuron reagiert stärker auf genau den gleichen Sachverhalt, wenn dessen Wahrscheinlichkeit größer ist.

Wieder zeigte sich der erwartete Zusammenhang zwischen Verhalten und neuronaler Aktivität:

„Experiment 2 zeigt, dass der erwartete Gewinn aus jeder möglichen Reaktion einen korrelierten Einfluss auf das Wahlverhalten des Tieres und auf die Aktivierung der hinteren parietalen Neuronen hat, wenn das Tier die Freiheit hat, zwischen alternativen Verhaltensantworten zu wählen. In unserer Aufgabe mit freier Auswahl verhielten sich also sowohl die Affen als auch die posterior-parietalen Neuronen, als ob sie über den mit den verschiedenen Reaktionen verbundenen Gewinn Bescheid wüssten. Diese Befunde unterstützen die Hypothese, dass die von Ökonomen, Psychologen und Ökologen als für Entscheidungsprozesse bedeutsam identifizierten Variablen im Nervensystem repräsentiert sind" (Platt & Glimcher 1999, S. 237).

Kurz: Die Autoren konnten zeigten, dass Neuronen, die im Gehirn auf der Planungs- bzw. Programmierungsebene für die Steuerung von Augenbewegungen zuständig sind, während der Phase der Planung den Nutzen der nächsten Augenbewegung kodieren. Damit war erstmals geklärt, dass und wie im Gehirn – im Prinzip – ökonomische Variablen repräsentiert sind.

## Fazit

Man kann Neuronen besser verstehen, wenn man sich vergegenwärtigt, dass Organismen keine Reflexautomaten sind, sondern ökonomische Entscheider, die sich in einem großen System zusammen mit anderen Entscheidern befinden. Es überlebt derjenige, der die Kosten-Nutzen-Analysen seines Verhaltens am perfektesten seiner Umgebung (und damit vor allem den anderen Organismen) anpasst. Damit werden Gehirne (die Produzenten von Verhalten) zu Organen der Entscheidung. Man versteht ihre Funktion daher auch nur, wenn man sie innerhalb eines entsprechenden begrifflichen Bezugsrahmens untersucht. Dieser heißt Neuroökonomie.

Man könnte einwenden, dass es hier doch um nichts weiter geht als um Augenbewegungen und dass es enorm übertrieben sei, hier von Werten und Nutzen zu sprechen. Dieser Einwand beruht jedoch auf einem Missverständnis dessen, was Wissenschaft ist bzw. wie Wissenschaft vorgeht: Es ist gerade die Stärke dieser Experimente, dass sie so einfach sind. Sie zeigen, und hier sei Glimcher (2003, S. 262) in seiner Muttersprache wiedergegeben,

> „ä even for a behavior as simple and deterministic as orienting toward a spot of light, economics may form the root of a computational theory that will allow us to understand what the brain is trying to do when it makes a decision". (Dies ist kaum zu übersetzen; am ehesten und sehr holprig vielleicht wie folgt: „dass sogar für

ein deterministisches Verhalten, das so einfach ist wie den Blick auf einen Lichtpunkt zu richten, die Ökonomie die Wurzel einer rechnerisch exakten Theorie darstellt, die uns erlaubt zu verstehen, was das Gehirn zu tun versucht, wenn es eine Entscheidung fällt".)

# 12 Gehirn im Spiel

Stellen Sie sich vor, Ihre Tochter ist frisch an der Uni, studiert Psychologie und ruft gelegentlich an, wie es ihr geht. Beim letzten Anruf tut sie etwas, das sie noch nie getan hat und was Sie ganz tief in der Seele rührt: Sie fragt um Rat.

„Du Papa, wir müssen da manchmal Versuchskaninchen spielen, das ist in der Psychologie so, weißt du doch, hast du ja auch gemacht [stimmt] ... Also, das Experiment machen die Wirtschaftswissenschaftler. Immer zwei Studenten, die sich nicht kennen, spielen zusammen. Ich bin der erste Spieler und darf entscheiden, wie zehn Euro unter uns beiden aufgeteilt werden. Der andere sagt dann, ob er dies mitmacht oder nicht. Macht er mit, teilen wir so auf und gehen nach Hause, macht er nicht mit, gehen wir beide ohne Geld nach Hause. Wie soll ich das Geld aufteilen, damit ich am meisten kriege? Du weißt doch, ich habe kein Geld..." Sie ist doch die Alte geblieben, denken Sie gerade, als der Besitzer des Hotels anruft, in dem Sie letzte Woche einen Vortrag über die Psychologie von Entscheidungen gehalten haben. Es sei Messe nächstes Wochenende, und obwohl er normalerweise 60 Euro für ein Einzelzimmer verlangt, könnte er nächstes Wochenende locker das Doppelte verlangen und auch bekommen, denn die Betten seien sehr knapp im Verhältnis zur großen Nachfrage. Ob er das machen soll? Dann würden sicher einige denken, er sei nur aufs Geld scharf, was zwar stimme, aber was doch den Ruf sehr schädige...

## Das Ultimatum-Spiel

Wenn Sie jetzt etwas über die beiden Ratschläge, die man von Ihnen verlangt (vgl. Thaler 1988), nachdenken, dann fällt Ihnen auf, dass es sich letztlich um das gleiche Problem handelt. Es ist in der Literatur zur experimentellen Ökonomie (vgl. Kagel & Roth 1995) als *Ultimatum-Spiel* bekannt. Dieses wird mit zwei Spielern gespielt und geht wie folgt: Eine bestimmte Menge Geld, sagen wir zehn Euro, soll zwischen zwei Spielern verteilt werden. Spieler Nr. 1 gibt dabei an, wie das Geld zwischen beiden Spielern verteilt wird, und Spieler Nr. 2 akzeptiert diesen Vorschlag oder nicht. Im ersten Fall (Spieler 2 akzeptiert) wird das Geld genau so verteilt, wie Spieler 1 es vorgeschlagen hat. Im zweiten Fall (Spieler 2 akzeptiert nicht) bekommt keiner etwas, es gehen beide leer aus.

In wirtschaftlicher Hinsicht ist der Fall im Grunde klar und ganz einfach. Seit den allgemeinen Überlegungen des Mathematikers John Nash, den man hierzulande eher durch seine Diagnose (schizophrene Störung) und die Verfilmung seines Lebenslaufs in dem Hollywoodstreifen *A Beautiful Mind* (vgl. Spitzer 2002a) kennt, ist klar, wie der *Homo oeconomicus* hierauf zu reagieren hat. Spieler 1 teilt das Geld wie folgt auf: 9,99 Euro für ihn selbst und einen Cent für Spieler 2. Spieler 2 wiederum hat ja gar keine andere Wahl, als den Gewinn von einem Cent zu akzeptieren. Ein Cent ist schließlich besser als gar nichts. So weit die Theorie, formuliert beispielsweise durch den Wirtschaftswissenschaftler Rubinstein (1982), der jedoch seinen Artikel hierüber damit beginnt, dass er sagt, seine Analyse der Dinge setze voraus, dass sich beide Spieler vollkommen *rational* verhalten. Offenbar war auch ihm irgendwie klar, dass wirkliche Menschen in diesem Spiel ganz anders reagieren.

Dies zeigte sich sehr deutlich, als drei deutsche Wirtschaftswissenschaftler das Spiel tatsächlich in verschiedenen Varianten spielten (Güth et al. 1982). In ihrem ersten Experiment teilten sie 42 Kölner Studenten der Volkswirtschaft in zwei Gruppen zu 21 Spielern auf, die jeweils den Part des Spielers 1 bzw. 2 zu spielen hatten. Man spielte um einen variablen Betrag von vier bis zehn DM, der jeweils zu verteilen war, und es zeigte sich, dass der Mittelwert der Angebote 37% des zu verteilenden Betrags ausmachte und dass ein Drittel der Studenten (die größte Gruppe) den Betrag je zur Hälfte aufteilte (was von den Spielern 2 jeweils akzeptiert wurde).

Eine Woche später wurde das Spiel von den gleichen Personen noch einmal gespielt. Die Studenten hatten also Zeit gehabt, über das Spiel nachzudenken, änderten ihr Verhalten aber kaum: Der Mittelwert der Angebote betrug 32% des zu verteilenden Betrags. Dieses Verhalten lässt nur den Schluss zu, dass Menschen entweder nicht rational sind oder dass sie mehr als nur finanziellen Vorteil in ihre Überlegungen einbeziehen (auf Wirtschaftsdeutsch: dass ihre Nutzenfunktion nichtmonetäre Argumente ausweist). Kurz: Ganz offensichtlich geht es den Spielern um mehr als nur um Geld.

Um die Motive für das tatsächliche Verhalten der Spieler aufzuklären, wurden weitere Experimente durchgeführt. Wenn das Spiel beispielsweise zweimal gespielt wird und die Personen jeweils einmal in die Rollen von Spieler 1 und 2 schlüpfen, werden die Angebote gerechter: Im Experiment von Güth und Mitarbeitern (1982) an 37 Studenten betrug das Durchschnittsangebot 45% des zu verteilenden Betrages. In der Rolle des Spielers 1 sind es also Gedanken an die mögliche Ablehnung durch Spieler 2, die den Menschen zu einem fairen Angebot verleiten. Dies ist jedoch nicht das einzige Motiv für Fairness, wie ein weiteres Experiment zeigte, in dem Spieler 2 das Angebot von Spieler 1 nicht ablehnen konnte. Selbst unter diesen Bedingungen teilte die Mehrheit der Spieler 1 den Betrag fünfzig zu fünfzig auf (Kahneman et al. 1986), was sich nicht mit Angst vor Konsequenzen, sondern nur mit einer *Vorliebe für Fairness* erklären lässt. Interessanterweise wurde in diesem Experiment auch eine Abhängigkeit der Angebote vom Studienfach der Spieler gefunden: Am großzügigsten waren Psychologiestudenten gegenüber anderen Psychologiestudenten; nicht so großzügig waren Psychologiestudenten gegenüber Studenten der Wirtschaftswissenschaften, und am kleinlichsten waren Studenten der Wirtschaftswissenschaften gegenüber Psychologiestudenten.

## Wer wird schon gerne übers Ohr gehauen?

Auch wenn man das Spiel oft spielte und die Geldmenge vergrößerte, änderten sich die Ergebnisse nur wenig. Sie sind durchaus von wirt-

schaftlicher Bedeutung, wie das folgende Experiment zeigt, in dem
zwei Gruppen von Versuchspersonen mit zwei Versionen (in runden
bzw. eckigen Klammern) der folgenden Situation konfrontiert wurden:

> „Es ist ein heißer Tag, Sie liegen am Strand und haben nur Wasser
> zum Trinken dabei. Seit mindestens einer Stunde denken Sie darü-
> ber nach, wie schön es wäre, wenn Sie jetzt eine Flasche eisgekühltes
> Bier Ihrer Lieblingsmarke trinken könnten. Da erhebt sich ein
> Freund von Ihnen, um zu telefonieren, und bietet an, Ihnen ein
> Bier mitzubringen. Hierzu gibt es nur die eine Möglichkeit, es (im
> Luxushotel) [in einem kleinen heruntergekommenen Lebensmittel-
> laden] um die Ecke zu besorgen. Ihr Freund meint, dass das Bier
> teuer sein könnte und fragt Sie, wie viel er höchstens dafür ausgeben
> soll. Ist es teurer als der von Ihnen genannte Preis, bringt er kein
> Bier mit. Sie vertrauen Ihrem Freund und haben keine Möglichkeit,
> mit dem Bierverkäufer zu verhandeln. Welchen Preis nennen Sie
> Ihrem Freund?" (Thaler 1988, S. 203).

Die Situation entspricht dem Ultimatum-Spiel, wobei Sie sich in
der Rolle von Spieler 2 (akzeptieren oder ablehnen) befinden. Wie sich
zeigte, war der angegebene akzeptierte Höchstpreis abhängig vom Laden: Beim Luxushotel wurde ein Preis von $2,65 genannt, beim Le-
bensmittelladen jedoch nur $1,50. Ganz offensichtlich mögen es
Menschen nicht, wenn sie übers Ohr gehauen werden. Ein Luxushotel
mit all seinen Kosten darf mehr verlangen als ein heruntergekommener
Lebensmittelladen, und was beim Laden als unverhältnismäßig emp-
funden wird, ist für das Luxushotel akzeptabel.

Dass sich die Menschen nicht nur im Experiment, sondern im
ganz normalen Leben ebenso verhalten, zeigt folgendes Beispiel: Nach
einer langen Fahrt kamen wir – eine große Familie mit fünf Kindern –
an einem einsamen Hotel an. Es war schon dunkel, das nächste Hotel
würde wahrscheinlich Stunden entfernt sein, und wir waren alle müde.
Also gingen wir hinein und fragten, of zwei Zimmer frei wären. Ja, es
wären gerade noch Zimmer frei, für gut 200 Dollar die Nacht, pro
Zimmer. Diese waren nicht üppig und die Betten waren die unbe-
quemsten und zugleich die teuersten, in denen wir in diesem Urlaub
genächtigt hatten. Wir waren auf das Ultimatum-Spiel hereingefallen,

das die Hotelbesitzer offensichtlich gut beherrschten. erst am anderen Morgen nach begonnener Weiterfahrt lernten wir, dass es an der Strasse durchaus noch weitere Hotels gegeben hätte, die so aussahen, als seien sie günstiger und vor allem preiswerter. Wir wussten dies am Vorabend jedoch nicht und akzeptierten ein recht unfaires Angebot.

## Spiel im Scanner

Glücklicherweise ist die Mehrheit der Menschen einigermaßen fair und schlägt beim Ultimatum-Spiel eine fifty-fifty-Verteilung (in der Rolle des Spielers 1) vor; und etwa die Hälfte (aller Spieler 2) schlägt für sie ungünstige Aufteilungen von z.B. acht Euro (für Spieler 1) zu zwei Euro (für Spieler 2) aus. Beides dürfte aus rein ökonomischer Sicht nicht vorkommen, d.h. widerspricht der Theorie vernünftigen wirtschaftlichen Verhaltens, die den „perfekten" rationalen Menschen voraussetzt. Menschen sind aber nicht (nur) rational, sondern auch emotional. Wie die Neurobiologie gerade in den vergangenen zehn Jahren gezeigt hat, können emotionale Prozesse *bei scheinbar rein rationalen Entscheidungen* eine wichtige Rolle spielen (Greene et al. 2001).

Um diesen Prozessen beim Ultimatum-Spiel direkt nachzugehen, untersuchten Sanfey und Mitarbeiter (2003) insgesamt 19 Probanden im Scanner (vgl. Abb. 12.1), die jeweils den Part des Spielers 2 hatten, da dessen reales Verhalten bei ungerechten Offerten ganz besonders der Wirtschaftstheorie widerspricht (wer wird denn ein Geschenk ablehnen?). Auf der Verhaltensebene zeigte sich das bekannte Muster (Abb. 12.2), d.h., die Spieler schlugen unfaire Offerten des Spielers 1 aus und verloren dabei Geld.

Der Blick ins Gehirn der Spieler verrät, warum dies so ist (Abb. 12.3): Bei unfairen Angeboten kam es (im Vergleich zu fairen Angeboten) beim Spieler 2 zu einer vermehrten Aktivität im Bereich der vorderen Insel (beidseitig), des rechten dorsolateralen präfrontalen Kortex (DLPFC) und des anterioren Gyrus cinguli (ACC). Diese Areale des Gehirns wiederum sind der Forschung nicht unbekannt. Sie haben vielmehr ganz bestimmte Funktionen, die man aus anderen

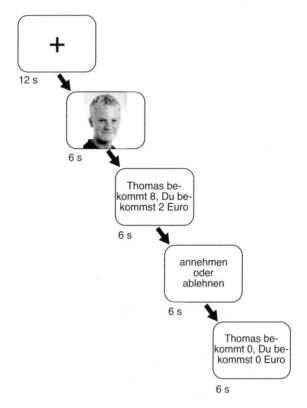

**12.1** Das Ultimatum-Spiel im Magnetresonanztomografen. Nach einer Ruhepause von 12 Sekunden (man sah nur das Fixationskreuz) sahen die Versuchspersonen den Spielpartner, mit dem sie jeweils nur einmal spielten, für 6 Sekunden. Danach sahen sie das Angebot des Partners für 6 Sekunden, woraufhin sie weitere 6 Sekunden Zeit hatten, sich zu entscheiden, ob sie das Angebot annehmen oder nicht. Am Schluss wurde für 6 Sekunden das Resultat des Spiels gezeigt (nach Sanfey et al. 2003, S. 1756).

Studien sowie aus den Untersuchungen von Patienten mit Störungen im Bereich dieser Areale kennt. Anders formuliert: *Wo* im Gehirn eine bestimmte Funktion ausgeführt wird, ist nur so lange uninteressant,

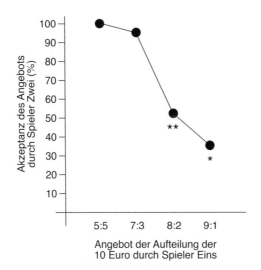

**12.2** Ausmaß der Akzeptanz des Angebots von Spieler 1 durch Spieler 2 in Abhängigkeit von der Fairness der Aufteilung. Wie man sieht, kommt es bei unfairen Angeboten zunehmend zur Ablehnung, beim Angebot von 8:2 hoch signifikant (p = 0,003) und beim Angebot von 9 zu 1 signifikant (p = 0,02) (nach Sanfey et al. 2003, S. 1756).

wie man nichts über diesen Ort aus anderen Studien weiß. Ist dies jedoch der Fall, kann man sehr viel daraus lernen, wo genau ein Prozess bzw. eine Funktion sich im Gehirn abspielt. So auch in dem hier vorliegenden Fall.

So wurde die Insel, lange ein Gebiet, über das man vergleichsweise wenig wusste, in funktionellen Bildgebungsstudien jüngeren Datums immer wieder mit unangenehmen körperlichen Empfindungen wie Schmerzen (Derbyshire et al. 1997, Iadarola et al. 1998, Evans et al. 2002), Hunger und Durst (Denton et al. 1999, Tataranni et al. 1999) bzw. autonomen körperlichen und insbesondere negativen emotionalen Reaktionen wie Wut oder Ekel in Verbindung gebracht (Critchley et al. 2000, Calder et al. 2001, Damasio et al. 2000, Phillips et al. 1997). Hier zeigt sich nun, dass dies nicht nur ganz konkret im Hin-

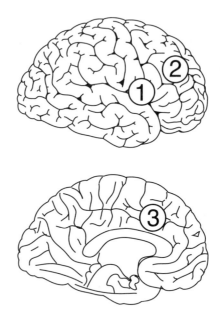

**12.3** Schematische Darstellung der zentralnervösen Aktivierung bei Spieler 2 nach einem unfairen Angebot im Ultimatum-Spiel durch Spieler 1. Unfaire Angebote aktivieren die vordere Insel beidseitig (1, nur rechts dargestellt), den rechten dorsolateralen präfrontalen Kortex (2) und den anterioren Gyrus cinguli (3) (nach Sanfey et al. 2003, S. 1757).

blick auf beispielsweise den Geschmack oder Geruch von Nahrung der Fall ist, sondern eben auch im Hinblick auf entsprechende Gefühle, die dann auftreten, wenn man sich ungerecht behandelt fühlt (vgl. Abb. 12.4).

Wie aus Abbildung 12.5 hervorgeht, ist der Effekt umso deutlicher, je ungerechter das Angebot ist. Sanfey und Mitarbeiter konnten in ihrer Studie sogar zeigen, dass die Aktivierung der Insel mit der Tendenz des Probanden, die unfaire Offerte abzulehnen, signifikant korrelierte. Selbst auf der Ebene einzelner Entscheidungen war der Effekt nachweisbar, d.h., bei Ablehnungen war die Insel aktiver als bei An-

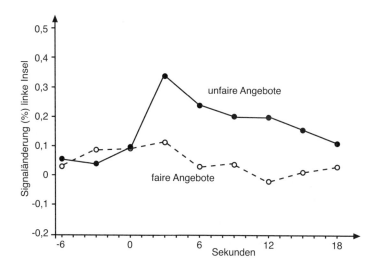

**12.4** Ereigniskorrelierte Signaländerung in der linken Insel bei fairen und unfairen Angeboten. Diese wurden jeweils zum Zeitpunkt 0 Sekunden den Probanden im Scanner mitgeteilt. Die Zunahme des Signals bei unfairen Angeboten ist signifikant (nach Sanfey et al. 2003, S. 1757).

nahmen unfairer Angebote. Die Insel scheint damit so etwas wie der zentralnervöse Repräsentant von Neid, Ärger und Abscheu bei subjektiv erlebter unfairer Behandlung zu sein. Was aber machen die anderen beiden Areale?

Vom dorsolateralen präfrontalen Kortex (DLPFC) ist seit langem bekannt, dass er für „vernünftige Verhaltensweisen", für das Planen, für zielgeleitetes Handeln etc. zuständig ist. Er ist das Areal, das uns sagt, was gerade los, sinnvoll und zu tun ist. Im Gegensatz also zur Insel, die bei emotionalen Prozessen eine Rolle spielt, ist der DLPFC für kognitive Prozesse der Kontrolle und Zielaufrechterhaltung zuständig. Hieraus leiten die Autoren die folgende Interpretation der Aktivierung des DLPFC bei unfairen Angeboten ab:

„Die Aktivierung des DLPFC bei unfairen Angeboten könnte daher mit der Repräsentation und aktiven Aufrechterhaltung der kogniti-

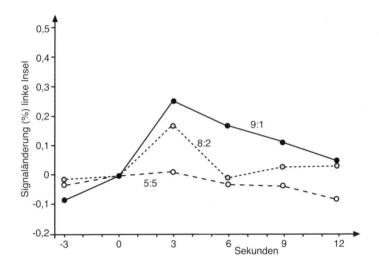

**12.5** Aktivierung (ereigniskorrelierte Signaländerung) der linken Insel des Spielers 2 bei unterschiedlichen Angeboten, die von fair (5:5) über wenig fair (8:2) bis ganz unfair (9:1) reichten. Man sieht deutlich, dass die Reaktion umso stärker ausfällt, je unfairer das Angebot war (nach Sanfey et al. 2003, S. 1757).

ven Anforderungen der gestellten Aufgabe zusammenhängen, d.h. mit dem Ziel, so viel Geld wie möglich zu verdienen. Wie man an den erhöhten Ablehnungsraten sehen kann, ist ein unfaires Angebot schwerer zu akzeptieren; daraus wiederum lässt sich ableiten, dass unfaire Angebote höhere kognitive Anforderungen an den Spieler stellen, insbesondere wenn es darum geht, die starke emotionale Tendenz, das Angebot abzulehnen, zu durchbrechen" (Sanfey et al. 2003, S. 1757; Übersetzung durch den Autor).

Sitzen also in der rechten Insel eher Neid und Missgunst, so geht es dem Frontalhirn schon eher um das Geldverdienen. Entsprechend konnte man sogar zeigen, das der DLPFC dann aktiver war als die Insel, wenn unfaire Offerten akzeptiert wurden; umgekehrt war die Insel aktiver, wenn unfaire Angebote abgelehnt wurden. Der DLPFC und die Insel sind damit gleichsam Gegenspieler, der eine will Geld, der andere Gerechtigkeit, und es setzt sich mal der eine und mal der andere im konkreten Verhalten durch.

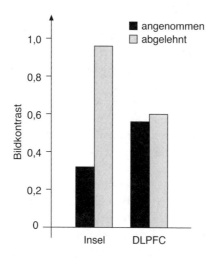

**12.6** Aktivität in der rechten Insel und dem rechten dorsolateralen präfrontalen Kortex (DLPFC) bei unfairen Angeboten in Abhängigkeit davon, ob die Angebote angenommen oder abgelehnt wurden. Ist die rechte Insel aktiv, wird ein unfaires Angebot eher abgelehnt, ist der DLPFC aktiv, wird ein unfaires Angebot eher angenommen.

Unfaire Angebote führen somit in jedem Fall zu einem Konflikt. Dies wiederum erklärt die Aktivierung der dritten, oben bereits genannten Struktur des anterioren Gyrus cinguli. Von diesem in der Mitte des Gehirns liegenden Bereich der Gehirnrinde ist unter anderem bekannt, dass er durch Konflikte zwischen unterschiedlichen Reaktionsmöglichkeiten aktiviert wird (Botvinick et al. 1999, MacDonald et al. 2000). Dieses „conflict monitoring" bezieht sich im Fall der hier vorliegenden Studie ganz offensichtlich auf den Konflikt zwischen Neid und Geld (Camerer 2003, S. 1674).

## Das Gehirn an der Börse

Man hat übrigens auch schon die körperlichen Begleitreaktionen von Börsenmaklern während ihres Geschäfts untersucht. Lo und Repin (2003) verkabelten Börsenmakler ganz ähnlich, wie oben (vgl. Kap. 7) für die Schulkinder und Lokomotivführer beschrieben. Die Autoren registrierten Hautwiderstand, Blutvolumenpuls, Puls, Elektromyogramm und Körpertemperatur bei zehn professionellen Finanzmaklern eines großen Bostoner Finanzdienstleisters während der Arbeit. Erfahrene Börsianer wiesen in dieser Studie zwar weniger emotionale Reaktionen auf Börsenereignisse auf als weniger erfahrene, aber dennoch wurde deutlich, dass alle nicht nur mit dem Verstand, sondern auch mit dem Gefühl ihre Arbeit machten. Emotionen, so wurde eindeutig nachgewiesen, spielen auch im Tagesgeschäft der Finanzprofis eine ganz bedeutende Rolle.

Wenn die Reaktionen des Körpers für Bewertungsprozesse eine Rolle spielen und wenn im Gehirn kleine Mengen an Neuromodulatoren, zu denen Dopamin, aber auch Serotonin gehören, eine große Rolle bei der Produktion und Übermittlung von bewertender Informationsverarbeitung und bei Entscheidungsprozessen eine Rolle spielen, so könnte es durchaus sein, dass sich Einflüsse auf diese Systeme entsprechend bemerkbar machen. Vielleicht gibt es hierzu sogar schon ein Beispiel, über das ich in spekulativer Weise vor dem Höhepunkt der Börsenwerte im März/April 2000 publiziert hatte (Spitzer 2000) und das aus gegenwärtiger Sicht seine Brisanz keineswegs eingebüßt hat.

Vor etwa fünf Jahren, also zu den besten Zeiten der Börse weltweit, wurde eine Überlegung im Internet und manchen Printmedien verbreitet, die damals keiner so richtig ernst nahm. Es ging um den Zusammenhang zwischen einem bestimmten Neurotransmitter – Serotonin – und den Aktienkursen. Wie jeder weiß, sind deren Schwankungen nur zum Teil ökonomisch und rational erklärbar, geht es doch auch um die „Psychologie" der an der Börse beteiligten Menschen, d.h. um deren Einschätzung und Bewertung vor allem zukünftiger Ereignisse. Wie sich mittlerweile bis in die Chefetagen von Wirtschaftsunternehmen herumgesprochen hat und wie an Büchern wie *Psychological Finance* und *Irrational Exuberance* und anderen deutlich wird, unterliegt die Wirtschaft in hohem Maße solchen objektiv schwer fassbaren emotional betonten Meinungen, Wünschen, Hoffnungen und Erwartungen.

Jeder Psychiater weiß, dass ein depressiver Mensch dazu neigt, die Zukunft schwarz zu sehen, der engagierte und mitreißende Maniker hingegen erlebt die kommende Zeit als Chance und Herausforderung, er ist ganz besonders stark und in pathologischer Weise *über die Welt hinaus* (vgl. Kap. 6). Zur Rolle der Affektivität bei kognitiven Prozessen liegen mittlerweile auch experimentelle Untersuchungen vor, die belegen, dass Informationen, die zur Stimmung passen, einen Verarbeitungsvorteil erfahren. Wer also gerade fröhlich ist, kann mit trauriger Musik oder schwermütiger Literatur wenig anfangen. Und wem gerade nicht zum Lachen zumute ist, der erlebt Komik eher als Zynismus, Abwertung oder Desinteresse.

Aus diesem Grunde ist es denkbar, dass kleine Schwankungen in der Affektlage vieler am Spiel beteiligter Menschen sich zu größeren Effekten addieren können. Hierfür ein Beispiel: Wie Abbildung 12.7 zeigt, erfolgten drei größere Zusammenbrüche an der Börse jeweils im Herbst, d.h. der Jahreszeit, in der auch die *saisonal bedingte Depression* den Höhepunkt ihres Auftretens hat. Der entsprechende etwas schwärzer gefärbte Blick in die Zukunft vieler an der Börse beteiligter Menschen mag sich addiert und zum Losbrechen der Lawine geführt haben, die dann, einmal ausgelöst, von selbst weiterlief.

Vor diesem Hintergrund ist eine zu Anfang des Jahres 2000 im *World Wide Web* publizierte Arbeit des Psychiaters Randolph Nesse von Interesse, die sich mit dem damals anhaltenden Boom an der Börse beschäftigte. Die These des Autors stellte gleichsam eine Umkehrung des gerade diskutierten Arguments zum Zusammenhang von *Autumn Blues* und *Börsencrash* dar: Der anhaltende Boom sei Resultat der pharmakologisch bedingten erhöhten Serotoninkonzentration in den Gehirnen der Investoren, ermöglicht durch die weite Verbreitung moderner Antidepressiva, insbesondere der Serotoninwiederaufnahmehemmer.

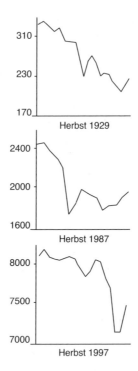

**12.7** Entwicklung des Dow-Jones-Börsenindex, jeweils im Oktober der drei Jahre, die aufgrund der rasanten Abwärtsentwicklung in die Wirtschaftsgeschichte eingingen (nach Schumacher 1997).

Im Einzelnen führte Nesse die folgenden Fakten für die USA an: Im vergangenen Jahr wurden 233 Millionen Rezepte für Psychopharmaka ausgestellt, davon zehn Millionen für das Antidepressivum Fluoxetin. Mit Antidepressiva insgesamt wurden im Jahr zuvor 6,3 Milliarden US-Dollar umgesetzt, hinzu kamen die vielen rezeptfreien pflanzlichen Präparate wie Johanniskraut etc. Nesse schätzte, dass 20 Millionen Amerikaner, also etwa jeder Zwölfte, ein Antidepressivum einnahmen. Unter der Annahme, dass moderne Antidepressiva vor allem von Mitgliedern der Mittel- und Oberschicht eingenommen werden, ergibt sich, dass ein nicht unbeträchtlicher Teil der Finanzjongleure unter dem Einfluss einer artifiziell erhöhten Gehirn-Serotonin-Konzentration seine Arbeit verrichtet. Was könnte die Folge sein?

Nesse wusste damals nicht, was an der Börse in unmittelbarer Zukunft bevorstand, aber er vermutete folgendes Szenario *vor* der andauernden Baisse mit Beginn vom Frühjahr 2001 (siehe Abb. 12.8):

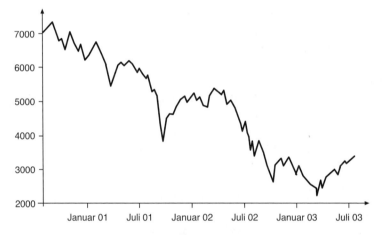

**12.8** Entwicklung der Börse von Mitte 2000 bis Sommer 2003.

Bekanntermaßen führen Serotoninwiederaufnahmehemmer bei schüchternen Menschen zu einer Reduktion der Schüchternheit, bei ängstlichen Menschen zu einer Verminderung der Angst und bei gehemmten Menschen zu einem Abbau von Scheu. Wenn nun ein millionenfach verwendetes Medikament in dieser Weise sehr viele Menschen beeinflusst, von denen wiederum viele an der Börse beteiligt sind, ist ein Zusammenhang von Gehirnserotoninkonzentrationen bei Investoren einerseits und Dax bzw. Dow andererseits keineswegs auszuschließen.

Nun ist die Börse zwar kein Nullsummenspiel, die Aktienkurse spiegeln jedoch keineswegs die tatsächliche Wertschöpfung, sondern repräsentieren – in zunehmendem Maße – wie oben bereits angedeutet vor allem psychologische Momente wie Erwartung, Zukunftsglaube und ganz allgemein Emotionalität. Wird diese medikamentös beeinflusst, kann man die Frage nach den langfristigen Auswirkungen stellen. Eine höhere Gesamtkonzentration an Serotonin in den Köpfen von Millionen von Börsianern könnte zunächst zu einem langen und scheinbar ungebrochenen Boom führen, der jedoch aufgrund der Gesetze der Ökonomie nicht ewig andauern kann. Die Seifenblase platzt dann zunächst nicht, sie wird jedoch größer, als dies normalerweise der Fall ist, und birst später mit umso größerer Vehemenz.

Die bisherigen Einbrüche von 1929, 1987 und 1997 könnte man als Ausdruck irrationaler Herbst-Depressivität betrachten, fanden sie doch immer in dieser Jahreszeit statt. Im Frühjahr 2000 war dann die Luftblase so groß geworden, dass sie nur noch platzen konnte, unabhängig von der Herbstdepression (die ja ohnehin zwar nicht flächendeckend, aber immerhin bei vielen behandelt war). Millionen behandelter depressiver Menschen sorgen damit für längeres ungebremstes Wachstum an der Börse, führen dann jedoch zum deutlicheren, wenn auch etwas langsameren (man könnte sagen: durch Antidepressiva abgepufferten) Fall.

Diese Überlegung lässt sich nicht empirisch überprüfen. In Anbetracht der Tatsache jedoch, dass man im Bereich der Ökonomie erst seit kurzem damit anfängt, emotionale Prozesse überhaupt in das Kalkül mit einzubeziehen, erscheint es aufgrund der Tatsache, dass unser aller Wohl auch von der Börse abhängt (ich bin Beamter und besaß noch nie Aktien, aber meine Rente hängt dennoch indirekt auch von der Börse ab), ratsam, diese Vorgänge ernst zu nehmen und wissenschaftlich gründlich zu erforschen!

## Die Pille und die Gesellschaft

Dass medizinischer Fortschritt in Pillenform die Gesellschaft tief greifend verändern kann, ist mittlerweile eine Binsenweisheit, denn die Auswirkungen der hormonellen Antikonzeption haben dies längst gezeigt: Käufliche künstliche Hormone haben weibliche Emanzipation und venerische Infektionen, kleine Familien und reformbedürftige Rentenkassen nach sich gezogen, ohne dass die Gesellschaft bei deren Einführung all dies erwogen hätte. Gewiss, es wurden Diskussionen geführt. Man muss jedoch aus heutiger Sicht festhalten, dass die Diskussionen um Moral und Glaubensfragen den Blick für das, was in der Gesellschaft wirklich geschehen ist, eher verstellt als frei gemacht haben.

Ähnlich mag es uns mit den Auswirkungen der Psychopharmakologie gehen. Psychiater werden sicherlich noch lange über die Einteilung von depressiven Erkrankungen in psychologische und biologische streiten, ungeachtet der Tatsache, dass die Bevölkerung sich bei Depressivität längst Hilfe vom Psychotherapeuten *und* aus der Apotheke holt, also vor manchen Psychologen und Psychiatern begriffen hat, dass eine Depression ein Geschehen ist, das Gehirn und Geist betrifft.

## Fazit

Entscheidungen in der Wirtschaft sind ein gutes Modell für Entscheidungsprozesse überhaupt: Es geht um etwas, es muss abgewogen werden, man muss sie zu einem bestimmten Zeitpunkt fällen, und die Entscheider werden für ihre Arbeit hoch bezahlt. Auch wirtschaftliche Entscheidungen gehen im Gehirn vor sich.

Vor dem Hintergrund, dass Ökonomen manche Verhaltensweisen des Menschen in wirtschaftlichen Entscheidungssituationen nicht erklären konnten, obwohl ihre Theorien in anderen Situationen gut funktionieren, untersuchte man die Aktivierung des Gehirns beim so genannten *Ultimatum-Spiel,* einer sehr einfachen standardisierten wirtschaftlichen Entscheidungssituation. Man identifizierte hierdurch drei kortikale Areale, die dann, wenn jemand ein unfaires Angebot erhält, stärker aktiviert werden, die Insel beidseitig, den DLPFC und den anterioren Gyrus cinguli. Aufgrund des vorhandenen Wissens über die Funktion dieser Strukturen könnte man dies dahingehend interpretieren, dass das Erleben von Neid und Missgunst bei einem unfairen Angebot in der Insel lokalisiert ist, der Wunsch nach Gewinn dagegen im Frontalhirn. Entsprechend konnte man sogar zeigen, dass der DLPFC dann aktiver war als die Insel, wenn unfaire Offerten akzeptiert wurden (das Geld siegte); umgekehrt war die Insel aktiver, wenn unfaire Angebote abgelehnt wurden (der Neid siegte). Der DLPFC und die Insel sind damit gleichsam Gegenspieler, der eine will Geld, der andere Gerechtigkeit, und es setzt sich mal der eine und mal der andere im konkreten Verhalten durch. Der Konflikt zwischen beiden wird in jedem Fall durch den anterioren Gyrus cinguli angezeigt.

Vielleicht ist es nur noch eine Frage der Zeit, wann man damit beginnt, Finanzexperten, Tarifpartner und andere Verhandlungsführer aus Politik und Wirtschaft routinemäßig – oder zumindest immer dann, wenn es wirklich um etwas geht – vor oder noch besser während der Verhandlungen in den Scanner zu legen.

# 13 Freiheit und Wissenschaft

Das Gehirn bestimmt sich selbst aktiv. Es ist nicht einfach nur ein komplizierter passiver Reflexapparat, sondern sucht Information, wenn sonst nichts zu tun ist, will Ungewissheit (d.h. Unwissenheit über die Welt) minimieren und ist mit seinen Interpretationen immer auch schon ein kleines Stück weit über die Welt hinaus. Kurz: Das Gehirn ist – gerade aus der Sicht der empirisch-naturwissenschaftlichen Forschung – nicht Spielball, sondern Spieler!

Diese Sicht ist nicht sehr alt. Jahrzehntelang schien die Gehirnforschung unausweichlich darauf hinauszulaufen, dass unser Gehirn nichts weiter ist als ein reflexhaft mechanischer Apparat und dass wir deswegen „eigentlich" unfrei sein müssen. Je mehr man sich mit dem Gehirn wissenschaftlich beschäftigte, so schien es, desto mehr schien die ganze Sache darauf hinauszulaufen, dass wir durch unser Gehirn bestimmt werden. Manche Neurowissenschaftler erklärten uns gar für Marionetten unseres Gehirns. Im gesamten Buch ging es mir bisher darum, zu zeigen dass sich das menschliche Gehirn so entwickelt hat, dass es sich immer mehr Freiheitsräume schafft und immer weniger durch die Umwelt determiniert ist. Aber es gibt Leute, die noch mehr wollen und ganz prinzipiell die Frage nach der Freiheit des Menschen im Rahmen von dessen naturwissenschaftlicher Aufklärung stellen.

In diesem Kapitel möchte ich vor diesem Hintergrund Folgendes zeigen: Selbst wenn unser Gehirn tatsächlich wie ein Uhrwerk funktionieren würde, wären wir frei. Diese Freiheit wäre nicht eingebildet oder nur ein Gefühl, sondern sie wäre logisch nicht hinwegzudiskutieren und mindestens so real wie Zahnschmerzen. Die Argumentation ist nicht ganz einfach und hat eine längere Tradition. Sie wirft jedoch noch ein ganz anderes Licht auf skeptische und zuweilen sogar fatalis-

tische Überlegungen zu uns selbst. Wer also glaubt, sein Gehirn mache
ja alles für ihn, wer sich durch Wissenschaft und Forschung in seiner
Freiheit bedroht fühlt und wer gar am liebsten gar nichts mehr tun
würde, weil er sich als entscheidende und handelnde Person demon-
tiert sieht, für den ist dieses Kapitel geschrieben. Die Mühe lohnt sich.

## Determinismus: vom Dämon zum Papiertiger

Das Problem des Selbstbestimmens ist nicht neu. Mit dem Aufkommen und vor allem mit den Erfolgen der Naturwissenschaften im 17.
und 18. Jahrhundert musste es sich immer mehr aufdrängen und
zwangsläufig zuspitzen. In der Naturwissenschaft wird die Welt unter
dem Vorgriff betrachtet, dass sie nach streng kausalen bzw. mechani-
schen Prinzipien funktioniert. Auf Leibniz (vgl. Kap. 1) geht der Satz
vom zureichenden Grund zurück, der besagt (in kausaler Hinsicht),
dass jeder mechanische Zustand durch zureichende Gründe eindeutig
bestimmt ist bzw. dass gleiche Ursachen gleiche Wirkungen haben.

Im Denken des französischen Mathematikers, Physikers und As-
tronomen Pierre-Simone Laplace (1749–1827) wurde daraus die Idee
eines unendlich fähigen Geistes, der unter der Annahme eines mecha-
nischen Weltbildes bei Kenntnis der Anfangsbedingungen aller Bewegungsabläufe und – wie wir heute sagen würden – unendlich großer
Rechenkapazität jedes Ereignis vorhersagen kann. Laplace bezog sich
mit dieser Idee direkt auf Leibniz. Spricht man heute von Determinismus, also vom Gegenteil von Freiheit, dann meint man oft diese Idee
der Voraussagbarkeit in ihrer zugegebenermaßen von Laplace sehr
streng formulierten Form. Es war übrigens der Physiologe Du Bois-
Reymond, der im vorvergangenen Jahrhundert den Ausdruck *Laplace'scher Dämon* für einen solchen universellen Geist einführte (vgl.
Mittelstraß 1984, S. 540f). Auf den Laplace'schen Dämon folgten weitere Fiktionen im Bereich der Naturwissenschaft, so der auf Lord Kel-
vin zurückgehende Maxwell'sche Dämon sowie der von Manfred eigen
konzipierte Monond'sche Dämon. Aber bleiben wir bei Laplace und

seiner Idee, dass ein Supercomputer, gefüttert mit den Anfangsbedingungen und den Naturgesetzen, die Welt vollständig berechnen könnte.

Angesichts dieser Sicht der Dinge noch von Freiheit und Selbstbestimmen zu reden, erscheint äußerst problematisch, um nicht zu sagen: hoffnungslos. Für beides gibt es offenbar keinen Platz in einer vollkommen deterministisch verstandenen Natur. Richtig gefährlich wird es dann sogar, wenn aus der Tatsache, dass alles bestimmt sei, gefolgert wird, dass man selbst aus genau diesem Grund ja gar nichts tun könne, d.h. seine Geschicke gerade nicht selbst bestimmen könnte. Daraus könnte man wiederum die beiden folgenden Behauptungen ableiten, die der Philosoph Ulrich Pothast (1980, S. 191) wie folgt formuliert hat:

> „(1) Es ist sinnlos, dass ich gute Gründe für meine Entscheidung suche, denn wie ich handeln werde, liegt schon fest...
> (2) Es ist sinnlos, dass ich mich gegen eine Tendenz des Weltlaufs (sei sie in mir oder außerhalb meiner angelegt) stelle, denn der Weltlauf wird sich durchsetzen."

Die Konsequenzen dieser beiden Überlegungen sind ungut, worauf Pothast mit Recht hinweist:

> „Der erste Satz enthält den Verzicht auf die moralische Rechtfertigung des eigenen Handelns, der zweite den Verzicht auf Anstrengungen, die einer vermeintlich festgestellten Tendenz zuwiderlaufen. Beides hat zur Folge, dass der Handelnde sich typische Unannehmlichkeiten einer Entscheidungssituation ersparen kann: Er braucht seine Entscheidung nicht mehr vor sich und anderen zu begründen, und er kann sich, wo es bequem ist, den Handlungsspielraum als so klein deuten, dass unangenehme oder schwierige Handlungen nicht mehr in Frage kommen. Willkür und Passivität lassen sich fast beliebig rationalisieren."

Der beschriebene radikale Fatalismus übersieht also, dass die Behauptungen (1) und (2) nicht zwingend aus der Annahme folgen, dass alles determiniert ist. Ich kann erstens annehmen, dass auch meine moralischen Überlegungen und mein Streben nach Begründung bestimmt sind. Dann widerspricht begründendes Handeln nicht dem Determinismus. Ich kann zweitens zusätzlich annehmen, dass eine unbequeme

Alternative vorherbestimmt ist. Aus dem Determinismus folgt also
ebensowenig zwingend, dass ich immer nur das tue, was gerade am einfachsten ist.

Kein anderer als der Physiker Max Planck (1858–1947)
beschäftigte sich mit diesen Überlegungen sehr genau und stellte hierzu
mit Recht fest:

> „Wenn wir als Fatalisten die Hände in den Schoß legen wollten und
> abwarten, was passiert, in der Meinung, daß es sich nicht verlohne,
> über unsere zukünftigen Handlungen nachzudenken, da diese doch
> durch das Kausalgesetz genau vorherbestimmt seien, so würden wir
> uns einer verhängnisvollen Selbsttäuschung hingeben. Denn tat
> sächlich würden wir mit diesem Entschluß eine freie Willensent
> scheidung treffen" (Planck 1936).

Dennoch bereitet uns der Laplace'sche Dämon irgendwie Unbehagen. Dies liegt vielleicht daran, dass uns Geschichten über Vorsehung und Schicksal spätestens seit der Antike fasziniert haben. Man
denke nur an Ödipus und die vielen anderen Dramen, in denen der
Held einer Weissagung zu entgehen sucht und sie durch sein diesbezügliches Tun dann gerade in Erfüllung gehen lässt. Wenn also die
Welt, seit Laplace klar und deutlich formuliert, wie ein Uhrwerk funktioniert, wird die Möglichkeit zur Selbstbestimmung zum Problem.

## Die Scheinlösung

Wie gut, so könnte man seit knapp einhundert Jahren argumentieren,
dass die Wissenschaft festgestellt hat, dass es den Laplace'schen Dämon
nun doch nicht gibt. Die Natur ist nicht durchgängig kausal determiniert, makroskopisch scheint es nur so. In Wahrheit liegen am Grunde
der Dinge Wahrscheinlichkeiten – so lehrt die Physik von Werner Heisenberg über Richard Feynman bis zur Gegenwart. Die Quantenphysik zeigt, dass im mikrophysikalischen Bereich die strenge Gültigkeit
des Kausalprinzips nicht mehr nachweisbar ist. Die Beispiele sind hinlänglich bekannt:

Heisenbergs *Unschärferelation* zufolge lassen sich der Ort und der Impuls eines Teilchens im atomaren Bereich nicht mehr mit beliebiger Genauigkeit bestimmen. Die Position von Atomen ist – ganz prinzipiell – so unscharf, dass nach etwa 20 Kollisionen einer Billiardkugel mit einer anderen nicht mehr vorhergesagt werden kann, ob die nächste Kugel noch trifft. *Quantensprünge* erfolgen ohne jegliche Ursache. Nicht anders verhält es sich mit dem *radioaktiven Zerfall*: Zwar lässt sich von einer größeren Anzahl von Uranatomen sagen, dass in viereinhalb Milliarden Jahren nur noch die Hälfte von ihnen da sein wird. Von einem einzelnen Uranatom jedoch lässt sich der Zeitpunkt seines Zerfalls prinzipiell nicht angeben. Die genannten Sachverhalte machen deutlich, dass die Physik des 20. Jahrhunderts aus dem weltbeherrschenden Laplace'schen Dämon einen Papiertiger gemacht hat.

Es dauerte nicht lange, bis die dramatischen Veränderungen im Weltbild der Physik ihre Auswirkungen auf das Problem des Selbstbestimmens hatten. Der deutsche Physiker Pascual Jordan (1902–1980), der zusammen mit Heisenberg, Max Born und Wolfgang Pauli die Quantenmechanik und die Quantelektrodynamik begründete, brachte mit seiner *Verstärkertheorie* als Erster die Sache klar auf den Punkt. In logischer Hinsicht bestand sein Argument gegen die Unfreiheit und den resultierenden Fatalismus des Menschen ganz einfach in der Leugnung von der Prämisse: Wenn die Welt nicht durchgängig kausal bestimmt ist, dann sind es Menschen auch nicht.

Inhaltlich argumentierte Jordan wie folgt: In Lebewesen findet eine Verstärkung von nicht kausal bestimmten mikrophysikalischen Ereignissen statt. Daher der Name Verstärkertheorie. In Jordans eigenen Worten lautet sie wie folgt:

„Für die organische Natur ist kennzeichnend, daß die Akausalität bestimmter atomarer Reaktionen sich verstärkt zur makroskopisch wirksamen Akausalität" (Jordan 1932, S. 820).
„Gerade solche organischen Reaktionen, durch welche nach den Ergebnissen der Physiologie die grob makroskopischen Reaktionen des Tier- und Menschenkörpers dirigiert werden ..., sind ... vielfach von einer bis ins atomistische Gebiet reichenden Feinheit; sind also deterministischer Kausalität nicht mehr unterworfen" (Jordan 1932, S. 819).

Wie Jordan sich die Funktionsweise eines lebenden Organismus nach dem Prinzip einer Verstärkung zufälliger Schwankungen im Einzelnen vorstellt, zeigt das folgende Zitat:

> „Nach dieser Hypothese würde also die Struktur und Funktionsweise eines Organismus ganz dieselbe sein wie diejenige einer Verstärkeranordnung, wie sie vom Physiker benutzt wird, um die akausalen Schwankungen eines stationären Prozesses bzw. seine atomaren Einzelprozesse zu makroskopischen Effekten zu verstärken. Nach dieser Auffassung – nennen wir sie kurz die Verstärkertheorie der Organismen – ist ja eine auffällige Verschiedenheit des Verhaltens der Organismen gegenüber den Gebilden der anorganischen Natur schon ohne weiteres verständlich. Ein Organismus wird nach dieser Theorie im Einzelfall akausal reagieren und sich damit wesentlich von anorganischen Gebilden unterscheiden" (Jordan 1932, S. 820).

Noch prägnanter formulierte Jordan sechs Jahre später an anderer Stelle:

> „Einzelne Quantensprünge bestimmter einzelner Moleküle der Zelle steuern entscheidend ihre gesamten Lebensfunktionen" (Jordan 1938, S. 545).

Jordan leitet daraus ab:

> „Die Behauptung des Determinismus, die Verneinung der Willensfreiheit, ist also ... durch die Erfahrungen der ... Atomphysik widerlegt" (Jordan 1932, S. 820).

Ein Gedicht im Stile Christian Morgensterns, das einem Artikel des Freiburger Biologen Bernhard Hassenstein mit dem Titel *Willensfreiheit und Verantwortlichkeit* entnommen ist, mag das Argument Jordans nochmals verdeutlichen:

> *Ein Wirkungsquant fliegt durch das Dorf,*
> *es sucht das Hirn des Herrn von Korf.*
> *Es findet dort in dem Gewühl*
> *ein ganz bestimmtes Molekül.*
> *Von Korf ist grad in schwerer Not:*
> *„Eß' Wurst- ich oder Käsebrot?"*

*Das Quant, das wirft sich in die Brust:*
*„Du glaubst, du willst! Allein: Du mußt!*
*Nie kannst die Freiheit du erringen.*
*Doch ich bin frei und kann dich zwingen!"*
*Elektron „9" sprach: „Spring' mich doch!"*
*Das Quant: „Ich überleg's mir noch."*
*Dann hat durch es Elektron „8"*
*'nen akausalen Sprung gemacht.*
*Von Korf nahm daraufhin spontan*
*die Wurst und fing zu essen an*
*und nahm die Sache ganz im Stillen*
*dann als Beweis für freien Willen.*
*Dem Quant hat das den Rest gegeben:*
*Freiwillig schied es aus dem Leben*
(Hassenstein 1979, S. 204).

Jordans Argument wurde nach dessen Publikation heftig disku-
tiert und spukt in Fachkreisen noch immer umher, wie der Erfolg von
Büchern aus den 1990er Jahren des Physikers Roger Penrose zeigt.
Dieser verlegt die Verstärkung mikrophysikalischer Akausalität in das
Zytoskelett von Zellen und argumentiert ansonsten ganz ähnlich wie
Jordan. Dies ist erstaunlich, denn bereits wenige Jahre nach seiner Pu-
blikation war das Argument Jordans bereits als empirisch unzutreffend
und als ethisch irrelevant entlarvt worden.

Im Jahr 1943 wurde von dem Biologen Bünning gezeigt, dass Lebewesen, die tatsächlich dem Zufall im Jordan'schen Sinne ausgeliefert
sind, überhaupt nicht lebensfähig wären. Man muss vielmehr umgekehrt annehmen, dass hochorganisierte komplexe Lebewesen nur
durch große Zuverlässigkeit ihrer Steuerung überhaupt lebensfähig
sind. Hassenstein brachte das Argument wie folgt auf den Punkt:

„Würde physikalische Akausalität wirklich eine wesentliche Rolle
spielen, so müßte sie diese Ordnung stören und wäre verhängnis-
voll. Sie kann demnach erst recht nicht das Wesentliche an der biologischen Steuerung sein" (Hassenstein 1979, S. 204).

Es ist erstaunlich, dass trotz der empirischen Widerlegung der Jordan'schen Verstärkertheorie vor nunmehr 60 Jahren die Diskussion bis heute andauert (eine gute systematische Übersicht und weiterführende Diskussion findet sich in Walter 1999). Dies liegt vielleicht daran, dass seine ethische Relevanz weniger klar widerlegt wurde. Geht es um den freien Willen, werden immer wieder (und vor allem immer noch) Begriffe wie *Quantensprung, Unschärferelation* oder *radioaktiver Zerfall* sehr rasch fallen. Es scheint einfach zu verlockend zu sein, den Gedanken der Freiheit des Menschen in irgendeiner Weise zu verknüpfen mit dem Gedanken des exakten Nachweises von Unexaktheit in der Natur.

Um der Frage nachzugehen, ob sich von hier aus tatsächlich eine Lösung des Problems der Willensfreiheit ergibt, nehmen wir einmal an, das von Jordan vorgetragene Argument träfe in irgendeiner Form zu. – Was wäre damit gewonnen?

## Selbstbestimmung und Verantwortung

Wenn es keine freie Selbstbestimmung gibt, so kann es auch keine Verantwortlichkeit geben. Wir können die Handlungen eines Menschen nur dann nach den Maßstäben von gut und böse bewerten und den Menschen loben oder ihn bestrafen, wenn wir ihm auch zugestehen, dass er frei gehandelt hat, d.h. dass er selbst bestimmt hat, was er getan hat.

Betrachten wir als Gegenbeispiel einen Kochtopf, der überkocht: Wir kämen nie auf die Idee, den Kochtopf auszuschimpfen oder ihn gar zu verurteilen, weil er übergekocht ist! Das Überkochen des Kochtopfs verstehen wir nicht als dessen Handlung, der eine Entscheidung zugrunde liegt. Das Überkochen ist vielmehr vollständig determiniert, d.h. kausal bedingt. Der Topf hat keine Freiheit, etwas anderes zu tun als überzukochen.

Menschen sind keine Kochtöpfe. Zwar können auch wir – wie der Volksmund nahe legt – gelegentlich Dampf ablassen, wenn man uns ordentlich einheizt; aber wir können es auch sein lassen. Wir bestimmen darüber, was wir tun, und genau deshalb sind wir auch dafür verantwortlich. Man kann es auch anders ausdrücken: Nur dann, wenn wir annehmen, dass der Mensch einen freien Willen hat und frei über sich und sein Tun bestimmen kann, sind die Voraussetzungen dafür gegeben, von Verantwortung bzw. von sittlich beurteilbarem Handeln zu sprechen. Aus keinem anderen Grund wird in Deutschland jeder Mörder grundsätzlich von einem Psychiater begutachtet, denn es könnte ja sein, dass die Tat gerade nicht das Resultat einer freien Willensentscheidung des Täters war, sondern Ausdruck einer Krankheit seines Gehirns. Wenn dem so ist, kann dies zu einer teilweisen oder sogar vollständigen Unfähigkeit des Täters zur Schuld führen.

Was aber ist mit Freiheit und Verantwortung, wenn wir frei sind, weil in unserem Kopf ein Quantensprung stattfindet und *nur aus diesem Grund?* Betrachten wir zur Verdeutlichung noch einmal unser Kochtopf-Beispiel: Sofern wir annehmen, dass der Kochtopf nicht kausal dazu determiniert ist, überzukochen, sondern dass der Zufall bestimmt, ob er überkocht oder nicht, haben wir dann Grund, das Überkochen als *Handlung* zu betrachten und es gut oder böse zu nennen? – Ich glaube nicht.

Als Vaterfigur der modernen Physik griff Max Planck noch in hohem Alter in die Debatte ein und kritisierte die Verstärkertheorie. Er meinte, ganz ähnlich wie gerade beschrieben, dass sittliche Verantwortung und die Annahme eines blinden, unsere Handlungen bestimmenden Zufalls gerade *nicht* vereinbar seien (vgl. Planck 1936, S. 302). Halten wir also fest: Die Annahme einer „Freiheit" des Menschen, die sich auf nichts anderes gründet als auf mikrokosmische Naturzufälligkeit, hilft im Hinblick auf die Beurteilung einer Handlung als gut und böse nicht weiter.

Damit ist die Theorie Jordans in zweifacher Hinsicht gescheitert: Zum einen muss bezweifelt werden, dass sie für Lebewesen zutrifft, und zum zweiten leistet sie nicht, was sie für die Begründung von Handlungen leisten sollte. Kurz, die Theorie ist nicht nur empirisch falsch, sondern auch ethisch unbrauchbar.

Wenn aber Freiheit in einer deterministisch verstandenen Natur nicht existiert und sich in einer sittlich relevanten Form aus einer indeterministisch verstandenen Natur nicht gewinnen lässt, wie gibt es Freiheit dann?

## Kant und Planck: eine Frage der Betrachtungsweise

In aller Schärfe gesehen und formuliert wurde die Frage, wie Kausalität einerseits und Freiheit andererseits zusammenpassen können, bereits vom deutschen Philosophen Imanuel Kant (1724–1804). Kants Lösung des Problems lautet kurz zusammengefasst wie folgt: Kausalität ist nicht etwas, das empirisch erfahren werden kann. Die Dinge liegen vielmehr umgekehrt. Unter der Voraussetzung, dass wir uns die Natur als kausal strukturiert denken, können wir überhaupt Zusammenhänge in der Natur erkennen. Anders ausgedrückt: Kausale Zusammenhänge werden nicht von der Wissenschaft in der Natur vorgefunden, sondern werden von uns an die Natur herangetragen, wann immer wir Erfahrungen machen. Kausalität ist nicht das *Ergebnis* von (wissenschaftlicher) Erfahrung, sondern deren *Voraussetzung* (oder wie Kant sagt: eine *Bedingung der Möglichkeit* von Erfahrung). Wenn aber Kausalität nicht in der Natur ist, sondern in uns, dann kann es auch keinen Widerspruch zwischen Kausalität und (unserer) Freiheit geben.

Der gleiche Gedanke wird von Max Planck etwas moderner wie folgt formuliert:

> „Wie in der Kant'schen Philosophie, so gehört auch in jeder Einzelwissenschaft der Kausalitätsbegriff von vornherein zu den Kategorien, ohne die Erkenntnis überhaupt nicht gewonnen werden kann" (Planck 1923, S. 154).

In der Naturwissenschaft werden Hypothesen formuliert durch Beobachtung und Experiment und auf ihren Wahrheitsgehalt geprüft. Dass es überhaupt Kausalität in der Natur gibt, kann jedoch keine solche naturwissenschaftliche Hypothese sein. Planck argumentiert entsprechend: Sofern man das Kausalgesetz eine Hypothese nennt (Planck: „... auf die Bezeichnung kommt es ja weniger an ..."), so ist es nicht irgendeine Hypothese, sondern

> „die Haupt- und Grundhypothese, nämlich die Vorbedingung dafür, daß es überhaupt einen Sinn hat, Hypothesen zu bilden" (Planck 1936, S. 158).

Hypothesen sind nämlich nichts anderes als Formulierungen von Regeln über bestimmte Zusammenhänge in der Natur. Und diese wiederum sind nur unter der Voraussetzung von Kausalität formulierbar.

So wie Naturerkenntnis nur unter der Voraussetzung von Kausalität möglich ist, so ist sittliches Handeln nur unter der Idee der Freiheit möglich. Solange wir einen Menschen als Naturwesen, d.h. empirisch, betrachten, ist er kausal bestimmt, wie Kant in seiner Kritik der reinen Vernunft (Kant 1781/1976) klar formuliert:

> „In Ansehung dieses empirischen Charakters [des Menschen] gibt es also keine Freiheit, und nach diesem können wir doch allein den Menschen betrachten, wenn wir lediglich beobachten und ... von seinen Handlungen die bewegenden Ursachen physiologisch erforschen wollen" (Kant (1781/1976), *Kritik der reinen Vernunft*, A 550).

Als naturwissenschaftlicher Beobachter eines anderen Menschen (heute würden wir sagen: als Psychologen und Gehirnforscher) können wir an ihm nichts als Kausalität feststellen, denn diese Beobachtungen stehen ja gerade unter dem Vorgriff bzw. unter der Vorannahme einer durchgängigen Kausalität. Sofern Freiheit möglich sein soll, muss es eine andere Perspektive als die naturwissenschaftliche geben, unter der ein Mensch betrachtet werden kann.

Damit sind wir keineswegs bei der Lösung des Problems angelangt. Es ist vielmehr zu fragen, wie es zu verstehen ist, dass ich – je nach Betrachtungsweise – einmal frei und einmal nicht frei sein soll. Welche Betrachtungsweisen kommen in Frage, wie hängen sie zusammen, und wie ist überhaupt die Rede von verschiedenen Betrachtungsweisen zu verstehen? Es war der oben bereits erwähnte Planck, der das Problem – zum Teil sich explizit auf Kant beziehend – mehrfach aufgegriffen hat,

> „die nämliche Frage, die sich wohl jedem nachdenklich veranlagten
> Menschen gelegentlich aufdrängt, – die Frage, wie das in uns
> lebende Bewußtsein der Willensfreiheit, welches aufs Engste gepaart
> ist mit dem Gefühl der Verantwortlichkeit für unser Tun und Las-
> sen, in Einklang gebracht werden kann mit unserer Überzeugung
> von der kausalen Notwendigkeit alles Geschehens, die uns doch
> jeder Verantwortung zu entheben scheint" (Planck 1936, S. 301).

Planck geht dieser Frage nach, indem er zunächst analysiert, was
für uns der Begriff „determiniert" heißt. In der Regel wird unter der
Determination einer Entscheidung deren Voraussagbarkeit verstanden. Die Frage, wie die Determination im Einzelnen abläuft, kann dabei offen bleiben.

> „Es genügt uns hier die Feststellung, daß ein Vorgang, welcher mit
> Sicherheit vorausgesehen werden kann, irgendwie kausal determi-
> niert ist, und umgekehrt, daß, wenn man von kausaler Gebunden-
> heit eines Vorgangs redet, dies immer zugleich auch in sich schließt,
> daß das Eintreten des Vorgangs vorausgesehen werden kann, natür-
> lich nicht von jedermann, wohl aber von einem Beobachter, der die
> nötigen Kenntnisse aller einzelnen Umstände besitzt, die zu Beginn
> der Vorgangs vorliegen, und der außerdem mit einem hinreichend
> scharfen Verstande ausgerüstet ist" (Planck 1936, S. 302).

Determination wird also bei Planck, wie man heute sagen würde,
*operationalisiert* durch den Begriff der Voraussagbarkeit. Wie die Beobachtung und die Voraussage durch den „scharfen Verstand" im Einzelnen gemacht wurden und ob dies in der Praxis möglich ist, soll nicht
erörtert werden, es wird vielmehr angenommen, dass dies möglich ist,
hier also keine prinzipiellen Probleme liegen. Unter der Voraussetzung
eines durch Voraussagbarkeit definierten Begriffs der Determination
argumentiert Planck nun wie folgt:

Nehmen wir an, vor der Entscheidung wird dem sich Entscheidenden das Ergebnis dieser Entscheidung und das Zustandekommen
des Ergebnisses mitgeteilt, d.h. nehmen wir also an, der oben erwähnte
scharfe Verstand würde in einen Entscheidungsprozess einzugreifen
versuchen im Sinne einer Determination. Die Mitteilung über das Ergebnis der Entscheidung und dessen Zustandekommen würde natürlich bei dem sich Entscheidenden erneute Überlegungen über die

Entscheidung – beispielsweise über jetzt bekannt gewordene unbewusste Motive etc. – in Gang bringen und das Ergebnis der Entscheidung möglicherweise ändern. Natürlich können wir nun annehmen, dass auch dieses geänderte Ergebnis der Entscheidung vorhergesehen bzw. vorausberechnet und dem sich Entscheidenden mitgeteilt wird. Abermals jedoch ist es diesem möglich, sich zu dieser Mitteilung in eine Distanz zu bringen, d.h. sich zu ihr reflexiv zu verhalten und sie in seinen Entscheidungsprozess erneut mit einzubeziehen. Und so geht es weiter, ad infinitum.

> „Wesentlich dabei ist der Umstand, daß der Beobachtete durch jede neue Aufklärung vor eine neue Tatsache gestellt wird, die ihn zu einer Revision der bisher angestellten Überlegungen veranlaßt, wobei dann immer wieder neue Willensmotive auftreten können. Das führt uns weiter zu dem Schluß, daß es niemandem, auch durch noch so viele Aufklärungen, möglich ist, so klug zu werden, daß er nichts Neues mehr erfahren kann – eine Folgerung, gegen die wohl gerade die tiefsten Denker am wenigsten einzuwenden haben werden" (Planck 1936, S. 306).

Um nun der Frage nachzugehen, inwieweit wir *unsere eigenen* Willenshandlungen voraussagen können, d.h. „in ihrer kausalen Bedingtheit begreifen" können (Planck 1936, S. 307), müssen wir uns gleichsam in zwei Teile teilen, in eine erkennende (beobachtende) und eine wollende (beobachtete) Person. Es sind dann zwei Fälle zu unterscheiden. Im ersten Fall wird eine Entscheidung, die bereits getroffen ist, beobachtet. In diesem Fall ist es, wenn auch praktisch nur in schwacher Annäherung, so doch theoretisch wenigstens möglich, die Kausalkette, die zu dieser Entscheidung geführt hat, vollständig zu erkennen. Der zweite Fall – die Willenshandlung liegt in der Zukunft – ist wesentlich interessanter und komplexer. In diesem Fall sind der Beobachter und der Beobachtete gerade nicht mehr zu trennen. Beobachter und Beobachteter stehen so in ständigem Austausch miteinander, und jede neu gewonnene Erkenntnis des Beobachters wird neue Willensmotive beim Beobachteten auslösen, die Erkenntnis dieses Motivs wird erneut eine neue Situation schaffen und so „in endloser Folge" (Planck 1936, S. 308). Damit jedoch hat die Selbsterkenntnis hier eine „prinzipielle Grenze" (S. 309). Aus unserer Endlichkeit folgt damit:

> „... eine vollkommene Einsicht in die eigenen gegenwärtigen Willensmotive und mit ihr ein kausales Verständnis für die eigene Zukunft [bleiben] für immer unerreichbar" (Planck 1936, S. 309).

Wichtig ist, dass die Argumentation Plancks nicht allein auf der Unvollkommenheit unseres Erkenntnisvermögens beruht, sondern auch aus dem Begriff der Entscheidung folgt. Dessen Analyse erbrachte die Einsicht, dass es unmöglich ist anzunehmen, dass der sich Entscheidende die Vorgänge in sich vor der Entscheidung endgültig durchschauen kann. Planck bringt hierzu ein schönes Bild:

> „Ebensowenig, wie man den Umstand, daß ein Schnelläufer trotz aller Steigerung seines Tempos sich niemals selber überholen kann, auf eine Unvollkommenheit seiner Leistungen zurückführen wird" (Planck 1936, S. 309),

hat man also Grund, hier von einer Beschränktheit unseres Verstandes zu sprechen. Wie aus dem Begriff des Überholens folgt, dass ein Läufer sich nicht selbst überholen kann, so folgt aus dem Begriff der Entscheidung, dass diese für mich nicht determiniert sein kann. Planck fasst sein Argument wie folgt zusammen:

> „Von außen, objektiv betrachtet, ist der Wille kausal gebunden; von innen, subjektiv betrachtet, ist der Wille frei. Oder anders gefaßt: Fremder Wille ist kausal gebunden, jede Willenshandlung eines anderen Menschen läßt sich, wenigstens grundsätzlich, bei hinreichend genauer Kenntnis der Vorbedingungen als notwendige Folge aus dem Kausalgesetz verstehen und in allen Einzelheiten vorausbestimmen" (Planck 1936, S. 310).

Wer sagt, der Wille sei entweder determiniert oder frei, der übersieht, dass der Einwand auf einer „unzulässigen Vermengung verschiedener Betrachtungsweisen beruht" (Planck 1936, S. 311), d.h. auf einer Vermengung der *subjektiven* und der *objektiven* Betrachtungsweise.

## Donald MacKay: Niemand kann mich festlegen

Plancks Gedanken zum freien Willen wurden 1950 von dem britischen Philosophen und Wissenschaftstheoretiker Karl Popper (1902–1994) und später insbesondere von dem britischen Neurophysiologen und Philosophen Donald M. MacKay aufgegriffen. In seinem 1967 veröffentlichten Aufsatz *Freedom of action in a mechanistic universe* entwickelt Mackay das Argument weiter und zeigt, dass selbst für den Fall, dass das menschliche Gehirn so mechanisch funktionierte wie ein Uhrwerk und wir zudem die unbeschränkte Möglichkeit der Beobachtung dieses Uhrwerks hätten, der handelnden Person dennoch Freiheit zugesprochen werden muss. Die Frage, die MacKay stellte, war folgende: Nehmen Sie an,

> „daß alle relevanten Fakten über die Tätigkeit Ihres Gehirns, ohne diese Tätigkeit zu stören, einem Computersystem verfügbar gemacht werden könnten, das imstande wäre, aus diesen Fakten und den Umwelteinflüssen, die auf Ihr Nervensystem einwirken, das zukünftige Verhalten des Gehirns vorherzusagen. Mit anderen Worten, nehmen Sie an, daß Ihr Gehirn ebenso mechanistisch wäre wie ein Uhrwerk und ebenso zugänglich für eine deterministische Analyse. Was dann?" (MacKay 1978, S. 304).

Betrachten wir MacKays Argument im Einzelnen. Die erste Voraussetzung des Arguments besteht in einem klaren Begriff dessen, was unter Determinismus zu verstehen ist: Der Begriff wird wie auch bei Planck mit Hilfe der Voraussagbarkeit definiert: Ein Zustand A von etwas ist determiniert, wenn er voraussagbar ist, er ist nicht determiniert, wenn er nicht voraussagbar ist.

Die zweite Voraussetzung besteht in der Annahme, dass das Gehirn tatsächlich wie ein Uhrwerk funktioniert. Wir sehen also von den Phänomenen der Quantenphysik und dem Zufall in der Natur vollkommen ab. Auch sehen wir davon ab, dass es bei der Erkenntnis von Naturabläufen prinzipiell Grenzen gibt, auf die Heisenberg erstmals hingewiesen hat. Wir sehen zum Dritten davon ab, dass unsere faktisch mögliche Erkenntnis der Naturvorgänge, speziell der Gehirnvorgänge, äußerst mangelhaft ist und dass wir weit davon entfernt sind, etwa den Zustand eines Gehirns zu einem bestimmten Zeitpunkt vollständig beschreiben zu können. Nehmen Sie also an,

Die dritte Voraussetzung des Arguments besteht in der Annahme, dass, wenn wir eine Erkenntnis gewinnen, zugleich eine Veränderung im Gehirn geschieht. Jeder Überlegung, jeder Wahrnehmung, jedem Gefühl entspricht eine materielle Veränderung im Gehirn. Gerade diese Annahme wird durch die Erkenntnisse der Gehirnforschung sehr plausibel.

Die drei genannten Annahmen haben eigenartige *logische* Konsequenzen, die letztlich genau auf das Gegenteil dessen hinauslaufen, was man zunächst meinen könnte. Zunächst scheint eines ganz sicher zu folgen: Wenn wir unser Gehirn als ein Uhrwerk betrachten und wenn wir annehmen, dass ein Gehirnforscher die Zustände dieses Uhrwerks vorhersagen kann, dann können wir uns auf keinen Fall als frei bezeichnen. Unsere Freiheit ist dann nichts weiter als eine Illusion. Mackay zeigt jedoch, dass dieser Schluss voreilig gezogen ist. Die drei Voraussetzungen laufen nämlich auf eine ganz andere Konsequenz hinaus. Um dies zu verstehen, seien die Überlegungen an einem Beispiel verdeutlicht.

Nehmen wir an, Sie müssen sich um 13 Uhr entscheiden, ob Sie in der Mensa Menü 1 oder 2 essen. Zu beachten ist hier ganz allgemein, dass wir uns auf einen *Zeitpunkt* festlegen müssen. Es kommt dabei nicht darauf an, welchen Zeitpunkt wir wählen. Sie könnten also auch sagen, Sie entscheiden sich im Grunde gar nicht um 13 Uhr an der Theke mit dem Tablett in der Hand, sondern bereits um 12.40 Uhr, als Ihre Gedanken vielleicht während der Vorlesung spazieren gingen. *Um überhaupt sinnvoll von einer Entscheidung sprechen zu können, müssen wir allerdings annehmen, dass sie zu irgendeinem Zeitpunkt gefällt wird* und dass Sie sich nicht bereits zuvor „eigentlich" schon entschieden haben. (Wenn wir dies annehmen, dann verlagert sich das Problem lediglich um 20 Minuten vor, gewonnen ist damit nichts.)

Unter der Annahme, dass Sie sich um 13 Uhr für Menü 1 oder 2 entscheiden, kann man sich vorstellen, dass es um 13 Uhr zwei mögliche Beschreibungen für den Zustand Ihres Gehirns gibt: Entweder

Beschreibung (1) oder Beschreibung (2), die wir jeweils als die Gesamtheit der Sätze über alle Elemente Ihres Gehirns auffassen können. Die Beschreibung (1) Ihrer Entscheidung entspricht dabei der Wahl von Menü 1, die Beschreibung (2) Ihrer Entscheidung für Menü 2. Bis 13 Uhr sind dann (1) und (2) Alternativen, um 13 Uhr wird entweder (1) wahr und (2) falsch oder (1) falsch und (2) wahr. Worauf es nun ankommt, ist *Ihr Verhältnis* zu diesen Beschreibungen, sofern sie Ihnen ein allwissender Gehirnforscher, wie wir ihn oben angenommen hatten, mitteilte.

Um 13 Uhr wählen Sie Menü 1 und machen damit Beschreibung (1) wahr und Beschreibung (2) falsch. Aus Ihrer Sicht handeln Sie vollkommen frei. Nehmen wir nun an, der Gehirnforscher teilte Ihnen um 12.50 Uhr mit, dass Sie sich um 13 Uhr für Menü 1 entscheiden werden. Wenn Sie nun glauben, dass diese Voraussage mit Sicherheit unausweichlich für Sie zutrifft, wäre dies gleichbedeutend damit, dass Sie sich bereits um 12.50 Uhr für Menü 1 entscheiden würden, Sie die Entscheidung also vor 13 Uhr fällen würden. Dies jedoch widerspricht der Voraussetzung, dass Sie sich erst um 13 Uhr entscheiden. Wir gingen ja gerade davon aus, dass Sie sich genau um 13 Uhr entscheiden, weswegen wir auch annehmen müssen, dass – sofern die Beschreibung des Forschers richtig sein soll – seine Beschreibung auch die Beschreibung Ihres Gehirnzustandes um 13 Uhr enthalten muss; und diese wiederum muss beinhalten, dass Sie sich um Punkt 13 Uhr entscheiden.

Sofern Sie nun tatsächlich die Voraussage des Gehirnforschers bereits um 12.50 Uhr akzeptieren, veraltet sie damit, denn ein Teil ihres Inhalts – nämlich dass Sie sich erst um 13 Uhr entscheiden – wird damit falsch. Auch wenn also der Gehirnforscher Ihnen vor 13 Uhr sagt, wie Sie sich um 13 Uhr entscheiden werden, so kann das für Sie vor 13 Uhr nicht zwingend sein, denn dann widerspräche das genau dem, was der Neurophysiologe Ihnen sagte. Anders ausgedrückt: Seine Vorhersage für den Gehirnzustand um 13 Uhr *ist nur dann richtig*, wenn sie *für Sie* vor 13 Uhr *nicht unausweichlich* ist.

Wir müssen demnach annehmen, dass die Beschreibung, die der Gehirnforscher von Ihrem Gehirnzustand zum Zeitpunkt 13 Uhr gibt, zutrifft, *bevor* Sie sie akzeptieren, d.h. dass Sie sie erst um 13 Uhr akzeptieren. Wie ist nun die Situation um genau 13 Uhr?

Um 13 Uhr können Sie seine Voraussage akzeptieren. In diesem Fall gibt es zwei Möglichkeiten: Die erste besteht darin, dass seine Beschreibung Ihres Gehirnzustandes diesen Vorgang des Akzeptierens seiner Voraussage nicht beinhaltet. Dann ist sie offensichtlich falsch, genauer gesagt, sie wird gerade dadurch falsch, dass Sie sie akzeptieren. Sie werden nun einwenden (2. Möglichkeit): Der Gehirnforscher könnte es ja so einrichten, dass die Veränderungen, die dadurch in Ihrem Gehirn auftreten, dass Sie seine Beschreibung akzeptieren, in der Beschreibung bereits enthalten sind. Die Beschreibung enthielte dann einen ganz bestimmten Satz (S), der die durch Ihren Glauben an die Beschreibung bewirkte Gehirnveränderung angibt. Dieser Satz wird jedoch falsch und damit die ganze Beschreibung ungenau, wenn Sie die Beschreibung des Neurophysiologen *nicht* akzeptieren.

Noch einmal ganz langsam: Die Beschreibung Ihres Gehirnzustandes um 13 Uhr enthält den Satz (S). Sie können dann diese Beschreibung einerseits ohne Widerspruch akzeptieren, denn genau dann trifft sie zu, d.h. die Beschreibung, die unter anderem den Satz (S) enthält, beschreibt Ihren Gehirnzustand um 13 Uhr richtig. Sie können die Beschreibung des Gehirnforschers aber auch ohne Widerspruch ablehnen, *denn genau dann trifft sie auch nicht zu*, denn der Satz (S) *ist im Falle Ihrer Ablehnung der Beschreibung falsch* (d.h. Sie lehnen die Beschreibung zu Recht ab). Wenn Sie sich also um 13 Uhr entscheiden, dann können Sie *ohne einen Widerspruch zu erzeugen* die Beschreibung des Gehirnforschers ablehnen oder akzeptieren, *denn sie ist nur dann richtig, wenn Sie sie annehmen, und sie ist falsch, wenn Sie sie ablehnen.*

Zusammengefasst lautet damit das Argument wie folgt: Nehmen wir an, alle geistigen Leistungen schlagen sich in materiellen Veränderungen des Gehirns nieder, und nehmen wir an, die Funktionsweise des Gehirns sei vollkommen voraussagbar. Es gibt unter diesen Voraussetzungen in einer Entscheidungssituation *zu keinem Zeitpunkt* (d.h. weder *vor* noch *während* der Entscheidung) eine Voraussage für die

Handlungen einer Person, die den Anspruch erheben kann, *für diese Person* unbedingt bindend zu sein. Es mag durchaus sein, dass eine Kausalkette im Nachhinein konstruiert werden kann, die die Entscheidung als vollständig bestimmt erweist. Die Konstruierbarkeit einer solchen Kausalkette belegt jedoch nicht, dass im Moment des Handelns der Handelnde bestimmt war in dem Sinn, dass es für ihn eine bindende Voraussage gab. Selbst dann, wenn man das zukünftige Verhalten einer Person nach Gesetzen aus der Gehirnforschung ableiten könnte, müsste man dieser Person zugleich zugestehen, dass sie trotzdem – aus ihrer Sicht – frei handelt.

## Kausalität und Freiheit

Freiheit gibt es damit nicht nur als Gefühl. Eine Person ist – aus ihrer Perspektive – frei, d.h. kann sich zu einer Vorhersage immer verhalten und sie akzeptieren oder nicht. Das Argument wirft bereits ein Licht auf den Zusammenhang zwischen Freiheit und Verantwortlichkeit.

Wir hatten oben erwähnt, dass das beschriebene Argument ja gerade die Voraussetzung hat, dass der Vorgang der Wahl und das materielle Korrelat unseres Denkens in enger Beziehung stehen. Daraus folgt umgekehrt,

> „daß überall da, wo Krankheit, Gehirnschädigung, höhere Gewalt und dergleichen die normale kausale Verbindung zwischen dem Erkenntnismechanismus und dem Vorgang der Wahl stören, reduzieren oder zunichte machen, die Undeterminiertheit der Wahl für den Handelnden in entsprechender Weise reduziert oder zunichte gemacht wird, und ebenso seine Freiheit, sich anders zu entscheiden" (MacKay 1978, S. 313).

Betrachten wir aus der Perspektive dieses Arguments noch einmal das Gehirn von Richard Feynman (vgl. Kap. 1). Was ein Psychiater im Hinblick auf den Unsinn redenden und machenden Feynman feststellen würde, ist nicht, dass er zufällig (und daher frei) gehandelt hat. Im Gegenteil: Je besser ein anderer das Verhalten einer Person voraussagen kann, desto besser ist die Verbindung zwischen dem Erkenntnismechanismus des Handelnden und der Handlung. Umgekehrt gilt: Je schwächer diese Kopplung ist, desto geringer ist seine Verantwortlichkeit. Feynman tat plötzlich sehr eigenartige Dinge, und *genau deswegen* nahmen seine Mitmenschen an, dass etwas mit ihm nicht in Ordnung sei. Lassen wir noch einmal MacKay zu Worte kommen:

> „Eine Handlung kann durch irgendeine zufällige physikalische Störung in Ihrem Nervensystem vollkommen unvoraussagbar gemacht werden; aber dieser Sachverhalt kann sehr wohl als etwas genommen werden, das Ihre Verantwortung für die Handlung eher vermindert als vergrößert ... Umgekehrt mögen einige Ihrer verantwortlichsten Handlungen ohne jede Untersuchung Ihres Gehirns für Personen, die Sie gut kennen, in hohem Grad voraussagbar sein. Wenn Sie als verantwortlich angesehen werden sollen, ist die Kontinuität des psychischen Prozesses, der zu einer Entscheidung führt, nicht nur zulässig, sondern ganz bestimmt wünschenswert" (MacKay 1978, S. 310).

Wenn ich für meine Mitmenschen vorhersagbar und verlässlich handele, dann bin ich frei (Kant würde sagen: Ich handele aus Einsicht in die Notwendigkeit). Wenn einmal der Fall eintreten sollte, dass ich vollkommen unvorhersagbar handelte, wäre ich meinen Mitmenschen dankbar, sie legten mich in einen Scanner und schauten nach meinem Gehirn!

Die Überlegungen von Kant, Planck und MacKay haben deutlich gemacht, dass es sich bei der Alternative „Selbstbestimmen oder durch das Gehirn bestimmt werden" um keine wirkliche Alternative handelt, sondern um einer Verkennung der Sachlage. Die Freiheit des Handelns für den handelnden Menschen und die Möglichkeit der Feststellung einer die Handlung vollständig determinierenden Kausalreihe widersprechen sich gerade nicht. Es handelt sich hier um unterschiedliche Betrachtungsweisen, deren Vermischung zu den falschen Fragen führt.

## Freiheit – so wirklich wie Zahnweh

Es könnte an dieser Stelle eingewandt werden, dass Freiheit eben doch nicht objektiv-real, sondern nur subjektiv (Hintergedanke: „Und was ist das schon?") existiert. Betrachten wir hierzu eine Analogie: Auch Zahnschmerzen, wirklich richtig heftige Zahnschmerzen, existieren nur subjektiv. Bei anderen kann ich lediglich ein bestimmtes Verhalten bzw. bestimmte Äußerungen wahrnehmen, *wirklich schmerzhaft* können Zahnschmerzen *nur für mich* sein. Dennoch wird kaum jemand bestreiten wollen, dass Zahnschmerzen äußerst real sind. Überspitzt kann man nun formulieren, dass ein Zahnschmerz – objektiv betrachtet – ebensowenig schmerzhaft ist wie eine freie Entscheidung – ebenfalls objektiv betrachtet – frei ist; dennoch ist beides, das Zahnweh und die freie Entscheidung, *für uns* ganz gewiss wirklich.

Mit anderen Worten: Aus der Tatsache, dass ich Freiheit bei einem anderen nicht beobachten kann, zu folgern, dass Freiheit nicht existiert, hieße, das jedem zugängliche und täglich vielfach auftretende Erleben eigener Freiheit schlichtweg zu verleugnen. Wie Planck gezeigt hat, reduziert sich dabei Freiheit gerade *nicht* lediglich auf ein Gefühl. Die Annahme der Unfreiheit des Menschen, d.h. die Annahme von der Fremdbestimmtheit der eigenen Entscheidungen, ist vielmehr logisch widersprüchlich: Aus dem Begriff der Entscheidung folgt, dass es einen Widerspruch darstellt anzunehmen, jemand kenne seine Entscheidung, bevor er sie trifft.

Die Diskussion um die Frage nach der Freiheit des Menschen ist mit diesen Argumenten keineswegs beendet (vgl. Walter 1998). Mir ging es in diesem Kapitel nur um die Widerlegung des Einwandes, die Gehirnforschung mache uns notwendigerweise unfrei. Dieser Einwand trifft nicht zu, denn wir können uns immer zum dem, was uns jemand sagt, distanziert verhalten, zu jeder Zeit und ohne Widerspruch.

Wenn die Gehirnforschung einen Effekt hat, dann den, dass sie uns *freier* macht: Wir verstehen immer besser, unter welchen Bedingungen unser Gehirn Entscheidungen fällt und wie Entscheidungen zustande kommen. Dies sollte uns ein besseres, reflektierteres und selbstkritischeres Verhalten erlauben, und dies wiederum sollte die Qualität unserer Entscheidungsprozesse verbessern. Nehmen wir als Beispiel das Verhandeln. Wie schon gegen Ende des vergangenen Kapitels angedeutet, könnte ein wiederholter einseitiger Ausgang von Verhandlungen in Zukunft einmal Anlass sein, die Partner zu scannen;

dies würde nicht geschehen, um das Ergebnis zu manipulieren, sondern um sicherzustelen, dass das Ergebnis auch wirklich das Optimum des verhandlungsmäßig für alle Beteiligten erreichbaren Ausgleichs repräsentiert.

## Fazit

Vielleicht geht es manchem Leser wie dem Autor: Bei philosophischen Gedankengängen kommt es vor, dass man die Knoten und Windungen des Gehirns zuweilen so richtig selber spürt. Die wesentlichen Schlussfolgerungen aus der Diskussion der letzten knapp 20 Seiten seien daher nochmals thesenhaft zusammengefasst:

(1) Freiheit gibt es nicht nur als Gefühl, wir sind vielmehr tatsächlich frei, sofern wir uns selbst betrachten.

(2) Damit nicht im Widerspruch steht die Annahme einer kausal bzw. gesetzmäßig strukturierten Natur, die wir machen müssen, sofern wir Naturwissenschaft treiben.

(3) Ein Fatalismus, der sich auf die Annahme der Fremdbestimmtheit durch die Natur beruft, ist logisch nicht haltbar.

(4) Die Alternative *Selbstbestimmung oder Fremdbestimmung* bzw. *Freiheit oder Kausalität* existiert nicht, sondern beruht auf einer Vermischung von unterschiedlichen Betrachtungsweisen. Diese Betrachtungsweisen leiten einerseits unsere naturwissenschaftliche Erkenntnis und andererseits unser praktisches Zusammenleben.

(5) Auch wenn wir die Handlung eines anderen lückenlos kausal erklären können, bedeutet dies nicht, dass diese Handlung nicht frei zu nennen ist. Aus der Sicht des anderen ist die Handlung dennoch frei. Anders ausgedrückt: Unsere Erkenntnis der Kausalkette, die den Handlungen eines anderen zugrunde lag, widerspricht nicht der Annahme, diese Handlung als frei zu bezeichnen.

(6) Es ist die intakte Kopplung des Handelns mit dem reibungslosen Funktionieren unseres Gehirns, die uns zu freiem Handeln befähigt.

(7) Daraus folgt: Eine Form von Unfreiheit liegt dann vor, wenn entweder diese Kopplung oder das Erkenntnisvermögen selbst aus irgendeinem Grunde beeinträchtigt ist.

(8) Es ist die subjektive Betrachtungsweise, die uns in der heutigen Zeit gelegentlich Schwierigkeiten macht, weil wir über sie im Rahmen unserer Ausbildung in Schule und Hochschule so wenig erfahren. Dabei meint „subjektiv" hier nicht „je besonders" bzw. „individuell", sondern vielmehr eine Betrachtungsweise des Menschen, die ihr gestellte Fragen nicht durch Untersuchung von anderem, sondern durch Untersuchung von dem, was ich von mir selbst begründet und allgemein gültig weiß, zu beantworten sucht.

Die Wissenschaft, die unter anderem ganz allgemein fragt: *Wer bin ich?*, ist die Philosophie. Es geht bei diesem Fragen nicht um die Aneignung bestimmter Begriffe, Systeme oder gar Dogmen, sondern um die Bereitschaft, den Standpunkt zu wechseln und mit demselben scharfen und klaren Verstand, der sonst Naturwissenschaft treibt, die Frage nach uns selbst ausgehend von uns selbst (d.h. als Subjekt) nachzugehen.

## Postskript (1): Blau ist einfacher als Freiheit

Mir ging es in diesem Teil des Buches bei der Darstellung der Ergebnisse der Gehirnforschung zu Entscheidungsprozessen zunächst einmal darum, zu zeigen, dass man diese tatsächlich seit einiger Zeit sehr gut mit den Mitteln der Neurobiologie untersuchen kann. Daraus jedoch folgt über den Wirklichkeitscharakter des Untersuchungsgegenstandes gar nichts. Etwas erklären heißt nicht, es hinwegerklären.

Wir hatten das Argument bereits oben anhand von Zahnschmerzen ausgeführt. Es sei an einem anderen Beispiel nochmals wiederholt. Dies geschieht nicht, um aufdringlich zu sein, sondern um möglichen Missverständnissen dadurch vorzubeugen, dass das Argument noch einmal auf andere Weise dargestellt wird.

Die Neurobiologie der Wahrnehmung der Farben ist sehr gut untersucht. Es folgt jedoch keineswegs daraus, dass es die Farben nicht gibt. – „Aber doch", werden manche sagen, „genau das muss doch folgen. Wenn das Blau des Himmels nur in meinem visuellen Kortex entsteht und sich ansonsten da draußen nur elektromagnetische Wellen befinden, dann gibt es – im strengen Sinn – das Blau doch eigentlich gar nicht."

So plausibel dies zunächst klingen mag, hält das Argument einer genaueren Prüfung nicht stand. Denn wer auch immer so argumentiert, muss sich die Frage gefallen lassen, woher er denn vom Gehirn und dessen Funktionen weiß. Die Antwort kann nur lauten, dass er entsprechende Erfahrungen gemacht hat, im Labor oder sonstwo. Diese wiederum befinden sich im Gehirn desjenigen, der erfährt, womit sich die Argumentation im Kreise dreht. Oder aber es gibt zusätzlich zu den „normalen" Erfahrungen von Blau und vom Gehirn noch ganz andere, die irgendwie grundlegender sind als „bloße" Beobachtungen (die ja gerade zu erklären sind). In diesem Falle „löst" man das Problem dadurch, dass man zwei Realitäten annimmt, eine, die man erfährt, die gewöhnliche, normale Wirklichkeit um uns herum, und eine zweite gleichsam dahinter, die wir nicht wahrnehmen können, die aber dafür umso wirklicher ist (und eben nicht nur unsere Produktion).

Ohne auf die verschiedenen Versuche einzugehen, die im Verlauf der Philosophiegeschichte zur Lösung dieser Problemlage vorgeschlagen wurden, sei hier abkürzend gesagt, dass dieses Problem nur dann auftritt, wenn man die eigene Erfahrung nicht *wirklich* ernst nimmt. Halten wir daher nochmals fest: (1) Der Himmel ist blau. (2) Im Gehirn ist dagegen nichts blau (wenn man hineinsieht). (3) Man muss sehr vorsichtig sein, wenn man „vom Gehirn" oder von „unserem Gehirn" spricht, und ebenso, wenn man von „ich" und „wir" spricht. Um die Dinge nicht zu verkomplizieren, waren wir (sic!) in den vergangenen Kapiteln hier nicht sehr streng. Geht es jedoch um das Problem der Freiheit oder darum, wer nun frei ist, „ich" oder „mein Gehirn", so ist die Klarheit der Begriffe sehr wichtig.

## Postskript (2): Der Zeitpunkt der Einsicht

„Wir sind ohnehin gar nicht frei, denn nicht wir entscheiden, sondern unser Gehirn entscheidet für uns, etwa dreihundert bis vierhundert Millisekunden, bevor wir das Gefühl haben, uns jetzt gerade zu entscheiden", sagen wieder andere (vgl. z.B. Roth 2001, S. 435ff). Freiheit existiert aus dieser Sicht nur als Gefühl, denn in Wahrheit sind es Prozesse im Gehirn, die unserem Zugriff verborgen sind und die vor dem Bewusstwerden jeder Entscheidung und Handlung bereits abgelaufen sind.

In der Tat scheinen die Ergebnisse der neurologischen Forschung für die Theorie der Willensfreiheit eine erhebliche Herausforderung dazustellen; insbesondere seit der Entdeckung des Bereitschaftspotentials durch Kornhuber und Deecke (Deecke et al. 1969, Kornhuber & Deecke 1965). Etwa 0,8 Sekunden vor „spontanen" Willkürbewegungen lässt sich mittels computerunterstützter EEG-Ableitung („Averaging") ein negatives Potential ableiten, das Bereitschaftspotential (für eine kurze Übersicht siehe Popper & Eccles 1977, S. 345ff). Damit scheint nachgewiesen zu sein, dass nicht „wir" entscheiden, sondern unser Gehirn „für uns" entscheidet.

Hierzu wäre zunächst anzuführen, dass die Unterscheidung von „wir" und „unser Gehirn" in der vorgenommenen Weise wenig hilfreich ist, denn das Gehirn macht die Person (und damit das Subjekt von Entscheidungen und Handlungen) ja gerade aus. Wir haben uns längst dafür entschieden, dies so zu sehen, nicht zuletzt mit der Festlegung, dass eine Person aufhört zu existieren, wenn der Hirntod festgestellt wird.

Man kann weiterhin durch geschicktes Experimentieren versuchen, den Zeitpunkt von Entscheidungen besser einzugrenzen als dies durch die frühen (und bis heute immer wieder zitierten) Experimente von Libet und Mitarbeitern (1983) der Fall war (vgl. Kiefer 2002). So konnten Haggard und Eimer (1999) mit der Methode der ereigniskorrelierten Potentiale (EKP) zeigen, dass der Zeitpunkt des bewussten Entschlusses im mit einem spätenn Potential in Zusammenhang steht, nicht jedoch mit einem frühen. Dieses frühe Potential zeigt die Handlungsvorbereitung an, weswegen auch diese Untersuchung einen Hinweis darauf gibt, dass das bewusste Erleben einer Entscheidung nach dem Fällen der Entscheidung erfolgt. Hieraus folgt jedoch keineswegs, dass wir unfrei oder gar nicht entscheiden.

Man kann nämlich drittens den Zusammenhang zwischen dem Erleben von Zeit und der behaupteten Kausalität in Frage stellen: Der Philosoph Hector-Neri Castañeda reagierte auf die Darstellung des Bereitschaftspotentials und dessen Konsequenzen für die Freiheit des Menschen wie folgt: Wenn er sich zu entscheiden hätte, entweder die Existenz des freien Willens zu leugnen oder anzunehmen, dass wir uns im Timing des Willensaktes um einige hundert Millisekunden systematisch verschätzen, würde er die zweite Alternative bevorzugen (Castañeda 1988, persönliche Mitteilung). Mit anderen Worten: Es könnte sein, dass wir mit unserem Erleben der Freiheit ebenso der Zeit etwas hinterherhinken wie mit anderen Aspekten des bewussten Erlebens.

Fassen wir zusammen: Das Gehirn fällt Entscheidungen auf der Basis der in ihm gespeicherten, die Einzigartigkeit jeder Person ausmachenden individuellen Erfahrungen. Wenn es dabei ungestört von Schlaganfällen, Entzündungen, Tumoren, biochemischen Entgleisungen arbeiten kann und seine Erfahrungen nicht die furchtbarsten waren, muss man diese Entscheidungen frei nennen. Dass wir mit dem Erleben des Zeitpunkt um einen Augenblick daneben liegen, sollte uns nicht weiter stören und schon gar nicht zum Hadern mit unserer Freiheit Anlass geben.

# Teil IV
# Handeln

Wir machen Erfahrungen, bewerten und entscheiden, damit letztlich eines geschieht: eine Handlung, d.h. eine Aktion, die die Welt verändert. Das menschliche Gehirn, wir sagten es bereits mehrfach, hat sich entwickelt in Richtung auf zunehmende Unabhängigkeit von der Bestimmung durch die Unmittelbarkeit der umgebenden Welt und damit in Richtung auf zunehmendes Selbstbestimmen. Im letzten Teil dieses Buches gehen wir den Konsequenzen für das Handeln nach, in kleinen Beispielen und vielfältigen Zusammenhängen. Nachdem es gerade eben schon um Freiheit ging, werden die Bereiche Gemeinschaft, Einsicht, Fairness und Fehlervermeidung angesprochen.

Langfristig kann es im Hinblick auf Gehirnforschung und Fragen des Handelns nur darum gehen, dass die Forschung einen Teil der uralten Frage nach dem, was wir selbst sind, beantwortet und uns dadurch in die Lage versetzt, besser mit uns und unseren Mitmenschen umzugehen. Hand aufs Herz: Verglichen mit dem, was jeder über Autos, Computer und andere Dinge in der Welt weiß, ist das Wissen (nicht die Meinungen!) um uns selbst bescheiden. Dies kann sich ändern. Meine These ist, dass sich es ändern muss, wenn wir langfristig und nachhaltig planen und (über-)leben wollen.

# 14 Biologie und Verhalten

In der Wissenschaft beobachtet man nicht selten, dass derselbe Sachverhalt im Laufe der Jahre immer wieder mit neuen Begriffen belegt wird. Wer sich wie beispielsweise Konrad Lorenz (1903–1989) wissenschaftlich mit dem Verhalten und Handeln von Lebewesen auseinander setzte, nannte sich *Ethologe* und sein Fachgebiet die *Ethologie*. Seit der Veröffentlichung des Buches *Soziobiologie* durch den Harvard-Ameisenforscher Edward O. Wilson (1975) gibt es ein zweites Wort – eben *Soziobiologie* – für den gleichen Sachverhalt, und Anfang der 1990er Jahre schufen zwei amerikanische Psychologen dann zu allem Überfluss den Begriff der *evolutionary psychology* (Tooby & Cosmides 1989, 1992), der ebenfalls nichts weiter meint als die Wissenschaft von der Analyse von Verhalten unter (evolutions-) biologischen Gesichtspunkten. In dieser Tradition sei daher im Folgenden der Ausdruck *Verhaltensbiologie* verwendet, der dasselbe meint, jedoch die Verwirrung minimieren soll.

## Instinkt versus Ethik

Nicht nur was die Wörter zur Bezeichnung der Wissenschaft anbelangt, sondern noch viel mehr im Hinblick auf die verwendeten Begriffe war die Welt der Ethologie vergleichsweise einfach: Die Tiere hatten *Instinkte*, wir Menschen nicht. Die Tiere folgen diesen Instinkten natürlich (um nicht zu sagen: automatisch), womit ihr Handeln jenseits war von gut und böse. Menschen dagegen besitzen Geist, im Gegensatz zu den Tieren, und können bzw. müssen sich nach moralischem Abwägen von Werten für das Gute und gegen das Böse entscheiden, erkennen das Gute (und erst recht das Böse!) oft nicht, oder tun sogar mit Absicht das Böse. Intrigen, Täuschung und Missgunst oder gar Krieg, Mord und Totschlag gab es daher vermeintlich nur beim Menschen; in der Natur dagegen existierte nur wertfreies Verhalten. Die Natur-Welt ohne den Menschen war schön und heil. Erst mit dem Menschen kommt das Gute und vor allem das Böse in die Welt.

Nicht selten wird noch heute von Verhaltensbiologie gesprochen und genau diese Sicht der Dinge gemeint, obwohl es gerade zu den wichtigsten Erkenntnissen der Verhaltensbiologie der jüngeren Vergangenheit gehört, dass diese Sicht eindeutig nicht zutrifft. Bei manchen Spinnenarten fressen die Weibchen nach der Befruchtung das Männchen auf, um dadurch den Nachkommen etwas mehr Nahrung zukommen zu lassen. Löwenväter töten die Jungen ihres Vorgängers, damit die Weibchen rascher wieder zur Brunst gelangen und befruchtet werden können. Bestimmte Hyänen werden bereits mit Zähnen geboren, die es ihnen ermöglichen, sofort nach der Geburt von Zwillingen gegen Geschwister auf Leben und Tod zu kämpfen. Selbst kriegerische Auseinandersetzungen ganzer Gruppen sind nicht, wie man lange Zeit dachte, auf den Menschen beschränkt. Die Primatenforscherin Jane Goodall (1986) beispielsweise beobachtete gewalttätige Auseinandersetzungen ganzer Gruppen von Schimpansen, teilweise mit Todesfolge für die Tiere, die an primitive Kriegsführungsstrategien erinnern. Die Forscher trauten zunächst oft ihren Augen nicht, mussten jedoch erkennen, dass Lug und Trug in der Natur ebenso an der Tagesordnung sind wie – wohlgemerkt innerartlicher – Mord und Totschlag. Mit diesen Erkenntnissen ging die Einsicht einher, dass es mit der Unterscheidung zwischen Mensch und Tier nicht so klar und einfach ist wie zunächst gedacht.

Mittlerweile gibt es sehr viele Beispiele dafür, dass Tiere moralisch und sogar demokratisch handeln, sowie dafür, dass das Verhalten von Menschen neben psychologischen auch evolutionsbiologischen Prinzipien gehorcht. Betrachten wir einige dieser Beispiele.

## Moral bei Tieren

Die Primatenforschung der vergangenen zwei Jahrzehnte hat unser Bild davon, was Tiere können und nicht können, wie sie sich verhalten und warum, sehr nachhaltig verändert. Nicht nur beschrieb Jane Goodall (1986) erstmals Krieg im Tierreich, es wurden vor allem auch Verhaltensweisen bei verschiedenen Affenarten gefunden, die man den Vertretern des Tierreichs – man könnte fast sagen: aus Prinzip – nicht zugetraut hatte.

Auch die Arbeiten von Frans de Waal (1996, 2001) sind voll von solchen ungewöhnlichen Beschreibungen: Ein Affe umarmt einen anderen, der gerade geschlagen wurde. Ein anderer Affe bestraft einen jungen Affen nicht, obwohl dieser ihn nervt, denn er weiß, dass der junge Affe einen Gehirnschaden hat. Affen haben ausgefeilte Riten dafür, was geschieht, wenn ein Streit beendet wurde. Es gibt Regeln für die Begrüßung, für Drohgebärden, für Dominanz und Unterordnung, für das Teilen der Nahrung sowie für das Werben um Geschlechtspartner. Affen behandeln Behinderte bevorzugt, zeigen Mitleid, kümmern sich um Sterbende und vermissen die Toten.

Ein eindrückliches Beispiel für „sehr menschliches" Verhalten bei Schäferhunden beschreibt de Waal (2001) im Zusammenhang mit der Suche nach Überlebenden des großen Erdbebens in Mexico City im Jahre 1985. Die Rettungsmannschaften gingen mit Hunden durch die Trümmer, um Überlebende aufzuspüren. Sie bemerkten, wie die Rettungshunde auf die Tatsache, dass sie vor allem Leichen und keine noch lebenden Menschen fanden, reagierten: Sie wurden depressiv! Die Leiterin der Aktion, Caroline Hebard, beschrieb die Reaktion am Beispiel des Rettungshundes Aly wie folgt:

> „Aly betrachtete die Menschen als seine Freunde, und er konnte es einfach nicht aushalten, von so vielen toten Freunden umgeben zu sein. Aly wollte unbedingt seine Belohnung und wollte Caroline eine Freude machen. Aber solange er sich nicht sicher war, ob ein gefundenes Opfer noch am Leben war, würde er eine Belohnung nicht anrühren" (de Waal 2001, S. 332, Übersetzung durch den Autor).

Ein im Hinblick auf Kapitel 12 besonders interessantes Beispiel
für moralisches Verhalten bei Kapuzineraffen (*Cebus apella*) wurde erst
kürzlich publiziert. Sarah Brosnan und Frans de Waal (2003) brachten
fünf weiblichen Affen bei, einen zuvor erhaltenen wertlosen Gegenstand gegen eine Gurkenscheibe einzutauschen. Affen mögen Gurken,
und so klappte das Tauschgeschäft ohne Probleme. Diese stellten sich
jedoch ein, wenn zwei Affenweibchen anwesend waren und die eine
wie üblich im Tausch eine Gurkenscheibe, die andere jedoch eine
Weintraube erhielt. Affen mögen Weintrauben lieber als Gurken, und
plötzlich liefen die Tauschgeschäfte nicht mehr reibungslos. Die Affen
tauschten nicht oder sie tauschten, schenkten danach jedoch der Gurkenscheibe keine Beachtung, d.h. aßen sie nicht. Kontrollexperimente
(mit sichtbaren Weintrauben, aber ohne zweites Affenweibchen) ergaben, dass es nicht die Anwesenheit der Weintrauben per se war, die
gleichsam die Preise der Gurken verdarben. Es war vielmehr der Konsum der Weintrauben durch ein zweites anwesendes Äffchen, das den
Tieren den Spaß an den Gurken versauerte. Die Autoren kommentieren ihren Beobachtungen wie folgt:

> „Menschen beurteilen Fairness auf der Basis sowohl der Verteilung
> von Vorteilen als auch den möglichen Alternativen eines bestimm-
> ten Ergebnisses. Kapuzineraffen scheinen Belohnung ebenfalls rela-
> tiv zu sehen und vergleichen die ihre mit der von anderen sowie
> ihren eigenen Aufwand mit dem von anderen. Sie reagieren negativ
> auf zuvor angenommene Belohnungen, wenn sie sehen, dass ein
> anderer besser behandelt wird. Obwohl unsere Daten die dem Ver-
> halten zugrunde liegenden Motivationen nicht im Einzelnen
> beleuchten können, besteht eine diesbezügliche Möglichkeit darin,
> dass das Verhalten der Tiere durch soziale Emotionen geleitet wird.
> Diese Emotionen, die Wirtschaftswissenschaftler unter dem Namen
> ‚Leidenschaft‘ kennen, lenken die Reaktionen des Menschen auf
> Anstrengung, Gewinn, Verlust und andere Menschen" (Brosnan &
> de Waal 2003, S. 299; Übersetzung durch den Autor).

In Kapitel 12 wurde dargestellt, wie unfaire Angebote im Gehirn
verarbeitet werden: Sie bewirken buchstäblich Schmerzen und
körperliches Unwohlsein. Aufgrund ihrer tiefen biologischen Verwur-

zelung konnte man vermuten, dass derartige Reaktionen nicht erst beim Menschen evolviert sind. Die Experimente von Brosnan und de Waal belegen diese Vermutung auf der Verhaltensebene.

Die Abneigung gegenüber Unfairness kann man deswegen bei Kapuzineraffen besonders gut beobachten, weil diese Tiere in sozialen Verbänden leben, die nicht auf Despotismus, sondern auf Kooperation und dem Teilen (z.B. von Nahrung) beruhen. Wie unten dargestellt wird, sind solche Sozial- und Entscheidungsstrukturen im Tierreich verbreitet und nachweislich (unter häufig gegebenen Randbedingungen) effektiver als Hierarchien mit einem Machthaber an der Spitze. Nur in diesen Gemeinschaften kann die Abneigung gegenüber unfairer Behandlung ausgelebt werden und daher überhaupt erst entstehen.

Nicht nur wir Menschen besitzen einen sehr ausgeprägten Sinn dafür, wie wir behandelt werden sollten und wie die Ressourcen der Gemeinschaft fair unter allen aufgeteilt werden sollten. Dieser Sinn entstand, um langfristig stabile Gemeinschaften kooperativer Individuen zu ermöglichen. Es ist vielleicht gerade in Zeiten des sozialen Abbaus und der Betonung von Markt und Wettbewerb besonders wichtig, sich zu vergegenwärtigen, dass Fairness und soziale Gerechtigkeit nicht nur beim Menschen als hohe Kulturleistung (gleichsam unserer eigentlichen „Wolfsnatur" widersprechend) vorkommt, sondern auch bei anderen Primaten zu beobachten sind.

## Enten im Teich

Vor mehr als 20 Jahren wurde in England ein ebenso einfaches wie geniales Experiment mit 33 Enten im Teich des botanischen Gartens der Cambridge-University durchgeführt (Harper 1982; vgl. auch Glimcher 2003). Jeden Tag wurden die Enten von zwei Personen zeitgleich gefüttert, die im Abstand von etwa 20 Metern am See standen. Der eine verfütterte Brotkrumen, die zwei Gramm wogen, die Brotkrumen des anderen wogen dagegen vier Gramm. Der erste warf die Krumen alle fünf Sekunden den Enten zu, der zweite auch. Dann änderte sich dies, und der zweite warf seine größeren Brotkrumen genau alle zehn

Sekunden den Enten zu. Die Forscher gingen hierbei der Frage nach, wie sich jede der 33 Enten entscheiden würde, zu wem sie sich zum Fressen begeben würde.

Man kann mittels des von John Nash entwickelten mathematischen Rüstzeugs berechnen, dass die ideale rationale Ente sich so entscheidet, dass sich insgesamt vor der Person mit den vier Gramm Brotkrumen doppelt so viele Enten einfinden wie vor der Person mit den zwei Gramm Brotkrumen. Das Verhältnis stellt das Nash-Gleichgewicht (*Nash equilibrium*) dar.

Betrachten wir ganz hypothetisch eine einzelne Ente an einem Ort im Teich, wenn beide Personen im gleichen Zeittakt (alle fünf Sekunden) füttern: Ihre beste Strategie ist, zu der Person zu gehen, bei der ihre Chance auf Brot am größten ist. Befinden sich nun etwa gleich viele Enten bei beiden fütternden Personen, so tut die Ente gut daran, zu derjenigen Person zu schwimmen, welche die größeren Krumen auswirft. Dies macht so lange Sinn, wie sich bei dieser Person weniger als doppelt so viele Enten befinden als bei der Person mit den kleineren Brotkrumen. Dann wiederum lohnt es sich für eine einzelne Ente eher, zur Person mit den kleineren Krumen zu schwimmen, weil dort weniger als die Hälfte der Enten um genau die Hälfte der Nahrung konkurrierten.

Wenn die beiden Personen Krumen zu zwei Gramm alle fünf Sekunden und Krumen zu vier Gramm alle zehn Sekunden in den Teich werfen, sieht die Sache vom Standpunkt einer Ente anders aus: Jetzt sollten sich bei jeder fütternden Person jeweils die Hälfte der Enten befinden.

Die am Teich tatsächlich gemachten Beobachtungen entsprachen genau den hypothetischen bzw. errechneten Werten (Abb. 14.1). Die Enten gruppierten sich jeweils innerhalb von jeweils 60 Sekunden genau so um die beiden fütternden Personen, wie es ein perfekt rationales Wesen tun würde. Dabei hatte innerhalb dieser 60 Sekunden nicht einmal jede zweite Ente auch nur eine einzige Brotkrume für sich ergattert. Betrachtete man die Enten im Einzelnen, so zeigte sich, dass es

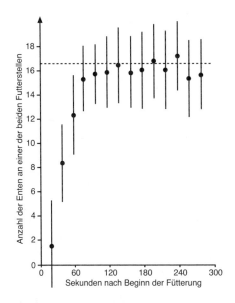

**14.1** Ergebnis der Studie von Harper (1982, S. 576). Jeder Datenpunkt repräsentiert den Mittelwert aus 29 Durchgängen (der Balken entspricht der Standardabweichung). Man sieht, wie rasch sich die Enten in genau der berechneten Zahl (in diesem Fall 16,5 Tiere; gestrichelte Linie) an einem der beiden Orte der Fütterung einfinden, die dem Optimum (im Hinblick auf die Maximierung des Nutzens für jedes einzelne Tier) entspricht.

jede von ihnen so einrichtete, dass sie ihre Zeit zwischen den beiden fütternden Personen so aufteilte, dass ihr zu erwartender Gewinn maximiert wurde.

## Demokratie im Tierreich

In der Politik werden demokratische Entscheidungen an der Urne (Deutschland), mit Lochkarten (USA) oder durch Handheben (Appenzell) gefällt. Man könnte zunächst meinen, dass demokratische Prozesse zu den höchsten Kulturleistungen menschlicher Gesellschaften gehören und eben nur dort vorkommen. Immerhin haben selbst wir Menschen diese Form der politischen Willensbildung und Entscheidungsfindung keineswegs flächendeckend umgesetzt, wie die oft gehörten Forderungen nach „demokratischen Mindeststandards" immer wieder zeigen. Was es beim Menschen nur unvollkommen gibt, das könne es im Tierreich gar nicht geben, denn für wirkliche Entscheidungen fehlten die freien, autonomen Entscheidungsträger, die Subjekte. Bei Tieren gebe es daher keine Demokratie, werde nicht abgestimmt, entscheide vielmehr das Oberhaupt des Rudels, der Herde, des Schwarms oder der Rotte.

Wenn es auch recht wenige wissenschaftliche Untersuchungen zu kollektiven Entscheidungen bei Tieren gibt, so muss man diese Sicht der Dinge bereits aufgrund der spärlichen bekannten Daten in Frage stellen: Eine Gruppe von Gorillas setzt sich in Bewegung, wenn eine Zweidrittelmehrheit dies hörbar wünscht; bei Rothirschen müssen 62% (plus/minus 8%) der Gruppe aufstehen, um ihren Wunsch nach einem Wechsel des Weideplatzes durchzusetzen. Schwäne zählen, wie oft sich in ihrer Gruppe ein Mitglied bewegt: Bei mehr als 26,7 Kopfbewegungen pro Minute ergreift die Truppe die Flucht. Das Regieren wird nicht nur in Japan, zumindest nach der Schrift zu urteilen (vgl. Abb. 14.2), mit dem Hintern praktiziert, sondern auch bei Pavianen: Der Ort, auf den sich männliche Mantelpaviane hinsetzen, gibt an, in welche Richtung die ganze Gruppe nach der Rast weitergeht (Conradt & Roper 2003).

Ganz offensichtlich gibt es also im Tierreich auch Entscheidungen, die von Mehrheiten herbeigeführt bzw. getroffen werden. Die einzelnen Tiere teilen dabei ihre Meinung durch ihre Körperhaltung durch ritualisierte Bewegungen oder spezifische Lautäußerungen mit. Da man weiß, dass mathematische Fähigkeiten bei Tieren durchaus in erstaunlicher Weise ausgeprägt sein können (vgl. Dehaene 1997), wundert es nicht, dass als Modus der Stimmenauszählung so unterschiedliche Verfahren wie die Bestimmung der Mehrheit der abgegebenen Stimmen, die Integration über alle abgegebenen Stimmen bis zum Erreichen eines Schwellenwertes oder die Bildung des Mittelwerts aus allen Stimmen identifiziert wurden. Wenn solche Prozesse neben den

**14.2** Die aus dem Chinesischen stammenden Kanji-Zeichen, eines der vier in Japan verwendeten Zeichensysteme, sind zuweilen sehr stark stilisierte Piktogramme, die nicht selten in zusammengesetzter Form vorkommen. So bedeutet das links dargestellte Zeichen das menschliche Hinterteil, und rechts ist das Zeichen für „Dach" zu sehen. Das Zeichen in der Mitte – ein Hintern unter einem Dach – ist das Kanji-Zeichen für Regierung (modifiziert nach Rowley 1992, S. 89).

bekannten despotischen Führungsstrukturen des Leittieres im Tierreich vorkommen, stellt sich die Frage, unter welchen Bedingungen aber eine Gruppe dem Leithammel folgt und unter welchen sie sich demokratisch verhält.

Um dieser Frage nachzugehen, führten Conradt und Roper (2003) Modellrechnungen durch, in denen sie die Konsequenzen von unterschiedlich gefällten Entscheidungen für die einzelnen Mitglieder einer Gruppe berechneten. Es stellte sich heraus, dass in den meisten Fällen die Nachteile für den Einzelnen und die gesamte Gruppe wesentlich größer sind, wenn despotisch und nicht demokratisch entschieden wird.

„Selbst wenn der Despot das erfahrenste Tier der Gruppe ist, haben die Mitglieder von seiner Entscheidung nur dann einen Vorteil, wenn die Gruppengröße klein und der Informationsunterschied groß ist. Demokratische Entscheidungen sind vor allem deswegen besser für die Gruppe, weil sie weniger extrem ausfallen, und nicht so sehr, weil jedes Individuum einen Einfluss auf die Entscheidung per se hat. Unser Modell legt nahe, dass Demokratie [im Tierreich] weit verbreitet sein sollte, und macht zudem qualitative, überprüfbare Vorhersagen über Entscheidungsprozesse in nicht menschlichen Gesellschaften" (Conradt & Roper 2003, S. 155).

Wahrscheinlich können wir von solchen Untersuchungen lernen, unter welchen Randbedingungen welche Führungsstrukturen am besten funktionieren.

## Frauen und Männer:
## zur Verhaltensbiologie des Menschen

Nicht nur die Tiere verhalten sich zuweilen sehr menschlich; auch Menschen zeigen „tierische" Verhaltensweisen, deren Wurzeln nicht in rationalen Entscheidungen des sich verhaltenden Menschen liegen, sondern in der Evolution der Lebewesen, vom einfachen Wirbeltier bis zum Menschen.

Betrachten wir als ein Beispiel unter vielen das Paarungsverhalten der Menschen. Ging man früher davon aus, dass die diesbezüglichen Riten, Sitten und Gebräuche ein Produkt der Kultur sind und damit überall auf der Welt anders, so zeigten Studien hierzu ein ganz anderes Bild. Überall auf der Welt folgt die Partnerwahl beim Menschen denselben Gesetzen. Um diese zu verstehen, braucht man nur zu wissen, was es eigentlich bedeutet, männlich oder weiblich zu sein.

Der grundlegende Unterschied zwischen männlichem und weiblichem Geschlecht besteht im Tier- und im Pflanzenreich in der Größe der Geschlechtszellen: Männliche Samenzellen sind klein und liefern lediglich Erbinformation, wohingegen weibliche Eizellen größer sind und neben dem Erbgut auch Energie zur Entwicklung der Frucht bereitstellen. Bei Vögeln ist dieser Unterschied besonders augenfällig, bei Säugern ist er jedoch am größten, stellt doch der ganze weibliche Körper für die erste Zeit der Entwicklung der Nachkommen die notwendige Voraussetzung dar. Auch nach der Geburt ist es das Weibchen, das stillt und damit viel Energie und Zeit in die Nachkommenschaft steckt. Während man früher Paarung und Aufzucht von Nachkommen als gemeinschaftliches Unterfangen beider Partner zum Wohl der Art angesehen hat, ist von Soziobiologen erstmals darauf hingewiesen worden, dass aus der Asymmetrie der Fortpflanzungsinvestition Konflikte zwischen den Geschlechtern resultieren.

Ganz allgemein werden männliche Tiere mit definitionsgemäß geringerem Investment eher versucht sein, mit vielen weiblichen Tieren Nachkommen zu haben, wohingegen weibliche Tiere mit hohem Investment eher männliche Tiere suchen, die zu einer dauerhaften Bindung fähig sind.

Überträgt man diese Zusammenhänge auf den Menschen, dann muss zunächst noch einmal klargestellt werden, was gemeint ist und was nicht. Unter den biologischen Bedingungen der menschlichen Reproduktion (hoher Aufwand durch Schwangerschaft und Stillzeit bei Frauen, geringer Aufwand beim Mann) kommt es für Frauen vor allem darauf an, die investierte Zeit und Energie zu sichern, d.h. sich nach der Geburt weiterhin um den Nachwuchs zu kümmern. Dies wiederum favorisiert diejenigen Erbanlagen, die bei Frauen die genannten Strategien der Partnerwahl in irgendeiner Weise wahrscheinlicher machen. Jede genetische Disposition, die es einer Frau eher ermöglicht, einen Mann lange an sich zu binden, so dass seine Ressourcen den Kindern zugute kommen, wird sich langfristig durchsetzen, da sie die Wahrscheinlichkeit erfolgreicher Reproduktion (und damit auch der Reproduktion genau dieser Disposition) steigert. Frauen (genauer: weibliche Wesen) haben im Verlauf der Evolution eine ganze Reihe sehr cleverer Strategien entwickelt, Männer auszuwählen, die nicht nur ihre Nachkommen zeugen, sondern sich auch danach um die Nachkommen kümmern (vgl. hierzu das faszinierende Buch von Blaffer Hrdy 1999).

Männer hingegen suchen sich vor allem Partnerinnen mit der maximalen Fruchtbarkeit, weswegen sie auf Jugend besonderen Wert legen. Es sei an dieser Stelle hervorgehoben, dass es hier nicht darum geht, bestimmte Verhaltensweisen als gut oder schlecht zu bewerten. Auch kann es nicht um eine biologische Legitimation irgendwelcher Verhaltensweisen oder Sexualpraktiken gehen. Es geht vielmehr um ein Verständnis der biologischen Randbedingungen, unter denen sich bestimmte Verhaltensdispositionen beim Menschen herausgebildet haben. In gleicher Weise lassen sich auch die biologischen Bedingungen für Kindstötung oder für andere eindeutig in unserer Kultur abgelehnte Verhaltensweisen rekonstruieren, ohne dass damit bereits in irgendeiner Weise über Richtigkeit oder Legitimierbarkeit entschieden wäre. Dies gilt auch für die Kriterien der Partnerwahl.

Eine Reihe empirischer Untersuchungen zu den Kriterien der Partnerwahl beim Menschen über die verschiedensten Kulturen hinweg ergab relativ konsistente geschlechtsspezifische Unterschiede (vgl. Buss 1989): Im Vergleich zu Frauen legen Männer mehr Wert auf körperliche Merkmale, die mit Jugend und Gesundheit (d.h. mit reproduktivem Wert) korreliert sind, wohingegen es den Frauen eher auf die Tüchtigkeit des Mannes, dessen sozioökonomischen Status bzw. dessen Zuverlässigkeit ankommt (vgl. Townsend 1989). Daher sind praktisch überall die Männer bei der Eheschließung älter als die Frauen, denn die Zeit arbeitet, ganz prinzipiell, für die Geschlechter in unterschiedlicher Weise: Je älter Männer sind, desto mehr Zeit hatten sie, um ihre wirtschaftliche Stellung zu festigen, und desto attraktiver sind sie für Frauen. Je jünger Frauen demgegenüber sind, desto länger stehen sie zur Reproduktion zur Verfügung und desto attraktiver sind sie. In den USA sind die Männer bei der ersten Eheschließung etwa drei Jahre älter als die Frauen. Bei der zweiten Ehe beträgt dieser Unterschied fünf Jahre, bei der dritten etwa acht Jahre (Buss 1994).

Man könnte argumentieren, dass diese geschlechtsspezifischen Unterschiede aufgrund kultureller Einflüsse zustande kommen, etwa dadurch, dass Männer nach wie vor in erster Linie die Familienversorgung übernehmen und Frauen sich daher eher in einer finanziellen Abhängigkeit befinden. Sofern jedoch die Kriterien der Partnerwahl ausschließlich kulturell vermittelt wären, sollten sie sich bei sich angleichenden sozioökonomischen Bedingungen ebenfalls angleichen. Dies ist jedoch nicht der Fall, wie zwei von Townsend (1989) mitgeteilte Untersuchungen zeigen.

Er untersuchte die Kriterien der Partnerwahl bei Medizinstudenten beiderlei Geschlechts (n = 40) sowie bei College-Studenten beiderlei Geschlechts (n = 382) mittels eines offenen Interviews bzw. eines Fragebogens. Es wurden dabei u.a. die Variablen „relatives potentielles Einkommen des Partners", „berufsbedingter Sozialstatus des Partners", „körperliche Attraktivität des Partners" und „eheliche Arbeitsteilung" erfasst. Hierbei ergaben sich deutliche geschlechtsspezifische Unterschiede mit Blick auf den potentiellen Idealpartner. Im Hinblick auf das zuvor Gesagte wurde beispielsweise gefunden, dass Frauen mit höherem sozioökonomischem Status einen Mann mit mindestens ebenso hohem sozioökonomischen Status bevorzugen (was die Anzahl potentieller Partner vermindert), wohingegen Männer eher Frauen mit geringerem sozioökonomischen Status bevorzugen (weswegen bei Männern mit einem höheren sozioökonomischen Status sich die Anzahl potentieller Partner eher erweitert).

Die Daten stimmen mit Befunden aus anderen Kulturen sowie anderen historischen Epochen gut überein, wonach es ein durchgängiges Charakteristikum der menschlichen Partnerwahl ist, dass männliches ökonomisches Investment gleichsam mit weiblichem elterlichen Investment verrechnet wird.

In diese Verrechnung gehen die gesellschaftlichen Randbedingungen durchaus mit ein. Sind die Sozialsysteme der Versorgung beispielsweise nur gering ausgeprägt oder gar nicht vorhanden, ist die Rechnung sehr klar. In solchen Fällen bedeutet die Jugend der Frau und die Wirtschaftskraft des Mannes jeweils viel. Bei gut ausgebauten sozialen Netzen ist die Rechnung nicht so deutlich. Entsprechend ist der Altersunterschied bei Ehepartnern in den skandinavischen Ländern mit ihren bekanntermaßen gut ausgebauten Sozialsystemen mit ein bis zwei Jahren deutlich geringer als in afrikanischen Ländern mit gering oder gar nicht vorhandenen Systemen sozialer Sicherung.

*Überlegt* sich ein verliebtes Pärchen all dies? – Ebenso wenig wie die Ente sich das Nash-Äquilibrium überlegt oder der Rothirsch die Sinnhaftigkeit der Zweidrittelmehrheit! Die Verhaltensbiologie deckt nicht Prinzipien des Denkens auf, sondern Prinzipien der Evolution und Genetik. Verhaltensweisen, die den genannten Regeln entsprechen, werden langfristig eher von Generation zu Generation weitergegeben und sich daher durchsetzen.

## Fazit

Die Zeiten sind vorbei, da nur wir Menschen beanspruchen konnten, moralisch zu handeln. Die Beobachtungen im Tierreich sind zu zahlreich, um diese Meinung aufrechterhalten zu können. Moral gibt es bei Primaten und auch bei anderen Arten in vielfältiger Form.

Auch demokratische Entscheidungsprozesse sind nicht auf den Menschen beschränkt. Umgekehrt ist keineswegs jede Entscheidung eines Menschen das Produkt rationaler Überlegung, wie die Verhaltensbiologie des Menschen zeigt. Die Gehirnforschung fügt diesen Beobachtungen nun noch experimentelle Ergebnisse zu neuronalen Prozessen und Mechanismen hinzu, die ihrerseits den Zusammenhang von Biologie und Verhalten noch stärker und deutlicher machen. Wie im nächsten Kapitel dargestellt, laufen diese Erkenntnisse nicht auf eine Reduktion von Freiheit und Selbstbestimmung heraus, sondern sind diesem Streben förderlich. Nur wer die menschliche Natur wirklich kennt, unterliegt ihr nicht mehr einfach nur, sondern kann sich zu ihr verhalten.

## Evolutionäre Psychologie: Fallstricke und Heuristiken

Die britische wissenschaftliche Wochenzeitschrift *New Scientist* veranstaltete zur Jahreswende 2002/2003 einen Wettbewerb um jeweils eine Flasche Whiskey. Gesucht wurden die besten evolutionären Erklärungen für menschliche Verhaltensweisen. Das es dabei weniger um Wissenschaft und mehr um Spaß ging, mögen ein paar preisgekrönte Beispiele zeigen (vgl. *New Scientist*, Rubrik *Feedback* vom 21.12. 02 und 4.1.03; Übersetzungen durch den Autor).

Warum fragen Männer nie nach dem Weg?

> „Der männliche Charakterzug, nie nach dem Weg zu fragen, stellt eine natürliche Konsequenz des Jagens dar. Wer seine eigene Position durch den Ruf ‚entschuldigen Sie, ich glaube ich habe mich verlaufen' verriet, stellte sicher, dass er selber das nächste Opfer der Jagdgemeinschaft war, denn er hat damit sicherlich die Jagdbeute verscheucht. Man kann daher annehmen, dass die heute lebenden

Männer die Überlebenden derjenigen Vorfahren waren, die niemals nach dem Weg gefragt haben."

Ein andere uns alle bewegende Frage lautete wie folgt: Warum schauen alle Models auf Modenschauen immer so unglücklich drein? Die evolutionspsychologische Antwort hierauf lautet wie folgt:

> „Über Jahrtausende brachten primitive Stämme ihren Göttern Menschenopfer dar und wählten hierzu eine schöne Jungfrau aus. Die Alltagskleidung der Menschen war damals recht bescheiden und bestand aus Gras und (wenn man Glück hatte) etwas Fell. Für das Opfer wählte man jedoch Kleidung aus, von der man sich erhoffte, dass sie dem Gott gefallen würde, und so sammelte man in jedem Dorf die ausgefeiltesten, ausgefallensten und teuersten Gegenstände und Materialien zur Schmückung der Jungfrau. Die Zeremonie war für alle Beteiligten ein Grund zu großer Freude, außer natürlich für die zu opfernde Jungfrau, die verständlicherweise eher etwas moros erschien. Daher hat die Evolution entschieden, dass junge Frauen, bis auf den heutigen Tag, furchtbar dreinschauen, wenn sie exotisch gekleidet sind."

Weil es jeden interessiert, sei schließlich noch ein drittes Beispiel (von insgesamt zehn Gewinnern) angeführt: Warum bevorzugen Gentlemen blonde Frauen?

> „Da blonde Haare, blaue Augen und geringe Körpergröße allesamt das Ergebnis rezessiver Erbanlagen sind, kann sich ein Mann, der eine Frau mit diesen Merkmalen auswählt, sicher sein, dass seine Gene bei den Nachkommen prädominant sind. Dies wiederum führt bei ihm zu einer größeren Sicherheit, dass ihre Kinder auch tatsächlich die seinen sind (auf der evolutionären Punktekarte immer eine Beunruhigung für den Mann), denn die Kinder tragen mit größerer Wahrscheinlichkeit seine Merkmale. Daher sind Blondinen die begehrtesten Gattinnen."

Den Vogel schießt allerdings die folgende Überlegung ab, die nicht im *New Scientist* stand, sondern mir von einem Freund berichtet wurde: Warum fallen – aus evolutionärer Sicht – alle Gegenstände nach unten? Die Antwort ist ganz einfach: Dies war keineswegs immer so. Früher fielen die Gegenstände nach unten, nach oben, nach vorne

oder links oder sonst wo hin. Daher sind nur noch diejenigen da, die
nach unten gefallen sind. Alle anderen sind weggeflogen, d.h. ihr Verhalten war langfristig nicht stabil.

Was lehren uns diese Beispiele? – Sie zeigen, dass die Hypothesen
der evolutionären Psychologen zunächst nur die Kreativität ihrer Erfinder anzeigen und sonst gar nichts. Diese Hypothesen sind zunächst
nicht richtig oder falsch, sondern fruchtbar für weitergehende Frage-
stellungen oder nicht (man sagt heute gern: Sie sind von *heuristischem
Wert*).

Betrachten wir als Beispiel die folgende Überlegung: Wofür ist
Farbenblindheit gut? Wer bei der Suche nach reifen Früchten die roten
von den grünen nicht unterscheiden kann, der wird langfristig weniger
Überlebenschancen haben, weswegen sich die Frage nach dem Nutzen
der Farbenblindheit durchaus stellt. Sie ist vererbt und hätte eigentlich
längst aus dem menschlichen Genpool verschwinden müssen, denn sie
bringt offenbar nur Nachteile. Wie man zeigen konnte, haben Menschen mit einer Rotgrünblindheit jedoch einen Vorteil beim Sehen in
der Dämmerung. So weit, so gut. Eine hübsche Idee. Aber ist etwas
dran?

Man kann aus dieser Idee die überprüfbare Hypothese ableiten,
dass es in den Tropen (wo die Sonne senkrecht untergeht und die
Dämmerung daher nur kurz ist) wenig Farbenblinde geben sollte, in
den Polargebieten (mit sehr schräg untergehender Sonne und dadurch
bedingter sehr langer Dämmerung) jedoch viele. Diese aus einem
evolutionären Verständnis der Farbenblindheit folgende Hypothese
wurde empirisch untersucht und bestätigt: Wahrend die Häufigkeit
der Rotgrünblindheit am Äquator bei etwa 1% liegt, beträgt sie in Polargebieten bis zu 8%. Anders ausgedrückt: Nur in Gegenden wie
Nord-Norwegen lohnt es sich, farbenblind zu sein. Sofern man also
Überlegungen aus dem Bereich der Evolutionsbiologie dazu verwendet, die Dinge neu zu betrachten und neue Fragen zu stellen (Wilsons
Buch *Soziobiologie* ist ein gutes Beispiel dafür), machen solche Hypothesen Sinn. Ohne weitere unterstützende Daten und ohne praktische
Konsequenzen bleiben sie ein leeres Theoriegebäude, brauchbar allen-
falls für etwas Spaß zum Weihnachtsfest.

# 15 Einsicht

Um es gleich vorwegzunehmen: Verglichen mit dem, was in den vorangegangenen Kapiteln diskutiert wurde, geht es im Folgenden um die Spitze des Eisbergs, das kleine Sahnehäubchen auf dem großen Kuchen, die winzige Nussschale des einsichtigen Verstehens auf dem riesigen wogenden Ozean des automatischen und völlig unbemerkten Gehirngeschäfts der Informationsverarbeitung.

## Die unerträgliche Automatizität des Seins

Die Überschrift ist identisch mit dem Titel einer Arbeit von Bargh und Chartrand (1999), die sehr viele Forschungsergebnisse zusammenfasst und zu dem schluss kommt, dass fast alles, was in unserem Gehirn vor sich geht, ohne unsere geringste Notiz davon verläuft, ohne jede „Einsicht". Selbst die so genannten höheren geistigen Leistungen laufen automatisch. Wir lesen vollautomatisch, berechnen Abstände und Geschwindigkeiten vollautomatisch, sehen die Emotionen und Absichten des Geschäftspartners vollautomatisch – nicht viel anders als wir vollautomatisch atmen oder laufen. Wenn wir eine Muschel vom Meeresgrund heraufholen oder über ein Hindernis springen wollen, dann können wir den Autopiloten für die Atmung oder das Laufen kurzfristig abschalten und die Sache selbst in die Hand nehmen. Und nicht anders geht es uns mit den Geschwindigkeiten (siehe unten) und Geschäftspartnern. Auch können wir uns dazu überreden, dass der Geschäftspartner zwar grimmig dreinschaut, aber dennoch vielleicht ein guter Partner für das gerade anstehende Vorhaben ist. Wir können uns also durch Einsicht von den automatischen Vorgängen lösen und anders handeln, als der „Autopilot" uns vorschlägt.

Kein anderer als Sigmund Freud hat – z.B. in der noch heute sehr lesenswerten Schrift *Zur Psychopathologie des Alltagskleidung* (Freud 1904/1941) – darauf aufmerksam gemacht, dass wir uns dies sehr oft nur einbilden. Wir *sagen*, dass wir dies oder das klar gesehen, einen Gedanken selbst gedacht oder eine rationale Entscheidung bewusst gefällt haben, wo in Wahrheit unbewusste, d.h. von uns nicht bemerkte Vorgänge ganz automatisch abliefen. Auch wenn heute weite Teile der von Freud verwendeten Metaphorik ihr Schicksal mit Phlogiston, der Lebenskraft oder dem Äther als ausgemusterte Begriffe ohne reale Entsprechung teilen, so hat doch seine Erkenntnis des weitgehend unbemerkt ablaufenden geistigen Lebens Bestand. Erinnert sei nur noch einmal an das Einkaufen im Supermarkt mit und ohne Hunger. Bedeutet dies, dass wir Marionetten sind, wenn nicht unseres Unbewussten, so doch unserer vieldimensionalen rotierenden Populationsvektoren? – Mit seinem Diktum *Wo Es war soll Ich werden* hat Freud diese Frage für sich im Grunde beantwortet. Aus demjenigen, der passiv von dunklen Mächten in ihm kontrolliert wird, soll im Laufe der Psychotherapie derjenige werden, der sich selbst bestimmt.

## Sprache, Einsicht und der Bedarf nach Erklärungen

Im Unterschied zu anderen Lebewesen verwenden wir Menschen nicht nur Synapsenstärken und Aktivierungsmuster, sondern auch Sprache, um die Dinge um uns herum zu repräsentieren. Diese Art der Repräsentation funktioniert ganz anders als Neuronen und Synapsen, ist uns viel näher und bekannter. Wir wissen, was wir mit einem Wort oder einem Satz meinen, „mein rechter Daumen" repräsentiert meinen rechten Daumen etc.

Das Problem des Neurobiologie-Anfängers besteht unter anderem gerade darin, zu verstehen, inwiefern das Gehirn Informationen verarbeitet, dabei jedoch *ganz anders* vorgeht als eine Person, die spricht oder sprachlich denkt. Führt man jedoch im 15. Kapitel eines Buches über Neurobiologie die ganz normale Sprache ein, befindet man sich in einer nahezu paradoxen Situation: Was eigentlich selbstverständlich ist, muss jetzt herausgestellt werden.

Wenn wir sprechen oder sprachlich denken, übermitteln bzw. verarbeiten wir nur wenig Information. Sprache arbeitet seriell und ist langsam. Aber sie arbeitet mit diskreten Begriffen und logischen Operatoren ebenso wie mit diffusen Kontexten, Analogien, Metaphern, Reimen und Witzen. Sie lebt von den Möglichkeiten unbegrenzter Kombinatorik, und sie hat eingebaute Redundanz. Zu Beginn des letzten Jahrhunderts hat der russische Physiologe Iwan Pawlow (1849–1936) die Sprache als ein *zweites Signalsystem* bezeichnet, um damit anzudeuten, dass es sich hier verglichen mit in der Tierwelt vorkommenden Signalen um eine ganz andere Art von Signalen handelt.

Mit Hilfe der Sprache kann ich ein Ziel formulieren und mir dieses Ziel immer wieder vor Augen führen, auch dann, wenn ich eigentlich gerade hungrig bin oder etwas anderes lieber täte. Vor allem kann ich dieses Ziel mit anderen diskutieren. Ich kann beim Jagen beispielsweise meine Strategie mit den anderen beraten, und so kann unser gesamter Erfahrungsschatz der Jagd zugute kommen, nicht nur als Mittelwert, sondern als Expertise, zu der jeder etwas beiträgt.

Sprache ermöglicht schließlich die effiziente Weitergabe von Wissen über Generationen. Solange keine Schrift existierte, erfolgte diese Weitergabe mündlich, durch die älteren Mitglieder der Gruppe. Diese waren für die Gesamtgruppe von großer Bedeutung, denn sie bildeten deren Wissensschatz bzw. Langzeitspeicher.

Sprache ist in evolutionärer Hinsicht eine sehr junge geistige Leistung, die nur bei der Spezies Mensch in wirklich ausgeprägter Form vorliegt. Nachdem Sprache erst einmal vorhanden war, erwies sie sich als außerordentlich flexibel. Man kann Einkaufslisten, Gesetze und Gedichte damit produzieren, Kriegsreden und Friedensverhandlungen abhalten sowie Befehle, Wünsche und Fragen äußern. Wahrscheinlich spielte die Sprache eine wesentliche Rolle in der Entstehung und Organisation von größeren menschlichen Gemeinschaften, d.h. in der

Entwicklung vom Hordentier zum Staatsbürger. Sprache erlaubt nicht zuletzt den Konjunktiv, also das Reden über Mögliches, und damit eben auch das Ablösen von der Wirklichkeit.

Weil es von großem Vorteil ist, zunächst einmal eine Handlung oder Aktion durchzusprechen, besitzen wir nicht nur eine besondere Fähigkeit zum Generieren, sondern auch eine besondere *Vorliebe* zum Rezipieren von Geschichten. *Es sind Geschichten, die uns umtreiben, nicht Daten und Fakten.* „Bei der Katastrophe xy sind 500 Menschen ums Leben gekommen" berührt die meisten Menschen nicht so sehr wie die Schilderung eines Einzelschicksals in der Katastrophe.

Wie verhält sich nun das erste zum zweiten Signalsystem, wie das Gehirn zur Erzählung? – Hier scheiden sich bis heute die Geister. Für die einen sind Geschichten das A und O des menschlichen Lebens, für die anderen sind sie ein Epiphänomen, d.h. sind nur im Nachhinein aufgesetzte Wort- bzw. Begriffshülsen, die wir unserem geistigen Leben im Nachhinein überstülpen. Betrachten wir hierzu Beispiele.

## Einsicht als sprachliches Epiphänomen

Menschen produzieren dauernd Geschichten, obwohl ihre Gehirne hierzu eigentlich nicht primär gebaut sind. Gehirne arbeiten parallel, nicht seriell, haben Regeln implizit, nicht explizit, gespeichert, in Form von Synapsenstärken und nicht in Form von mathematischen Operatoren und Begriffen. Die Erfahrung lebendiger Organismen ist daher zunächst nicht sprachlich, und ein Gehirn zum Sprechen zu verwenden, ist im Grunde mindestens so unpraktisch, wie mit einem Porsche zu pflügen. – Aber es geht! Dennoch geschieht aus neurobiologischer Sicht die Versprachlichung unseres geistigen Lebens post facto, im Nachhinein, wenn die Synapsen schon gefeuert haben und die Populationsvektoren schon rotiert sind.

Wir erleben dies meist nicht, manchmal aber doch. Wenn wir einen Gedanken versprachlichen, dann kann es vorkommen, dass wir nach den Worten suchen, dass uns etwas auf der Zunge liegt, oder dass sich die Sprache gegen einen guten Ausdruck des Gedankens irgendwie sperrt. Denken ist nicht primär sprachlich, wir können es jedoch versprachlichen, was durchaus Mühe machen kann. Daher schätzen wir Menschen (z.b. Schriftsteller und manche Politiker) sehr, die das, was alle denken, sprachlich auf den Punkt bringen können.

Aus dem Gesagten könnte man ableiten, dass es sich bei der Sprache um ein Epiphänomen handelt, also um ein der eigentlichen Informationsverarbeitung im Gehirn nachgeordnetes, unwichtiges, uns nur bedeutsam erscheinendes Phänomen. Für diese Auffassung lassen sich neurobiologische Indizien anführen, wie das folgende Beispiel zeigt.

Der Neurowissenschaftler Michael Gazzaniga ist weltweit durch seine Untersuchungen von so genannten Split-Brain-Patienten bekannt geworden. Bei diesen wurden die Verbindungsfasern zwischen beiden Großhirnhälften operativ (zur Behandlung eines schweren Anfallsleidens) getrennt, so dass beide Gehirnhälften in bestimmtem Umfang unabhängig voneinander arbeiten. Durch geschickte Darbietung von Information in nur einem Gesichtsfeld (also nur auf der linken oder rechten Seite) und durch Reaktion mit der entsprechenden Hand lässt sich dann jede Gehirnhälfte gleichsam einzeln untersuchen. Besonders interessant ist dies deswegen, weil man auf diese Weise der Spezialisierung der beiden Gehirnhälften experimentell nachgehen kann (vgl. Hellige 1993, Springer & Deutsch 1995, Hugdahl & Davidson 2002).

Nach einer sehr bekannt gewordenen Schilderung (vgl. Gazzaniga et al. 1998, S. 542ff) trug sich im Labor bei der Untersuchung einer Split-Brain-Patientin Folgendes zu: Man zeigte ihr Bilder im linken oder rechten Gesichtsfeld, so dass diese Bilder nur jeweils die linke oder rechte Gehirnhälfte erreichten und dort verarbeitet wurden. Ließ man die Patientin dann beispielsweise die entsprechenden Gegenstände unter dem Tisch (d.h. nur mit dem Tastsinn) mit jeweils der rechten oder linken Hand aus einer Anzahl von Gegenständen heraussuchen, so zeigte sich, dass die ihrer rechten Hemisphäre kurz dargebotenen Bilder ihr erlaubten, den entsprechenden Gegenstand herauszusuchen. Sie konnte ihn jedoch nicht benennen, da die Information über Art oder Identität des Gegenstands in ihrer linken, sprachproduzierenden Hemisphäre nicht vorlag.

Man zeigte ihr dann einmal die Pin-up-Fotografie einer leicht be-
kleideten Dame, woraufhin sie zu lachen begann. Danach gefragt, warum sie lache, konnte sie den Grund offensichtlich nicht angeben,
denn das Bild befand sich nur in ihrer rechten Gehirnhälfte. Sie war jedoch um eine Erklärung nicht verlegen und meinte, der Apparat, an
dem sie getestet werde, sei so lustig. In einem anderen Experiment wurde die Aufforderung aufzustehen („walk") in die rechte Hemisphäre einer Versuchsperson projiziert, woraufhin der Proband aufstand und
den Raum verließ. Darauf angesprochen gab er an, dass er sich eine
Cola holen wollte. Immer wieder zeigte sich das gleiche Muster: „Erklärungen" des von der rechten Gehirnhälfte produzierten Verhaltens
wurden von der bewussten, sprachproduzierenden linken Gehirnhälfte
ganz offensichtlich *frei erfunden*. Die Beispiele zeigen, wie stark unser
Bedürfnis danach ist, unsere Handlungen mit Gründen zu versehen,
und dass wir dies auch tun – ohne Rücksicht auf den faktischen Gehalt
der begründenden Geschichten.

Diese Hinweise auf Geschichten als Konstrukte im Nachhinein
passen zur Alltagserfahrung von Psychiatern, dass viele Patienten (und
leider auch viele Ärzte) sich durch Geschichten vom Sehen und Feststellen von Krankheiten abhalten lassen. Ein Beispiel von vielen: Jeder
depressive Patient hat – bei der ersten Episode immer und bei späteren
Episoden meistens – einen Grund für die Erkrankung parat. Bezie-
hungsschwierigkeiten, Probleme am Arbeitsplatz oder gar ein verstor-
bener naher Angehöriger bieten immer einen Anlass, warum
Stimmung und Antrieb im Keller liegen und warum gegrübelt, nicht
geschlafen und nicht gegessen wird. Wie die Split-Brain-Patientin denken sich viele Patienten also post hoc Erklärungen für ihr Erleben und
Verhalten aus, spinnen einen roten Faden, obgleich das Erleben und
Verhalten auch ohne diesen Faden ablaufen würde.

In dieser Hinsicht sind Geschichten nichts weiter als „Bedeutungs-
Soße", die unsere linke Hemisphäre über unsere Handlungen im
Nachhinein gießt; ohnmächtig, unwichtig, abgekoppelt von jeglichem
Wahrheitsgehalt und bestenfalls harmlos. In ungünstigeren Fällen
können sie schaden, kann doch das Suchen von Gründen gerade bei in-
telligenteren sprachbegabten Menschen dazu führen, dass jahre- oder

jahrzehntelang den vermeintlichen Gründen einer Störung nachgegangen wird, wo doch in Wahrheit nur Geschichten (unter Umständen zusammen mit einem Therapeuten) gesponnen (d.h. erfunden) werden. Geschichten machen aus dieser Sicht weder krank noch gesund. Sie sind im Grunde irrelevant.

## Positive Wirkungen von Einsicht

So weit die extrem skeptische Auffassung. Ihr steht die – nicht zuletzt von Psychotherapeuten vertretene – Auffassung gegenüber, dass es die Geschichten sind, die krank machen, und deren Erzählen und Bearbeiten gesund machen kann. Diese Auffassung sei am Beispiel einer Studie zu Gelenkbeschwerden (Arthritis) und Asthma (Smyth et al. 1999) erläutert. Die Autoren gingen von der bekannten Beobachtung aus, dass aufgeschriebene Berichte über seelisch traumatisierende Erlebnisse eine positive Wirkung auf die Symptomatik und das subjektive Wohlbefinden haben. 61 Patienten mit Asthma und 51 Patienten mit Gelenkrheuma wurden zufällig in zwei Gruppen eingeteilt und aufgefordert, entweder über ihr traumatischstes Erlebnis oder über emotional neutrale Themen zu schreiben. Zudem wurde die Schwere der Symptome vor der Niederschrift sowie nach zwei Wochen, nach zwei Monaten und nach vier Monaten objektiv gemessen und beurteilt.

Die Ergebnisse dieser wahrscheinlich weltweit ersten randomisierten Placebo-kontrollierten Psychotherapie-Doppelblindstudie sind beeindruckend: Die Asthma-Patienten der Gruppe, die ihr belastendes Erlebnis aufgeschrieben hatten, zeigten vier Monate später eine deutliche Verbesserung der Offenheit der Atemwege, wohingegen bei der Kontrollgruppe keine Veränderung auftrat. Bei den Patienten mit Gelenkrheuma war es ebenso: Diejenigen, die über ihr belastendes Erlebnis geschrieben hatten, waren vier Monate später deutlich (statistisch signifikant) gesünder als die anderen. Fasst man alle Patienten, die über ihr Belastungserlebnis geschrieben hatten, zusammen, so zeigte fast die Hälfte von ihnen (47,1%) eine klinisch relevante Besserung. Dies war nur bei 9 von 37 Patienten der Kontrollgruppe (24,3%) der Fall (p =

0,001). Damit ist nachgewiesen, dass das Aufschreiben traumatischer Erlebnisse bei Patienten mit Asthma oder Gelenkrheuma zu einer klinisch relevanten Verbesserung führt, die über die medizinische Standardbehandlung hinausgeht.

Man kann Ergebnisse wie diese nicht leugnen. Sie sollten aber auch nicht zu wilden Spekulationen über die mystischen Kräfte des Schreibens führen, sondern Anlass sein, vermehrt auf diesem Gebiet zu forschen. Wir wissen, dass seelischer Stress sich auf die verschiedensten Organsysteme (einschließlich des Gehirns) ungünstig auswirken kann, und wir wissen auch, dass das Ausmaß von Stress nicht zuletzt davon abhängt, wie wir die Lage einschätzen. Zu diesen Einschätzungen zählen auch die subjektiven Geschichten, die wir um die objektiven Ereignisse bauen. Daher können die richtigen Geschichten Stress reduzieren und der Gesundheit förderlich sein.

## Einsichten zur Steuerung zukünftigen Handelns

Einsicht ist das halbe Leben, mitunter auch das ganze. Beim Autofahren zum Beispiel ist es nicht nur wichtig, die Verkehrsregeln, das Auto und die Straßen gut zu kennen. Es kommt vielmehr auch darauf an, dass der Fahrer vor allem sich selbst kennt. Neigt er zum Risiko, dann muss er umso vorsichtiger beim Überholen sein, ist er ängstlich, muss er Strategien entwickeln, die Angst abzubauen, sonst wird sie ihn und den gesamten Verkehr behindern. So trivial dies klingt, so bedeutsam ist es zugleich und so wenig berücksichtigt dazu. Selbsterkenntnis scheint ganz einfach – Motto: „Ich weiß doch, wer ich bin" –, gehört jedoch zum Schwierigsten überhaupt.

In der Luftfahrt, wo man jedem Unfall sehr genau nachgeht, weiß man längst, dass der überwiegende Teil der Unfälle auf den Menschen und dessen fehlende Einsicht in bestimmte Zusammenhänge zurückzuführen ist. Wer hier immer reflexhaft handelt, macht krasse Fehler und ist über kurz oder lang tot. Man hat daraus die Konsequenz gezogen, dass Piloten während ihrer Ausbildung neben Fächern wie der Meteorologie, der Navigation und der Technik ein neues Fach büffeln müssen, das man *Human Factors* genannt hat. Hier geht es dann um all das, was man aus *psychologischen* Umständen heraus falsch machen kann.

Betrachten wir ein ganz einfaches Beispiel: Unser Wahrnehmungssystem hat sich im Laufe der Evolution in ganz spezifischer Weise an die Signale aus der Umwelt angepasst. Auch das Sehen unterlag der Formung durch die Evolution. Seine Aufgabe besteht u.a. in der Produktion sinnvoller Wahrnehmungseindrücke aus dem beständig wechselnden Chaos der Netzhautbilder. Meist klappt dies sehr gut, in manchen Ausnahmefällen jedoch geht die Produktion schief, was in Täuschungen, Illusionen und Halluzinationen resultieren kann. So hat jedes Auge einen blinden Fleck, d.h. eine Stelle an der Netzhaut, wo der Sehnerv das Auge verlässt und daher keine Lichtrezeptoren vorhanden sind. Wir sehen den blinden Fleck nicht, d.h. wir sehen *nicht*, dass wir an dieser Stelle nichts sehen. Einfache Experimente lassen jedoch den blinden Fleck klar hervortreten und zeigen die Stelle, an der wir alle blind sind, mit unbezweifelbarer Deutlichkeit.

Der blinde Fleck ist nicht die einzige Achillesferse unseres Sehens. Für den Straßenverkehr ist eine andere Schwäche unseres Sehsystems von weitaus größerer Bedeutung. Experimentelle Untersuchungen zur Kontrastwahrnehmung und zum Bewegungssehen ergaben, dass bewegte Muster langsamer erscheinen, wenn ihr Kontrast geringer ist. Dies ist so lange harmlos, wie man nicht mit dem Auto im Nebel unterwegs ist. Unter diesen Bedingungen kommt es nämlich dazu, dass Autofahrer ihre Geschwindigkeit systematisch unterschätzen. Sie glauben also, langsamer zu fahren, als sie es tatsächlich tun. Der Effekt ist durch entsprechende Messungen eindeutig belegt: Je nebliger die Umgebung ist, desto langsamer wurde die Geschwindigkeit des Fahrzeugs eingeschätzt, und entsprechend wird umso schneller gefahren.

> „Immer dann, wenn die gesehene Landschaft nebliger wurde, fuhren die Versuchspersonen schneller. Dieses Ergebnis legt nahe, dass die ,Schuld' an vielen Autounfällen im Nebel nicht allein dem verantwortungslosen Charakter der Autofahrer angelastet werden kann, sondern auch einer unglücklichen Eigenart unserer Wahrnehmungssysteme" (Snowden et al. 1998, S. 450, Übersetzung durch den Autor).

Gerade in Ulm hat man sich an die Nachrichten im Herbst gewöhnt, die der Nebel mit sich bringt: Die Autofahrer schätzen ihre Geschwindigkeit im Nebel nicht richtig ein und verursachen
Massenkarambolagen mit nicht selten in die Millionen gehenden
Blechschäden und tödlichem Ausgang für einige der Beteiligten. Führte man diese Unfälle bislang allein auf das rücksichtslose Verhalten der
Autofahrer zurück, so zeigte die Untersuchung klar, dass die Fehlein-
schätzung der Fahrzeuggeschwindigkeit nicht allein Ausdruck von
Verantwortungs- und Rücksichtslosigkeit der Autofahrer ist, sondern
eine ganz unerwartete Ursache hat: einen Fehler im Sehsystem. Wer
dies jedoch weiß, kann sein Verhalten korrigieren! Er kann seine Geschwindigkeit bei Nebel drosseln und zugleich noch darauf achten,
dass er sie auch wirklich so weit drosselt, wie er es eigentlich beabsich-
tigt. Wer die Achillesferse seines Wahrnehmungsapparats nicht kennt,
wird dies nicht tun. Mit anderen Worten: Die Kenntnis der Funktion
unseres Erkenntnisapparates erlaubt uns sogar, dessen Schwachstellen
aktiv zu korrigieren.

## Korrekturen durch Einsicht

Menschen haben die Fähigkeit, ihr Verhalten durch Einsicht zu korrigieren, um davon zu profitieren. Sie tun dies auch, nicht immer, aber
manchmal.

Betrachten wir das Beispiel des Essens aus Kapitel 1: Normalerweise bedarf es beim Essen keiner Einsicht, man isst, wenn einem danach zumute ist, und verbrennt die Kalorien entsprechend. Zudem
sind wir dafür programmiert, ein kleines Reservepolster für schlechte
Zeiten anzulegen, denn die gab es früher oft. Nun haben sich – für die
Figur der meisten Menschen unglücklicherweise – die Zeiten gebessert.
Mangel an Nahrungsmitteln kommt hierzulande praktisch nicht vor,
und die Reservepolster addieren sich zum dauernden Übergewicht.
Wer all dies weiß und wer um die Folgen des Übergewichts weiß, der
kann dem uns allen mehr oder weniger beschiedenen Schicksal der
Dickleibigkeit entgehen. Er muss lediglich beim Essen und bei der Pla-

nung seiner Bewegung (auch hier hat uns die Zivilisation mit vielem gesegnet, was uns bewegungslos macht), also beim Input und Output seines Energiehaushaltes, mit Einsicht planen und dann diese Einsicht auch in konkretes Verhalten umsetzen. Einfach ist dies nicht, das wissen alle, die es mit Diät versucht haben. Aber möglich ist es sicherlich.

Was würde geschehen, wenn wir über unsere genetischen Veranlagungen besser Bescheid wüssten? – Die vielleicht überraschende Antwort lautet: Wir wären freier! Denn wir könnten uns im Hinblick auf die Veranlagung vernünftig verhalten. Und Studien – es gibt noch nicht sehr viele – deuten darauf hin, dass wir dies auch tun würden, wenn wir nur erst einmal genau Bescheid wüssten.

Betrachten wir das Beispiel von Max. Er ist Banker, verheiratet, hat Kinder, verdient gut, und es geht ihm gut. Sein Leben hat jedoch einen Makel: Der Vater von Max starb in sehr jungem Alter an einem Herzinfarkt. Damals war dies Schicksal, heute hingegen kann man die Blutfette messen, ihre Zusammensetzung bestimmen und daraus das Risiko eines Herzinfarktes ableiten. So tat man dies auch bei Max, der sich diesen Prozeduren unterzogen hatte, weil er von den Möglichkeiten der modernen Medizin wusste und das Schicksal seines Vaters nicht teilen wollte. So weiß Max jetzt also, dass er aufgrund einer Fettstoffwechselstörung ein stark erhöhtes Risiko für arterielle Verschlusskrankheiten mit sich herumträgt – eine Zeitbombe in seinem Körper, sozusagen. Was tut Max? – Er lebt extrem gesund, treibt Sport, isst sehr vernünftig, nimmt Medikamente und tut damit alles, seiner genetischen Bestimmung zu entrinnen.

Gene sind keine Orakel, die in Erfüllung gehen, ganz gleich, was wir tun. Im Gegenteil: Das Wissen um unsere Genetik macht uns – bereits zum jetzigen Zeitpunkt – zumindest teilweise frei von ihren negativen Auswirkungen. Skeptiker werden sagen, dass die Menschen nicht so einsichtig sind und die Bürde eines solchen konsequenten Verhaltens nicht auf sich nehmen. Man könnte auch die Menge der Dicken, der Raucher und (in diesem Falle auch) der Kriminellen anführen, um zu argumentieren, dass jeder doch denkt: Mich wird es schon nicht erwischen. Jeder kennt einen 90-jährigen Dicken, einen 95-jährigen Raucher und jeder weiß, dass es Kriminelle gibt, die nicht erwischt werden. So denkt jedoch nur derjenige, der über sein Schicksal nichts weiß. Max *weiß*, dass er jung sterben wird, wenn er sich nicht an eine strenge Lebensführung hält – und hält sich daran.

Wer das Verhalten von Max für eine Ausnahme hält, der betrachte die folgenden Beispiele.

## Sucht und Brustkrebs

Wie würden sich nun Suchtkranke verhalten, wenn sie über ihre eigene genetische Prädisposition zur Sucht Bescheid wüssten? Nehmen wir an, wir teilten ihnen mit, dass sie eine erhebliche vererbte Neigung zur Sucht aufweisen. Würden sie dann eher in eine Therapie einwilligen, oder würden sie gleichsam die Flinte ins Korn werfen, nach dem Motto, was soll die Therapie, wenn ich die Veranlagung ja ohnehin habe?

Um dies zu ermitteln, befragten Wright und Mitarbeiter (2003) 269 Raucher nach ihrer Reaktion auf die Mitteilung der Resultate eines genetischen Tests. Die Probanden sollten sich vorstellen, dass bei ihnen ein zur Nikotinsucht prädisponierendes Gen nachgewiesen worden war und dass sie ein Medikament (Zyban®) erhalten könnten, das ihnen bei der Raucherentwöhnung hilft. Die Ergebnisse der Befragung zeigten Folgendes: Erstens hatte der Test keinen Einfluss auf den Entschluss, sich das Rauchen abzugewöhnen oder nicht. Zweitens jedoch waren diejenigen, die sich bereits dazu entschlossen hatten, das Rauchen aufzugeben, und vermeintlich ein Gen für Suchtverhalten hatten, fast fünfmal häufiger bereit, medizinische Hilfe beim Entzug (also z.B. eine unterstützende medikamentöse Behandlung) zu akzeptieren, als diejenigen, die sich vorstellen sollten, das Gen nicht zu besitzen. Es scheint also so zu sein, dass das Wissen um eine genetische Veranlagung die Menschen eher akzeptieren lässt, ihr Problem als ein medizinisches zu sehen und sich entsprechend helfen zu lassen.

Dies ist keineswegs nur für die Therapie der Sucht von Bedeutung, sondern auch für andere Krankheitsbilder. Wer erst einmal verstanden und für sich akzeptiert hat, dass er krank ist, ist eher bereit, sich auf eine Behandlung einzulassen als derjenige, der glaubt, ein Schicksal zu haben, das unausweichlich ist.

In dieser Hinsicht stimmt ein dritter, zufällig erhobener Befund der Studie besonders nachdenklich: Ein Viertel aller Studienteilnehmer hatte ihr Testresultat nicht verstanden! Dabei handelte es sich um eine sehr einfache Situation: Das Gen für die Veranlagung war an- oder abwesend. Punkt. Oft sind die Dinge jedoch viel komplexer. Der Erbgang vieler Eigenschaften bzw. Krankheiten und Dispositionen ist keineswegs immer autosomal dominant, sondern oft polygen mit mehr oder weniger Penetranz und mit Wechselwirkungen zwischen multiplen Faktoren, die in unterschiedliche Richtungen wirken. Zusammenfassend legt dies nahe, dass Menschen zwar von genetischer Beratung profitieren können, aber nur dann, wenn man sich mit dieser wirklich Mühe gibt. Wer nicht versteht, was ihm gut tut, und die zuweilen komplizierten Mechanismen nicht durchschaut, der wird also auch nicht von diesem in der Gemeinschaft durchaus vorhandenen Wissen profitieren. Halten wir dennoch fest: Menschen unterliegen nicht einfach ihren Veranlagungen, sondern können sich zu ihnen verhalten. Darin unterscheiden sie sich vom Tier.

Ein extremes Beispiel für die Richtigkeit dieser These stellen sicherlich auch die Frauen dar, bei denen ein genetisch hohes Risiko für Brustkrebs diagnostiziert und als Vorbeugungsmaßnahme beide Brüste amputiert wurden. Die Logik ist einfach: Wo keine Brust mehr ist, kann auch kein Brustkrebs mehr entstehen. Für die Frauen (es sind mittlerweile insgesamt Tausende), die nicht selten den Tod ihrer Mutter oder Schwester miterlebt hatten, war dies kein leichter Schritt. Sie haben sich jedoch ganz bewusst zu ihm entschlossen, um ihr Schicksal selbst in die Hand zu nehmen und einem sehr wahrscheinlichen frühen und qualvollen Tod zu entgehen.

## Kriminalvorhersage

In dem Film *Minority Report*, der im Jahr 2054 spielt, werden Verbrechen nicht mehr begangen, sondern vorhergesagt und dann verhindert. Schwierig wird die Sache erst, als ein Bösewicht die Struktur des Systems zum Vertuschen eines Mordes einsetzen will. Die Sache geht nach viel Action und wenig gedanklicher Anstrengung gut aus, wie im Kino eben üblich.

In der realen Welt des Jahres 2054 dürften die Dinge komplizierter liegen. Man braucht nicht sehr viel Vorstellungskraft, um sich die Probleme einer künftigen Gemeinschaft mit den Fortschritten von Gehirn- und Genforschung vor Augen zu führen. Kommen wir zurück auf die in Kapitel 5 vorgestellte Studie von Caspi und Mitarbeitern zum Zusammenhang von Anlagen (ein wenig aktives Enzym *MAO-A*) und Umwelt (Misshandlung in der Kindheit) mit späterem kriminellen Verhalten. Ridley (2003, S. 268f) kommentiert diese Studie wie folgt:

> „Es wird klar, das ein ‚schlechter' Genotyp kein Urteil darstellt; es braucht zusätzlich eine schlechte Umgebung. Umgekehrt ist auch eine ‚schlechte' Umgebung kein Urteil, denn es braucht zusätzlich einen ‚schlechten' Genotyp. Für die meisten Menschen sind die Nachrichten also befreiend. Aber für manche scheinen sie auch die Gefängnistür des Schicksals zuzuschlagen. Stellen Sie sich vor, Sie sind ein Jugendlicher, der zu spät von Sozialarbeitern aus einer misshandelnden Familie errettet wurde. Dann erlaubt ein kleiner diagnostischer Test [im Hinblick auf das Gen für die *MAO-A*] dem behandelnden Arzt die recht gute Voraussage von antisozialem Verhalten und möglichem kriminellen Verhalten. Wie würden Sie, Ihr Arzt, Ihr Sozialarbeiter oder Ihr gewählter Volksvertreter mit diesem Wissen umgehen? Psychotherapie ist mit großer Wahrscheinlichkeit nutzlos, aber möglicherweise könnte Ihnen ein Medikament zur Änderung Ihrer mentalen Neurochemie helfen. [...] Aber die Behandlung hat ihre Risiken, und vielleicht sprechen Sie nicht darauf an. Politiker werden darüber entscheiden müssen, wer die Macht haben soll, einen solchen Test und eine solche Therapie anzuordnen, im Interesse nicht nur des Betroffenen, sondern auch zukünftiger möglicher Opfer. [...] Ist es moralisch besser, darauf zu

bestehen, dass alle gefährdeten Menschen einen solchen Test bei sich durchführen lassen müssen, um sie vor zukünftigen Gefängnisaufenthalten zu bewahren, oder wäre es besser, wenn man einen solchen Test niemandem anböte?"

Wie auch immer man hierzu steht, Ridley hat Recht damit, dass wir uns sicherlich werden entscheiden müssen, unser Wissen anzuwenden oder nicht. Diese Entscheidungen werden nicht einfach sein, aber wir werden sie fällen müssen, und es ist besser, bereits jetzt darüber nachzudenken. Unsere Gesellschaft wird sich darauf einstellen müssen, dass die Menschen verschieden sind und dass daher nicht alle gleich behandelt werden dürfen, wenn man allen gerecht werden will! Diese Gedanken sind – sozialpolitisch – neu, und es ist zu hoffen, dass wir es schaffen, sie vernünftig zu diskutieren.

## Mensch mit DVD

Nehmen wir an, die Gesellschaft entscheidet sich in Zukunft dafür, die wichtigen Lebenswege nicht mehr dem Zufall zu überlassen. Wieso sollten wir auch? Wer eine Getreidestärkeallergie hat, wird mit Maisstärke ernährt, wer blind oder taub geboren wird, erhält bestimmte Hilfen, und wer mit einer ganzen Reihe von defekten Genen gezeugt wurde, der wird – dank Fruchtwasseruntersuchungen in der Schwangerschaft – schon jetzt überhaupt nicht mehr in die Welt gelassen und vorher abgetrieben. Dies ist die Realität der Gegenwart.

Bereits heute ist es möglich, das eigene Genom bestimmen zu lassen, etwa bei der Firma des bereits erwähnten Vorreiters privater Gentechnik, Craig Venter. Es soll tausend Dollar kosten, vielleicht kostet es heute auch noch deutlich mehr. Fest steht, dass die Preise fallen werden, etwa so wie die Preise für Computerchips (denn letztlich läuft auch das Sequenzieren von Genen auf eine große Rechnerei hinaus).

Stellen wir uns also vor, die Eltern eines jeden Neugeborenen erhalten bei der Entlassung aus der Geburtshilfeabteilung eine DVD mit den gesamten Erbinformationen dieses Menschen. Man könnte dann ins Internet gehen und die Information auf der DVD mit bekannten Genomen anderer Menschen vergleichen. Man erhielte nicht nur Da-

ten zu möglichen, wahrscheinlichen oder unausweichlichen zukünftigen Erkrankungen (nebst entsprechenden Therapievorschlägen),
sondern auch eine spezifische Erziehungsberatung: Bei diesem Kind
auf Folgendes achten; dieses nicht tun; dafür jedoch so oft wie möglich
jenes etc.

Dies mag manchem Leser wie eine Horrorvision erscheinen. Es ist
jedoch durchaus denkbar, dass unser heutiges diesbezügliches Durcheinander – jeder wächst irgendwie auf – den Menschen in hundert oder
vielleicht auch schon in 20 Jahren äußerst mittelalterlich erscheinen
wird. „Was?", werden unsere Enkel sagen, „Ihr habt all dies dem Zufall
überlassen? Aber das ist doch grausam, furchtbar! Kaum zu glauben,
diese Gleichgültigkeit."

Die in Kapitel 5 und in diesem Kapitel diskutierten Beispiele und
Fälle erlauben aus meiner Sicht die folgende Vorhersage: Wenn es den
Menschen möglich ist, ihr Schicksal zu kennen und es dann in die
Hand zu nehmen, dann werden sie dies tun. Die Belege dafür, dass dies
letztlich zum Menschsein gehört, sind erdrückend: Erst verlässt man
sich nicht mehr auf das Sammeln von Ähren, sondern beginnt damit,
sie selber anzubauen. Dann verlässt man sich nicht mehr auf die Kraft
von Tieren, Wasser und Wind, sondern baut Kraftwerke. Dann be-
zwingt man Krankheiten, die früher unausweichlich waren, versucht,
Naturkatastrophen vorherzusagen und ihnen vorzubeugen. Warum
also nicht auch die eigenen genetischen Fehler und Stärken kennen,
um entsprechend den daraus abzuleitenden Folgerungen ein besseres
Leben zu führen? Seien Sie einmal ehrlich: Haben Sie sich nach der
Lektüre von Kapitel 5 nicht auch gefragt, wie Ihre eigene genetische
Veranlagung zur Kriminalität oder Depressivität wohl aussieht, oder
die Ihrer Kinder, und was Sie wohl tun würden, wenn Sie dies wüssten?

Noch einmal: Für die meisten Menschen wird es keinen Unterschied machen, ob sie durch den (schon heute möglichen) Nachweis
eines Stoffwechselprodukts im Urin oder den (künftig möglichen)
Nachweis eines bestimmten Gens dafür prädisponiert sind, in einigen
Jahren oder Jahrzehnten an einer bestimmten Krankheit zu leiden und

daran zu versterben. In der gleichen Weise, wie sie sich heute schon zum Ergebnis des Tests im Urin verhalten, werden sie sich künftig zu ihren genetischen Anlagen verhalten.

## Durchblick und Fairness

Eine Ordnung des Zusammenlebens, die von den Mitgliedern der Gemeinschaft nicht durchschaut werden kann, ist eine schlechte Ordnung. Sie muss zwangsläufig zu Dumpfheit und Apathie, zu Frustration und Verweigerung und zu Bestrebungen, diese Ordnung zu überwinden, führen. Wenn tatsächlich weltweit 70% der Schriftstücke zum Steuerrecht in deutscher Sprache abgefasst sind, wie der baden-württembergische Ministerpräsident Erwin Teufel zu bedenken gibt, dann ist das deutsche Steuerrecht *allein aus diesem Grund* schon reformbedürftig. Es mag durch all seine Verästelungen sehr gerecht *gedacht* sein, es kann jedoch faktisch nicht gerecht sein, wenn es nur wenige Spezialisten verstehen.

Erinnern wir uns an das Ultimatum-Spiel aus Kapitel 12 und die Beobachtungen zum Sinn für Fairness bei Affen aus Kapitel 14: Ganz offensichtlich gibt es ein Gefühl für gerechte Behandlung schon bei Primaten. Ebenso offensichtlich ist dieses Gefühl körperlich vermittelt, ein unfaires Angebot tut uns somit nicht nur im übertragenen Sinn, sondern tatsächlich irgendwie körperlich richtig weh.

## Fazit: Einsicht für Selbstbestimmung

*Freiheit ist Einsicht in die Notwendigkeit*, sagt Kant. Und Recht hat er! Ich handele frei, wenn sich meinem Handeln nichts entgegenstellt, wenn es Alternativen gibt und wenn ich in der Lage bin, diese Alternativen im Geiste durchzuspielen, mir Geschichten im Konjunktiv auszudenken und mich dann zwischen den Möglichkeiten zu entscheiden. Neben der Einsicht und dem Anderskönnen muss als dritte Komponente einer selbstbestimmten Handlung noch die Urheberschaft (*agency*) genannt werden, d.h. die Aktivität der handelnden Person, die auch als natürliche Autonomie (Walter 1999), angeeignete Freiheit (Bieri 2001) in dem Sinne, dass meine Lebensgeschichte mit all meinen Erfahrungen, Bewertungen, Entscheidungen und Handlungen für meine künftigen Handlungen wesentlich sind, personale Freiheit (Pauen 2001) und evolvierte Freiheit (Dennett 2003) bezeichnet wurde.

Ein wirklich guter Mensch muss sich in diesem Sinne gar nicht oft entscheiden. Er tut vielmehr ganz automatisch das Richtige, weil er es so gelernt und gelebt hat. Erst dann, wenn die Dinge so kompliziert liegen, dass unser moralischer Autopilot versagt, kommt Einsicht ins Spiel. Dies ist gegenwärtig in zunehmendem Maße der Fall, denn von Stammzellen, Klonierung, pharmakologischer Persönlichkeitsveränderung oder Lebensverlängerung und Organtransplantation ist in unserer Vergangenheit ebenso wenig die Rede gewesen wie von Supercomputern oder dem Internet. Wie sollen wir dann aus früheren Erfahrungen Nutzen ziehen können?

Es wird uns nicht erspart bleiben, über all diese Dinge, die sehr viel mit Freiheit und Gerechtigkeit (und der Spannung zwischen diesen beiden Werten) zu tun haben, *selber nachzudenken*. Nur wenn wir dies auch tun, wenn wir den Kopf nicht in den Sand stecken oder bei dogmatischen und einfachen Lösungen Zuflucht suchen, wird es uns gelingen, die Möglichkeiten zu mehr Freiheitsgraden in unserem Leben auch in die Wirklichkeit umzusetzen.

## Postskript: Denkverbote – Rot und Regeln, Klaviere und Elfenbein

Darf man bei Rot über die Ampel fahren? – Natürlich nicht, denn die Verkehrsregeln verbieten es. Dieses Verbot ist sinnvoll, denn normalerweise fahren bei Rot andere Verkehrsteilnehmer, die Grün haben, und mit denen würde man kollidieren, führe man auch bei Rot. Die Sache scheint also ganz einfach – ist es auch tatsächlich, aber nur in etwa 99,9% der Fälle. Es gibt Ausnahmen. Wenn ich einen Mann mit frischem Schlaganfall oder eine gebärende Frau im Auto habe und ins nächste Krankenhaus fahre, wenn jede Minute zählt und lebensentscheidend sein kann, wäre es dumm, an einer roten Ampel stehen zu bleiben. Natürlich darf man auch unter diesen Bedingungen niemanden gefährden, aber wenn man dies durch geeignete Maßnahmen ausschließt und wenn auf der kreuzenden Straße links und rechts kein Auto kommt (und man sich zweimal davon überzeugt hat), dann darf man nicht nur fahren, sondern sollte es unbedingt tun! Reist man nach Südafrika, so entnimmt man dem Reiseführer, dass es tödlich sein kann, an einer roten Ampel stehen zu bleiben, vor allem nachts und in einsameren Gebieten. Es gibt dort sogar Verkehrszeichen, die den Verkehrsteilnehmer darauf aufmerksam machen, dass er ein Gebiet passiert, in dem dies besonders häufig geschieht (vgl. Abb. 15.1). Bei Rot also mitunter nicht stehen bleiben, lautet der Rat (Baedeker 2000, S. 458).

**15.1** Das Verkehrsschild warnt vor einem *highjacking hot spot,* also einem Gebiet, in dem man besonders häufig mit vorgehaltener Pistole dazu aufgefordert wird, seinen Wagen zu verlassen. Ob man dies überlebt, hängt nach Auskunft kundiger Vertreter der lokalen Bevölkerung lediglich von der Laune des Täters ab, der wahrscheinlich HIV-positiv ist (Spitzer 2002) und dessen Leben ihm selbst ebenso wertlos ist wie das anderer Menschen.

Die Moral von der Geschicht: Regeln sind mit Verstand zu befolgen und nicht einfach nur so, weil sie da sind, blind und eben ohne
Verstand. Für das Befolgen von Regeln bedarf es der Einsicht.

Darf man bei Rot über die Straße fahren, wenn man nachts um
drei an eine übersichtliche Kreuzung gelangt, die Straße in beide Richtungen kilometerweit einsieht und niemand kommt? In den USA lautet die Antwort: „Yes, if it is safe to do so". Bei uns lautet die Antwort:
„Nein".

Man könnte dies vielleicht dadurch rechtfertigen, dass man sagt,
es könnte ja doch jemand kommen oder es könnte ein Kind zuschauen
und verwirrt sein, weil es doch gelernt hat, dass man bei Rot nicht...
Oder man könnte einfach sagen: An Regeln muss man sich halten –
egal, wie die Umstände sind.

Wollen wir das aber wirklich? – Wir haben eben gerade gesehen,
dass dem nicht so ist. Es gibt Ausnahmen. Die „kleinen Soldaten" wurden ja auch in den Mauerschützenprozessen verurteilt, weil sie sich hätten überlegen können, dass der Schießbefehl moralisch nicht vertretbar
war. Damit muten wir diesen Menschen zu, dass es in ihnen eine moralische Instanz gibt, die über dem steht, was die Vorgesetzten oder die
Polizei sagen. Wir unterstützen den internationalen Gerichtshof in
Den Haag, weil wir denken, dass es eine Instanz der Vernunft geben
sollte, die letztlich demjenigen Recht gibt, der auf der Seite der Vernunft steht, und nicht demjenigen, der stumpfsinnig Regeln befolgt,
wenn diese nicht sinnvoll sind oder sich sogar gegen den Menschen
richten.

Die Gemeinschaft mutet dem Bürger also eigenständiges moralisches Urteilen durchaus zu, sonst hätten wir bei den Mauerschützenprozessen anders urteilen und international juristisch anders handeln
müssen. Daraus folgt, dass der Staat auch dafür sorgen sollte, dass seine
Bürger genau dies verstehen und lernen: Regeln sind zu befolgen, wenn
dies sinnvoll ist; und hier gibt es durchaus Ausnahmen. Da man Werte
nicht durch Predigen, sondern durch Beispiele lernt, sollten Staatsbe-
amte dazu angehalten werden, mit gutem Beispiel voranzugehen. Denken sollte also in diesem Berufsstand besonders gefragt sein.

Kürzlich hatte ich in Ulm das folgende Erlebnis, das in diesem Zusammenhang zu denken gibt. Eine Kleinigkeit nur, aber dennoch ein Beispiel, das für viele andere ähnliche Beispiele stehen mag, die der Leser sicherlich auch schon erlebt hat. Ich lief zum Bahnhof und kam an eine Fußgängerampel, die über eine einspurige Straße zum Bahnhof führt. Die Straße vor dem Zebrastreifen war durch einen Streifenwagen der Polizei mit eingeschalteter Warnblinkanlage blockiert (es wurden diverse Kontrollen gemacht), so dass niemand über den Zebrastreifen fahren konnte. Dies war physikalisch unmöglich, weil die Polizei selbst die Straße blockierte. Die Ampel lief weiter, hatte unter diesen Umständen jedoch ganz offensichtlich ihre Funktion eingebüßt. Also lief ich über den Zebrastreifen, und es war gerade Rot. Einer der beiden Polizisten fuhr mich daraufhin harsch an, was mir einfalle, bei Rot über die Ampel zu gehen. Ich hatte wenig Zeit, reagierte nicht weiter und lief zum Bahnhof, denn mein Zug fuhr bald ab. Der Polizist rief mir noch nach, dass ich das nie wieder tun solle. – Wirklich nicht? „Warum eigentlich?" hätte ich ihn sehr gerne gefragt. Weil man rote Ampeln unter allen Umständen respektieren muss? Auch wenn sie keine Funktion mehr haben? Die oben angeführten Beispiele zeigen, dass es Ausnahmen geben kann.

Betrachten wir ein weiteres Beispiel: Eine Frau aus Deutschland hat ein altes Klavier geerbt, von einer Tante aus den USA. Das Klavier muss über den deutschen Zoll, wo man feststellt, dass seine Tasten, wie dies früher bei teuren Instrumenten üblich war, mit Elfenbein belegt sind. Da in einer Roten Liste für illegale Einfuhrmaterialien steht, dass die versuchte Einfuhr von Elfenbein dazu führt, dass das Material verbrannt wird, wurde das Klavier verbrannt. Haben Zollbeamte kein Gehirn, um selber zu denken? Die Einfuhrbestimmungen sollen die jetzt in Afrika und anderswo lebenden Elefanten vor dem Aussterben bewahren. In dieser Hinsicht macht es Sinn, die Einfuhr von Elfenbein mit drastischen Mitteln zu bekämpfen. Die hierfür aufgestellten Regeln müssen jedoch mit Verstand angewendet werden, wenn sie nicht dazu führen sollen, dass Werte sinnlos zerstört werden.

Dies meine ich nicht nur im Hinblick auf den Wert des Klaviers, sondern vor allem im Hinblick auf den Wert des eigenständigen einsichtigen Denkens: Wenn Regeln nur dann sinnvoll sind, wenn sie mit Verstand befolgt werden, und wenn der Staat von seinen Bürgern erwartet, dass sie dies tun, dann darf er selbst bzw. seine Vertreter das Denken nicht sein lassen oder gar den Bürgern verbieten. Denn Staatsvertreter haben Vorbildfunktion.

Wir haben in Deutschland einen sprichwörtlichen Urwald von Regeln. Viele mögen sinnvoll sein, für alle gilt jedoch, dass es Ausnahmen geben kann und dass sie daher mit Verstand anzuwenden sind. Damit wir uns genau darin alle üben, brauchen wir Vorbilder, die sich das selbstständige Denken nicht abgewöhnt haben. Nur so wird langfristig sichergestellt, dass die nächste Generation nicht nur die Regeln lernt, sondern auch den richtigen Umgang mit ihnen. Die deutsche Geschichte zeigt überdeutlich, in welche Richtung wir uns beim Anwenden von Regeln und beim Erkennen von Ausnahmen leider schon geirrt haben. Die hier genannten Beispiele zeigen, wie wenig sich geändert hat.

Selbst zu denken ist ein sehr hoher positiver Wert. Wir sollten daher darauf achten, weder uns noch unseren Mitmenschen das Denken zu verbieten. Nach diese Maxime sollte jeder mit Vorbildfunktion handeln, also jeder Schutzmann und jeder Zollbeamte ebenso wie jeder Lehrer oder Professor. Regeln sind für ein geordnetes Zusammenleben wichtig. Halten wir uns an sie, wenn es sinnvoll ist!

# 16 Moral und Ethik

Das Wort *Moral* hat hierzulande einen schlechten Beigeschmack, klingt *moralinsauer*, wie man heute gerne sagt, nach erhobenem Zeigefinger von alten Leuten, die den Jungen ihren Spaß nicht gönnen. Man kann daher beobachten, dass viele Menschen das Wort einfach vermeiden und durch *Ethik* ersetzen. So hat jede Klinik heute eine *Ethikkommission*, obwohl man dort nicht über die Bedingungen der Möglichkeit von Handeln überhaupt (also Fragen der Ethik) nachdenkt, sondern über die guten Sitten beim ärztlichen Handeln wacht. Aber *Moralkommission* will sich hierzulande wirklich keine Gruppierung nennen, das klänge einfach zu antiquiert, nach Männern mit doppelter Moral im Hinblick auf ihre Töchter und ihre Geliebten. Man ersetzt auch gerne die Adjektive, und so wird aus *moralisch* dann *ethisch* und vor allem aus *unmoralisch* – *unethisch*. Eine unethische Handlung gibt es jedoch im Grunde ebenso wenig wie eine unsprachliche Rede.

Reden wir also über Moral, ganz locker und ohne Zeigefinger nebst dessen Beigeschmack. Den hat das Wort ohnehin eigentlich gar nicht, denn *Mores* (lat.) sind einfach nur die Sitten; erst später wurden daraus die *guten* Sitten. Auch über Ethik ist zu sprechen, lautet doch ihre Kernfrage wie die im Untertitel dieses Buches.

## Ethik

Was sollen wir tun? – Diese Frage taucht heute öfter auf als früher. Obwohl wir doch immer mehr wissen. Oder vielleicht *weil* wir immer mehr wissen? Früher war die Welt noch in Ordnung. Der Kaiser wusste, wo es langgeht, oder zumindest der Papst. Gab es Streit, so wurde er mit Worten, und wenn das nicht half, mit Waffen ausgetragen; und in den – meist kurzen – Friedenszeiten schien sowieso klar, was zu tun ist. Kein Soldat musste sich überlegen, ob er wirklich schießen muss, soll oder darf. (Die meisten taten es zum Leidwesen der Militärs übrigens nicht!) Kein Landwirt hatte zwischen Ökologie und Ökonomie zu entscheiden (manche tun sich bis heute schwer damit). Weil sie nicht lange lebte, durfte keine junge Frau lange wählerisch sein in Bezug auf den Göttergatten. (Heute werden Ehen vor allem deswegen so spät geschlossen, weil es die Frauen mit der Auswahl so schwer haben.) Man aß, was auf dem Tisch war, denn etwas anderes – oder gar mehr davon – gab es nicht. (Diät mit all den Problemen, was man warum essen oder nicht essen sollte, gab es nicht oder nur für die wenigen Satten.) Man musste hart körperlich arbeiten (und Fitness-Studios gab es nicht.) Man stand morgens auf, verrichtete sein Tagwerk und fiel abends müde in die Höhle oder später ins Bett. (Und so etwas wie das „Problem sinnvoller Freizeitgestaltung" existierte nicht, weil es einfach nur Zeit gab – wenn man überhaupt darüber nachdachte – und nicht verschiedene Sorten davon, wie Arbeitszeit oder Freizeit.) Wenn einer etwas hatte, das der andere brauchte – und umgekehrt –, dann wurde getauscht (und sicherlich auch geschachert). Und wenn einer in der Gruppe Probleme hatte, wurde ihm geholfen (denn es gab nicht viele Leute, und es wurde jeder gebraucht). Bücher gab es nicht und wer etwas wissen wollte, konnte sich glücklich schätzen, wenn ein älterer Mensch da war, der etwas wusste (und deswegen wurden die Alten – also jeder über 30 – sehr geschätzt).

Über Bewertungen und Werte musste man sich früher keine Gedanken machen. Die Dinge waren meist klar. Konflikte zwischen Werten (soll ich das Feuer bewachen oder Beeren pflücken gehen?) gab es, sie waren jedoch meist nicht sehr kompliziert. Und wenn man nicht weiterwusste, dann war klar, wen man fragte. Hunger, Kälte, Einsamkeit und Schmerzen wollte jeder vermeiden. Essen, Wärme, Gemeinschaft und Gesundheit wurden universell geschätzt.

Erst das Zusammenleben in immer größeren Gemeinschaften brachte kompliziertere Problemlagen und Konflikte mit sich, und es ist sicher kein Zufall, dass mit systematischer Ethik (neben Logik und Wissenschaft) im antiken Griechenland begonnen wurde. Erst jedoch die Industrialisierung ermöglichte dann die heutigen Gesellschaften mit ihren komplexen Systemen des Austauschs von Gedanken und Waren, von Geld und Gefühl, unter Millionen und mittlerweile Milliarden von Menschen. Die Frage *Was sollen wir tun?* stellt sich dabei ständig und mit immer größerer Radikalität. Ein Krieg, ein fehlgeschlagenes wissenschaftliches Experiment oder ein Konflikt um den richtigen Glauben bedeutete früher nicht das mögliche Ende der Welt. Heute gibt es viele Menschen (und manche davon sind ernst zu nehmen), die die Chance, dass die Art Mensch das 21. Jahrhundert überlebt, mit etwa 50:50 einschätzen.

In diesem Buch geht es nicht um Ethik als Wissenschaft davon, wie man das, was wir tun sollen, rational begründen kann. Es geht vielmehr darum, wie wir im täglichen Leben die Frage nach dem, was wir tun sollen, lösen, d.h., wie wir unser Verhalten steuern und wie dies im Gehirn vor sich geht. Über das Wesen von Gut oder Böse ist damit nichts ausgesagt.

Moral verhält sich zur Ethologie wie ein Kochbuch zu einem Lehrbuch der Ernährungsphysiologie. Das eine sagt, was man tun soll, um gut zu essen, das andere beschreibt, wie die Verdauung und der Stoffwechsel funktioniert.

## Der Markt wird's schon richten?
## Beispiel Eisverkäufer

Nicht selten hört man heute die Meinung, dass man den Markt regulieren lassen solle, denn der „weiß es am besten", „steuert alles" und „ist überall". Damit nimmt der Markt, ohne dass es die Vertreter solcher Auffassungen zugeben würden, fast die gleiche Systemstelle ein, wie in anderen Weltsichten der allwissende, allmächtige und allgegenwärtige Gott (Cox 1999). Wie das folgende Beispiel zeigt, ist es zwar zutreffend, dass der Markt stabilisierend wirken kann, er tut dies jedoch mitunter um den Preis, dass er zwar zu einer stabilen, zugleich jedoch auch zur schlechtesten aller denkbaren Lösungen führt. Das Beispiel ist ei-

nem Lehrbuch der Wirtschaftswissenschaften entnommen (Pindyk &
Rubinfeld 2001, S. 466ff).

Stellen Sie sich vor, Sie sind Eisverkäufer an einem zwei Kilometer
langen Strand, an dem es noch einen zweiten Eisverkäufer gibt (vgl.
Abb. 16.1). Sie haben beide das gleiche Sortiment, die Stände sehen
gleich aus und die Preise unterscheiden sich auch nicht. Wo sollten die
beiden Eisstände am Strand positioniert sein? – Aus der Sicht des Ver-
brauchers ist die Sache klar: Man will nicht so weit laufen, weswegen
die Stände so angeordnet sein sollten, dass jeder einen möglichst kurzen Weg zum Eis hat. Dies ist der Fall, wenn sich die beiden Eisstände
an den Punkten A und B des Strandes befinden. Jeder Badegast mit
Appetit auf etwas süßes Kaltes muss dann maximal einen halben Kilometer laufen, um zum Eisstand zu gelangen. Nun befinden Sie sich jedoch in Konkurrenz zum anderen Eisverkäufer, und ihm geht es nicht
anders. Sie oder er könnten nun auf die Idee kommen, dem anderen
ein paar Kunden dadurch abzujagen, dass Sie (oder er) den Stand etwas
nach der Mitte verschieben. Dann kommen auch noch ein paar Kunden zu Ihnen, die jenseits der 1-km-Marke in der Sonne liegen (denn
wir nehmen an, dass die Kunden zu nächstgelegenen Eisbude gehen).

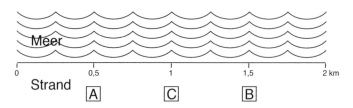

**16.1** Zwei Eisbuden am Strand würden sich in der besten aller möglichen Welten
bei A und B befinden. Lässt man den Markt bestimmen, werden sie beide am
Ort C sein, denn diese ist die einzige stabile Position. Es ist zugleich die für alle
schlechteste Position.

Der andere wird dies am rückgängigen Umsatz merken und nun
seinerseits mit einer Verschiebung seines Standes zur Mitte hin reagieren. Es dauert nicht lange, und Sie befinden sich beide in der Mitte des

Strandes (Position C). Wenn allein der Markt (und nicht die Vernunft) regiert, dann ist dies die einzige stabile Position. Es ist jedoch zugleich die schlechteste Position, denn nicht nur müssen alle Kunden am weitesten laufen; es werden auch insgesamt weniger Kunden kommen, denn manchen ist vielleicht der Weg zu weit, und sie ziehen eine Erfrischung im Wasser dem Eis vor. Für alle, die meinen, das Beispiel sei an den Haaren herbeigezogen und für die wirkliche Welt nicht wichtig, sei der Kommentar der Wirtschaftswissenschaftler zitiert:

> „Das ‚Strand-Standort-Spiel' kann uns helfen, eine ganze Reihe von Phänomenen zu verstehen. Ist Ihnen je aufgefallen, dass an einer vier oder fünf Kilometer langen Straße plötzlich zwei oder drei Tankstellen oder mehrere Gebrauchtwagenhändler sehr nahe beieinander auftauchen? Nicht anders ist es bei herannahenden Präsidentschaftswahlen, die typischerweise dazu führen, dass die demokratischen und republikanischen Kandidaten mit ihrer politischen Position immer näher zur Mitte rücken" (Pindyk & Rubinfeld 2001, S. 468).

Der Markt regelt nicht alles und regelt schon gar nicht alles zum Besten, wie das angeführte Beispiel zeigt. Es genügt also nicht, beim Entscheiden allein auf den Markt zu vertrauen. Er nimmt uns das vernünftige Nachdenken und Bewerten nicht ab. Wenn der Markt nicht bestimmt, dann müssen wir es tun. Wie aber tun wir dies?

## Moralentwicklung: Phasen, Stufen und Stadien

An Ideen und vor allem an Vorschriften und guten Ratschlägen dazu, wie man aus Kindern mündige, d.h. entscheidungsfähige Mitbürger macht, hat es nie gefehlt. Platon meinte, Jungen dürften nicht zu viel Musik machen (weil dies verweichlicht) und nicht zuviel Sport (weil dies verroht). Es käme also, wie wir heute sagen würden, auf den richtigen Mix an. Viele sehr schlaue Menschen wie beispielsweise Rousseau und Kant haben sich Gedanken zur richtigen Erziehung gemacht, also darüber, was der moralischen Entwicklung eines Menschen gut tut und was nicht.

Wenn auch manche dieser Überlegungen von genauen Beobachtungen des Verhaltens von Kindern (und nicht nur von Wunschden-
ken) getragen sein dürften, so war das *systematische* Beobachten von
Kindern im Hinblick darauf, wie sie sich moralisch verhalten, eine Erfindung erst des vergangenen Jahrhunderts. Sie wird nicht selten dem
Schweizer Psychologen Jean Piaget (1896–1980) zugeschrieben, der
vor mehr als 80 Jahren damit begann, die falschen Antworten in einem
Intelligenztest nicht einfach als falsch einzustufen, sondern im Hinblick auf die Art des Fehlers zu untersuchen. So wurde für ihn aus der
Entwicklung eines Menschen von wenig zu immer mehr richtigen Antworten die Entwicklung durch unterschiedliche Phasen, die sich aus
der Art, wie Kinder falsch (oder auch richtig) denken, ableiten lassen.
In seinem Buch *Das moralische Urteil beim Kinde* (Piaget 1973) unterschied Piaget zunächst ganz allgemein drei Stufen der moralischen Entwicklung des Kindes, die er durch Beobachtungen gewonnen zu haben
glaubte: (1) die prämoralische Stufe (mit Befriedigung der eigenen Bedürfnisse ohne Bindung an Regeln), (2) die heteronome moralische
Stufe (von anderen vorgegebene Regeln werden zwänglich befolgt) und
(3) die autonome moralische Stufe (Selbstbestimmung).

Für Piaget ist Moral ein System von Regeln, die von moralisch
handelnden Menschen geachtet werden. Durch Beobachtung der Art
und Weise, wie Kinder beim Murmelspiel mit Regeln umgehen, teilte
Piaget deren moralische Entwicklung in vier Stadien ein: (1) Im moto-
risch-individuellen Stadium (0-2 Jahre) spielen Kinder allein, tun was
sie wollen, wiederholen motorische Akte, handeln jedoch nicht nach
Regeln. (2) Im nachahmenden egozentrischen Stadium (2-7 Jahre) machen die Kinder die Großen nach und befolgen Regeln sehr genau, die
sie von anderen übernommen haben, spielen im Grunde jedoch auch
in der Gemeinschaft noch jeder für sich allein. (3) Im Stadium der be-
ginnenden Zusammenarbeit (7-11 Jahre) spielen die Kinder wirklich
zusammen, miteinander oder gegeneinander. Konnten zuvor alle gewinnen, ist jetzt klar, dass nur einer gewinnen kann. (4) Ab dem 11.
bis 12. Lebensjahr entwickeln die Kinder ein Interesse für Regeln, produzieren selber Regeln, streiten über Regeln und einigen sich darüber.

Stadienmodelle der kindlichen Entwicklung gab es schon vorher (z.B. das von Sigmund Freud); diese waren jedoch nicht durch Beobachtung gewonnen, sondern – wie man heute sagen würde – am ehesten frei erfunden. Die empirische Datenbasis der Überlegungen von Piaget war allerdings ebenfalls recht schmal und bestand in vieler Hinsicht vor allem in Beobachtungen seiner eigenen Kinder Jacqueline, Lucienne und Laurent.

Lawrence Kohlberg (1927–1987), der von 1968 bis1987 an der Harvard Universität lehrte und sich im Herbst 1987 durch Sprung in den Charles River das Leben nahm, gilt denn auch vielen als der wirklich erste Moralpsychologe. Auf ihn geht ein sechsstufiges Schema der Moralentwicklung zurück, das die Erfahrungen der Kinder und Jugendlichen beim Einnehmen sozialer Rollen widerspiegelt. Er gewann das Schema durch eine Untersuchung an 72 Jungen aus Chicago im Alter von 10 bis 16 Jahren, die er mit moralischen Dilemmata konfrontierte, und deren Aussagen zur Lösung er im Gespräch registrierte und später auswertete. Sein Schema umfasst drei Niveaus (das präkonventionelle, konventionelle und postkonventionelle), die jeweils noch unterteilt werden können (vgl. Tabelle 16.1).

Sowohl für Freud als auch für Piaget und Kohlberg war Moral im Wesentlichen ein kognitiver Sachverhalt oder Prozess. So sehr sich diese Denker daher auch explizit gegen bestimmte Traditionen wandten, so sehr waren sie in diesen Traditionen verwurzelt. Betrachten wir als Beispiel Freud, der sich bekanntermaßen gegen Religion und Kirche gewandt hatte, in dessen Schema der hierarchisch aufgebauten Seele jedoch die Vernunft an oberster Stelle steht.

„Mit Platon, Aristoteles und der katholischen Kirche teilte Freud die Auffassung, dass psychologische Fehlfunktion und insbesondere irrationales Verhalten durch die Unfähigkeit der höheren Schichten der Seele, die niederen zu kontrollieren, erklärbar ist. Die Bedürfnisse und Impulse des Es ‚überwältigen' das Ich" (Dawes 2001, S. 33).

Bei der Moral geht es darum, mit Hilfe des (höheren) Verstandes das Richtige zu tun, obwohl man vielleicht lieber seinen (niederen) Gefühlen ihren Lauf lassen würde. Ein moralisch handelnder Mensch hatte seine Affekte, seine unmittelbaren Strebungen etc. unter Kontrolle. Gefühl und Geist waren somit Widersacher.

Heute sieht man dies anders...

**Tabelle 16.1** Die Stufen der Entwicklung der Moral nach Kohlberg. Beispiele für Dilemmata und deren Lösungen auf verschiedenen Stufen nach Kohlberg findet der interessierte Leser im Netz bei der Fernuniversität Hagen, Kurs 03250 (www.stangl-taller.at).

| Niveau | Stufe | Besonderheit |
|---|---|---|
| I Präkonventionell (vor der Übereinkunft) | 1 | fremdbestimmt, Gehorsam zählt, Vermeiden von Strafe |
| | 2 | Gleichheit und Fairness, Interessenskonflikte zwischen Menschen |
| II Konventionell (nach der Übereinkunft) | 3 | Absprachen, guter Mensch sein wollen, Gemeinnutz |
| | 4 | Pflicht, Gewissen („wenn das alle täten") |
| III Postkonventionell (geleitet durch Prinzipien) | 5 | Nützlichkeit für Individuum und Gesellschaft |
| | 6 | allgemeine Prinzipien (Menschenwürde, Gleichheit) |

## Spuren von Werten: Neurobiologie der Moralentwicklung

Aus der Sicht der Neurobiologie geht es bei der Entwicklung der Moral nicht in erster Linie um die zunehmende Kontrolle des Impuls- bzw. Triebhaften durch (affektlose) Rationalität. Die Dinge liegen vielmehr deutlich komplizierter. Fassen wir daher die wesentlichen Gesichtspunkte aus früheren Kapiteln nochmals zusammen.

Der Mensch beginnt schon vor der Geburt damit, Erfahrungen zu machen, die sich in einer zunehmend differenzierten Strukturierung des Gehirns auswirken. Mittels eigener Systeme für besonders negative und besonders positive Erfahrungen werden seine Erlebnisse automatisch emotional positiv oder negativ gefärbt, und diese Färbungen schlagen sich – wie auch die Erfahrungen – in denjenigen Bereichen der Gehirnrinde nieder, die an den jeweiligen Erfahrungen aktiv beteiligt sind. Bewertungen werden unter anderem in bestimmten Bereichen des Frontalhirns „verrechnet", weswegen in genau diesen Bereichen letztlich Werte, d.h. Struktur gewordene einzelne Akte der Bewertung, repräsentiert sind. An anderer Stelle habe ich hierzu ausgeführt:

> „Jede einzelne Bewertung schlägt sich in uns nieder, führt zum Aufbau langfristiger innerer Repräsentationen von Bewertungen, die uns bei zukünftigen Prozessen der Bewertung zu rascheren und zielsichereren Einschätzungen verhelfen. So entstehen zusätzlich zu den Systemen der unmittelbaren Belohnung und Bestrafung Repräsentationen von Gut und Schlecht oder Gut und Böse oder Angenehm und Unangenehm und darauf aufbauend Repräsentationen von Zielen und Handlungen, Kontexten und Begleitumständen, Zuneigungen und Abneigungen (vor allem im Hinblick auf andere Menschen)" (Spitzer 2002, S. 346).

Die Funktion des Frontalhirns ist es ganz allgemein, zielgerichtetes Handeln zu ermöglichen, indem ein Handlungsplan durch neuronale Aktivität repräsentiert wird. Dies *kann* bedeuten, dass andere Aktionen zurückgestellt werden. Dass ich jetzt beispielsweise schreibe und nicht esse, weil ich das Buch schreiben möchte und mein Hunger noch nicht allzu groß ist, liegt daran, dass mein Frontalhirn den Plan „Buchschreiben" repräsentiert. Es ist daher auch kein Zufall, dass man frontalen Gehirngebieten die Funktion der Hemmung zugeschrieben hat und dass diese Funktion an die „alten" Überlegungen vom moralischen Handeln als Unterdrückung triebhafter Aktionen erinnert. Diese Hemmung ist jedoch nur ein Aspekt der frontalen Funktion, deren andere Aspekte das zielgerichtete Handeln und das Aufrechterhalten unmittelbar wichtiger Informationen sind. Man spricht in diesem Zusammenhang auch vom Arbeitsgedächtnis im Frontalhirn (vgl. Baddeley 2003).

Auf Miller und Cohen (2001) geht die Überlegung zurück, dass es sich bei diesen Funktionen (Planen, Hemmen, Arbeitsgedächtnis, Kontext bereitstellen) letztlich nur um Aspekte der *gleichen* Funktion handelt. Diese Funktion entwickelt sich als letzte im Kontext der gesamten Gehirnentwicklung, wahrscheinlich bis nach der Pubertät. Daraus folgt, dass der heranwachsende Mensch, dessen Gehirn reift und Bewertungen in zunehmendem Maße differenziert vollziehen kann, viele solcher Bewertungen vornehmen muss, um das Werten zu lernen. „Lernen" ist hier nicht im Sinne von „Pauken" (z.B. dem Pauken von Normen, Ge- und Verboten etc.) gemeint, sondern im Sinne des automatischen Hängenbleibens von allgemeinen Regeln nach häufigem Verarbeiten von Beispielen (vgl. Kap. 2).

Aus der Tatsache, dass einmal entstandene Strukturen kortikaler Repräsentationen für ihre eigene Verfestigung sorgen (vgl. Kap. 2, Abb. 2.7 bis 2.9), geht die Bedeutung der richtigen Strukturierung von Beginn an sehr klar hervor. Wenn also diejenigen Bereiche des Gehirns, die für Moral (im weiten und positiven Sinn: für das, was wir tun sollen) zuständig sind, erst im zweiten Lebensjahrzehnt strukturiert werden, dann ist es sehr wichtig, dass in dieser Zeit die richtigen Beispiele verarbeitet werden. Ich habe an anderer Stelle sehr deutlich gesagt, dass wir in dieser Hinsicht kein gutes (Vor-)Bild abgeben (Spitzer 2002, Kapitel 19): In der Welt der Erwachsenen zählen Egoismus (Stichwort: Ich-AG), Gewalt und Machtstreben; wer kooperiert oder gar anderen hilft, gilt letztlich als dumm, und wer gewalttätig ist, der gewinnt langfristig.

Die Statistik der Gewalt im Fernsehen ist (nach einer Untersuchung von 2500 Stunden Fernsehen in Washington) die Folgende: In ganzen 4% der Gewaltszenen werden gewaltfreie Konfliktlösungsmöglichkeiten angesprochen, in über 50% tut die Gewalt nicht weh, und in über 70% kommt der Gewalttäter ungeschoren davon (Wilson 1997). Nun macht ein Tatort nicht kriminell. Aber die 200.000 Gewalttaten, die ein durchschnittlicher Achtzehnjähriger im Laufe seines noch kurzen Lebens bereits im Fernsehen gesehen hat (bei Kabelanschluss mehr!), hinterlassen ihre Spuren. Die Gehirnrinde extrahiert die Statistik ihres Input und bildet sie auf sich ab. Sie funktioniert nun einmal so. Ihre unterschiedlichen Areale entwickeln sich nacheinander, um auch ohne Lehrmeister in einer Welt auskommen und vor allem lernen zu können, in der es zuweilen recht chaotisch zugeht. Wenn jedoch der Input so häufig und so eindeutig ist wie das, was in den Medien für zwei bis drei Stunden täglich über die Gehirne unserer Jugendlichen prasselt, dann brauchen wir uns über das langfristige Resultat – mehr Gewalt in der Gesellschaft – nicht zu wundern.

## Moral und Lebensbedingungen

Aus dem bisher zur Entwicklung des Gehirns und der Entwicklung der Moral Gesagten folgt unmittelbar, dass es die Lebensbedingungen sind (und nicht irgendwo kodifizierte heere Werte), die unsere Bewertungen und Entscheidungen steuern. Wer nicht satt zu essen hat, wird eine andere Moral besitzen als derjenige, der gar nicht mehr weiß, was Hunger ist. Und für denjenigen, für den Gewalt zum Alltag gehört, werden die Möglichkeiten der Lösung von Konflikten anders aussehen als für den, der von Kindheit an Kooperation und Konsens geübt hat. Ist es wirklich ein Zufall, dass wir erst kürzlich Zeuge davon wurden, wie die reichste Nation der Welt einen Konflikt nicht anders zu lösen vermochte als durch brachiale Gewalt? Ihre Kinder hatten ja 200.000-mal gelernt: es gibt keine Alternative, es tut nicht weh, und man kommt davon!

Dass die konkreten Lebensbedingungen die wichtigen Entscheidungen der Menschen bestimmen und nicht das offizielle Wertesystem eines Landes, lässt sich am Beispiel der Unterschiede in der Geburtenrate europäischer Staaten sehr schön veranschaulichen. Die Bevölkerung von Italien ist nicht nur in statistischer Hinsicht zu über 90% katholisch (und damit in Europa in dieser Hinsicht vor Polen und Malta führend), sondern auch für ihren Katholizismus sprichwörtlich bekannt. In Schweden sind die Menschen dagegen protestantisch und gelten im Hinblick auf Religiosität als wesentlich abgeklärter. Dennoch bildet Italien in Europa (hinter anderen südlichen und eher katholischen Ländern) das Schlusslicht im Hinblick auf die Geburtenrate, die dort nur 1,2 Kinder pro Familie beträgt. In den skandinavischen Ländern wie Dänemark und Schweden liegt dieser Wert bei europäisch überdurchschnittlichen 1,6 bis 1,7. Damit nimmt die Zahl der Menschen in Europa insgesamt ab, in Italien jedoch schneller als in Schweden.

Geht man den Gründen für die nationalen Unterschiede nach, so zeigt sich sehr bald folgendes Bild: Überall dort, wo die Frauen von ihren Männern sowie vom Staat unterstützt werden, liegt die Geburtenrate vergleichsweise hoch (hier ist vor allem Frankreich mit 1,9 zu nennen). In Ländern dagegen, wo das Kind an der Mutter „hängen bleibt", weil diese weder vom Ehemann (Stichwort: „Macho-Männer") noch vom Staat viel Hilfe erwarten kann, ist die Geburtenrate niedrig. Es sind die konkreten Lebensbedingungen und nicht die „offizielle Moral", die unsere Entscheidungen bestimmen.

## Neurobiologie und Moral

Stellen Sie sich vor, sie sind mit dem Auto unterwegs und sehen einen Mann am Straßenrand liegen, der am Bein stark blutet. Sie halten an, sehen ein schrottreifes Motorrad im Straßengraben und erfahren von ihm, dass er gerade einen Unfall hatte und dringend medizinische Hilfe braucht. Sollten Sie den Mann im Auto mitnehmen, obwohl Sie damit riskieren, dass Ihre schönen Autositze mit Blut verschmiert werden und vielleicht nicht mehr zu reinigen sind? – Wahrscheinlich reagieren Sie entsetzt: Nur ein Unmensch kann sich diese Frage wirklich stellen; natürlich würden man helfen etc.

Nun stellen Sie sich weiter vor, sie bestellen sich gerade einen neuen Wagen und können die Innenausstattung wählen. Schöne Ledersitze kosten 800 Euro extra. Stellen Sie sich weiterhin vor, dass Sie auch den Spendenaufruf einer bekannten karitativen Organisation in der Post haben. Sie erfahren wieder einmal, was jeder ohnehin weiß: Elf

Millionen Kinder sterben jedes Jahr einen vermeidbaren Tod durch Mangelernährung oder ganz einfach behandelbare Krankheiten – nur weil es am nötigen Geld fehlt. Mit einem Euro können Sie ein Kind vor lebenslanger Blindheit bewahren, und mit fünf Euro können Sie ein Kind vor dem sicheren Tod durch eine Infektionskrankheit retten. Sie überschlagen kurz, dass die Ledersitze 800 blinde bzw. 160 tote Kinder bedeuten, werfen dann jedoch den Brief der Organisation in den Papierkorb. Da könnte ja jeder kommen, warum ich, andere haben mehr Geld etc. geht Ihnen durch den Kopf, und Sie fühlen sich schon wieder besser und freuen sich auf Ihr neues Auto.

Hand aufs Herz: Wir alle verhalten uns mehr oder weniger so, könnten leicht auf einen Euro hier oder da verzichten (oder auf 5 oder 1000). Aber wir tun es nicht (vgl. Greene 2003). Während wir im ersten Fall von unterlassener Hilfeleistung sprechen, also von einem Straftatbestand, akzeptieren wir das letztlich viel gravierendere Verhalten im zweiten Fall als völlig normal. Es fällt sehr schwer (oder ist vielleicht ganz unmöglich), diese tatsächlich bei uns vorhandenen Verhaltensweisen zu begründen.

Warum also handeln wir so inkonsistent? – Ganz offensichtlich gibt es einen Unterschied zwischen dem Leid, das wir persönlich erfahren, und dem Leid, von dem wir nur indirekt Kenntnis besitzen. Dieser Unterschied ist nicht mit dem Streben nach dem größtmöglichen Glück einer größtmöglichen Zahl, nicht mit dem Streben nach der Verwirklichung guter Absichten, nicht mit dem kategorischen Imperativ und auch nicht mit postmoderner Ethik der Kommunikationsgemeinschaft autonomer Subjekte zu erklären.

Aus neurobiologischer Sicht ist der Fall jedoch klar: Man kann nicht nur wirtschaftliche, sondern sogar moralische Entscheidungen im Scanner untersuchen (vgl. Kapitel 12 sowie Spitzer 2002, Kapitel 18). Dabei zeigt sich, dass das menschliche Gehirn unterschiedlich reagiert in Abhängigkeit davon, ob das Problem abstrakt und allgemein oder persönlich und konkret gestellt ist. Unser moralisches Empfinden reagiert ganz offensichtlich wie unser Gehirn und nicht wie die aus einer Hierarchie von Werten und moralischer Rationalität abzuleitenden Konsequenzen. Wir handeln im ersten Fall und helfen, weil wir unmittelbar und persönlich durch den Fall berührt werden. Diese persönliche Betroffenheit wiederum hat im Gehirn das Korrelat der Aktivierung von Zentren, die für emotionale Prozesse zuständig sind. Damit wiederum wird klar, dass Emotionen bei moralischem Handeln eine wichtige Rolle spielen. Dies wiederum könnte Auswirkungen darauf haben, wie wir den Kontext moralischer Entscheidungssituationen institutionell gestalten. Kriege kann man nur planen, wenn man die Menschen, die ihn führen, nicht kennt!

Ich glaube nicht, dass die Neurobiologie zwischen unterschiedlichen Ethiken entscheiden kann (für einen seltenen und tapferen Versuch hierzu vgl. Casebeer 2003). Ich meine jedoch sehr wohl, dass die Gehirnforschung uns dabei helfen kann, uns selbst besser zu verstehen. Sie wird uns *dadurch* auch helfen, unser Schicksal selbst zu bestimmen. Wer erst einmal weiß, wie wichtig emotionale Betroffenheit oder erlebte *Fairness* für das Zustandekommen moralischer Entscheidungen sind, der tut sich schwer, diese Aspekte bei tatsächlichen Entscheidungen außer Acht zu lassen. Betrachten wir zur Fairness noch ein Beispiel.

## Astrid Lindgren und die Steuern

Die Schweden können froh sein, dass sie Astrid Lindgren (1907–2002) haben! Nicht nur, weil diese Autorin weltbekannt ist und Millionen von Kindern mit den Abenteuern von Pippi Langstrumpf Freude bereitet hat und noch immer bereitet. Astrid Lindgren ist in Schweden noch aus einem ganz anderen Grund, den außerhalb des Landes kaum jemand kennt, eine Heldin.

Frau Lindgren bezahlte wie alle Bürger Schwedens Steuern, sehr viele Steuern. Schweden war für lange Zeit berühmt (um nicht zu sagen berüchtigt) dafür, dass der Steuersatz bei der Einkommensteuer bei etwa 90% lag. Wer eine Million verdiente, der behielt einhunderttausend. Unter solchen Bedingungen kann es durchaus vorkommen, dass jemand, dessen Verdienste von Jahr zu Jahr gewissen Schwankungen unterworfen sind (wie dies bei Freiberuflern wie Künstlern und Schriftstellern oft der Fall ist), in einem bestimmten Jahr mehr Steuern bezahlen muss als er verdient! Sie beschwerte sich auch nicht darüber, denn Geld bedeutete ihr nicht viel. „Ich zahle mit Spaß meine Steuern", erklärte sie immer wieder den ungläubigen Journalisten. Im Jahr 1976 jedoch platzte der Schriftstellerin, die bis dahin wenig in der Öffentlichkeit präsent war und zurückgezogen lebte, der Kragen. Sie wurde aufgefordert, 102% Einkommensteuer zu bezahlen, also mehr Steuern abzuführen, als sie verdient hatte.

Sie verstand die Welt nicht mehr und beschwerte sich. Sie tat dies, wie es sich für eine Schriftstellerin gehört, in Form einer Geschichte – *Pomperipossa in Monismanien* –, die sie in einer großen schwedischen Zeitung veröffentlichte und in der sie die Regierung heftig angriff. Diese schoss in Person des Finanzministers zunächst zurück. So ging es eine Weile hin und her, interessanterweise zwischen der erklärten Sozialdemokratin Lindgren und der sozialdemokratischen Regierung, bis der damalige Ministerpräsident Olof Palme versprach, die Dinge zu ändern. Die anstehenden Wahlen wurden von den Sozialdemokraten dennoch verloren, und das Ende der Geschichte kennt jeder: Der Höchstsatz der Einkommensteuer liegt heute in Schweden unter dem von Deutschland.

Wir haben keine Astrid Lindgren – leider! Zwar ist jedem klar, dass etwas geschehen muss (vgl. Herzog 1997), aber dennoch geschieht seit Jahren im Grunde nichts. In Anbetracht der Arbeitslosen, der katastrophalen Lage der Renten und des Gesundheitssystems kann es nur noch peinlich anmuten, wenn unsere Vertreter im Parlament darüber diskutieren, ob man eine ruhige Hand haben oder besser keine ruhige Kugel schieben sollte.

Zugleich gilt jedoch auch das Folgende: Die meisten Menschen in Deutschland lebten noch nie so lange, waren noch nie so gut abgesichert, verfügten noch nie über so viel Kaufkraft und hatten noch nie so viel gespart. Zugleich beurteilen die meisten heute die Lage als so verzweifelt, aussichtslos und negativ wie schon lange nicht mehr. Irgendetwas stimmt nicht – aber was?

Vielleicht liegt es daran, dass die Menschen nicht mehr daran glauben, dass es in unserer Gesellschaft fair zugeht. Die Mehrheit der Menschen, dies zeigen Umfragen, glaubt niemandem mehr, am wenigsten

den Politikern, Unternehmens- oder Gewerkschaftsführern. Zu häufig
sind die Nachrichten davon, dass der kleine Mann entlassen wird, während die großen Manager unfassbare Beträge dafür bekommen, dass sie
gehen. Es mehrt sich die Zahl der Politiker, die in ein Betrugs-, Beste-
chungs- oder zumindest Falschaussageverfahren verwickelt sind. Entsprechend rangieren Politiker ganz unten, wenn man die Bevölkerung
fragt, wem sie vertraut. Selbst die Wirtschaft hat jedoch längst erkannt,
wie wichtig gegenseitiges Vertrauen für ein funktionierendes Unternehmen wie auch eine funktionierende Volkswirtschaft ist (Whitney
1994). Es muss sich daher an der Art, wie Politik betrieben wird, etwas
ändern.

## Fazit: Fairness, Sinn und Einfachheit

Das Gehirn des Säuglings ist noch sehr unausgereift. Die beim Menschen im Gegensatz zu anderen Arten daher so auffällige Nachreifung
des Gehirns nach der Geburt betrifft insbesondere den frontalen Kortex, in dem bekanntermaßen die höchsten geistigen Fähigkeiten des
Menschen (komplexe Strukturen, abstrakte Regeln) repräsentiert sind.
Der frontale Kortex ist in die Informationsverarbeitung anderer Hirn-
teile auf ganz bestimmte Weise eingebunden. Er sitzt über den einfa-
cheren Arealen, hat deren Output zum Input und bildet auf diese
Weise interne Regelhaftigkeiten der neuronalen Aktivität einfacherer
Areale noch einmal im Gehirn ab. Er bildet das Arbeitsgedächtnis,
d.h., in ihm ist Information repräsentiert, die unmittelbar relevant ist
für das, was jetzt und hier geschieht. Er kann sehr rasch auf Veränderungen reagieren, indem er von Augenblick zu Augenblick neue Erwartungen bildet und diese mit dem, was geschieht, vergleicht.

Der präfrontale Kortex ist also derjenige Teil des Gehirns, der zu-
letzt fertig entwickelt ist. Dachte man noch vor einigen Jahren, dass die
Myelinisierung und damit die Gehirnentwicklung mit vier oder fünf
Jahren abgeschlossen sei, so zeigen neuere Studien mittels funktioneller
Bildgebung, dass der präfrontale Kortex erst nach der Pubertät voll-
ständig ausgereift ist und damit erst dann voll funktionstätig ist (Giedd

et al. 1999). Erst mit der Funktion, d.h. mit der permanenten Verarbeitung von Aktivitätsmustern, kommen jedoch die Repräsentationen, die Spuren im präfrontalen Kortex. Damit ist klar, dass unsere Erfahrungen im Hinblick auf Bewertungen bis weit nach der Pubertät bestimmen, welche Neuronen in den entsprechenden Zentren was repräsentieren, und damit wiederum wird klar, wie lange der Zeitraum ist, innerhalb dessen menschliche Gehirne besonders anfällig für den falschen Input sind.

Die vielleicht bekanntesten Überlegungen zur Moral von Piaget und Kohlberg sind aus heutiger Sicht recht „kopflastig", d.h. betonen Vernunft und (sprachlich vermittelte) Prozesse der Begründung. Sehr oft handeln wir jedoch sehr schnell, „aus dem Bauch heraus", wie man zuweilen gerne sagt, und ohne viel zu überlegen. Wurden diese Handlungen früher eher mit Skepsis als „Affekthandlungen" bezeichnet, deren wesentliches Merkmal (z.B. im Strafvollzug) darin besteht, dass sie gegen bessere Vernunft und Einsicht erfolgen, so hat sich diese Sicht in den letzten etwa zehn Jahren deutlich gewandelt. Auslösend für diese Veränderungen der Betrachtungsweise moralischen Handelns waren mindestens zwei Strömungen wissenschaftlichen Erkenntnisfortschritts, die aus der Ethologie und Soziobiologie hervorgegangene Primatenforschung einerseits und die Neurobiologie andererseits.

Aus heutiger Sicht sind Emotionen nicht mehr der Widersacher des Verstandes, sondern dessen Helfer. Insbesondere bei Prozessen der Bewertung spielen sie eine wesentliche Rolle. Über die Emotionen ist letztlich auch die Neurobiologie der Moral mit der Moral selbst verbunden. Wenn man weiß, wie moralische Entscheidungen im Gehirn geschehen, so folgt daraus zwar keine Norm (dies wäre ein klassischer naturalistischer Fehlschluss), aber es können sich durchaus konkrete Schlussfolgerungen für die Art, wie wir entscheiden, ergeben. Und wenn das Streben nach Fairness und Verständnis als dem Menschen natürlicherweise innewohnend erkannt wird, dann wird es schwer, unfaire und unverständliche Entscheidungen (bzw. Strukturen, die diese hervorbringen) zu rechtfertigen. Bei aller Vorsicht wage ich daher zu behaupten: Unsere Moral könnte von der Neurobiologie profitieren.

## Postskript: Die Zentralheizung, die Politik und die Brötchenverdrossenheit

Wenn es früher in der Wohnung kalt wurde, machte man den Ofen an. Der bullerte bald heftig, und in der Wohnung wurde es so warm, dass man die Fenster aufmachte, weil man sich nach frischem kaltem Wind sehnte. Dann wurde es richtig kalt, und, wenn man Pech hatte, ging zudem noch das Feuer aus. Man hatte also geheizt, mit dem Erfolg, dass die Wohnung nun noch kälter war.

Heute ist das anders: Die Zentralheizung misst die Innen- und die Außentemperatur, wenn möglich an mehreren Stellen, kennt die Isolationskoeffizienten der Wände und den Kubikinhalt der Wohnung. Sie benutzt diese Variablen, um mittels stetiger Funktionen (die man auf praktisch jeder Zentralheizung abgebildet findet!) die Menge an benötigter Wärme zu berechnen und dann auch zu produzieren (vgl. Abb. 16.2). Das Ergebnis ist eine gleichmäßig warme Wohnung bei vergleichsweise geringem Energieverbrauch.

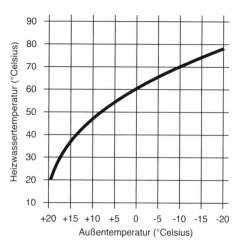

**16.2** Heizkurve, die angibt, wie hoch die Heizwassertemperatur in Abhängigkeit von der Außentemperatur ist.

Warum erzähle ich das? – Weil jede Zentralheizung deutlich besser funktioniert als unsere sozialen Verteilungs- und Sicherungssysteme! Betrachten wir ein Beispiel: Meine Sekretärin ist eine alleinerziehende Mutter mit zwei Kindern. Sie arbeitet zu 75%. Sie würde gerne mehr arbeiten (nicht zuletzt, weil sie täglich sieht, wie viel es zu tun gibt), aber dann würde sie weniger verdienen. Dies hat sie nicht hypothetisch berechnet, sondern leidvoll erfahren: Sie hatte es ausprobiert und dann gemerkt, dass durch den geringen Mehrverdienst so viele Vergünstigungen entfielen, dass unter dem Strich weniger herauskam.

Ein anderes Beispiel: Man möchte Mieter vor der Willkür von Vermietern schützen. Das ist gut so. Die Rechte von Mietern gegenüber Vermietern sind mittlerweile jedoch so stark, dass viele Menschen, die freien Wohnraum besitzen, diesen nicht vermieten, weil sie möglichen Ärger und finanziellen Verlust vermeiden wollen.

Und noch ein drittes Beispiel: Unser Arbeitsrecht schützt den Arbeitnehmer – vor allem vor einem Arbeitsplatz! Befristet darf nicht ohne Grund eingestellt werden, also wird gar nicht eingestellt. Frauen erhalten besondere Vergünstigungen, also werden keine Frauen eingestellt. Und so weiter.

Die Regulierung sozialer Härten funktioniert hierzulande damit eher so wie der oben beschriebene Bullerofen (der, wenn er angemacht wird, so heiß wird, dass man ein Fenster öffnen muss, so dass es dann kälter wird, als es vorher war). Dies müsste keineswegs so sein. Obgleich alle Verwaltungen längst mit Computern ausgestattet sind, funktionieren – im 21. Jahrhundert! – soziale Finanzausgleiche noch immer nach einer Treppenfunktion und nicht nach stetigen Funktionen. Nehmen wir an, der Steuersatz bis 40.000 Euro Jahreseinkommen läge bei 20% und der ab 40.000 Euro Jahreseinkommen bei 30%. Dann zahlt jemand mit knapp 40.000 Euro Jahresverdienst 8.000 Euro Steuern und hat sehr wenig Motivation, durch Zuverdienen sein Gehalt auf gut 40.000 Euro zu steigern. Eine ebenso unerträgliche wie unverständliche Situation! Das Eigenartigste an ihr ist: Sie ist weit verbreitet, jeder sieht dieses Problem und dennoch geschieht nichts!

Insbesondere im Lichte der diskutierten tiefen biologischen Ver-
wurzelung von Fairness erscheint es nur schwer nachvollziehbar, mit
welcher Unbekümmertheit um die betroffenen Menschen wir uns derartige flächendeckende Demotivationskampagnen leisten! Dabei ist
das Faktum, dass der technische Stand unserer Sozialsysteme dem unserer Zentralheizungen um mindestens 20 Jahre hinterherhinkt, nicht
der einzige hier zu erwähnende Missstand.

Betrachten wir die Renten: Sie sind durch eine Vielzahl von
Einflüssen bestimmt, an denen wir kurzfristig wenig oder nichts än-
dern können, wie insbesondere die Altersverteilung der Bevölkerung.
Variabel an der Rente sind drei Größen: der Input (Beitragssatz), der
Output (die Höhe der Renten) und das Renteneintrittsalter (d.h. die
Altersgrenze zwischen Geben und Nehmen). Nun haben wir uns irgendwie darauf geeinigt, dass die Beiträge nicht über 19,5% steigen
dürfen und dass die Renten nicht unter einen Prozentsatz x des letzten
Brutto- oder Nettolohns fallen dürfen (x ändert sich derzeit noch nach
unten). Bleibt als einzige Größe, durch deren Veränderung man das
System stabilisieren kann, das Renteneintrittsalter. Da dieses zu einem
gegebenen Zeitpunkt immer die kleinste Gruppe im System betrifft, ist
es erstens am leichtesten (d.h. gegen den zahlenmäßig geringsten kollektiven Widerstand) zu ändern. Zweitens lässt sich mit seiner Änderung der größte Effekt erzielen, denn wer von einer Veränderung des
Renteneintrittsalters nach oben betroffen ist, wird vom kompletten
Nehmer zum kompletten Zahler und geht damit gleich zweimal voll in
die Rechnung ein. Will man nun Beiträge und Renten auf einem bestimmten Niveau stabil halten, braucht man lediglich eine Funktion
einzuführen (die etwa so kompliziert ist wie die auf Ihrer Zentralheizung vorn aufgedruckte), die das Renteneintrittsalter als Funktion des
Input, des Output und der Altersverteilung ausgibt. Damit könnte das
Renteneintrittsalter jährlich (oder monatlich – oder warum eigentlich
nicht täglich?) berechnet werden, und das System wäre stabil. Wir
bräuchten uns um die Renten nie mehr Sorgen zu machen.

Was aber ist, könnte jemand mit Sorgenfalten fragen, wenn die Beiträge nun doch schon zu hoch sind und langfristig dazu führen, dass immer mehr junge Menschen in andere Länder abwandern? – Dann ist – so kann die Antwort nur lauten – unser Modell der Welt noch zu einfach.

Um bei unserem eingangs erwähnten Beispiel zu bleiben: Bis vor etwa 30 Jahren wurde zur Regelung der Zentralheizung nur die Innentemperatur verwendet. Man merkte jedoch, dass dies in vielen Fällen zu überschießenden oder langsamen, in jedem Fall also zu ungünstigen Regelungen führte. Diese waren vermeidbar, wenn man die Außentemperatur in das Regelsystem mit einbezog. Der Außentemperaturfühler und die Heizkurve waren geboren.

Was Ihrer Zentralheizung recht ist, sollte der Politik billig sein: Auch die Alterspyramide der Bevölkerung kann als zu regelnde Zielgröße (und nicht als feste, hinzunehmende Größe wie etwa das Wetter) betrachtet werden. Wenn die Paare in Deutschland im Schnitt nur 1,4 Kinder bekommen, dann könnte man eine Steuererleichterung ab dem zweiten oder dritten Kind einführen, deren Höhe sich nach der Altersverteilung richtet. Bei, sagen wir, 10% weniger Steuern für ein weiteres Kind würden sich so manche Eltern, die gerechnet haben und sich ein drittes Kind einfach nicht leisten können, ihre Lage wieder anders beurteilen. Wer glaubt, dass solche Regelungen nicht funktionieren, der braucht nur nach Frankreich zu schauen. Dort hat man mit entsprechenden einfachen Regeln die Überalterung der Bevölkerung europaweit am besten abgewendet. Es müssen vielleicht nicht einmal 10% sein, vielleicht genügen 8%, vielleicht müssen es aber auch 12% sein. Wesentlich an der Idee ist, dass man sich politisch über die *Zielgröße* einigen muss und über den *Regelmechanismus*. Den Rest erledigt die Kybernetik. Geht es also allen besser und bekommen alle mehr Kinder, dann wird (wieder jährlich oder täglich) die Steuererleichterung pro Kind an die Fakten angepasst und erniedrigt. Und so müssen wir uns nie mehr über die Überalterung der Gesellschaft Gedanken machen...

Aber so einfach ist doch die Welt nicht! – werden viele entsetzt entgegnen. Die Antwort lautet: Sie ist sicherlich komplizierter! Aber wir leisten uns derzeit, wenn es um unser Gemeinschaftsleben geht,

eine völlige Ignoranz im Hinblick auf die Regeln der Steuerung. Diese
Regeln lassen wir jeder Zentralheizung angedeihen, aber keineswegs
nur der Zentralheizung.

Betrachten wir hierzu ein Beispiel: Der menschliche Körper ist
kompliziert, viel komplizierter als eine Zentralheizung. Er besitzt sehr
viele Regelsysteme der hier vorgestellten Art, die beispielsweise den
Blutzuckerspiegel nur um 30%, die Körpertemperatur nur um 3% und
den Ionengehalt des Blutes um nur 0,1% schwanken lassen, bevor sie
regelnd eingreifen. Diese Zielgrößen werden also mit einer erstaunli-
chen Effizienz geregelt und den Bedingungen angepasst. Auch gibt es
komplizierte wechselseitige Abhängigkeiten: Wird mehr Zucker verbrannt, geht der Zucker hinunter und die Temperatur hinauf. Das
geht so lange, bis Energie aufgenommen oder anderswo mobilisiert
wird etc. Wer einmal einen Blick in eine moderne Intensivstation geworfen hat, der ahnt die Komplexität dieser Vorgänge. Intensivmedizin mit ihren Meßsonden, Apparaten und Schläuchen dient im
Wesentlichen dazu, entgleiste Regelungsvorgänge des Körpers für eine
begrenzte Zeit zu übernehmen, damit sich das Gesamtsystem wieder
stabilisieren kann. Weil wir um viele Regelungsprozesse wissen, ist die
Intensivmedizin so erfolgreich; und weil wir noch nicht alle kennen,
sterben Menschen auf Intensivstationen. Tatsache ist: Wir wissen eine
Menge und können daher für viele Menschen sehr viel tun.

Nun könnte ein Heilpraktiker sagen, er würde diese ins Kleinste
gehenden Regelungsdinge nicht mögen und lieber den Menschen als
Ganzen behandeln. Wem würden Sie sich anvertrauen, wenn Sie die
Intensivstation nach einem schweren Verkehrsunfall bewusst wählen
könnten: dem ganzheitlichen Heilpraktiker oder dem ingenieurartig
denkenden Arzt?

Politiker reden und streiten öffentlich, ob sie eine ruhige Hand haben oder eine ruhige Kugel schieben. Und sie reden viel von der Poli-
tikverdrossenheit der Bevölkerung. Dies ist mehr als hochmütig.
Betrachten wir einen Bäcker, dessen Brötchen so schlecht und/oder so
teuer sind, dass keiner mehr bei ihm einkauft. Stellen wir uns weiter
vor, der Bäcker würde daraufhin eine öffentliche Rede nach der anderen über die Brötchenverdrossenheit seiner Kunden halten. Wahr-

scheinlich wären die Politiker die ersten, die dem Bäcker verdeutlichen, dass die vermeintliche Brötchenverdrossenheit seiner Kunden doch wohl vielleicht einen Grund hat, den er, der Bäcker, bei sich selbst suchen sollte...

Ihre Zentralheizung verstehen die meisten Menschen. Würden sie die Mechanik der Sicherungssysteme und der politischen Entscheidungen ebenso verstehen, dann wären sie nicht politikverdrossen. Sie würden dann auch gerne ihren Beitrag zur Gemeinschaft leisten, denn Menschen sind Gemeinschaftswesen, werden von ihren Gehirnen bei kooperativem Verhalten belohnt und haben sogar biologisch nahe Verwandte, wahrscheinlich nicht nur die Kapuzineraffen, die ebenfalls auf Fairness und gerechte Ressourcenverteilung großen Wert legen. Werden wir unfair behandelt, tut uns das weh – metaphorisch und tatsächlich, wie die Gehirnforschung zeigen konnte. Es ist an der Zeit, dass wir damit aufhören, uns – neurobiologisch betrachtet – nicht nur dauernd die Lust zu nehmen, sondern uns auch dauernd gegenseitig weh zu tun. Mit Achselzucken und der Bemerkung, das System sei nun mal so, ist nicht geholfen. Das System sind wir. Und wir können es ändern. Jeder kann, soll und muss selbst bestimmen.

# 17 Selbstbehinderung

Nicht immer geht im Leben alles glatt. Im Gegenteil: Oft hat man den Eindruck, dass der Flugzeugingenieur Edward A. Murphy recht hatte mit dem nach ihm benannten Gesetz, dass, wann immer etwas schief gehen kann, es auch schief gehen wird. Er bezog sich mit dieser Äußerung zwar vor mehr als einem halben Jahrhundert auf ein schief gegangenes Experiment, aber offensichtlich haben sehr viele Menschen schon ähnliche Erfahrungen gemacht: *If anything can go wrong, it will.*

Menschen sind keine Ausnahme. Bei unseren Erfahrungen, beim Bewerten und Entscheiden, beim Handeln im privaten bis hin zum politischen Bereich können wir Fehler machen, was jeweils zu Ungerechtigkeit führen kann. Es gibt zufällige und systematische Fehler. Manche sind leicht durchschaubar und durch Nachdenken zu korrigieren, bei anderen hingegen hat man das Gefühl, dass das Nachdenken die Sache nur noch schlimmer macht. Dies kann nicht zuletzt dann der Fall sein, wenn wir Erkrankungen mit Problemen verwechseln.

Das Folgende ist weder eine vollständige Aufzählung noch eine Systematik der Möglichkeiten, wie Selbstbestimmen daneben gehen kann. Es ist vielmehr eine kleine Sammlung von Beispielen. Jeder wird weitere kennen. Sie sollen die Augen öffnen für manche Fallstricke, damit die Chance, sich in ihnen zu verheddern, geringer wird.

## Falsche Erfahrungen machen

Es kann leicht geschehen, dass in unserer Kindheit und Jugend nicht die richtigen Beispiele zur Verfügung stehen, so dass wir nicht die richtigen, sondern die falschen Erfahrungen machen. Zwar sind Gehirne äußerst robust, und aus den meisten Kindern und Jugendlichen werden vernünftige erwachsene Menschen, aber es kann auch schief gehen, wenn die richtigen Erfahrungen nicht gemacht werden können.

Beispiele hierfür wurden bereits angeführt: Zu wenig zu essen, zu viel Fernsehen, die falschen Freunde (gar nicht zu reden von den falschen Eltern), die falschen gesellschaftlichen Institutionen können den begabtesten und auch den robustesten Menschen umwerfen.

Die moderne Neurobiologie hat eines sehr klar gezeigt: Unser Gehirn ist das Produkt unserer Erfahrung, und insofern hat jeder ein einmaliges und einzigartiges Gehirn. Jeder Mensch *ist* in diesem Sinn sein Gehirn. Hat jemand sehr viel Pech und sammelt permanent Erfahrungen, die die falschen Spuren in seinem Gehirn hinterlassen, dann kann sich dies ungünstig auf den weiteren Lebensverlauf auswirken.

## Falsch denken: Ecken, Statistik und Logik

Irren ist menschlich. Diese alte Volksweisheit gilt heute ebenso wie vor hundert oder vor tausend Jahren. Menschen irren sich. Was uns heute von unseren Vorfahren unterschiedet, ist die Tatsache, dass wir um die wesentlichen *systematischen* Gründe bzw. Mechanismen von Irrtümern wissen und sie daher korrigieren können. Dies ist keineswegs leicht. Aber es geht. Falsch zu denken und falsch zu entscheiden sind die kleineren, lösbaren Behinderungen auf dem Weg zum Selbstbestimmen.

Betrachten wir drei Beispiele:

*(1) Wahrscheinlichkeiten und Häufigkeiten*

Auf die Tatsache, dass selbst hochgebildete Menschen mit *Wahrscheinlichkeiten* recht wenig anfangen können, hat in der jüngeren Vergangenheit vor allem Gigerenzer (2002) hingewiesen. Um zu verstehen, worum es geht, sei zunächst einmal ein Beispiel vorgestellt.

Die Wahrscheinlichkeit, dass eine Frau im Alter von 40 bis 50 Jahren, bei der keinerlei Symptome vorhanden sind, an Brustkrebs leidet, beträgt 0,8%. Wenn eine Frau Brustkrebs hat, beträgt die Wahrscheinlichkeit eines auffälligen Befundes in einer speziellen Röntgenaufnahme der Brust (Mammografie) 90%. Wenn eine Frau keinen Brustkrebs hat, kann die Mammografie in 7% dennoch einen positiven, d.h. pathologischen Befund ergeben. Stellen Sie sich nun vor, Sie sind Arzt und müssen eine Patientin mit einem positiven Mammografiebefund beraten. Wie groß ist die Wahrscheinlichkeit, dass sie an Krebs leidet?

Die Fakten sind klar, die Antwort ist jedoch nicht einfach, wie empirische Untersuchungen, an denen Ärzte teilnahmen, ergaben. Etwa ein Drittel der Ärzte sagt, dass die Wahrscheinlichkeit, dass die Frau an Brustkrebs leidet, etwa 90 Prozent beträgt. Ein weiteres Drittel nennt Wahrscheinlichkeiten zwischen 50 und 8 Prozent, und lediglich zwei der insgesamt 48 befragten Ärzte gaben die richtige Antwort: Die Wahrscheinlichkeit, dass die Frau an Brustkrebs leidet, beträgt etwa 9 Prozent (Gigerenzer 1996, vgl. auch Hoffrage & Gigerenzer 1998).

Das Problem wird ganz einfach, wenn man es anders formuliert, und zwar unter Zuhilfenahme von *Häufigkeiten* statt von Wahrscheinlichkeiten. Betrachten wir das Beispiel daher noch einmal:

Acht von 1000 Frauen haben Brustkrebs. Von diesen acht Frauen mit Brustkrebs haben sieben einen pathologischen Befund in der Mammografie. Von den übrigen 992 Frauen, die nicht an Brustkrebs leiden, haben 70 dennoch einen pathologischen Mammografiebefund (also ein falsch positives Untersuchungsergebnis). Stellen Sie sich nun Frauen mit einem positiven Mammografiebefund nach einer Reihenuntersuchung vor. Wie viele dieser Frauen leiden nun tatsächlich an Brustkrebs?

Die Daten sind im Prinzip die gleichen wie zuvor, jetzt aber ist die Sache ganz einfach: Von den 1000 Frauen haben 77 einen positiven Befund in der Mammografie, jedoch nur sieben leiden an Brustkrebs. Damit leidet eine von elf Frauen mit pathologischem Befund in der Mammografie auch tatsächlich an Brustkrebs. Die Wahrscheinlichkeit beträgt also 9%.

Außer den Medizinern gibt es eine weitere große Berufsgruppe, die ihren Beruf deswegen ergriffen hat, weil sie Mathematik fürchtet: die Juristen. Vor Gericht geht es keineswegs besser zu als in den Arztpraxen, wie die folgenden beiden Beispiele zeigen.

Der Fall des Supersportstars O. J. Simpson ist wahrscheinlich der berühmteste juristische Fall überhaupt. Er war angeklagt, seine Frau und deren Bekannten ermordet zu haben und wurde im Oktober 1995 freigesprochen. Manche Details des Gerichtsverfahrens waren so interessant, dass sie sogar in rein wissenschaftlichen Journalen Schlagzeilen machten (vgl. Good 1995, 1996, Nowak 1994, Cohen 1995, Matthews 1997).

Die Staatsanwältin versuchte die Anklage dann durch den Verweis zu stärken, dass der Angeklagte während der 18-jährigen Ehe seine Ehefrau immer wieder geschlagen hatte. Das Argument lautete: Wer seine Frau schlägt, der bringt sie möglicherweise auch irgendwann um.

Die Verteidigung entkräftete dieses Argument jedoch wie folgt: Man schätzt, dass vier Millionen Frauen in Amerika von ihren Männern oder Freunden geschlagen werden. Nach Angaben des FBI wurden im Jahr 1992 insgesamt 1.432 Frauen von ihren Männern oder Freunden umgebracht. Aus diesen Zahlen folgt, so die Verteidigung, dass 1.432 Männer von vier Millionen, die ihre Frauen schlagen, ihre Frauen auch umbringen. Daraus wiederum folgt, dass etwa einer von 2.500 Männern oder Freunden, die ihre Partnerin schlagen, diese auch umbringt. Damit wurde das Argument der Anklage ganz offensichtlich entkräftet, wie der Anwalt in seinem 1996 publizierten Bestseller schrieb (Dershowitz 1996, S. 101ff).

Der Statistiker Good (1995, 1996) wies jedoch nach, dass die Argumentation der Verteidigung falsch ist. Er tat dies, indem er Wahrscheinlichkeiten für die Argumentation benutzte, was das Argument recht kompliziert macht. Benutzt man Häufigkeiten (vgl. Gigerenzer 2002, S. 143ff), wird die Sache recht einfach: Beginnen wir mit der von der Verteidigung gestellten Tatsache, dass eine von 2.500 geschlagenen Frauen vom sie schlagenden Mann oder Freund ermordet wird. Rechnet man auf 100.000 geschlagene Frauen hoch, so werden 40 von ihnen pro Jahr ermordet. Diese Zahl muss man in folgendem Licht sehen: In den USA werden jährlich etwa 25.000 Menschen umgebracht. Ein Viertel davon sind Frauen. In den USA leben 250 Millionen Menschen, von denen etwa die Hälfte Frauen sind. Es werden also 6.250 von 125 Millionen Frauen jährlich umgebracht, d.h. fünf von 100.000.

Damit sieht die Sache wie folgt aus: Von 100.000 Frauen, die geschlagen werden, werden 45 ermordet, 40 von dem sie schlagenden Mann und fünf von irgendjemandem. Es werden damit acht von neun Frauen, die umgebracht werden, von ihrem sie schlagenden Partner ermordet, also etwa 90%. Wenn man aus diesen Zahlen etwas schließen konnte, dann auf die Schuld (und nicht die Unschuld) des Angeklagten.

*(2) Logische Schlussfolgerungen*

Menschen haben Mühe mit der Logik. Was woraus warum folgt, ist keineswegs immer so einfach, wie in dem Beispiel

aus

„Alle Ulmer sind reich"

und

„Hans ist ein Ulmer"

folgt (und dies weiß jedes Kind)

„Hans ist reich."

Betrachten wir ein etwas schwierigeres Beispiel:

aus

„Kein Metzger ist ein Bäcker"

und

„Alle Ulmer sind Metzger"

kann man logisch schließen:

„Kein Ulmer ist ein Bäcker."

Betrachten wir nun folgendes Beispiel:

Was kann man aus

„Alle Schotten sind Geizkragen"

und

„Kein Schreiner ist ein Schotte"

schließen?

Die meisten Menschen sagen hier, dass man absolut gar nichts aus diesen beiden Sätzen schließen kann. Dies ist jedoch falsch, denn es gibt durchaus einen Schluss, den man mit Notwendigkeit aus den beiden Sätzen ziehen kann. Dieser lautet:

„Einige Geizkragen sind keine Schreiner" (oder anders: „Es ist gibt Geizkragen, die keine Schreiner sind").

Dies folgt tatsächlich mit logischer Notwendigkeit aus den beiden Prämissen. Warum haben wir Mühe mit dieser Schlussfolgerung?

Fragen wie diese wurden erst in den letzten zwei Jahrzehnten gestellt und teilweise beantwortet. Dabei haben sich manche Autoren um eine Art Kategorisierung oder Typologie der mentalen Fallstricke bemüht, d.h. darum, eine Ordnung oder Systematik für alle möglichen Täuschungen unseres Urteilsvermögens zu schaffen. Wie wir gesehen haben, sind Menschen schlecht in Logik, aber auch in Statistik und Wahrscheinlichkeitstheorie. Sie können mit relativen Häufigkeiten wesentlich besser umgehen als mit Wahrscheinlichkeiten und Faustregeln viel besser anwenden als logische Schlussfolgerungen.

### (3) Um Ecken denken

Menschen haben Mühe, um mehrere Ecken zu denken. Vielleicht am deutlichsten wird dies in einem Spiel, das Sie selbst einmal, vielleicht bei einer Party, spielen können. Sie werden überrascht sein vom Ergebnis. Das Spiel ist einfach: Jeder muss eine Zahl zwischen Null und Hundert auf einen Zettel schreiben. Die Zahl soll angeben, wie groß zwei Drittel des Mittelwerts aller genannten Zahlen sind.

„Ist doch einfach", werden Sie jetzt denken. „Wenn jeder eine Zahl zwischen Null und 100 nennt, dann liegt der Mittelwert bei 50. Zwei Drittel von 50 sind 33, also sollte meine Zahl etwa so groß sein."

Aber Moment mal. Was ist, wenn jeder so denkt? Zunächst einmal kann sich jeder überlegen, dass die richtige Zahl nicht größer als 67 sein kann, denn das ist (aufgerundet) zwei Drittel von 100. Wenn jedoch klar ist, dass es keinen Sinn macht, eine Zahl, die größer ist als 67, auf den Zettel zu schreiben, dann kann der Mittelwert der Zahlen nicht bei 50 liegen. Und wenn jeder so denkt, erst recht nicht. Die Zahlen können also nur zwischen Null und 67 liegen. Zwei Drittel vom Mittelwert davon (33,5) sind etwa 22. Daher macht eine Zahl größer als 22 überhaupt keinen Sinn. Nun kann man weiter denken und auf diese Weise herausfinden, dass die einzige rationale Antwort *Null* heißt. Denn jeder weiß ja immer, dass jeder weiß, dass die Antwort nur zwei Drittel von dem sein kann, was jeder annimmt und weiß.

Sofern man das Spiel jedoch wirklich spielt, stellt sich heraus, dass die richtige Antwort keineswegs Null lautet. Man liegt vielmehr nicht ganz falsch, wenn man in diesem Spiel eine Zahl zwischen 25 und 35 als richtige Lösung nennt. Anlässlich eines Vortrags am Ulmer Amtsgericht über die *Neurobiologie von Urteilstäuschungen* (Spitzer 2003) spielte ich dieses Spiel mit 84 anwesenden Juristen und Medizinern. Der Gewinner hatte 25 getippt (und erhielt von mir einen Buchpreis). Damit hatten die Anwesenden vergleichsweise gut abgeschnitten, denn sie hatten offensichtlich um zwei bis drei Ecken gedacht, und nicht nur um eine bis zwei, wie die meisten Gruppen, mit denen das Spiel gespielt und die Ergebnisse aufgezeichnet wurden.

Halten wir fest: Menschen haben Mühe, um die Ecke zu denken, d.h. einen Gedanken immer wieder (man sagt: iterativ) anzuwenden und das Ergebnis aus diesen vielen Denkschritten im Arbeitsgedächtnis vorübergehend abzuspeichern, d.h. zu behalten, es weiter zu verwenden und es wieder in Gedanken zu behalten – ganz ähnlich wie sie auch bei längeren Sätzen, sofern diese Nebensätze enthalten, geschachtelt sind und verschiedene Gedanken in hierarchischen Ordnungen ineinander verzahnen, ihre Mühe mit dem Verständnis haben. Kurz: Um die Ecke zu denken, ist nicht unsere Stärke. Das nächste Beispiel zeigt unter anderem dieses noch einmal.

## Falsch bewerten und entscheiden

Wie viel ist Ihnen ein Euro wert? – Dumme Frage, werden Sie sagen. Aber stellen Sie sich vor, wir spielen folgendes Spiel: Wir versteigern einen Euro, auf amerikanisch (wie man hierzulande diese Art der Versteigerung zuweilen nennt). Jedes Gebot muss sofort bezahlt werden und kann durch ein höheres Gebot, das ebenfalls sofort zu bezahlen ist, übertroffen werden. Wie viel würden Sie für den Euro bieten?

Experimente, in deren Rahmen man diese Versteigerung tatsächlich durchführte, zeigten, dass die Leute nicht selten mehr als einen Euro für einen Euro bieten (vgl. Pindyk & Rubinfeld 2001). Wie ist das möglich? – In einer typischen Versteigerung wird jemand 20 Cent bieten und ein anderer vielleicht 30 Cent. Der erste kann nun entweder seinen Verlust von 20 Cent hinnehmen oder 40 Cent bieten, um den Euro doch noch zu bekommen. Und so geht es weiter, bis die Gebote durchaus 90 Cent gegen einen Euro lauten können. Dann hat der erste wiederum die Option, 90 Cent zu verlieren oder 1,1 Euro für einen Euro zu zahlen (d.h. nur 10 Cent Verlust zu machen). Also wird er einen Euro und 10 Cent für einen Euro bieten; und so wird es weiter gehen. Wird ein Euro auf diese Weise tatsächlich versteigert, so kommt es daher nicht selten vor, dass der Euro für mehr als drei Euro seinen Besitzer wechselt!

Man fragt sich unwillkürlich, wie intelligente Menschen solch einen Unfug anstellen können. Die Antwort darauf ist, dass Menschen sich sehr schwer tun, wenn sie um mehr als eine oder zwei Ecken denken müssen. Die Antwort lautet aber auch, dass sie beim Bewerten von Sachverhalten, und seien sie noch so einfach, Mühe haben. Falls Sie übrigens in eine Euro-Versteigerung geraten sollten, tun Sie gut daran, das einzig Vernünftige zu tun, was man in dieser Situation tun kann: keinen Cent für einen Euro ausgeben (es sei denn, es ist für einen guten Zweck).

So haben die Dinge also nicht in jeder Situation für uns den Wert, den sie bei objektiver Betrachtung zu haben scheinen. Wenn ich hungrig bin, sind zwei Äpfel sicherlich besser als einer. Vier Äpfel sind vielleicht noch doppelt so gut wie zwei, aber vierzig Äpfel sind nicht doppelt so gut wie zwanzig. Schließlich ich bin irgendwann satt. In der Wirtschaft ist dieses Phänomen lange bekannt: Der Nutzen, den man aus einer Sache zieht, nimmt nicht linear mit der Sache zu, sondern nimmt verhältnismäßig ab.

Stellen Sie sich beispielsweise vor, Sie hätten folgende Wahl: Entweder sie bekommen 1 Million Euro sicher, oder Sie bekommen 500.000 Euro oder 1,5 Millionen Euro nach einer Losentscheidung. Die meisten Menschen entscheiden sich in dieser Situation für die sichere Million. Rein statistisch sind beide Optionen jedoch gleich gut. Für die meisten Menschen ist es jedoch ein größerer Unterschied, 500.000 Euro oder 1 Million Euro zu besitzen als 1 Million oder 1,5 Millionen Euro. Mit anderen Worten: Je mehr Geld man schon hat, desto weniger wertvoll ist zusätzliches Geld.

In der Ökonomie ist dieser Sachverhalt (unter Namen wie „abnehmender Ertragszuwachs" und „Grenznutzen") seit langem bekannt. Wir hatten zudem oben (vgl. Kap. 12) bereits gesehen, dass Entscheidungen auch durch Gesichtspunkte beeinflusst sein können, die vollkommen außerhalb der einzelnen Transaktion liegen können. Fairness und langfristiges Vertrauen geht in Entscheidungen ebenso ein wie kurzfristiger Gewinn (vgl. Spitzer 2002, Kapitel 16).

## Falsch fühlen: Wenn ich nur könnte wie ich wollte...

Gemessen an ihrer Häufigkeit ist die Selbstbehinderung im Bewusstsein der Menschen relativ gering vertreten. Dabei kennt sie jeder, oder haben Sie nicht schon einmal einem Dialog wie dem folgenden gelauscht:

A: „Ich hab zwar 'ne Sehnenzerrung, aber lass uns dennoch ein bischen Fußball spielen."
B: „Hab die letzte Nacht durchgemacht, aber o.k., versuchen wir's."
Und falls Sie nichts mit Fußball zu tun haben, hören Sie doch im Kirchenchor/Gesangverein mal genauer hin:
A: „Bin ziemlich heiser heute, aber im Sopran/Tenor sind ja so wenige, und da dachte ich, ich sollte trotzdem kommen."
B: „Habe das Stück noch nie gehört und mir auch die Noten nicht anschauen können. Mal sehen, wie es gehen wird."
Und falls Ihnen Fußball und Singen unbekannt vorkommen, erinnern Sie sich doch nur mal an Ihre Schulzeit:

A: „Hab gar nicht gelernt für die Klassenarbeit."

B: „Ich auch nicht. Und dann haben wir uns noch die ganze Nacht Videos reingezogen."

Die Beispiele haben eines gemeinsam: Die Sprecher geben jeweils einen Grund dafür an, dass sie im Hinblick auf die gerade anstehende Tätigkeit behindert sind. Wer sich mit Sehnenzerrung oder nach durchgemachter Nacht sportlich betätigt, hat guten Grund dazu, dies nicht so gut zu können. Nicht anders steht es um den heiseren oder ungeübten Sänger bzw. den unvorbereiteten oder übermüdeten Schüler. Warum hört man solche Sprüche so oft? – Letztlich geht es hier offensichtlich um eine Art Entschuldigung oder Ausrede. Im Grunde sagt jeder Sprecher immer das gleiche, nämlich: „Eigentlich bin ich sehr gut, aber das wird jetzt nicht deutlich, denn leider besteht zurzeit gerade die folgende Behinderung..." Es ist, als würde man die Messlatte herunterhängen, um zu vermeiden, dass man scheitert. Oder nochmal anders: „Wenn ich jetzt gerade mittelmäßig bin (beim Fußball, Singen oder bei der Klassenarbeit), dann liegt das nicht daran, dass ich wirklich mittelmäßig bin, sondern daran, dass ich behindert bin. Stellt man diese Behinderung in Rechnung, dann bin ich eigentlich ziemlich gut!"

Ganz allgemein versuchen wir also mit solchen Sprüchen zu beeinflussen, wie andere uns wahrnehmen. Indem wir die Aufmerksamkeit auf unsere Behinderung lenken, soll klar werden, warum wir nur mittelmäßig (oder vielleicht sogar richtig schlecht) bei einer Tätigkeit abschneiden. Wenn wir es dann doch halbwegs hinkriegen, dann müssen wir ja ein richtiger Pfundskerl sein, dass wir das geschafft haben, trotz der Behinderung... Betrachtet man die Dinge erst einmal aus der Nähe, dann ist klar, warum so ziemlich jeder irgendwann einmal irgendeinen Ausspruch der Selbstbehinderung von sich gegeben hat.

Von Sprüchen zu unterscheiden sind Taten. Und hier hört der Spaß im Grunde auf, denn aus bloßen Sprüchen werden Fehlanpassungen im wirklichen Leben, nicht selten zum erheblichen Nachteil für die betreffende Person. Nicht wenige Menschen richten sich so ein, dass ihre Vorhaben von vornherein zum Scheitern verurteilt sind. Wer sich zum Vorstellungsgespräch betrinkt, wer die Nacht vor einer Prüfung durchfeiert oder wer für ein Examen nichts lernt, der stellt sich ganz offensichtlich selber ein Bein, schießt sich ins Knie bzw. wirft sich einen Stein in den Weg. Der Volksmund hätte nicht eine ganze Reihe solcher blumiger Ausdrücke für immer das Gleiche, wenn es nicht so oft vorkäme.

## Entschuldigung, dass ich fleißig bin

An unseren Schulen (und leider sogar an den Universitäten) hat sich das Selbstbehindern zu einem regelrechten Sport entwickelt. Die Schüler unterziehen sich selbst einem permanenten Wettbewerb darum, wer mit dem geringsten Lernaufwand am besten durchkommt. Die Tatsache, dass vielen der Gedanke an einen Schüler, der stolz verkündet, wie viel er für die Klassenarbeit gelernt hat und dass er genau deswegen eine gute Note geschrieben hat, gänzlich absurd erscheint, spricht im Grunde Bände über unsere Gesellschaft: Wie weit sind wir gekommen, dass der Wille, etwas gut zu machen und dafür auch hart zu arbeiten, nicht nur nichts gilt, sondern dass man sich auch ganz aktiv dafür schämt und es für nötig hält, sich zu entschuldigen?

Ganz offensichtlich ist es den meisten Leuten hierzulande lieber, als faules Genie zu gelten denn als fleißiger Normalbürger. Offenbar gelten Willensstärke und Fleiß nichts, geniale Veranlagung hingegen erscheint alles, was zählt. Wenn man diese Dinge klar ausspricht, dann wird deutlich, wie fehlangepasst (früher hätte man gesagt: wie neurotisch krank) dieses Verhalten ist. Ist es wirklich besser, durch das Vorstellungsgespräch gefallen zu sein, weil man betrunken war, bzw. die Prüfung nicht bestanden zu haben, weil man faul war?

Wer glaubt, dass unsere Schüler auf diese einfachen Täuschungsmanöver (die ja jeder macht und daher auch jeder kennt) hereinfallen, der hat sich getäuscht! Untersuchungen hierzu zeigen, dass Schüler solche Strategien bei anderen sehr klar erkennen. Wenn wir aber andere durch Sprüche oder Taten der Selbstbehinderung nicht täuschen können, weil jeder den Trick kennt, warum wenden wir ihn dann an?

Man kommt um die Schlussfolgerung nicht herum, dass es nur *wir selbst* sein können, die sich ganz offensichtlich gerne über uns selbst täuschen. Wenn wir scheitern, dann würden wir gerne den Schaden begrenzen. Und ansonsten sind wir lieber ein faules Genie als ein fleißiger Durchschnittsmensch. Wir leben lieber mit der Illusion unserer Größe als mit der Gewissheit unserer Mittelmäßigkeit. Vielleicht liegt dies daran, dass wir uns andernfalls recht mies fühlen würden. Wer sich jedoch redlich bemüht, die Phantasie über das eigene Genie an den Nagel hängt und stattdessen den Dingen offen und ehrlich gegenübertritt und seine Arbeit macht, so gut er eben kann (ohne die Möglichkeit zur nachträglichen Ausrede), der hat es zwar kurzfristig schwerer, kommt jedoch langfristig viel weiter. Es wäre viel gewonnen, wenn wir die kultivierte Selbstbehinderung gerade in den Institutionen, wo es darauf ankommt, aus sich etwas zu machen, erfolgreich bekämpfen könnten.

## Ungerechtigkeit

Wer glaubt, wir lebten in einer einigermaßen gerechten Welt, der vergegenwärtige sich einmal die Ungleichheit der Lebensbedingungen der etwa sechs Milliarden Menschen auf der Erde. Wie erst kürzlich festgestellt wurde, haben etwa zwei Milliarden kein sauberes Trinkwasser, 800 Millionen leiden täglich an Hunger, und nur eine kleine Minderheit lebt letztlich unter Bedingungen, die man als frei, gerecht und sozial bezeichnen kann.

Beim Stichwort Globalisierung denkt man zunächst an Märkte, weniger dagegen an Gerechtigkeit. Dies hat jedoch Folgen, denen wir bereits im letzten Kapitel kurz nachgegangen waren. Die finanziellen Mittel für das Neujahrsfeuerwerk in Deutschland allein wären ausreichend, einige hunderttausend Kinder (vorsichtig geschätzt) vor dem sicheren Tod zu bewahren. Wir schaffen es nicht, um die notwendigen zwei oder drei Ecken zu denken und das Resultat dieses Gedankens in die Tat umzusetzen. An entsprechenden Appellen fehlt es jedes Jahr nicht, wir schaffen es dennoch nicht!

Es geht mir hier nicht darum, den Zeigefinger zu erheben. Es geht mir vielmehr darum, dieses Faktum zunächst einmal festzuhalten und dann zu fragen, woran dies wohl liegen kann. Ich denke, dass die wenigsten Menschen beim Anblick eines todkranken Kindes und der Möglichkeit, diesem Kind mit fünf oder mit zehn Euro das Leben zu retten, mit dem Geldbeutel zögerlich umgehen würden. Aber wir befinden uns ja nicht in der Situation, die Toten sind abstrakt, es sind Zahlen und keine Schicksale. Schicksale, d.h. Geschichten, treiben uns um, Zahlen nicht. Die Medien wissen das längst. Viel wirksamer als jede Statistik über die Grausamkeiten der Konzentrationslager von Auschwitz ist ein Film (wie z.B. *Schindlers Liste*), der das Schicksal einzelner Menschen erzählt. Plötzlich werden uns die Dinge klar, berühren uns stark, gehen uns nicht mehr aus dem Sinn.

Betrachten wir noch ein Extrembeispiel: Im Jahre 2003 sterben etwa elf Millionen Kinder, bevor sie das fünfte Lebensjahr erreichen. Mehr als die Hälfte davon – etwa sechs Millionen – stirbt an Krankheiten, denen man entweder sehr leicht hätte vorbeugen können oder die sehr leicht zu behandeln wären. Etwa zwei Millionen Kinder sterben an Durchfall, der in den meisten Fällen dadurch behandelt werden könnte, dass man dafür sorgt, dass das Kind genug trinkt. Weitere gut zwei Millionen Kinder sterben an Lungenentzündung (was sich durch Antibiotika verhindern ließe), eine weitere Million an Malaria (ebenfalls medikamentös behandelbar), und einige hunderttausend Kinder sterben an den Masern, was durch eine billige und effektive Impfung zu verhindern wäre, wie ein Editorial im *Lancet* zusammenfassend darstellte (Anonymous 2003).

In den Kapiteln zuvor war mehrfach davon die Rede, was es aus neurobiologischer Sicht heißt, unfair behandelt zu werden. Es tut weh. Also kann auch Anonymität schmerzen. Aber nicht nur das: Sie kann sogar töten.

## Gar nicht mehr fühlen: Selbstverachtung, Selbstverletzung und Selbstvernichtung

Aus evolutionsbiologischer Sicht dürfte es die in der Überschrift genannten Phänomene nicht geben. Gehirne steuern Verhalten. Es überleben diejenigen Gehirne und pflanzen sich fort, die das am besten an die Herausforderungen der Umwelt angepasste Verhalten herbeiführen. Aus keinem anderen Grund sieht ja auch der Adler scharf und hüpft die Maus so flink; so das weithin bekannte Argument. Wie kann es in diesem Bedingungsgefüge dazu kommen, dass Gehirne entstehen (d.h. einen größeren Fortpflanzungserfolg aufweisen), die Verhalten produzieren, das für den Organismus schädlich, um nicht zu sagen, tödlich ist?

Die Depression ist eine der weltweit häufigsten Krankheiten überhaupt. Wie wir heute wissen, ist sie eine Erkrankung des Gehirns, die mit Störungen im Bereich bestimmter Neurotransmitter einhergeht. Mit diesen Veränderungen der Neurotransmitter und des Gehirnstoffwechsels verändert sich die Welt des Patienten: Die Dinge um ihn herum sind nichts mehr wert. Auch sein eigenes Leben ist nichts mehr wert, alles ist in dunkle, schwarze Farbe getaucht. Der depressive Mensch ist oft wie erstarrt, und es drängen sich ihm die Gedanken an die eigene Unzulänglichkeit, den eigenen Tod und dessen Herbeiführung immer wieder auf. Die moderne Medizin ist in der Lage, depressive Episoden meist innerhalb weniger Wochen zu behandeln. Mit dem Gesundungsprozess geht auch eine Veränderung der Bewertungen einher: Für den behandelten Depressiven haben plötzlich die Welt, sein eigenes Leben und Geselligkeit wieder einen Wert.

Ein Wort zur Behandlung. Oft führen chronische Probleme in eine Depression. Wir wissen, dass chronische Belastungen zum Absterben von Nervenzellen führen können, und zwar genau dort, wo sie für das Lernen gebraucht werden. Sind sie nicht mehr vorhanden, kann weder das Lernen noch das Problemlösen gelingen. Daher ist es wichtig, die Krankheit ursächlich zu behandeln und für das Nachwachsen von Neuronen zu sorgen. Genau dies tun Medikamente, die antidepressiv wirken (Santarelli et al. 2003). Nur wenige Prozent aller depressiven Menschen werden fachgerecht behandelt. Es wird höchste Zeit, dass wir dies ändern und dafür sorgen, dass Menschen unter Stress wieder aus den Löchern tiefer Stimmung herauskommen.

Das Schicksal von Menschen wie Hannelore Kohl und Jürgen Möllemann stellt die Spitze eines Eisbergs dar, dessen wahre Ausmaße kaum jemand kennt, sieht man einmal von den Psychiatern ab: Menschen können sich nicht nur aktiv über sich täuschen, sich behindern, verachten oder verletzen; nein, Menschen können sich auch selbst vernichten. Es gehört zu den traurigen Fakten unserer und vieler anderer zivilisierter Gesellschaften, dass die Selbsttötung zu den häufigsten Todesursachen junger Menschen gehört. Einen zweiten Gipfel der Selbsttötung gibt es bei älteren Menschen, die am Ende ihres Lebens bilanzieren und in der Folge ihrem Leben ein Ende bereiten.

Die hohe Rate an Selbsttötungen in vielen westlichen Gesellschaften ist nicht zuletzt durch die negativen Auswirkungen falscher bzw. verherrlichender Darstellungen von Selbstmord in den Medien mit verursacht. Dies muss verhindert werden, weswegen man in Irland, einem Land mit besonders hoher Suizidrate, regulierend eingegriffen hat. Die *Irish Society of Suicidology* publizierte Richtlinien (*Media Guidelines on Portrayal of Suicide*) mit dem Ziel, die Medien dazu zu bewegen, einerseits keine Einzelheiten von Suizidmethoden und andererseits die Realität der oftmals verheerenden Folgen von Suizidversuchen besser darzustellen (Birchard 2000). Man verspricht sich hiervon langfristig einen vorbeugenden Effekt. Positiv könnten die Medien aufklärend wirken und die Menschen über psychische Krankheiten informieren, ebenso wie sie über Herz-Kreislauf-Erkrankungen, die Schädlichkeit des Rauchens oder Krebs informieren. Dies würde zu einer besseren Selbstkenntnis bei den Betroffenen und zu mehr Verständnis bei deren Angehörigen führen. Und dies wiederum würde es vielen erleichtern, mit ihrer Erkrankung besser umzugehen.

Auch reine *Selbstverletzungen* sind beim Menschen sehr häufig. Es gibt eine bestimmte Gruppe psychiatrischer Patienten, bei denen dieses Problem sogar ganz im Vordergrund stehen kann. Menschen mit *Borderline-Persönlichkeitsstörung* – in der überwiegenden Mehrzahl handelt es sich um Frauen – leiden daran, dass sie den Drang haben, sich selbst zu verletzen. Sie greifen beispielsweise zu einer Glasscherbe oder einem Messer und fügen sich Schnittwunden am Unterarm zu (siehe Abb. 17.1). Es ist für den behandelnden Arzt immer wieder schwer nachvollziehbar, wenn die Patientinnen mit gewisser Regelmäßigkeit berichten, dass sie sich in diesem Moment besser erleben, sich intensiver spüren und sich wohler fühlen als sonst.

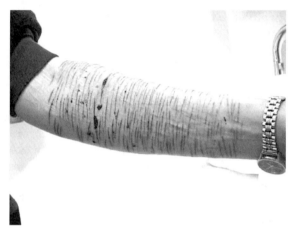

**17.1** Typisches Bild des Unterarms einer Patientin mit Tendenz zur Selbstverletzung.

Wir haben Grund zur Annahme, dass bei diesen Menschen eine sehr ungünstige Konstellation von genetischen Anlagen einerseits und schädlichen Umweltfaktoren während der kindlichen Entwicklung andererseits vorlag. Wir kennen jedoch auch in ersten Ansätzen diejenigen Systeme im Gehirn, die in das Vergessen traumatischer Lebensereignisse involviert sind, was die Chance eröffnet, hier zusätzlich zur Psychotherapie auch mit spezifischen Medikamenten einzugreifen. Beide Therapieformen gemeinsam werden dann den Patientinnen vielleicht ein Leben ohne Drang zur Selbstverletzung ermöglichen.

## Fazit: Denken lernen und Steine wegräumen

Menschen machen Fehler, wann immer sie die Chance dazu haben. Sie begehen systematische Irrtümer, wenn sie um die Ecke denken, logisch schließen oder mit Wahrscheinlichkeiten umgehen müssen. Schließlich werfen sich Menschen Steine in den Weg, stolpern über die eigenen Füße, schießen sich ins Knie, leiden an einer Neurose, sind sich selbst im Weg oder leben ihr Leben nicht so, wie sie es eigentlich könnten, wenn sie sich nur selbst nicht dauernd daran hindern würden.

Das systematische Denken lernen wir in der Schule und der Universität. Es fällt uns mitunter nicht leicht, denn – und das sollte man sich immer wieder klar machen – wir sind nicht zum logischen Schließen geboren, sondern zum Überleben.

Psychotherapeuten verschiedenster Schulen haben schon lange erkannt, dass der Weg von Menschen mit der Neigung, sich Steine in den Weg zu legen, nur ein sehr holpriger sein kann. Sie haben darüber hinaus erkannt, dass die einzige Möglichkeit der Änderung in einer gesteigerten Selbsterkenntnis liegt (ganz gleich, ob sie von Kontingenzmanagement oder von der Verbesserung der Ich-Funktionen sprechen). Die Erkenntnis der Mechanismen von Selbsttäuschung und Selbstbehinderung (und selbstverständlich auch das Verständnis von Erkrankungen des Geistes) ermöglicht uns langfristig das Selbstbestimmen.

Selbst bei gut gemeinten demokratischen Prozessen können wir manchmal danebenliegen, wie das Folgende demonstrieren mag. Therapeutisch wirkt auch hier allein das Verständnis der Dinge.

## Postskript: Das Problem der Mehrheit und die Qual der Wahl

Kalifornien schießt in vieler Hinsicht den Vogel ab: Es gibt dort die meisten Filmstudios und Schauspieler, die breitesten Straßen und Menschen, die höchsten Wellen und Immobilienpreise, den blauesten

Himmel und Ozean – und im Oktober 2003 die verrückteste Wahl.
Nicht nur, dass sie von einem aus Österreich stammenden Ex-Mister
Universum gewonnen wurde, der gerade seinen dritten Film als Ac-
tionfilm-Held (in Terminator I, II, und III) hinter sich hatte (und die
Sprüche aus den Filmen in seinen Wahlreden ausgiebig zitiert hatte);
nicht nur, dass es 135 Kandidaten für den Gouverneursposten gab, von
denen die meisten auch nicht den Hauch einer Chance hatten; und
nicht nur, dass diese Wahlen allein den Landkreis Orange County zwei
Millionen Dollar extra kosteten. Nein, dies sind alles belanglose Details im Vergleich zu der Tatsache, dass die Form dieser Wahlen alles
in den Schatten stellt, was es an Absurditäten bei demokratischen
Wahlen jemals gegeben hat.

Die Fakten sind leicht aufgezählt.

(1) Vor etwa 70 Jahren wurde in Kalifornien aufgrund einer
Bürgerinitiative ein Gesetz verabschiedet, das es der Bevölkerung erlaubt, einen im Amt befindlichen Gouverneur abzusetzen. Man wollte
damals mit dem Gesetz verhindern, dass jemand, der offensichtlich un-
fähig oder kriminell (oder beides) ist, im Amt bleibt und allzu großen
Schaden anrichtet.

(2) Das Gesetz besagt, dass bei einer Million befürwortenden Un-
terschriften ein Prozess in Gang gesetzt wird, bei dem die Bevölkerung
gefragt wird, ob der amtierende Gouverneur seines Amtes enthoben
werden soll. Die einfache Mehrheit entscheidet dann: Stimmen mehr
als 50% mit ja, muss er gehen, bei mehr als 50% Nein-Stimmen bleibt
er.

(3) Das Gesetz sieht vor, dass bei Abwahl des Gouverneurs sein
Stellvertreter die Geschäfte übernimmt und für Neuwahlen sorgt. Es
kam bis zum Sommer 2003 noch nie zur Anwendung. Als es jetzt jedoch angewendet wurde, wollte der Stellvertreter selbst kandidieren
und nicht vertreten, was dazu führte, dass beide Entscheidungen – ob
der amtierende Gouverneur abgewählt werden soll und wer der neue
Gouverneur werden soll – am 7.10.2003 zugleich anstanden. Das Ergebnis kennt jeder: Für den alten Gouverneur waren nur 45% (d.h. er
wurde von 55% der Wähler abgewählt), und der Schauspieler Arnold
Schwarzenegger wurde zum neuen Gouverneur mit 48% der Stimmen

gewählt. Es hätte jedoch auch ganz anders kommen können. Nehmen wir an, 49% der Kalifornier wären für den alten Gouverneur gewesen und nur 19% für Arnie. Nehmen wir weiterhin an, dass die übrigen 134 Kandidaten den Rest der Stimmen unter sich aufgeteilt hätten und dass keiner von ihnen mehr Stimmen bekommen hätte als Schwarzenegger. – Auch dann hätte Schwarzenegger gewonnen! Mit 19% der Stimmen, und obwohl 49% für den alten Gouverneur gewesen wären. Dieser Aspekt der Wahl – es hätte der Kandidat mit den zweitmeisten Stimmen gewinnen können – war für viele Amerikaner nur schwer nachzuvollziehen. „Democracy running amok" war der lapidare Kommentar eines befreundeten Wissenschaftlers, mit dem ich diese Dinge im Sommer diskutiert habe.

Das Beispiel macht deutlich, dass nicht nur die Wahl, sondern auch die Wahlgesetze darüber entscheiden können, wer eine Wahl gewinnt. Es scheint so einfach: Wer die Mehrheit auf sich vereint, gewinnt. Was jedoch ist die Mehrheit? Wie im Folgenden gezeigt wird, hat diese einfache Frage leider keine einfache Antwort. Die Mathematik des Zählens beim Wählen zeigt sogar, dass es überhaupt kein „insgesamt bestes" System des Wählens gibt, dass also jedes System seine Tücken hat. Allein daraus ergibt sich bereits, dass das Zählen das Denken nicht ersetzen kann! Aber greifen wir den Dingen nicht vor.

Wählen scheint ganz einfach zu sein. Man gibt seine Stimme ab, es wird gezählt und wer die meisten Stimmen hat, gewinnt. – Leider liegen die Dinge bei näherer Betrachtung nicht so einfach. So kann es unter Umständen besser sein, man stimmt nicht für seinen Kandidaten, um ihn durchzusetzen. Oder es kann sogar sein, dass man für einen anderen Kandidaten stimmen sollte als den, für den man sich eigentlich entschieden hat.

Die Eigenartigkeiten beginnen immer dann, wenn zwischen mehr als zwei Optionen – seien es Kandidaten, Programme oder was auch immer – zu wählen ist. Dann hängt es nämlich nicht unbedingt nur von den Stimmen, sondern auch vom System ab, wie die Wahl ausgeht (vgl. Begley 2003, Saari 2003).

Stellen Sie sich vor, Sie organisieren einen Betriebsausflug und wollen es so vielen Mitarbeitern wie möglich recht machen. Zur Wahl stehen eine Wanderung in den Bergen, ein Besuch im Museum sowie gemeinsames Kegeln – die Geschmäcker Ihrer Mitarbeiter sind eben verschieden! Demokratisch eingestellt, wie Sie nun einmal sind, wollen Sie die Mehrheit eintscheiden lassen. Nehmen wir an, Ihre 17 Mitarbeiter haben die folgenden Vorlieben:
5 mögen am liebsten Wandern, dann das Museum und dann Kegeln.
2 mögen am liebsten Wandern, dann Kegeln, und dann das Museum.
4 mögen am liebsten ins Museum, dann Kegeln und dann Wandern.
4 mögen am liebsten Kegeln, dann das Museum und dann Wandern.
2 mögen am liebsten Kegeln, dann Wandern und dann das Museum.

Fragen Sie nun einfach die Leute, was sie am liebsten mögen, dann sind sieben fürs Wandern, vier fürs Museum und sechs fürs Kegeln. Die Sache scheint klar, und man geht Wandern. – Wirklich?

Nehmen Sie an, Sie hätten sich vor allem darüber Sorgen gemacht, was die Leute auf keinen Fall wollen. Entsprechend fragen Sie nach, bei welchen beiden Möglichkeiten aus den dreien Ihre Mitarbeiter mitmachen würden bzw. – es kommt auf das Gleiche heraus – was Ihre Mitarbeiter auf keinen Fall wollen. Fünf mögen nicht Kegeln, vier nicht ins Museum und acht nicht Wandern. Oder anders ausgedrückt: Neun würden Wandern, 12 Kegeln und 13 gingen ins Museum. Sie gehen also ins Museum.

Damit ist die Sache leider noch immer nicht ausgestanden. Nehmen Sie an, Sie entschließen sich für ein Punktesystem: Die erste Wahl eines Mitarbeiters bekommt zwei Punkte, die zweite Wahl einen Punkt und für die dritte Wahl gibt es keinen Punkt. Rechnen Sie bitte nach: Wandern kommt jetzt auf 16 Punkte, das Museum auf 17 und Kegeln auf 18! Sie gehen also Kegeln! – Was Sie tun, hängt also von der Auswertung des Wahlergebnisses ab.

Dass die Mehrheitsverhältnisse bei tatsächlichen Wahlen keineswegs immer klar sind, haben die Präsidentschaftswahlen in den USA im Jahr 2000 sehr deutlich gezeigt. Jeder hat es noch in Erinnerung. Das Ergebnis war knapp, und man brauchte Wochen, um richtig auszuzählen. Am Ende gewann, wie jeder weiß, G.W. Bush, der Kandidat mit der etwas *geringeren* Stimmenzahl. Aber das war im Grunde noch der harmloseste Fehler an dieser Wahl. Erinnern wir uns: Es gab nicht zwei Kandidaten, Bush und Gore, sondern drei. Der dritte war ein – wir würden sagen – parteiloser, am ehesten grüner Advokat der Verbraucher, der weit abgeschlagen nur etwa 5% der Stimmen erhielt. Seine politische Position befand sich links von Gore, vereinfachend gesagt. Die meisten Wähler dieses Kandidaten hätten also bei dessen Fehlen für Gore gestimmt, oder anders ausgedrückt, der Kandidat hat Al Gore ein paar Prozent seiner Stimmen weggenommen.

Das Tragische an dieser Konstellation ist, dass die Position des dritten Kandidaten von der von Gore nicht sehr weit entfernt war, es sich also im Grunde um einen politischen Freund handelte. Im Hinblick auf den Ausgang der Wahl war der Kandidat jedoch Bushs Verbündeter, denn Bush hätte ohne ihn die Wahl klar verloren. Man stelle sich das einmal vor: Ein Grüner hat verhindert, dass die USA das Kyoto-Protokoll nicht unterschrieben haben; er hat bewirkt, dass sie aufrüsten und militärische Stärke als Mittel der Politik sehr deutlich zeigen! – Eine im Grunde paradoxe Situation: Das Beste, was einem Präsidentschaftskandidaten in den USA demnach passieren kann, ist ein zweiter hinreichend schwacher Feind.

Um zu verhindern, dass ein dritter Kandidat sich in der beschriebenen Weise auf die Mehrheitsverhältnisse auswirkt, schreibt eine ganze Reihe von Wahlprozeduren (z.B. für den Präsidenten in Frankreich oder für den Bürgermeister hierzulande) vor, dass bei mehr als zwei Kandidaten und beim Fehlen einer einfachen Mehrheit im ersten Wahlgang (keiner erhält über 50% der Stimmen) die beiden Kandidaten mit den meisten Stimmen in einem zweiten Wahlgang noch einmal gegeneinander antreten müssen. Man reduziert also zunächst einmal die Zahl der Optionen auf zwei und wählt dann unter diesen aus (und man kann zeigen, dass es die oben erwähnten Paradoxien verschiedener Wahlsysteme bei nur zwei Kandidaten nicht geben kann). Leider ist das Problem damit nicht gelöst, wie das folgende Beispiel zeigen soll.

Stellen Sie sich wieder vor, Sie organisieren noch einmal einen Betriebsausflug, diesmal für die Nachbarabteilungen gleich mit. Die Vorlieben sind dabei wie folgt verteilt:

27 mögen am liebsten Wandern, dann das Museum, dann Kegeln.
42 mögen am liebsten Kegeln, dann Wandern und dann das Museum.
24 mögen am liebsten ins Museum, dann Kegeln und dann Wandern.

Die insgesamt 93 Mitarbeiter können sich also in einem ersten Wahldurchgang nicht mit über 50% Mehrheit für ein Ziel entscheiden. Sie reduzieren aber anhand des Ergebnisses der ersten Wahl die Zahl der Möglichkeiten auf zwei, und im zweiten Wahlgang dürfen alle nochmals zwischen Wandern und Kegeln wählen. Wer ins Museum wollte, wird jetzt für seine zweite Wahl stimmen, also für Kegeln, so dass am Ende die Mehrheit fürs Kegeln ist. Eine klare Entscheidung, so scheint es jedenfalls.

Nehmen wir einmal an, vor der ersten Wahl würden sich 4 Wanderer kurzfristig doch fürs Kegeln entscheiden. „Das macht die Sache noch einfacher", werden Sie jetzt denken. „Wenn eh die Mehrheit fürs Kegeln ist, dann ist es ja nicht weiter schlimm, wenn das im ersten Wahlgang vier Wähler zusätzlich bekunden." – Falsch! Rechnen wir kurz nach: Im ersten Wahlgang gewinnt jetzt Kegeln mit 46 Stimmen, gefolgt vom Museum mit 24 Stimmen. Im zweiten Wahlgang können jetzt die übrig gebliebenen 23 Wanderer nur noch für ihre zweite Wahl – Museum – stimmen, das damit 47 zu 46 gewinnt. Die Tatsache, dass vier Stimmberechtigte vor der ersten Wahl vom Wandern zum Kegeln konvertierten, führte also dazu, dass Kegeln letztlich verlor und verhalf dem andernfalls weit abgeschlagenen Museum zum Sieg!

Wer glaubt, es handele sich bei den Beispielen um mathematische Spielereien, die im politischen Alltag nicht vorkommen, der irrt. Man sollte daher zunächst einmal festhalten, dass es das schlechthin optimale Wahlsystem nicht gibt! Dies hat Kenneth Arrow, Nobelpreisträger für Wirtschaftswissenschaften, vor gut einem halben Jahrhundert mathematisch einwandfrei nachweisen können. Damit ist jedoch auch klar, dass man das Denken gerade *nicht* durch das Zählen ersetzen kann! Man muss vielmehr bei jeder Wahl zunächst einmal darüber nachdenken, welche Konsequenzen die Wahlausgänge für den Einzelnen und die Entscheidung insgesamt haben. Wenn es beispielsweise der Sinn eines Betriebsausflugs ist, dass die Mitarbeiter zusammenkommen und sich einmal besser persönlich kennen lernen, und wenn zwei Mitarbeiter behindert und an den Rollstuhl gebunden sind, ist es unter Umständen wichtiger, zu berücksichtigen, was nicht geht, als zu berücksichtigen, was geht. Wenn man demgegenüber eine neue Kantine baut und die Mitarbeiter nach der Tapete fragt, sollte man vielleicht das Pink, in dem sich die Mehrheit wohl fühlt, wählen, auch wenn zwei Mitarbeiter Pink nun wirklich nicht als Lieblingsfarbe haben. Es kommt also, wie so oft im Leben, auf die Umstände an, den Kontext, und die positiven und negativen Auswirkungen insgesamt. Man kann sich also, wie schon gesagt, das Nachdenken nicht durch das Zählen ersparen; man kann bestenfalls darüber nachdenken, wie man im konkreten Fall richtig zählt.

# 18 und endlich: Liebe Ulla!

Du wirst jetzt 18 Jahre alt, also volljährig, wie man so sagt. Das Bild, das ich von Dir gemacht habe, als Du ein halbes Jahr alt warst, hat mein letztes Buch geziert, und Deine weit aufgerissenen neugierigen Augen haben sicherlich zu dessen Erfolg beigetragen. Dass Du auch noch wie Einstein persönlich die Zunge herausgestreckt hast, hat der Umschlagdesigner damals zwar übermalt, kann jedoch jeder Leser des vorliegenden Buches besichtigen (vgl. Abb. 4.5), wie auch Dein jetziges Konterfei (vgl. Abb. 8.5 in Spitzer 2002) schon vor einem Jahr zu sehen war.

Wenn es stimmt, was manche Psychologen sagen, dann hast Du jetzt erlebnismäßig etwa die Hälfte Deines Lebens hinter Dir. Und ich muss Dir leider sagen: Nach allem, was wir aus der Gehirnforschung wissen, haben die Psychologen wahrscheinlich Recht. Neurowissenschaftlich betrachtet, könnte man behaupten, dass Du wahrscheinlich sogar den größeren Teil Deines hoffentlich noch sehr langen Lebens bereits hinter Dir hast: Dein Gehirn hat Laufen, Sprechen, Bewerten, Entscheiden und Handeln gelernt, von den vielen Fächern in der Schule einmal gar nicht zu reden.

Mit dem heutigen Tag ändert sich mit einem Schlag, von einer Sekunde auf die nächste, dass Du alles auch selbst anwenden darfst, ja, Du musst sogar. Auch wenn Du Dir darüber keine Gedanken gemacht hast, weil es Dir absurd erscheint: Du kannst Deine Volljährigkeit nicht zurückgeben! Damit kannst Du ab jetzt das tun, was Du ja sowieso schon seit recht langer Zeit und mit gelegentlichen Reibungsverlusten an Mama und Papa tust, nämlich selbst bestimmen, wo es langgeht. – Aber wo geht es lang?

Solange man nicht selbst bestimmen kann, hat man mit dieser Frage keine Probleme: Es geht oft einfach dort lang, wo diejenigen, von denen man abhängig ist, es nicht wollen. So einfach ist die Welt jetzt nicht mehr! So wie nach dem Fall der Mauer und des Eisernen Vorhangs nicht wenige Menschen in der ehemaligen DDR depressiv wurden, weil sie jetzt konnten, was sie nie durften, aber bemerkten, dass sie das aus ganz anderen Gründen dann dennoch nicht konnten, und ebenso wie mancher Häuslebauer hierzulande genau dann depressiv wird, wenn das Häuschen fertig ist, musst Du nun die erste Klippe umschiffen und nicht in Trübsal verfallen ob der gewonnenen Möglichkeiten. Nicht wenigen geht das so, wie die Selbstmordstatistiken zeigen.

Eine ganze Industrie (man nennt heute alles *Industrie*, nicht nur Fabriken, sondern auch Zahnärzte, Bademeister oder die Post und die Bahn) steht schon bereit, Dir Deine Probleme, sofern Du noch keine hast, einzureden und Dich dann, wenn Du erst einmal richtig in der Klemme steckst, wieder herauszuholen. Du denkst, ich mache Spaß? Leider nein – Pass' also auf!

Weil Papa und Mama sowieso schon lange ausgedient haben, wenn es darum geht, jemanden zu fragen, wo es langgeht, wirst Du, wie in den vergangenen Jahren auch schon, andere Menschen fragen. Manche scheinen genau zu wissen, was sie wollen. Die haben mir früher mächtig imponiert! In dieser Hinsicht hoffe ich, dass Du anders bist und denkst als ich. In den ersten Semestern an der Uni kam ich aus dem Staunen nicht heraus: Viele Studenten und alle Professoren wussten einfach, was Sache war. Dass daran irgendetwas nicht stimmen konnte, merkte man nur, wenn man – und das hab' ich damals, wie Du ja weißt, sehr heftig betrieben – mit sehr vielen Leuten sprach, denn sie sagten zum Teil das genaue Gegenteil voneinander. Aus der Schule war man gewöhnt, dass etwas entweder richtig ist oder falsch, aber plötzlich war das nicht mehr so. (Klar, auch in der Schule gab es die so genannten Laberfächer, da war alles richtig, sogar das Gegenteil, aber so richtig ernst hat die doch keiner genommen!) Es gab eine schier unerschöpfliche Vielfalt von Meinungen, es wurde mir damals fast schwindelig.

Ich kann mich noch gut an Diskussionen mit meinen Kommilito-
nen erinnern, die mich für ziemlich bescheuert hielten, weil ich in alle
möglichen Veranstaltungen gegangen bin. Dabei wollte ich doch nur
wissen, wer Recht hat. Eines wollte ich nicht: einfach so meinen Stiefel
herunterreißen, mir irgendwas „reinziehen" (wie Du sagen würdest)
und dann ja schnell weg von der Uni und endlich Geld verdienen. Das
wollten damals und heute wahrscheinlich erst recht die meisten. Klar,
ein bisschen eilig hatte ich es auch, denn ich wollte meinen Eltern und
dem Staat nicht länger als nötig auf der Tasche liegen. Aber ich wollte
auch wissen, wo es langgeht.

Ob ich das heute weiß? Nicht wirklich, wie man heute so sagt.
Aber ich habe viel gelernt, vor allem, wo es nicht langgeht, und auf welche unglaublich viele Weisen man auf seinem Weg stolpern kann. Nebenbei: So gerne ich Dich jetzt an der Hand nehmen und jeden
Stolperer Deinerseits verhindern wollte, ich weiß nur zu gut, dass ich
das nicht kann, weil Du das ebenso wenig willst wie ich das von meinem Vater gewollt hätte.

Wo also Rat suchen? An wen sich wenden? – Da gibt es diejenigen
mit den einfachen Lösungen: Komm' zu uns und alles wird gut, sagen
sie mehr oder weniger unverblümt, und wer nur körperlich – aber
nicht auch im Kopf – volljährig ist (sondern eben einfach nur 18 Jahre
alt), wird sich rasch an diese Leute wenden. Man tauscht dann die Eltern gegen andere, nicht unbedingt bessere Ratgeber ein. Erstaunli-
cherweise (zumindest für mich, und ich denke, auch für Dich) gibt es
das sehr oft. Wieder lebt eine ganze Industrie (die wieder nichts wirklich produziert) davon. Es ist sehr bequem, sich in eine solche Abhängigkeit zu begeben, und für viele Leute klappt das zeitlebens
wunderbar. Vielleicht kann auch ganz einfach nicht jeder Mensch
wirklich selber herausfinden, was richtig ist, kann oder will nicht wirklich selber bestimmen, was er tun will, tun soll und was er dann auch
tut. Aber ich glaube, die meisten tun das schon...

Einen ganz einfachen Tipp für das Suchen von Rat kann ich Dir
geben: Ältere Menschen haben mehr Erfahrung als jüngere und sind
aus diesem Grund manchmal die besseren Ratgeber. Nicht alle älteren
Menschen jedoch, sondern nur manche. Welche das sind, ist nicht im-

mer leicht zu sagen, es gibt jedoch ein paar einfache Faustregeln, die einem weiterhelfen: Wenn einer permanent schimpft, mach' einen Bogen um ihn! Und wenn einer immer nur von früher erzählt (wo alles besser war, vor allem die jungen Menschen), dann mach' den nächsten Bogen. Wenn Du jedoch einen älteren Menschen findest, der Dir wirklich zuhört, der nicht gleich mit seinen Patentrezepten kommt und der sich für Dich und das, was Du machst, interessiert, dann hast Du vielleicht einen Ratgeber gefunden.

Und wo wir schon bei Tipps sind: Fall' nicht auf diejenigen herein, die Dir die schnelle Mark (oder jetzt den mega-coolen Euro) versprechen. Sie sind sicherlich nicht Deine Freunde. Achte bei allen Deinen Entscheidungen auch darauf, wie es mit Deiner Freiheit langfristig aussieht. Was auch immer Du in den nächsten Jahren und Jahrzehnten tust, achte darauf, dass Du nicht zu viel von Deiner Freiheit, von der Du jetzt wahrscheinlich so viel hast wie nie mehr in Deinem Leben, aufgibst.

Du wirst so manche Einschränkung einfach selber wollen, und das ist auch o.k. so. Die dickste kennst Du gut, aber nur von der anderen Seite und noch nicht als Betroffener: Kinder. Sie legen Dich für (mehr als, wie ich ehrlicherweise sagen muss) 18 Jahre fest, und das ist auch gut so! Vielleicht kaufst Du ein Haus. Auch das legt fest. Du lernst weiter, auch nach dem Abi, irgendeinen Beruf. Schon wieder bist Du festgelegt.

Bei allem, was du in den nächsten zehn Jahren anfängst, denke immer gleich daran: Die Chancen sind groß, dass Du dies für den Rest Deines Lebens machst. Daraus folgt (und das ist sehr wichtig): Fang' nur an, was Dir Freude macht! Mach' nicht zu früh zu viele Kompromisse. Die macht man im Leben ohnehin dauernd...

Du hast immer wieder mitgekriegt, dass es mich in die Wissenschaft verschlagen hat. Und Du kennst den Spruch von der Wissenschaft im Elfenbeinturm. – Schön wär's! Wissenschaftler arbeiten nicht im Elfenbeinturm, sondern in ganz vielen kleinen dunklen Türmchen, und dort zumeist eher in den Verliesen im Keller und nicht oben auf der Aussichtsplattform. Laborräume befinden sich sehr oft im Keller. Und Leute, die dort arbeiten, werden von anderen Leuten aus diesem

Grund nicht selten als Kellerratten bezeichnet. Es mag an diesem kleinen Detail liegen, dass Wissenschaftler immer mehr über immer weniger wissen. Unter Wissenschaftlern gilt es sogar als Tugend, sich auf einen winzigen Ausschnitt der Welt zu konzentrieren; und wer sagt, dass er von dem, was der Nachbar macht (von einer anderen Disziplin ganz zu schweigen), nichts versteht, der gilt nicht nur als ebenso klug wie chic und bescheiden, sondern ist auch ein guter Nachbar, denn er stört die anderen nicht.

Wissenschaftler sind daher auch zumeist abgrundtief unpolitisch. Sie mögen lieber den Dingen auf den Grund gehen als um Mehrheiten debattieren. Dennoch sollte man meinen, in dieser komplizierten Gesellschaft bräuchten wir nicht Lehrer und Juristen, Verwaltungsfachleute und Gewerkschafter, sondern Wissenschaftler als Volksvertreter in den Parlamenten. Nur ein Mensch mit einer soliden naturwissenschaftlichen Grundausbildung versteht die Zusammenhänge von Treibhausgasen und Wirtschaftswachstum, Ölverbrauch und Krisenmanagement, genetischer Manipulation und Welternährung oder Weltgesundheit. Warum also werden wir nicht von Wissenschaftlern regiert?

Schon der alte Platon hatte diese Idee und meinte, dass eigentlich die Philosophen (die damals den heutigen Wissenschaftlern nächste Berufsgruppe) regieren müssten. Er wusste aber auch, warum das nicht klappt. Weil Philosophen keine Lust haben, den Job zu machen, und man sie daher täglich prügeln müsste, damit sie es dennoch tun. Soll nun der Kanzler täglich das Parlament zusammentreten lassen, damit die Wissenschaftler regieren? – Verzeih mir den Sparwitz, aber hier sind wir wirklich bei einem sehr schwierigen Problem angekommen. In der Politik geht es um Mehrheiten; aber bei den Entscheidungen geht es auch um richtig oder falsch, und das wiederum kann keiner besser feststellen als Wissenschaftler.

Man kann das Problem auch ganz kühl wie folgt beschreiben: Der Preis, den wir für den Fortschritt in der Wissenschaft bezahlen, besteht unter anderem in einer immer größeren Spezialisierung des einzelnen Wissenschaftlers. Als die Wissenschaften vor einigen hundert Jahren ihre stürmische Entwicklung begannen, gab es noch Universalgelehrte.

Sie lernten und lehrten an Universitäten, und diese heißen bis heute so, weil es auch in ihnen *um alles* geht – also nicht nur um eine Berufsausbildung, wie viele Politiker und leider sogar manche Studenten glauben.

Aufgrund der enormen Zunahme des Wissens war Spezialisierung unvermeidlich und erreicht heute Ausmaße, die sich Nicht-Wissenschaftler kaum vorstellen können. Du übrigens auch nicht. Es gibt längst nicht nur die von der Schule her bekannten einzelnen Fächer wie Biologie oder Physik, oder Unter-Fächer wie Festkörperphysik oder Zellbiologie. Der Festkörperphysiker und der Zellbiologe arbeiten heute jahrelang an einer bestimmten Frage, wenden eine bestimmte Methode an und diskutieren ihre Ergebnisse mit Kollegen, die an einer ähnlichen Frage mit ähnlichen Methoden arbeiten. Publiziert wird in Zeitschriften über Festkörperphysik und Zellbiologie, von denen es nicht etwa jeweils eine gibt, sondern – wie bei Auto- oder Musikzeitschriften auch – eine Vielzahl.

Es gibt immer noch Menschen, die meinen, in der Wissenschaft gibt es nicht wirklich Fortschritt. Man könne nicht einmal sagen, was richtig ist, sondern nur feststellen, was sich als (noch) nicht falsch herausgestellt hat. Dies klingt schlau – man nennt diese Leute daher auch kritische Rationalisten –, ist aber praktisch wenig hilfreich. Man wünscht diesen kritischen Rationalisten, dass sie mit Zahnweh beim Zahnarzt sitzen und dieser ihnen sagt: „Ich habe die verschiedensten Theorien des Zahnweh ebenso falsifiziert wie die Wirksamkeit der verschiedensten Mittel und weiß daher genau, wie ich Ihnen nicht helfen kann." Was ist von einem Bauingenieur zu halten, der nur weiß, warum Brücken einstürzen? Oder von einem Luftfahrtingenieur, der genau weiß, warum Flugzeuge abstürzen? Oder von einem Piloten, der den Passagieren mitteilt: „Ladies and gentlemen, due to engine failure we will hit the ground in five minutes. But don't worry. I received enough training in critical rational science thinking that I can tell you exactly how we are not going to make it"?

Selbst wer die vornehme Zurückhaltung nicht übt und sich eher als angewandter Wissenschaftler versteht – betrachten wir also Mediziner, Ingenieure oder Juristen –, kann sich herausreden, sofern er seinen

Max Weber – ja, der mit dem Platz in München – nicht vergessen hat: Man muss zwischen dem, was ist, und dem, was sein soll, trennen, d.h. zwischen Fakten einerseits und Werten andererseits. In der Politik beispielsweise, so sagt Max Weber, seien die Fakten klar, die Bewertungen der Fakten würden jedoch kontrovers diskutiert. Da sich die Wissenschaft um Fakten und die Politik um Werte kümmere, könne und müsse man sich als Wissenschaftler aus der Politik heraushalten. Dass dies nicht stimmen kann, steht in diesem Buch. Ich sag' es Dir deshalb hier nochmal, weil ich mir abgewöhnt habe, zu sagen, was nicht stimmt und wer alles Unrecht hat. Kritik klingt zwar immer schlau, aber ist im Grunde einfach, viel einfacher jedenfalls, als es selber besser zu machen.

Mach' es also besser! Und gib nicht zu viel auf Gerede. Du siehst ja selbst, wie es gerade in der Welt zugeht. Es ist im Grunde kaum zu glauben: Während das Schiff für alle ganz offensichtlich sinkt, weil die See gerade rau ist und sich daher so manche Alterserscheinung des Schiffs bemerkbar macht, sitzen auf der Kommandobrücke nicht etwa Ingenieure und Wissenschaftler mit Analysen der Probleme und Ideen für deren Lösung, sondern Mediendarsteller mit politischer Ausbildung, die sich darüber streiten, ob der Kapitän eine ruhige Hand hat oder eine ruhige Kugel schiebt; und wem man die Schuld am Untergang in die Schuhe schieben könnte, so dass die Matrosen das Vertrauen in die Führung behalten.

In einer solchen Situation kannst Du, musst Du vor allem Dir selbst vertrauen, Dich selbst gut kennen, Dein Leben in die Hand nehmen, selbst bestimmen. Das ist nicht leicht. Wenn Du ehrlich bist, wird es Dir so gehen wie mir: Man weiß doch eigentlich gar nichts, verglichen mit dem, was es zu wissen gibt. Wie soll man sich also richtig entscheiden, angesichts der schier abgrundtiefen eigenen Unwissenheit?

Jetzt sind wir wirklich bei einem Grundproblem angekommen, das vor allem diejenigen, die ein bisschen was wissen, stark umtreibt: das Wissen darum, dass man letztlich gar nichts weiß. Und dennoch muss man sich dauernd entscheiden. Wenn man Arzt ist, wird das besonders deutlich. Man kann es sich eben nicht so bequem machen wie das manche Wissenschaftler tun, und einfach gar nicht handeln.

„Kommen Sie in 50 Jahren mit Ihren Beschwerden wieder. Bis dahin sollte die Forschung so weit sein." Das kann kein Arzt zu einem Patienten sagen, obwohl er es vielleicht manchmal gerne täte, weil er ja weiß, wie wenig er weiß.

Im Gegensatz zu den Göttern sind Menschen endlich. Sehr endlich, und je älter man wird, desto mehr macht einem das zu schaffen. Dir wird das auch so gehen. Du darfst jetzt alles, kannst es aber nicht, denn wenn Du dies machst, dann geht eben jenes zeitlich nicht mehr. Auch Dein Tag hat nur 24 Stunden. Das ist vielleicht die traurigste Erkenntnis, die man haben kann, vor allem dann, wenn man von der Schule an die Uni wechselt. Plötzlich schreibt einem keiner mehr den Stundenplan vor (und wenn doch, dann stimmt etwas nicht!), man muss sich vielmehr selbst für (und damit auch gegen) das eine oder andere entscheiden. Ich habe das Problem damals sehr schlecht gelöst und drei Fächer gleichzeitig studiert. Hätte mir dies jemand befohlen, hätte ich es nie gemacht. Aber ich wollte es ja so, denn ich wollte es wissen. Wie Dein Weg aussieht, kannst nur Du selber entscheiden.

Du bist jetzt 18, schlau, gesund und – leider – endlich. Mach' was draus! Was immer Du willst!

# Literatur

Aharon I, Etcoff N, Ariely D, Chabris CF, O'Connor E, Breiter HC (2001) Beautiful faces have variable reward value: fMRI and behavioral evidence. *Neuron* 32:537-551

Anonymous (2001a) Does the Western world still take human rights seriously? *Lancet* 358:1741

Anonymous (2001b) Nor any drop to drink. *Lancet* 358:1025

Anonymous (2003) The world's forgotten children. *Lancet* 361:1

Atran S (2003) Genesis of suicide terrorism. *Science* 299:1534-1539

Baddeley A (2003) Working memory: looking back and looking forward. *Nat Rev Neurosci* 4:829-839

Baedecker K (2002) *Reiseführer Südafrika.* Karl Baedecker, Ostfildern

Bao S, Chan VT, Merzenich MM (2001) Cortical remodelling induced by activity of ventral tegmental dopamine neurons. *Nature* 412:79-83

Bargh JA, Chartrand TL (1999) The unbearable automaticity of being. *American Psychologist* 54:462-479

Bastian ML, Sponberg AC, Suomi SJ, Higley JD (2003) Long-term effects of infant rearing condition on the acquisition of dominance rank in juvenile and adult rhesus macaques (*Macaca mulatta*). *Dev Psychobiol* 42:44-51

Begley S (2003) Election mathematics: Who wins may depend on paradoxes of the system. *The Wall Street Journal* 14.-16.3.2003:A8

Bieri P (2001) *Das Handwerk der Freiheit. Über die Entdeckung des eigenen Willens.* Carl Hanser Verlag, München

Binswanger L (1942) *Grundformen und Erkenntnis des menschlichen Daseins.* Niehans, Zürich

Birbaumer N, Hinterberger T, Kubler A, Neumann N (2003) The thought-translation device (TTD): neurobehavioral mechanisms and clinical outcome. *IEEE Trans Neural Syst Rehabil Eng* 11:120-123

Birchard (2000) Media guidelines onportrayal of suicide. *Lancet* 355:386

Blood AJ, Zatorre RJ (2001) Intensely pleasurable responses to music correlate with activity in brain regions implicated in reward and emotion. *Proc Natl Acad Sci USA* 98:11818-11823

Botvinick M, Nystrom LE, Fissell K, Carter CS, Cohen JD (1999) Conflict monitoring versus selection-for-action in anterior cingulate cortex. *Nature* 402:179-181

Braver TS, Brown JW (2003) Principles of pleasure prediction: specifying the neural dynamics of human reward learning. *Neuron* 38:150-152

Breiter HC, Gollub RL, Weisskoff RM, Kennedy DN, Makris N, Berke JD, Goodman JM, Kantor HL, Gastfriend DR, Riorden JP, et al. (1997) Acute effects of cocaine on human brain activity and emotion. *Neuron* 19:591-611

Brosnan SF, de Waal FB (2003) Monkeys reject unequal pay. *Nature* 425:297-299

Brunet M, Guy F, Pilbeam D, Mackaye HT, Likius A, Ahounta D, Beauvilain A, Blondel C, Bocherens H, Boisserie JR, et al. (2002) A new hominid from the Upper Miocene of Chad, Central Africa. *Nature* 418:145-151

Brunner HG, Nelen M, Breakefield XO, Ropers HH, van Oost BA (1993) Abnormal behavior associated with a point mutation in the structural gene for monoamine oxidase A. *Science* 262:578-580

Bunge SA, Hazeltine E, Scanlon MD, Rosen AC, Gabrieli JD (2002) Dissociable contributions of prefrontal and parietal cortices to response selection. *Neuroimage* 17:1562-1571

Buss DM (1989) Sex differences in human mate preferences: Evolutionary hypotheses tested in 37 cultures. *Behav Brain Sci* 12:1-49

Buss DM (1994) *The Evolution of Desire. Strategies of Human Mating.* Basic Books, New York

Cahill L, Prins B, Weber M, McGaugh J (1994) Beta-adrenergic activation and memory for emotional events. *Nature* 371:702-704

Calder AJ, Lawrence AD, Young AW (2001) Neuropsychology of fear and loathing. *Nat Rev Neurosci* 2:352-363

Camerer CF (2003) Psychology and economics. Strategizing in the brain. *Science* 300:1673-1675

Canli T, Zhao Z, Desmond JE, Kang E, Gross J, Gabrieli JD (2001) An fMRI study of personality influences on brain reactivity to emotional stimuli. *Behav Neurosci* 115:33-42

Casebeer WD (2003) Moral cognition and its constituents. *Nat Rev Neurosci* 4:840-846

Caspi A, McClay J, Moffitt TE, Mill J, Martin J, Craig IW, Taylor A, Poulton R (2002) Role of genotype in the cycle of violence in maltreated children. *Science* 297:851-854

Caspi A, Sugden K, Moffitt TE, Taylor A, Craig IW, Harrington H, McClay J, Mill J, Martin J, Braithwaite A, et al. (2003) Influence of life stress on depression: moderation by a polymorphism in the 5-HTT gene. *Science* 301:386-389

Champoux M, Bennett A, Shannon C, Higley JD, Lesch KP, Suomi SJ (2002) Serotonin transporter gene polymorphism, differential early rearing, and behavior in rhesus monkey neonates. *Mol Psychiatry* 7:1058-1063

Chang EF, Merzenich MM (2003) Environmental noise retards auditory cortical development. *Science* 300:498-502

Cloninger CR (1987) A systematic method for clinical description and classification of personality variants. A proposal. *Arch Gen Psychiatry* 44:573-588

Cohen J (1995) Genes and behavior make an appearance in the O.J. trial. *Science* 268:22-23

Cohen P (2000) Lights, camera, action! *New Scientist* 166:18-19

Conel JL (1939) *The Postnatal Development of the Human Cerebral Cortex. The Cortex of the Newborn.* Harvard University Press, Cambridge, MA

Conel JL (1947) *The Postnatal Development of the Human Cerebral Cortex. The Cortex of the Three-Month Infant.* Harvard University Press, Cambridge, MA

Conel JL (1951) *The Postnatal Development of the Human Cerebral Cortex. The Cortex of the Six-Month Infant.* Harvard University Press, Cambridge, MA

Conradt L, Roper TJ (2003) Group decision-making in animals. *Nature* 421:155-158

Costello EJ, Erkanli A, Fairbank JA, Angold A (2002) The prevalence of potentially traumatic events in childhood and adolescence. *J Trauma Stress* 15:99-112

Cox H (1999) The market as God. *The Atlantic Monthly* 283:18-23

Critchley H, Daly E, Phillips M, Brammer M, Bullmore E, Williams S, Van Amelsvoort T, Robertson D, David A, Murphy D (2000) Explicit and implicit neural mechanisms for processing of social information from facial expressions: a functional magnetic resonance imaging study. *Hum Brain Mapp* 9:93-105

Dahlkamp J (2002) Das Gehirn des Terrors. *Spiegel online 8.11.2002*

Damasio A (1994) *Descartes' Error: Emotion, Reason, and the Human Brain.* Putnam, New York

Damasio A (2000) *The Feeling of What Happens: Body and Emotion in the Making of Consciousness.* Harvest Books, Fort Washington, PA

Damasio AR, Grabowski TJ, Bechara A, Damasio H, Ponto LL, Parvizi J, Hichwa RD (2000) Subcortical and cortical brain activity during the feeling of self-generated emotions. *Nat Neurosci* 3:1049-1056

Damasio H, Grabowski T, Frank R, Galaburda AM, Damasio AR (1994) The return of Phineas Gage: clues about the brain from the skull of a famous patient. *Science* 264:1102-1105

Dawes RM (2001) *Everyday Irrationality. How Pseudo-Scientists, Lunatics, and the Rest of Us Systematically Fail to Think Rationally.* Westview Press, Boulder, Colorado

Dawkins R (1976) *The Selfish Gene.* Oxford University Press, Oxford

De Felipe J, Jones EG (1988) *Cajal on the Cerebral Cortex: An Annotated Translation of the Complete Writings.* Oxford University Press, Oxford

de Waal FBM (1996) *Good Natured. The Origins of Right and Wrong in Humans and Other Animals.* Harvard University Press, Cambridge, MA

de Waal FBM (2001) *The Ape and the Sushi Master. Cultural Reflections of a Primatologist.* Basic Books, New York

Deecke L, Scheid P, Kornhuber HH (1969) Distribution of readiness potential, pre-motion positivity, and motor potential of the human cerebral cortex preceding voluntary finger movements. *Exp Brain Res* 7:158-168

Dehaene S (1997) *The Number Sense.* Allen Lanen, Penguin, London

Dehaene-Lambertz G, Dehaene S, Hertz-Pannier L (2002) Functional neuroimaging of speech perception in infants. *Science* 298:2013-2015

Dehal P, Satou Y, Campbell RK, Chapman J, Degnan B, De Tomaso A, Davidson B, Di Gregorio A, Gelpke M, Goodstein DM, et al. (2002) The draft genome of *Ciona intestinalis*: insights into chordate and vertebrate origins. *Science* 298:2157-2167

Dennett D (1993) *Consciousness Explained.* Penguin, London

Dennett DC (2003) *Freedom Evolves.* Viking, New York

Denton D, Shade R, Zamarippa F, Egan G, Blair-West J, McKinley M, Fox P (1999) Correlation of regional cerebral blood flow and change of plasma sodium concentration during genesis and satiation of thirst. *Proc Natl Acad Sci USA* 96:2532-2537

Denton D, Shade R, Zamarippa F, Egan G, Blair-West J, McKinley M, Lancaster J, Fox P (1999) Neuroimaging of genesis and satiation of thirst and an interoceptor-driven theory of origins of primary consciousness. *Proc Natl Acad Sci USA* 96:5304-5309

Derbyshire SW, Jones AK, Gyulai F, Clark S, Townsend D, Firestone LL (1997) Pain processing during three levels of noxious stimulation produces differential patterns of central activity. *Pain* 73:431-445

Dershowitz AM (1996) *Reasonable Doubts: The Criminal Justice System and the O.J. Simpson Case.* Simon & Schuster, New York

Descartes R (1664) *L'Homme.* Le Gras, Paris

Deutsch G, Bourbon WT, Papanicolaou AC, Eisenberg HM (1988) Visuospatial tasks compared via activation of regional cerebral blood flow. *Neuropsychologia* 26:445-452

Dolan RJ, Fink GR, Rolls E, Booth M, Holmes A, Frackowiak RS, Friston KJ (1997) How the brain learns to see objects and faces in an impoverished context. *Nature* 389:596-599

Doolittle B (1990) *The Art of Bev Doolittle.* Bantam Books, New York

Elliott R, Friston KJ, Dolan RJ (2000) Dissociable neural responses in human reward systems. *J Neurosci* 20:6159-6165

Engert F, Bonhoeffer T (1999) Dendritic spine changes associated with hippocampal long-term synaptic plasticity. *Nature* 399:66-70

Erk S, Spitzer M, Wunderlich AP, Galley L, Walter H (2002) Cultural objects modulate reward circuitry. *Neuroreport* 13:2499-2503

Evans KC, Banzett RB, Adams L, McKay L, Frackowiak RS, Corfield DR (2002) BOLD fMRI identifies limbic, paralimbic, and cerebellar activation during air hunger. *J Neurophysiol* 88:1500-1511

Felleman DJ, Van Essen DC (1991) Distributed hierarchical processing in the primate cerebral cortex. *Cereb Cortex* 1:1-47

Feynman RP, Leighton R (1996) *'Sie belieben wohl zu scherzen, Mr. Feynman.' Abenteuer eines neugierigen Physikers.* Piper, München

Fiorillo CD, Tobler PN, Schultz W (2003) Discrete coding of reward probability and uncertainty by dopamine neurons. *Science* 299:1898-1902

Freud S (1904/1941) *Zur Psychopathologie des Alltagslebens (Über Vergessen, Versprechen, Vergreifen, Aberglaube und Irrtum). Gesammelte Werke Bd. IV.* Fischer, Frankfurt a. M.

Fuster JM (2001) The prefrontal cortex – an update: time is of the essence. *Neuron* 30:319-333

Fuster JMD (1997) *The Prefrontal Cortex: Anatomy, Physiology, and Neuropsychology of the Frontal Lobe.* Lippincott Williams & Wilkins, Hagerstown, MD

Gallese V, Fadiga L, Fogassi L, Rizzolatti G (1996) Action recognition in the premotor cortex. *Brain* 119 (Pt 2):593-609

Gazzaniga MS, Ivry RB, Mangun GR (1998) *Cognitive Neuroscience: The Biology of the Mind.* Norton, New York, London

Georgopoulos AP (1991) Higher order motor control. *Annu Rev Neurosci* 14:361-377

Georgopoulos AP, Ashe J (1991) Cortical control of motor behavior at the cellular level. *Curr Opin Neurobiol* 1:658-663

Georgopoulos AP, Crutcher MD, Schwartz AB (1989) Cognitive spatial-motor processes. 3. Motor cortical prediction of movement direction during an instructed delay period. *Exp Brain Res* 75:183-194

Georgopoulos AP, Grillner S (1989) Visuomotor coordination in reaching and locomotion. *Science* 245:1209-1210

Georgopoulos AP, Lurito JT, Petrides M, Schwartz AB, Massey JT (1989) Mental rotation of the neuronal population vector. *Science* 243:234-236

Georgopoulos AP, Schwartz AB, Kettner RE (1986) Neuronal population coding of movement direction. *Science* 233:1416-1419

Georgopoulos AP, Taira M, Lukashin A (1993) Cognitive neurophysiology of the motor cortex. *Science* 260:47-52

Ghitza UE, Fabbricatore AT, Prokopenko V, Pawlak AP, West MO (2003) Persistent cue-evoked activity of accumbens neurons after prolonged abstinence from self-administered cocaine. *J Neurosci* 23:7239-7245

Gibson MA, Mace R (2003) Strong mothers bear more sons in rural Ethiopia. *Proc R Soc Lond B Biol Sci* 270 Suppl 1:108-109

Giedd JN, Blumenthal J, Jeffries NO, Castellanos FX, Liu H, Zijdenbos A, Paus T, Evans AC, Rapoport JL (1999) Brain development during childhood and adolescence: A longitudinal MRI study. *Nat Neurosci* 2:861-863

Gigerenzer G (1996) The psychology of good judgment: frequency formats and simple algorithms. *Medical Decision Making* 15:273-280

Gigerenzer G (2002) *Calculated Risks. How to Know When Numbers Deceive You.* Simon & Schuster, New York

Gilovich T (1991) *How We Know What Isn't So. The Fallability of Human Reason in Everyday Life.* Free Press, New York

Gleick J (1993) *Genius: The Life and Science of Richard Feynman.* Vintage Books, New York

Glimcher PW (2003) *Decisions, Uncertainly, and the Brain. The Science of Neuroeconomics.* MIT Press, Cambridge, MA

Good IJ (1995) When batterer turns murderer. *Nature* 375:541

Godd IJ (1996) When batterer becomes murderer. *Nature* 381:481

Goodall J (1986) *The Chimpanzees of Gombe: Patterns of Behavior.* Belknap Press of Harvard University Press, Cambridge, MA

Gopnik AM, Meltzoff AN (2001) *The Scientist in the Crib: What Early Learning Tells Us about the Mind.* Perennial, New York

Grafman J, Schwab K, Warden D, Pridgen A, Brown HR, Salazar AM (1996) Frontal lobe injuries, violence, and aggression: a report of the Vietnam Head Injury Study. *Neurology* 46:1231-1238

Graham-Rowe D (2002) Teen angst rooted in busy brain. *New Scientist* 176:16

Grant KA, Shively CA, Nader MA, Ehrenkaufer RL, Line SW, Morton TE, Gage HD, Mach RH (1998) Effect of social status on striatal dopamine D2 receptor binding characteristics in cynomolgus monkeys assessed with positron emission tomography. *Synapse* 29:80-83

Greene J (2003) From neural 'is' to moral 'ought': What are the moral implications of neuroscientific moral psychology? *Nat Rev Neurosci* 4:846-849

Greene JD, Sommerville RB, Nystrom LE, Darley JM, Cohen JD (2001) An fMRI investigation of emotional engagement in moral judgement. *Science* 293:2105-2108

Gregory RL (1995) *Sensation and Perception.* Longman, New York

Grimes K (2002) Hunted! Our ancestors headed straight out of the jungle and onto the menue. *New Scientist* 174:34-37

Güth W, Schmittberger R, Schwarze B (1982) An experimental analysis of ultimatum bargaining. *Journal of Economic Behavior and Organization* 3:367-388

Haggard P, Eimer M (1999) On the relation between brain potentials and the awareness of voluntary movements. *Exp Brain Res* 126:128-133

Hall FS, Wilkinson LS, Humby T, Inglis W, Kendall DA, Marsden CA, Robbins TW (1998) Isolation-rearing in rats: pre- and postsynaptic changes in striatal dopaminergic systems. *Pharmacology Biochemistry and Behavior* 59:859-872

Hall JG (2003) Twinning. *Lancet* 362:735-743

Hamann S, Mao H (2002) Positive and negative emotional verbal stimuli elicit activity in the left amygdala. *Neuroreport* 13:15-19

Hariri AR, Mattay VS, Tessitore A, Kolachana B, Fera F, Goldman D, Egan MF, Weinberger DR (2002) Serotonin transporter genetic variation and the response of the human amygdala. *Science* 297:400-403

Harlow JM (1868) Recovery from the passage of an iron bar through the head. *Publications of the Massachusetts Medical Society* 2:327-374

Harper DGC (1982) Competitive foraging in mallards: "ideal free" ducks. *Animal Behavior* 30:575-584

Hassenstein B (1979) Willensfreiheit und Verantwortlichkeit. Naturwissenschaftliche und juristische Aspekte. In Hassenstein B, *Freiburger Vorlesungen zur Biologie des Menschen.* Quelle & Meyer, Heidelberg

Hastorf AH, Cantril H (1954) They saw a game: a case study. *J Abnorm Psychol* 49:129-134

Heidegger M (1927/1977) *Sein und Zeit.* Niemeyer, Tübingen

Heidegger M (1981) *Grundbegriffe. Freiburger Vorlesung Sommersemester 1941.* Klostermann, Frankfurt

Heidegger M (1982) *Vom Wesen der menschlichen Freiheit. Freiburger Vorlesung Sommersemester 1930.* Klostermann, Frankfurt

Heidegger M (1984) *Grundfragen der Philosophie. Freiburger Vorlesung Wintersemester 1937-1938.* Klostermann, Frankfurt

Heidegger M (1988) *Vom Wesen der Wahrheit. Freiburger Vorlesung Wintersemester 1931-1932.* Klostermann, Frankfurt

Hellige J (1993) *Hemispheric Asymmetry: What's Right and What's Left (Perspectives in Cognitive Neuroscience).* Harvard University Press, Cambridge, MA

Herzog R (1997) Durch Deutschland muß ein Ruck gehen. *Ansprache von Bundespräsident Roman Herzog im Hotel Adlon am 26. April 1997*

Hoffrage U, Gigerenzer G (1998) Using natural frequencies to improve diagnostic inferences. *Academic Medicine* 73:538-540

Hrdy BS (1999) *Mother nature. A history of mothers, infants, and natural selection.* Pantheon, New York

Huettel SA, Mack PB, McCarthy G (2002) Perceiving patterns in random series: dynamic processing of sequence in prefrontal cortex. *Nat Neurosci* 5:485-490

Hugdahl K, Davidson RL (2002) *The Asymmetrical Brain.* Bradford Books, Cambridge, MA

Huttenlocher PR (1990) Morphometric study of human cerebral cortex development. *Neuropsychologia* 28:517-527

Iadarola MJ, Berman KF, Zeffiro TA, Byas-Smith MG, Gracely RH, Max MB, Bennett GJ (1998) Neural activation during acute capsaicin-evoked pain and allodynia assessed with PET. *Brain* 121 (Pt 5):931-947

Ivry R, Knight RT (2002) Making order from chaos: the misguided frontal lobe. *Nat Neurosci* 5:394-396

Jordan P (1932) Die Quantenmechanik und die Grundprobleme der Biologie und Psychologie. *Die Naturwissenschaften* 20:815-821

Jordan P (1938) Die Verstärkertheorie der Organismen in ihrem gegenwärtigen Stand. *Die Naturwissenschaften* 26:537-545

Kagel JH, Roth AE (1995) *The Handbook of Experimental Economics.* Princeton

Kahneman D (1982) *Judgment Under Uncertainty.* Cambridge University Press, Cambridge, MA

Kahneman D, Knetsch J, Thaler R (1986) Fairness and the assumptions of economics. *Journal of Business* 59:S285-S300

Kahneman D, Knetsch J, Thaler R (1986) Fairness as a constraint on profit seeking: entitlements in the market. *The American Economic Review* 76:728-741

Kahneman D, Tversky A (2000) *Choices, Values, Frames.* Cambridge University Press, Cambridge, MA

Kampe KK, Frith CD, Dolan RJ, Frith U (2001) Reward value of attractiveness and gaze. *Nature* 413:589

Kant I (1781/1976) *Kritik der reinen Vernunft.* Meiner, Hamburg

Kasai H, Matsuzaki M, Noguchi J, Yasumatsu N, Nakahara H (2003) Structure-stability-function relationships of dendritic spines. *Trends Neurosci* 26:360-368

Katsuragi S, Kunugi H, Sano A, Tsutsumi T, Isogawa K, Nanko S, Akiyoshi J (1999) Association between serotonin transporter gene polymorphism and anxiety-related traits. *Biol Psychiatry* 45:368-370

Kendler KS (1995) Genetic epidemiology in psychiatry. Taking both genes and environment seriously. *Arch Gen Psychiatry* 52:895-899

Kendler KS (1999) Preparing for gene discovery: a further agenda for psychiatry. *Arch Gen Psychiatry* 56:554-555

Kendler KS, Gardner CO, Prescott CA (1999) Clarifying the relationship between religiosity and psychiatric illness: the impact of covariates and the specificity of buffering effects. *Twin Res* 2:137-144

Kendler KS, Gardner CO, Prescott CA (1999) Clinical characteristics of major depression that predict risk of depression in relatives. *Arch Gen Psychiatry* 56:322-327

Kendler KS, Karkowski LM, Prescott CA (1999) Causal relationship between stressful life events and the onset of major depression. *Am J Psychiatry* 156:837-841

Kendler KS, Kessler RC, Walters EE, MacLean C, Neale MC, Heath AC, Eaves LJ (1995) Stressful life events, genetic liability, and onset of an episode of major depression in women. *Am J Psychiatry* 152:833-842

Kendler KS, Martin NG, Heath AC, Eaves LJ (1995) Self-report psychiatric symptoms in twins and their nontwin relatives: Are twins different? *Am J Med Genet* 60:588-591

Kendler KS, Prescott CA (1999) A population-based twin study of lifetime major depression in men and women. *Arch Gen Psychiatry* 56:39-44

Kiefer M (2002) Bewusstsein. In Müsseler J, Prinz W, *Lehrbuch der Allgemeinen Psychologie*. Springer, Heidelberg, 176-222

Klingberg T, Hedehus M, Temple E, Salz T, Gabrieli JD, Moseley ME, Poldrack RA (2000) Microstructure of temporo-parietal white matter as a basis for reading ability: evidence from diffusion tensor magnetic resonance imaging. *Neuron* 25:493-500

Knutson B, Adams CM, Fong GW, Hommer D (2001) Anticipation of increasing monetary reward selectively recruits nucleus accumbens. *J Neurosci* 21:RC159

Knutson B, Westdorp A, Kaiser E, Hommer D (2000) FMRI visualization of brain activity during a monetary incentive delay task. *Neuroimage* 12:20-27

Koepp MJ, Gunn RN, Lawrence AD, Cunningham VJ, Dagher A, Jones T, Brooks DJ, Bench CJ, Grasby PM (1998) Evidence for striatal dopamine release during a video game. *Nature* 393:266-268

Kornhuber HH, Deecke L (1965) Hirnpotentialänderung bei Willkürbewegungen und passiven Bewegungen des Menschen: Bereitschsftspotential und reafferente Potentiale. *Pfluegers Arch* 284:1-17

Kosslyn SM, Daly PF, McPeek RM, Alpert NM, Kennedy DN, Caviness VS, Jr. (1993) Using locations to store shape: an indirect effect of a lesion. *Cereb Cortex* 3:567-582

Kosslyn SM, Koenig O (1992) *Wet Mind. The New Cognitive Neuroscience.* Free Press, New York

Kosslyn SM, LeSueur LL, Dror IE, Gazzaniga MS (1993) The role of the corpus callosum in the representation of lateral orientation. *Neuropsychologia* 31:675-686

Krueger A, Maleckova J (2002) Education, poverty, political violence and terrorism: Is there a causal connection? *National Bureau of Economic Research* NBER Working Paper 9074

Kuhar MJ (2002) Social rank and vulnerability to drug abuse. *Nat Neurosci* 5:88-90

Lash J (2001) Dealing with the tinder as well as the flint. *Science* 294:1789

LeDoux J (1996) *The Emotional Brain: The Mysterious Underpinnings of Emotional Life.* Simon & Schuster, New York

LeDoux J (2002) *Synaptic Self: How Our Brains Become Who We Are.* Macmillan, New York

LeDoux JE (1994) Emotion, memory and the brain. *Sci Am* 270:50-57

Leibniz GW (1714/1966) Die Monadologie. In Cassirer E, *Hauptschriften zur Grundlegung der Philosophie.* Meiner, Hamburg

LeSage MG, Stafford D, Glowa JR (1999) Preclinical research on cocaine self-administration: environmental determinants and their interaction with pharmacological treatment. *Neurosci Biobehav Rev* 23:717-741

Lesch KP, Bengel D, Heils A, Sabol SZ, Greenberg BD, Petri S, Benjamin J, Muller CR, Hamer DH, Murphy DL (1996) Association of anxiety-related traits with a polymorphism in the serotonin transporter gene regulatory region. *Science* 274:1527-1531

Libet B, Gleason CA, Wright EW, Pearl DK (1983) Time of conscious intention to act in relation to onset of cerebral activity (readiness-potential). The unconscious initiation of a freely voluntary act. *Brain* 106 (Pt 3):623-642

Lo AW, Repin DV (2002) The psychophysiology of real-time financial risk processing. *J Cogn Neurosci* 14:323-339

Locke JL (2000) Movement patterns in spoken language. *Science* 288:449-451

Louie K, Wilson MA (2001) Temporally structured replay of awake hippocampal ensemble activity during rapid eye movement sleep. *Neuron* 29:145-156

Loy JW, Andrews DS (1981) They also saw the game: a replication of a case study. *Replications in Social Psychology* 1:45-49

Lurito JT, Georgakopoulos T, Georgopoulos AP (1991) Cognitive spatial-motor processes. 7. The making of movements at an angle from a stimulus direction:

studies of motor cortical activity at the single cell and population levels. *Exp Brain Res* 87:562-580

MacDonald A, Cohen JD, Stenger VA, Carter CS (2000) Dissociating the role of the dorsolateral prefrontal and anterior cingulate cortex in cognitive control. *Science* 288:1835-1838

MacKay DM (1978) Freiheit des Handelns in einem mechanistischen Universum. In Pothast UH, *Seminar: Freies Handeln und Determinismus.* Suhrkamp, Frankfurt a. M., 303-321

Macmillan M (2000) *An Odd Kind of Fame: Stories of Phineas Gage.* Bradford Books, Cambridge, MA

Macmillan M (2000) Restoring Phineas Gage: a 150th retrospective. *J Hist Neurosci* 9:46-66

MacNeilage PF, Davis BL (2000) On the origin of internal structure of word forms. *Science* 288:527-531

Majid A (2002) Frames of reference and language concepts. *Trends Cogn Sci* 6:503-504

Marcus GF, Vijayan S, Bandi Rao S, Vishton PM (1999) Rule learning by seven-month-old infants. *Science* 283:77-80

Martin JH, Ghez C (1985) Task-related coding of stimulus and response in cat motor cortex. *Exp Brain Res* 57:427-442

Matthews R (1997) Tipping the scales of justice. *New Scientist* 156:18-19

Mazoyer (1993) The cortical representation of speech. *Journal of Cognitive Neuroscience* 5:467-479

McClure SM, Berns GS, Montague PR (2003) Temporal prediction errors in a passive learning task activate human striatum. *Neuron* 38:339-346

McGivern RF, Andersen J, Byrd D, Mutter KL, Reilly J (2002) Cognitive efficiency on a match to sample task decreases at the onset of puberty in children. *Brain Cogn* 50:73-89

McMillen DL, Smith SM, Wells-Parker E (1989) The effects of alcohol, expectancy, and sensation seeking on driving risk taking. *Addict Behav* 14:477-483

Meltzoff AN, Moore MK (1977) Imitation of facial and manual gestures by human neonates. *Science* 198:74-78

Milgram S (1974) *Obedience to Authority: An Experimental View.* Harper & Row, New York

Miller EK, Cohen JD (2001) An integrative theory of prefrontal cortex function. *Annu Rev Neurosci* 24:167-202

Mittelstraß J (1980/1984) *Enzyklopädie, Philosophie und Wissenschaftstheorie.* Wissenschaftsverlag, Mannheim, Wien, Zürich

Mittelstraß JH (1995) *Enzyklopädie Philosophie und Wissenschaftstheorie 3.* Metzler-Verlag, Stuttgart, Weimar

Mittelstraß JH (1996) *Enzyklopädie Philosophie und Wissenschaftstheorie 4.* Metzler-Verlag, Stuttgart, Weimar

Moore RJ, Vadeyar S, Fulford J, Tyler DJ, Gribben C, Baker PN, James D, Gowland PA (2001) Antenatal determination of fetal brain activity in response to an acoustic stimulus using functional magnetic resonance imaging. *Hum Brain Mapp* 12:94-99

Morgan D, Grant KA, Gage HD, Mach RH, Kaplan JR, Prioleau O, Nader SH, Buchheimer N, Ehrenkaufer RL, Nader MA (2002) Social dominance in monkeys: dopamine D2 receptors and cocaine self-administration. *Nat Neurosci* 5:169-174

Mumford D (1992) On the computational architecture of the neocortex. II. The role of cortico-cortical loops. *Biol Cybern* 66:241-251

Myers DG, Diener E (1995) Who is happy? *Psychological Science* 6:10-19

Myrtek M, Deutschmann-Janicke E, Strohmaier H, Zimmermann W, Lawerenz S, Brugner G, Muller W (1994) Physical, mental, emotional, and subjective workload components in train drivers. *Ergonomics* 37:1195-1203

Myrtek M, Scharff C (2000) *Fernsehen, Schule und Verhalten. Untersuchungen zur emotionalen Beanspruchung von Schülern.* Huber, Bern

Nader MA, Woolverton WL (1991) Cocaine vs. food choice in rhesus monkeys: effects of increasing the response cost for cocaine. *NIDA Res Monogr* 105:621

Nauta W (1986) *Fundamental Neuroanatomy.* WH Freeman & Co, New York

Nowak R (1994) Forensic DNA goes to court with O.J. *Science* 265:1352-1354

O'Doherty JP, Dayan P, Friston K, Critchley H, Dolan RJ (2003) Temporal difference models and reward-related learning in the human brain. *Neuron* 38:329-337

Pauen M (2001) *Grundprobleme der Philosophie des Geistes. Eine Einführung.* Fischer, Frankfurt

Peires JB (1989) *The Dead Will Arise: Nongqawuse and the Great Xhosa Cattle-Killing Movement of 1856-7.* Indiana University Press, Bloomington, IN

Penfield W, Boldrey E (1937) Somatic motor and sensory representation in the cerebral cortex of man as studied by electrical stimulation. *Brain* 60:389-443

Penfield W, Rasmussen T (1950) *The Cerebral Cortex of Man: A Clinical Study of Localization and Function.* Macmillan, New York

Phillips ML, Young AW, Senior C, Brammer M, Andrew C, Calder AJ, Bullmore ET, Perrett DI, Rowland D, Williams SC, et al. (1997) A specific neural substrate for perceiving facial expressions of disgust. *Nature* 389:495-498

Piaget J (1973) *Das moralische Urteil beim Kinde.* Suhrkamp, Frankfurt a. M.

Pindyk RS, Rubinfeld DL (2001) *Microeconomics.* Prentice Hall, Upper Saddle River, NJ, 5th ed

Planck M (1923/1965) *Kausalgesetz und Willensfreiheit (Öffentlicher Vortrag, gehalten in der Preußischen Akademie der Wissenschaften am 17.02.1923.* Wissenschaftliche Buchgesellschaft, Darmstadt

Planck M (1936/1965) *Vom Wesen der Willensfreiheit (Öffentlicher Vortrag, gehalten in der Ortsgruppe Leipzig der Deutschen Philosophischen Gesellschaft am 27.11.1936).* Wissenschaftliche Buchgesellschaft, Darmstadt

Platt ML, Glimcher PW (1999) Neural correlates of decision variables in parietal cortex. *Nature* 400:233-238

Popper KR, Eccles JC (1977) *The Self and Its Brain.* Springer, Berlin

Posner MI, Raichle M (1996) *Bilder des Geistes.* Spektrum Akademischer Verlag, Heidelberg

Pothast U (1980) *Die Unzulänglichkeit der Freiheitsbeweise. Zu einigen Lehrstücken aus der neueren Geschichte von Philosophie und Recht.* Schöningh, Paderborn

Premack D, Premack A (2002) *Original Intelligence: Unlocking the Mystery of Who We Are.* McFGraw-Hill, Berkshire

Prinz A (2003) *Lieber wütend als traurig. Die Lebensgeschichte der Ulrike Meinhof.* Beltz, Weinheim

Quartz SR, Sejnowski TJ (2002) *Liars, Lovers, Heroes: What the New Brain Science Reveals about How We Become Who We Are.* William Morrow & Company

Ramón y Cahal S (1988) *siehe De Filipe & Jones 1988*

Ramus F, Hauser MD, Miller C, Morris D, Mehler J (2000) Language discrimination by human newborns and by cotton-top tamarin monkeys. *Science* 288:349-351

Randerson J (2003) The dawn of homo sapiens. *New Scientist* 178:4-5

Rawls J (1971) *A Theory of Justice.* Harvard University Press, Cambridge, MA

Ridley M (2003) *Nature Via Nurture. Genes, Experience and What Makes Us Human.* Fourth Estate, London

Rilling J, Gutman D, Zeh T, Pagnoni G, Berns G, Kilts C (2002) A neural basis for social cooperation. *Neuron* 35:395-405

Ritter J (1974/1989) Landschaft. Zur Funktion des Ästhetischen in der modernen Gesellschaft. In Ritter J, *Subjektivität. Sechs Aufsätze.* Suhrkamp, Frankfurt, 141-163

Rizzolatti G, Fadiga L, Gallese V, Fogassi L (1996) Premotor cortex and the recognition of motor actions. *Brain Res Cogn Brain Res* 3:131-141

Roth G (2001) *Fühlen, Denken, Handeln.* Suhrkamp, Frankfurt a. M.

Rowley M (1992) *Kanji Pict-o-graphix.* Stone Bridge Press, Berkeley, CA

Rubinstein A (1982) Perfect equilibrium in a bargaining model. *Econometrica* 50:97-109

Saari DG (2003) Capturing the "Will of the people". *Ethics* 113:333-349

Saffran JR, Aslin RN, Newport EL (1996) Statistical learning by 8-month-old infants. *Science* 274:1926-1928

Sanfey AG, Rilling JK, Aronson JA, Nystrom LE, Cohen JD (2003) The neural basis of economic decision-making in the Ultimatum Game. *Science* 300:1755-1758

Santarelli L, Saxe M, Gross C, Surget A, Battaglia F, Dulawa S, Weisstaub N, Lee J, Duman R, Arancio O, et al. (2003) Requirement of hippocampal neurogenesis for the behavioral effects of antidepressants. *Science* 301:805-809

Schenk S, Lacelle G, Gorman K, Amit Z (1987) Cocaine self-administration in rats influenced by environmental conditions: implications for the etiology of drug abuse. *Neurosci Lett* 81:227-231

Schieber MH, Hibbard LS (1993) How somatotopic is the motor cortex hand area? *Science* 261:489-492

Schrenk F, Bromage TG, Betzler CG, Ring U, Juwayeyi YM (1993) Oldest Homo and Pliocene biogeography of the Malawi Rift. *Nature* 365:833-836

Schultz W, Tremblay L, Hollerman JR (2000) Reward processing in primate orbitofrontal cortex and basal ganglia. *Cereb Cortex* 10:272-284

Schumacher O (1997) Absturz nach dem Höhenrausch. *Die Zeit* 45:25

Searle J (1985) *Minds, Brains, and Science. The 1984 Reith Lectures.* British Broadcasting Corporation Harvard University Press, London Cambridge, MA

Sereno MI, Dale AM, Reppas JB, Kwong KK, Belliveau JW, Brady TJ, Rosen BR, Tootell RB (1995) Borders of multiple visual areas in humans revealed by functional magnetic resonance imaging. *Science* 268:889-893

Shepard RN, Cooper LA (1982) *Mental Images and Their Transformations.* MIT Press, Cambridge, MA

Shizgal P, Arvanitogiannis A (2003) Neuroscience. Gambling on dopamine. *Science* 299:1856-1858

Small DM, Zatorre RJ, Dagher A, Evans AC, Jones-Gotman M (2001) Changes in brain activity related to eating chocolate: from pleasure to aversion. *Brain* 124:1720-1733

Smyrnis N, Taira M, Ashe J, Georgopoulos AP (1992) Motor cortical activity in a memorized delay task. *Exp Brain Res* 92:139-151

Smyth JM, Stone AA, Hurewitz A, Kaell A (1999) Effects of writing about stressful experiences on symptom reduction in patients with asthma or rheumatoid arthritis: a randomized trial. *JAMA* 281:1304-1309

Snowden RJ, Stimpson N, Ruddle RA (1998) Speed perception fogs up as visibility drops. *Nature* 392:450

Spitzer M (1988) *Halluzinationen. Ein Beitrag zur allgemeinen und klinischen Psychopathologie.* Springer, Heidelberg

Spitzer M (1996/2000) *Geist im Netz. Modelle für Lernen, Denken und Handeln.* Spektrum Akademischer Verlag, Heidelberg

Spitzer M (2002) *Lernen. Gehirnforschung und die Schule des Lebens.* Spektrum Akademischer Verlag, Heidelberg

Spitzer M (2002) *Musik im Kopf.* Schattauer, Stuttgart

Spitzer M (2002a) *Nervensachen.* Schattauer, Stuttgart

Spitzer M (2003) Zur Neurobiologie von Urteilstäuschungen. *Vortrag am Ulmer Amtsgericht am 21.1.2003*

Springer SP, Deutsch G (1995) *Linkes Gehirn, rechtes Gehirn.* Spektrum Akademischer Verlag, Heidelberg

Suomi (1998) *Vortrag auf der 114. Wanderversammlung für Neurologen und Psychiater.* Baden-Baden

Suomi SJ (1997) Early determinants of behaviour: evidence from primate studies. *Br Med Bull* 53:170-184

Sykes B (2001) *The Seven Daughters of Eve. The Science That Reveals Our Genetic Ancestry.* Norton, New York

Szalavitz M (2002) Love is the drug. *New Scientist* 176:38-40

Tamimi RM, Lagiou P, Mucci LA, Hsieh CC, Adami HO, Trichopoulos D (2003) Average energy intake among pregnant women carrying a boy compared with a girl. *BMJ* 326:1245-1246

Tataranni PA, Gautier JF, Chen K, Uecker A, Bandy D, Salbe AD, Pratley RE, Lawson M, Reiman EM, Ravussin E (1999) Neuroanatomical correlates of hunger and satiation in humans using positron emission tomography. *Proc Natl Acad Sci USA* 96:4569-4574

Thaler DE, Rolls ET, Passingham RE (1988) Neuronal activity of the supplementary motor area (SMA) during internally and externally triggered wrist movements. *Neurosci Lett* 93:264-269

Thielscher A, Neumann H (2003) Neural mechanisms of cortico-cortical interaction in texture boundary detection: a modelling approach. *Neuroscience* (to appear)

Thornhill R, Palmer CT (1999) *A natural history of rape.* MIT Press, Cambridge, MA

Toni N, Buchs PA, Nikonenko I, Bron CR, Muller D (1999) LTP promotes formation of multiple spine synapses between a single axon terminal and a dendrite. *Nature* 402:421-425

Tooby J, Cosmides L (1989) Evolutionary psychology and the generation of culture: 1. Theoretical considerations. *Ethology and Sociobiology* 10:29-49

Tooby J, Cosmides L (1992) Psychological foundations of culture. In Barkow J, Cosmides L, Tobby JH, *The adapted mind: Evolutionary psychology and the generation of culture.* Oxford University Press, New York, 119-136

Townsend JM (1989) Mate selection criteria: a pilot study. *Ethology and Sociobiology* 10:241-253

Tremblay RE (2000) The development of aggressive behaviour during childhood: What have we learned in the past century? *International Journal of Behavioral Development* 24:129-141

Vallone RP, Ross L, Lepper MR (1985) The hostile media phenomenon: biased perception and perceptions of media bias in coverage of the Beirut massacre. *J Pers Soc Psychol* 49:577-585

Viviani R, Spitzer M (2003) *Developmental pruning of synapses and category learning.* 11th European Symposium on Artifical Neural Networks, ESANN 2003, Bruges, Belgium, April 23-25

von Neumann J (1965) *Die Rechenmaschine und das Gehirn.* Oldenbourg, München, 2. Aufl

Waelti P, Dickinson A, Schultz W (2001) Dopamine responses comply with basic assumptions of formal learning theory. *Nature* 412:43-48

Walter H (1999) *Neurophilosophie der Willensfreiheit.* Mentes-Verlag, 2. Aufl

White TD, Asfaw B, DeGusta D, Gilbert H, Richards GD, Suwa G, Howell FC (2003) Pleistocene Homo Sapiens from Middle Awash, Ethiopia. *Nature* 423:742-747

Whitney JO (1994) *The trust factor.* McGraw-Hill, New York

Wilhelm P, Myrtek M, Brügner G (1997) *Vorschulkinder vor dem Fernseher. Ein psychophysiologisches Feldexperiment.* Huber, Bern

Wilson DS (1997) Human groups as units of selection. *Science* 276:1816-1817

Wilson EO (1975) *Sociobiology. The New Synthesis.* Harvard University Press, Cambridge, MA

Wilson GT, Abrams D (1977) Effects of alcohol on social anxiety and psychological arousal: cognitive versus pharmacological processes. *Cognitive Research and Therapy* 1:195-210

Wilson GT, Abrams DB, Lipscomb TR (1980) Effects of intoxication levels and drinking pattern on social anxiety in men. *J Stud Alcohol* 41:250-264

Wright AJ, Weinman J, Marteau TM (2003) The impact of learning of a genetic predisposition to nicotine dependence: an analogue study. *Tob Control* 12:227-230

Zald DH, Mattson DL, Pardo JV (2002) Brain activity in ventromedial prefrontal cortex correlates with individual differences in negative affect. *Proc Natl Acad Sci USA* 99:2450-2454

# Index